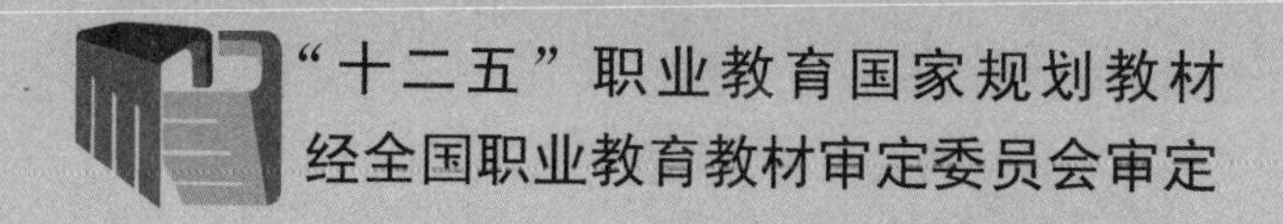

高等职业院校教学改革创新示范教材·数字媒体系列

AutoCAD实用教程

（第5版）

主编　徐文胜

電子工業出版社
Publishing House of Electronics Industry
北京·BEIJING

内 容 简 介

本书以AutoCAD 2012（中文版）为平台，根据高等职业教育的特点，对前版包含的内容和说明问题的方法进行了调整、优化，删除了部分比较难的内容，针对性更强。完善实验的绘图分析，增加综合绘图实验，有利于培养绘图能力。

本书包含实用教程、上机操作指导和附录三部分。内容主要包括AutoCAD 2012中文版操作环境，绘图流程，基本绘图命令，基本编辑命令，图案填充和渐变色，文字，块，尺寸、公差及注释，显示控制，参数化设计及其他辅助功能，输出，轴测图等。实用教程一般包括菜单、按钮和命令的操作方法及操作实例，每章的习题主要是为了掌握基本概念和方法；上机操作指导通过综合实例先引导操作，然后提出问题思考，给出练习题由读者自己完成。本教程各部分内容既相互联系又相互独立，并依据教学特点精心安排，方便读者根据需要选择相关内容。

本书可作为高职高专有关课程的教材，也可作为广大AutoCAD用户自学和参考用书。

图书在版编目（CIP）数据

AutoCAD实用教程 / 徐文胜主编. —5版. —北京：电子工业出版社，2014.11
“十二五”职业教育国家规划教材

ISBN 978-7-121-23927-4

Ⅰ. ①A… Ⅱ. ①徐… Ⅲ. ①AutoCAD软件－高等职业教育－教材 Ⅳ. ①TP391.72

中国版本图书馆CIP数据核字（2014）第172853号

策划编辑：程超群
责任编辑：郝黎明
印　　刷：涿州市京南印刷厂
装　　订：涿州市京南印刷厂
出版发行：电子工业出版社
北京市海淀区万寿路 173 信箱　邮编 100036
开　　本：787×1 092　1/16　印张：19.75　字数：506 千字
版　　次：2000 年 9 月第 1 版
2014 年 11 月第 5 版
印　　次：2018 年 1 月第 3 次印刷
定　　价：39.90 元

凡所购买电子工业出版社图书有缺损问题，请向购买书店调换。若书店售缺，请与本社发行部联系，联系及邮购电话：（010）88254888，88258888。

质量投诉请发邮件至 zlts@phei.com.cn，盗版侵权举报请发邮件至 dbqq@phei.com.cn。

本书咨询联系方式：（010）88254577，ccq@ phei.com.cn。

2000年，根据教学需要推出《AutoCAD 2000实用教程》，受到市场的广泛欢迎，先后重印了10次。2002年，推出《AutoCAD实用教程（第2版）(2002版)》，又重印了10次。2007年，推出《AutoCAD实用教程（第3版）(2007版)》，到目前为止又重印了10次。2010年，推出《AutoCAD实用教程（第4版）(2010版)》，在平台升级的同时，对原第3版的内容进行了简化，以适应不同的用户需要，到目前为止重印了8次。2011年，在优化内容和命令表达方式的同时对新版本的三维功能进行了系统介绍。由于本书的优异表现，先后被评为江苏省优秀教学成果二等奖，国家“十一五”规划教材。目前仍在热销中，在此我们对大家的信任表示由衷的感谢！

本书即《AutoCAD实用教程（第5版)》以AutoCAD 2012（中文版）为平台，根据高等职业教育的特点，对前版包含的内容和说明问题的方法进行了调整、优化，删除了部分比较难的内容，针对性更强。完善实验的绘图分析，增加综合绘图实验，有利于培养绘图能力。

本教程主要包括实用教程（含习题)、上机操作指导和附录三部分。每章的习题主要帮助读者弄清基本概念，最后还有模拟试卷和命令附录。本教程先介绍界面，然后通过一个简单实例一步一步地引导，从而使读者初步熟悉用AutoCAD绘图的总体思路。从第3章开始再分门别类地详细介绍。每一个知识点一般均包括菜单、按钮和命令的操作方法和操作实例。上机实验可以通过书中实例熟悉命令；上机操作指导通过综合实例（实物图形）一步一步地训练综合应用能力。一般先分析绘图思路（锻炼解决问题的方法，以便知道下面为什么进行相应的操作)，再引导读者如何操作（先领进门)，然后提出问题思考，再给出练习题由读者自己完成（自己修炼)。

本书由南京师范大学徐文胜老师担任主编。参加本书编写的还有丁有和、刘启芬、殷红先、曹弋、陈瀚、陈冬霞、邓拼搏、高茜、刘博宇、彭作民、钱晓军、孙德荣、陶卫冬、吴明祥、王志瑞、徐斌、俞琰、严大牛、郑进、张为民、周何骏、周怡君、于金彬、马骏、周怡明、姜乃松等。此外，还有许多同志对本书的编写提供了很多帮助，在此一并表示感谢！

本书配有教学课件和AutoCAD实验素材文件，需要者可以从华信教育资源网免费下载。网址为http://www.hxedu.com.cn。

由于作者水平有限，错误之处在所难免，敬请读者批评指正。

意见建议邮箱：easybooks@163.com。

编　者

第一部分　实用教程

第二部分 上机操作指导

第三部分 附 录

第 1 章

AutoCAD 2012 中文版操作环境

1.1 概述

AutoCAD 2012 中文版是 Autodesk 公司推出的 CAD 设计软件包。由于其人性化的设计界面、操作方式、强大的设计能力，最大限度地满足用户的需要，因而在各行各业有着广泛的应用。

AutoCAD 2012 中文版轻松的设计环境，更加透明的用户界面，使得用户可以将更多的精力集中在设计对象和设计过程上而非软件本身。AutoCAD 2012 中文版减少了对于键盘和其他输入设备的依赖，把最常用的设计过程自动化，同时也以最便利的方式提供了访问数据的能力。

本章对 AutoCAD 2012 中文版新的特性进行简单的介绍，同时重点介绍 AutoCAD 2012 中文版的用户界面、按键定义、输入方式、对象捕捉方式、文件操作命令，以及有关环境的设置等基础知识，为以后的学习奠定了必要的基础。

1.2 AutoCAD 2012 中文版新特性

AutoCAD 2012 中文版的二维平面设计仍然是其他同类软件中的佼佼者。下面简要说明 AutoCAD 2012 的新特性。

（1）关联阵列：关联性可允许用户通过维护项目之间的关系快速在整个阵列中传递更改。阵列可设为关联或非关联。设置为关联时，项目包含在单个阵列对象中，类似于块。编辑阵列对象的特性，例如，间距或项目数。替代项目特性或替换项目的源对象。编辑项目的源对象以更改参照这些源对象的所有项目。

（2）多功能夹点：对于很多对象，也可以将光标悬停在夹点上以访问具有特定于对象（有时为特定于夹点）的编辑选项的菜单。按【Ctrl】键可循环浏览夹点菜单选项。

（3）AutoCAD WS：使用 AutoCAD® WS 在 Web 上共享、编辑和管理 AutoCAD 图形。

（4）命令行自动完成：默认情况下，会在用户输入时自动完成命令名或系统变量的输入。此外，还会显示一个有效选择列表，用户可以从中进行选择。使用 AUTOCOMPLETE 命令控制想要使用哪些自动功能。如果禁用自动完成功能，则可以在命令行中输入一个字母并按【Tab】键来循环显示以该字母开头的所有命令和系统变量。按【Enter】键或【Space】键来启动命令或系统变量。

1.3 启动 AutoCAD 2012 中文版

启动 AutoCAD 2012 中文版，可以通过双击桌面上的 AutoCAD 2012 中文版图标或从“开始→程序→Autodesk→AutoCAD 2012 Simplified Chinese→AutoCAD 2012 Simplified Chinese”菜单中单击相应的图标。

启动 AutoCAD 2012 中文版后，即进入如图 1.1 所示的界面。

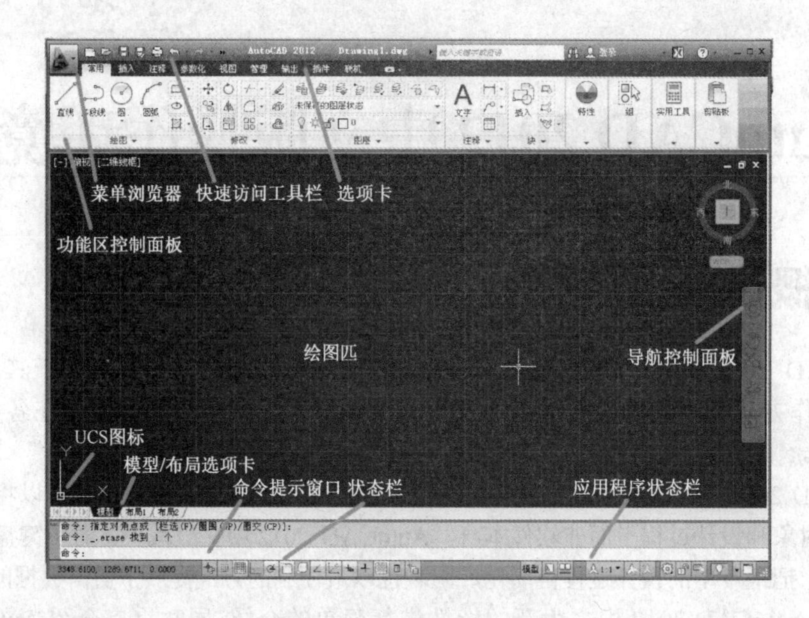

图 1.1 “工作空间”界面

工作空间也可以在进入绘图或建模界面后在面板中切换，如图 1.2 和图 1.3 所示。

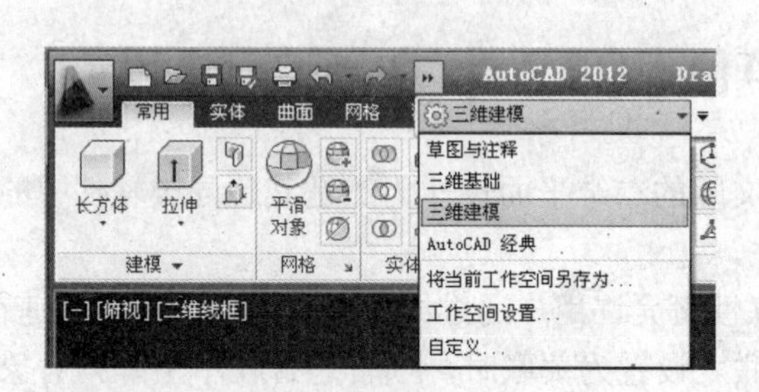

图 1.2 快速访问工具栏切换工作空间

二维绘图一般选择“草图与注释”，也可以在“AutoCAD 经典”中进行。经典工作空间如图 1.4 所示。

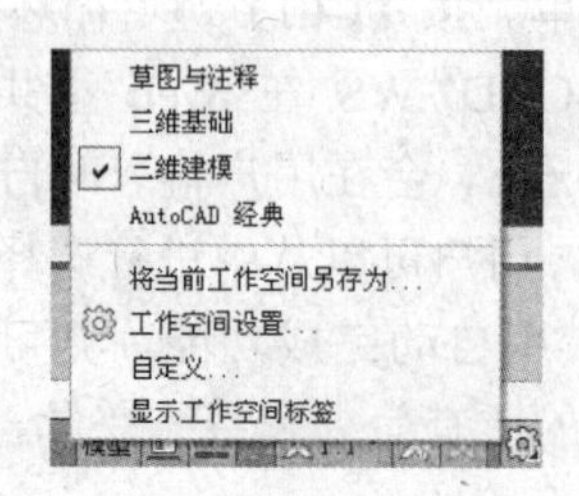

图 1.3 应用程序状态栏切换工作空间

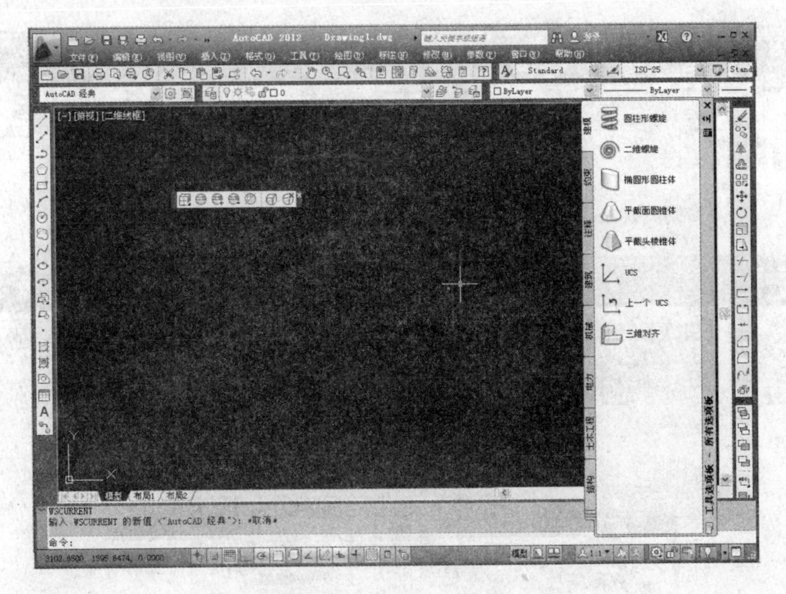

图 1.4 经典工作空间

1.4 界面介绍

AutoCAD 2012 中文版的绘图界面是主要的工作界面，是熟练使用 AutoCAD 2012 中文版所必须熟悉的。

如图 1.1 所示，AutoCAD 界面分为快速访问工具栏、功能区控制面板、绘图区、模型/布局选项卡、命令行、状态栏等几个主要部分。

1. 菜单浏览器

位于最左上角的是菜单浏览器，菜单浏览器显示一个垂直的菜单项列表，它用来代替以往水平显示在 AutoCAD 窗口顶部的菜单。可以选择一个菜单项来调用相应的命令以访问不同的命令和文档。

2. 功能区控制面板

用户可以单击对应的功能区选项卡，显示对应功能的按钮和图标面板。当光标悬停在对应的按钮上时，将弹出该按钮的功能提示。如果继续停留，将弹出如图 1.5 所示的详细使用帮助信息。

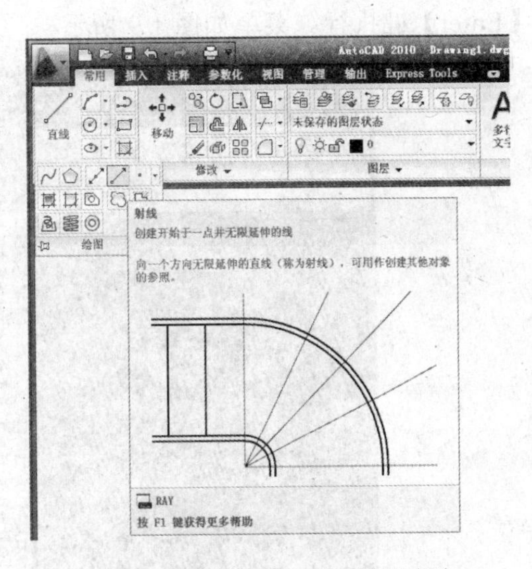

图 1.5 悬停按钮显示使用帮助信息

按【Alt】键，将在对应的按钮或选项卡上显示对应的快捷键，如图 1.6 所示。此时按下对应的快捷键，将会显示对应的选项卡，同时继续显示对应按钮的快捷键，如图 1.7 所示。这也提供了键盘访问命令的一种方式。

3. 菜单

AutoCAD 2012 不但包含了系统必备的菜单项，而且绝大部分命令都可以在菜单中找到。

如果要显示菜单，请按照图 1.8 位置选中“显示菜单栏”。

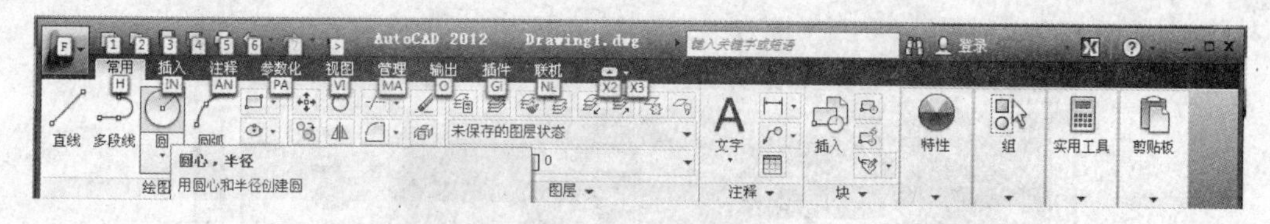

图 1.6 【Alt】键输入命令（一）

图 1.7 【Alt】键输入命令（二）

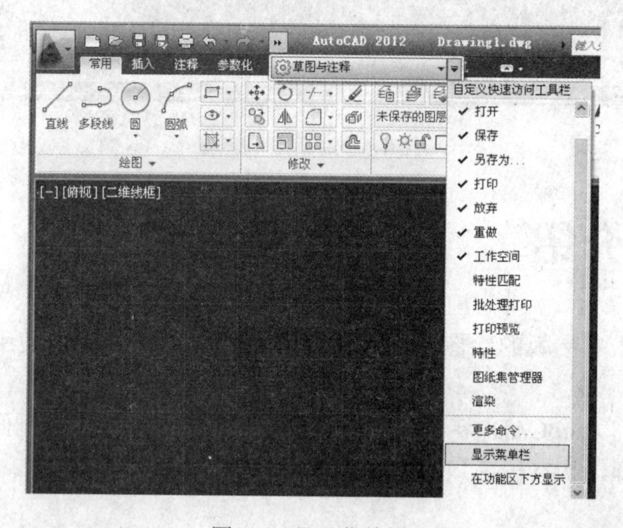

图 1.8 显示菜单栏

菜单命令一般通过用鼠标单击菜单项打开和执行。也可以按【Alt】键并输入菜单中带下画线的字母，打开和执行菜单项。还可以按光标移动键在菜单项中进行选择，再按【Enter】键执行。菜单如图 1.9 所示。

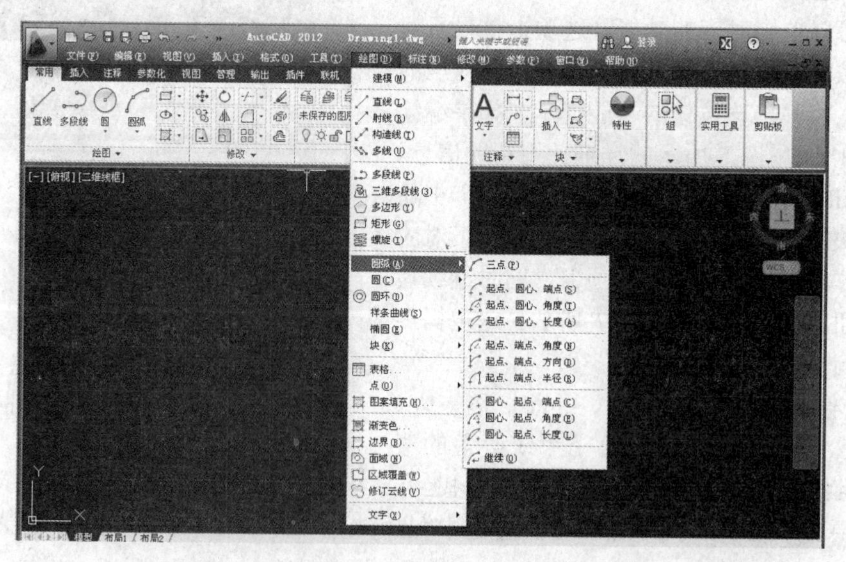

图 1.9 菜单

在菜单项中带向右的小三角形▸的菜单，指该菜单项有下一级子菜单即级联菜单；带省略号…的，指执行该菜单项命令后，会弹出一个对话框。

菜单项后有快捷键的，是指该菜单命令可以通过快捷键直接打开和执行。例如，按【Ctrl+P】组合键，则执行打印命令。

4. 绘图区

在绘图区界面中，中间较大一片空白区域为绘图区，图形即绘制在该部分区域。绘图区域其实是无限大，可以通过视图中的相关命令进行缩放、平移等。

绘图区左下角显示的是 UCS 图标。UCS 图标可以根据原点被移动或隐藏。不同的图标表示了不同的空间或观测点。在右侧和右下角，有滑块和滚动条。通过滑块在滚动条上移动到不同的位置，可以改变显示的区域。

5. 显示控制区

在绘图区右侧是常用的显示控制按钮。包括 UCS 控制、全导航控制按钮、平移、缩放、动态观察、ShowMotion 等。单击其中的小箭头，可以弹出更多的控制菜单供选择。

6. 命令提示窗口和命令行

命令提示窗口包含了所下达的历史命令和命令提示信息，AutoCAD 的输入及反馈信息都在其中。其包含的行数可以设定。

通过剪切、复制和粘贴功能将历史命令粘贴在命令行，可重复执行以前的命令。

通过按【F2】键控制是否以独立的窗口或是否将窗口恢复成给定的大小，该窗口同样可以被移到其他位置并改变其形状和大小。

7. 状态行

状态行如图 1.10 和图 1.11 所示，其左边显示了光标的当前信息。当光标在绘图区时显示其坐标，当光标在工具栏或菜单上时显示功能及命令。状态行右侧显示了各种辅助绘图状态，包括推断约束、捕捉模式、栅格显示、正交模式、极轴追踪、对象捕捉、三维对象捕捉、对象捕捉追踪、允许/禁止动态 DUCS、动态输入 DYN、显示/隐藏线宽、显示/隐藏透明度、快捷特性、选择循环、模型或图纸等。这些按钮用于精确绘图中对对象上特定点的捕捉、定距离捕捉、捕捉某设定角度上的点、显示线宽及在模型空间和图纸空间转换等。由于以上的辅助绘图功能使用非常频繁，所以设定成随时可以观察和改变的状态。

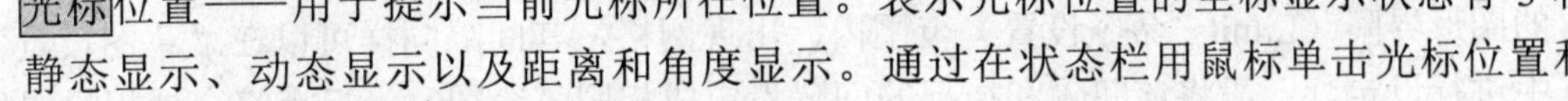

图 1.10 图标显示状态行

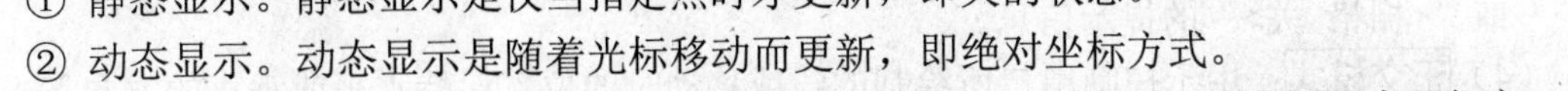

图 1.11 文字显示状态行

光标位置——用于提示当前光标所在位置。表示光标位置的坐标显示状态有 3 种方式：静态显示、动态显示以及距离和角度显示。通过在状态栏用鼠标单击光标位置和用鼠标右键单击选择快捷菜单的方式进行修改。

① 静态显示。静态显示是仅当指定点时才更新，即关的状态。

② 动态显示。动态显示是随着光标移动而更新，即绝对坐标方式。

③ 距离和角度显示。距离和角度显示是随着光标移动而更新相对距离（距离<角度），即相对坐标方式。只有在绘制需要输入多个点的直线或其他对象时才可用。

辅助绘图状态包含以下几种，其状态的按钮可以用鼠标单击或单击鼠标右键后选择“开/关”实现，也可以使用快捷键改变开关状态。下面先列出各按钮的作用。

（1）推断约束：可以在创建和编辑几何对象时自动应用几何约束。右击该按钮并选择设置，弹出如图 1.12 至图 1.14 所示的对话框。其中包括了三种约束设置选项卡。

（2）捕捉模式：处于打开状态时，光标只能在 X 轴、Y 轴或极轴方向移动固定距离的整数倍，该距离可以通过“工具→草图设置”菜单打开“草图设置”对话框进行设定，如图 1.15 所示。如果绘图的尺寸大部分都是设定值的整数倍，且容易分辨，可以设定该按钮为开，保证精确绘图。按钮按下时为开，弹起时为关。如果触发该按钮，在状态行中的命令行上会显示“<捕捉 开>”或“<捕捉 关>”的提示信息。

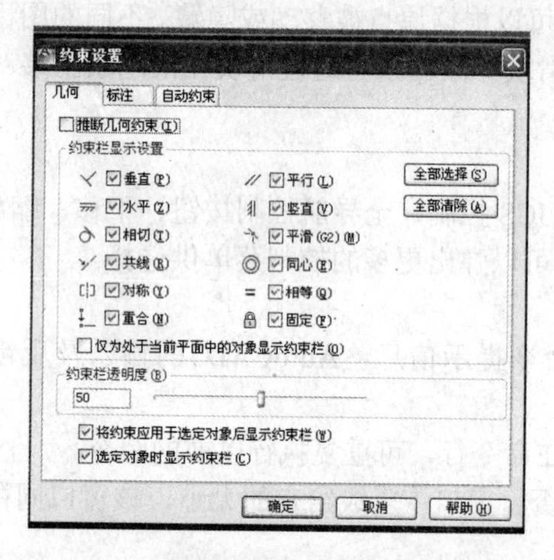

图 1.12　几何约束

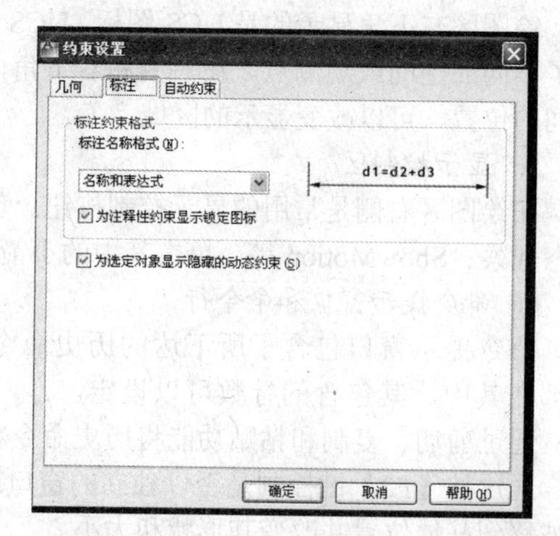

图 1.13　标注约束

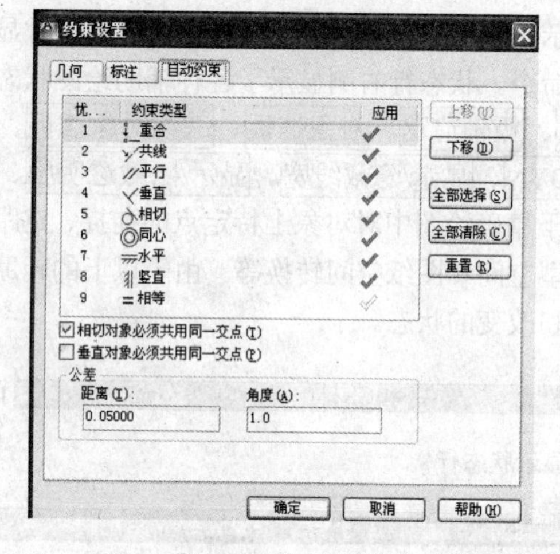

图 1.14　自动约束

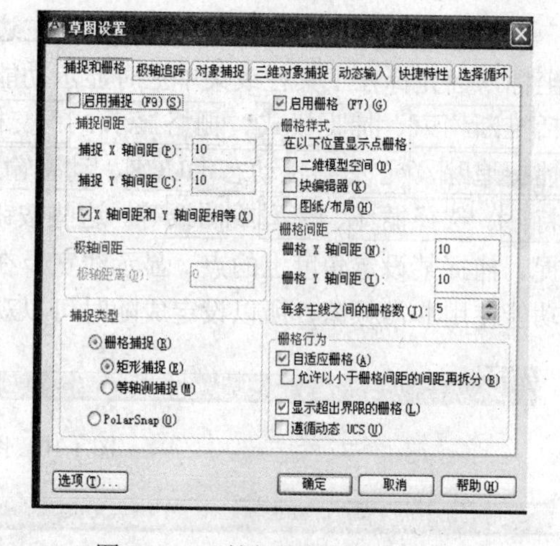

图 1.15　“捕捉和栅格”选项卡

（3）栅格显示：栅格主要和捕捉配合使用。当用户打开栅格时，如果栅格不是很密，在设置的图形界限（Limits 命令设置）范围内，出现网格，其间隔同样可以在“草图设置”对话框中进行设定。一般将该间隔和捕捉的间隔设定成相同，绘图时光标点将会捕捉设置好的点。按钮按下时为开，弹起时为关。如果触发该按钮，在状态行中的命令行上会显示“<栅格 开>”或“<栅格 关>”的提示信息。

（4）正交模式：用于控制用户所绘制的线或移动时的位置保持水平或垂直的方向。当对象捕捉开关打开时，如果捕捉到对象上的指定点，则正交模式暂时失效。按钮按下时为开，弹起时为关。如果触发该按钮，在状态行中的命令行上会显示“<正交 开>”或“<正交 关>”的提示信息。

（5）极轴追踪：在用户绘图的过程中，系统将根据用户的设定，显示一条跟踪线，在跟踪线上可以移动光标进行精确绘图。系统的默认极轴为0°、90°、180°、270°，用户可以通过“草图设置”对话框中的“极轴追踪”选项卡，修改或增加极轴的角度或数量，如图 1.16 所示。状态栏中按钮按下时为开，弹起时为关。如果触发该按钮，在状态行中的命令行上会显示“<极轴 开>”或“<极轴 关>”的提示信息。打开极轴追踪绘图时，当光标移到极轴附近时，系统将显示极轴，并显示光标当前的方位，如图 1.17 所示。

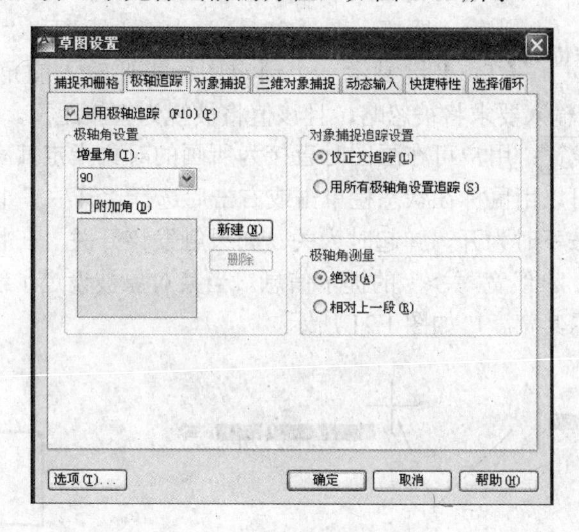

图 1.16　“极轴追踪”选项卡

（6）对象捕捉：通过对象捕捉可以精确地取得诸如直线的端点、中点、垂足、圆或圆弧的圆心、切点、象限点等，这是精确绘图所必需的。按钮按下时为开，弹起时为关。如果触发该按钮，在状态行中的命令行上会显示“<对象捕捉 开>”或“<对象捕捉 关>”的提示信息。在绘图过程中，如果设定了相应的对象捕捉模式并启用对象捕捉，提示输入点时，当光标移到对象上，会显示系统自动捕捉的点。如果同时设定了多种捕捉功能，系统将首先显示离光标最近的捕捉点，此时移动光标到其他位置，系统将会显示其他捕捉的点。不同的提示形状表示了不同的捕捉点，详见“草图设置”对话框中的“对象捕捉”选项卡，如图 1.18 所示，虽然光标点在圆周上，但由于圆心捕捉功能打开了，所以绘制直线的终点在圆心上。具体的设定和含义，在本章后面会详细介绍。

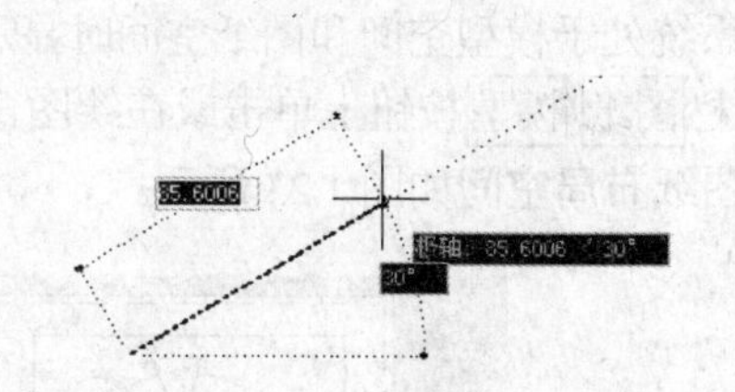

图 1.17　极轴追踪精确定位

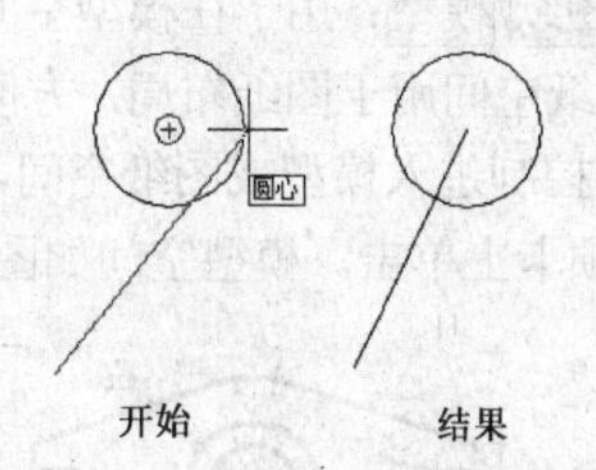

图 1.18　对象捕捉功能

（7）对象捕捉追踪：该开关处于打开状态时，用户可以通过捕捉对象上的关键点，然后沿正交方向或极轴方向拖动光标，系统将显示光标当前位置与捕捉点之间的关系。找到符合要求的点时，直接点取。图 1.19 表示了捕捉圆心向下（270°）50.8983 单位的点。按钮按下时为开，弹起时为关。如果触发该开关，在状态行中的命令行上会显示“<对象捕捉追踪 开>”或“<对象捕捉追踪 关>”的提示信息。

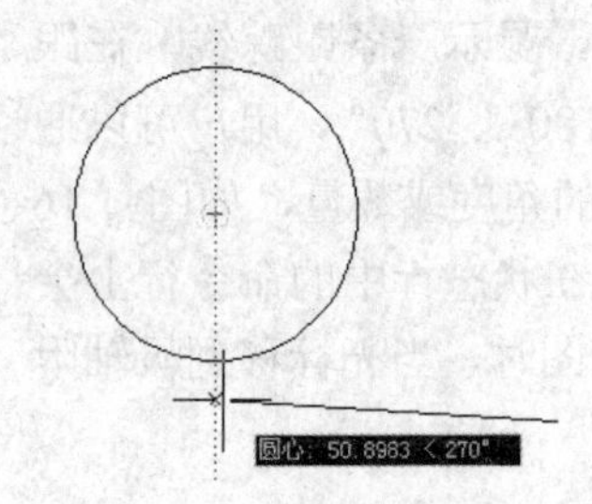

图 1.19　对象捕捉追踪定位

（8）允许/禁止动态 UCS：允许或禁止动态 UCS。使用动态 UCS 功能，可以在创建对象时使 UCS 的 XY 平面自动与实体模型上的平面临时对齐。可以通过【F6】键、【Ctrl+D】组合键进行切换。

（9）动态输入 DYN：动态输入按钮；启用时，可以在光标附近的输入文本框中输入数据；如图 1.20 所示。其中图 1.20（a）为输入距离；图 1.20（b）为输入距离和“<”或者输入距离后按【Tab】键显示一个锁定图标需要输入的角度。如果输入值后按【Enter】键，则后面的输入要求将被忽略，且该值将被视为直接距离。

（10）显示/隐藏线宽：用户可在画图时直接为所画的对象指定其宽度或在图层中设定其宽度。线宽显示按钮可以用鼠标在状态栏单击或右击后选择“开/关”以及通过“线宽设置”对话框来控制。按钮按下时为开，弹起时为关。如果触发该开关，在状态行中的命令行上会显示“<线宽 开>”或“<线宽 关>”的提示信息。当某对象被设定了线宽，同时该按钮打开时，一般在屏幕上显示其宽度，如图 1.21 所示。

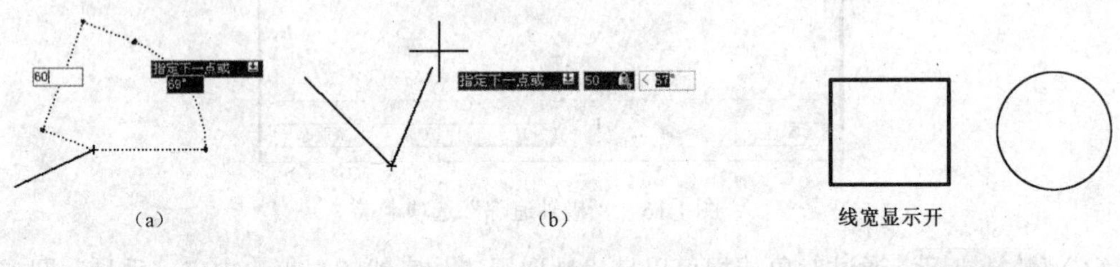

图 1.20　动态输入　　　　图 1.21　线宽特性

（11）显示/隐藏透明度：用于控制透明度设置是否启用。

（12）快捷特性：对于显示在“特性”选项板中的特性，“快捷特性”选项板可显示可自定义的子集。也可以自定义对象类型，这些对象在选定后或双击时显示在“快捷特性”选项板中。

可用特性与“特性”选项板上的特性及用于鼠标悬停工具提示的特性相同。

（13）选择循环：“选择循环”允许选择重叠的对象。可以配置“选择循环”列表框的显示设置。

（14）图纸/模型：用于在模型空间和图纸空间之间切换。在一般情况下，模型空间用于图形的绘制，图纸空间用于图纸布局，方便输出控制。系统处于模型空间和图纸空间时显示的坐标系图标不同。控制进入模型或图纸空间，直接在状态栏图纸/模型按钮上单击或在绘图窗口下的模型/布局选项卡上单击。模型空间如图 1.22 所示，图纸布局空间如图 1.23 所示。

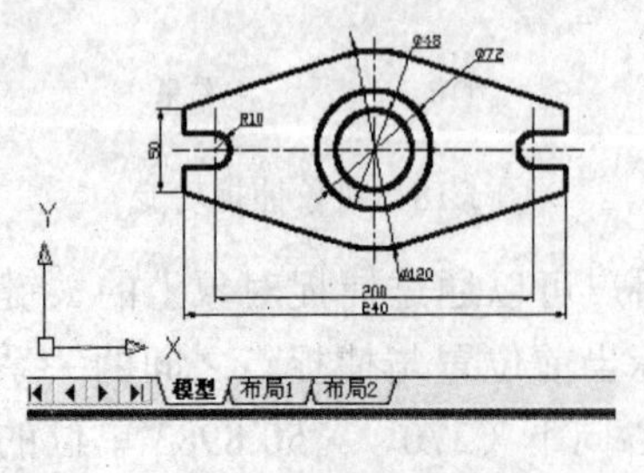

图 1.22　模型空间

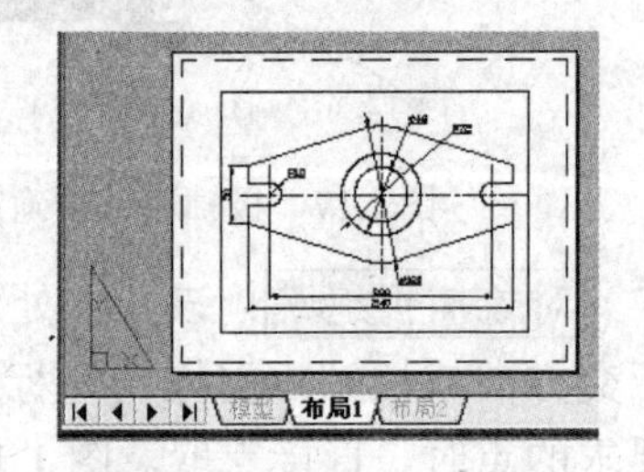

图 1.23　图纸布局空间

以上各状态按钮的控制方法如下。

① 在状态行对应的按钮上单击。

② 通过功能键（见表 1.1）控制（除图纸/模型外）。

③ 在状态行对应的按钮上单击鼠标右键，弹出快捷菜单后从中选择“开/关”。

④ 在状态行对应的按钮上单击鼠标右键，选择“设置”，进入“草图设置”对话框进行设定。

⑤ 通过“工具→草图设置”菜单进入“草图设置”对话框进行设定。

⑥ 执行命令“DSETTINGS”，进入“草图设置”对话框进行设定。

通过绘图区按住【Shift】键并单击鼠标右键，在弹出的菜单中选择“对象捕捉设置”，弹出“草图设置”对话框，进行设置。

其中，“对象捕捉”控制方法还有以下 4 种。

（1）在绘图区按住【Shift】键并单击鼠标右键，弹出“对象捕捉”快捷菜单，从中选取。

（2）打开“对象捕捉”工具栏，选择对象捕捉方式。

（3）在“标准”工具栏中，单击“对象捕捉”工具栏，选择对象捕捉方式。

（4）通过键盘在提示输入坐标时，输入对象捕捉方式的全称或前 3 个字母。

快速查看布局：将当前图形的模型空间与布局显示为一行快速查看布局图像。可以在快速查看布局图像上单击鼠标右键查看布局选项。

快速查看图形：将所有当前打开的图形显示为一行快速查看图形图像。将光标悬停在快速查看图形图像上时，还可以预览打开图形的模型空间与布局，并在其间进行切换。

注释比例：注释比例是与模型空间、布局视口和模型视图一起保存的设置。将注释性对象添加到图形中时，它们将支持当前的注释比例，根据该比例设置进行缩放，并自动以正确的大小显示在模型空间中。在图形中创建注释性对象后，它支持一个注释比例，即创建该对象时的当前注释比例。用户可以更新注释性对象，以支持其他注释比例。

切换工作空间：使用“自定义用户界面”（CUI）编辑器创建工作空间、更改工作空间的特性，以及在所有工作空间中显示某个工具栏。

工具栏窗口位置锁定：单击该按钮，弹出设置锁定或解锁菜单，如图 1.24 所示。用于设置各对象位置的锁定或解锁。

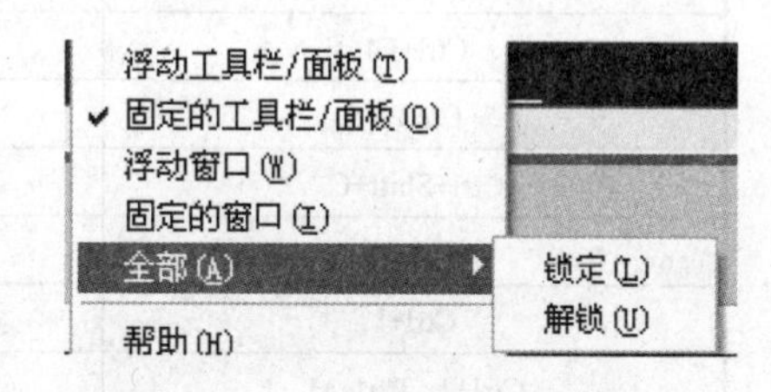

图 1.24　设定窗口位置锁定或解锁

硬件加速：控制是否使用硬件进行加速。包括图形的显示和打印。

应用程序状态栏菜单：用于控制显示或关闭的应用程序状态栏项目。

全屏显示切换开关：控制是否全屏显示。

1.5　AutoCAD 2012 中文版基本操作

1.5.1　按键定义

在 AutoCAD 2012 中定义了不少功能键和热键。通过这些功能键或热键，可以快速实现指定功能。熟悉功能键和热键，可以简化不少操作。AutoCAD 2012 中预定义的常用功能键如表 1.1 所示。

表 1.1 常用功能键定义

功能键	作用
F1、Shift+F1	联机帮助（HELP）
F2	文本窗口按钮（TEXTSCR）
F3、Ctrl+F	对象捕捉按钮（OSNAP）
F4、Ctrl+T	三维对象捕捉开关
F5、Ctrl+E	等轴测平面右/左/上转换按钮（ISOPLANE）
F6、Ctrl+D	DUCS 按钮
F7、Ctrl+G	栅格显示按钮（GRID）
F8、Ctrl+L	正交模式按钮（ORTHO）
F9、Ctrl+B	捕捉模式按钮（SNAP）
F10、Ctrl+U	极轴按钮
F11、Ctrl+W	对象捕捉追踪按钮
F12	DYN 动态输入按钮
Ctrl+0	切换“清除屏幕”
Ctrl+1	切换“特性”选项板
Ctrl+2	切换设计中心
Ctrl+3	切换“工具选项板”窗口
Ctrl+4	切换“图纸集管理器”
Ctrl+5	切换“信息选项板”
Ctrl+6	切换“数据库连接管理器”
Ctrl+7	切换“标记集管理器”
Ctrl+8	切换“快速计算器”选项板
Ctrl+9	切换命令窗口
Ctrl+A	选择图形中的对象
Ctrl+Shift+A	切换组
Ctrl+F4	关闭 AutoCAD
Ctrl+C	将对象复制到剪贴板
Ctrl+Shift+C	使用基点将对象复制到剪贴板
Ctrl+H	切换 PICKSTYLE
Ctrl+I	切换 COORDS，状态栏坐标显示方式
Ctrl+J、Ctrl+M	重复上一个命令
Ctrl+N	创建新图形
Ctrl+O	打开现有图形
Ctrl+P	打印当前图形
Ctrl+R	在布局视口之间循环
Ctrl+S	保存当前图形
Ctrl+Shift+S	弹出“另存为”对话框
Ctrl+V	粘贴剪贴板中的数据
Ctrl+Shift+V	将剪贴板中的数据粘贴为块
Ctrl+X	将对象剪切到剪贴板
Ctrl+Y	取消前面的“放弃”动作
Ctrl+Z	撤销上一个操作

续表

功 能 键	作 用
Ctrl+[、Ctrl+\	取消当前命令
Ctrl+Page UP	移至当前选项卡左边的下一个布局选项卡
Ctrl+Page Down	移至当前选项卡右边的下一个布局选项卡
Ctrl+	选择实体时可以循环选取，选择打开文件时可以间隔选取
Shift+	选择文件时可以连续选取
Alt+	执行菜单
Space、Enter	重复执行上一次命令，在输入文字时【Space】键不同于【Enter】键
Esc	中断命令执行

1.5.2 命令输入方式

AutoCAD 交互绘图必须输入必要的指令和参数。常用的命令输入方式包括通过鼠标单击功能区控制面板按钮、键盘命令缩写或命令名、通过菜单、工具栏输入或通过选项板按钮输入等。下面介绍最常用的输入方式。

1. 按钮输入命令

用鼠标单击功能区面板按钮、选项板按钮，可以输入该按钮对应的命令。这也是最常用的输入命令的方式。

2. 使用鼠标右键输入

在不同的区域单击鼠标右键，弹出不同的快捷菜单。在绘图区右击，弹出快捷菜单，如图 1.25 所示。如按【Shift】+鼠标右键，打开“三维对象捕捉”快捷菜单，如图 1.26 所示。

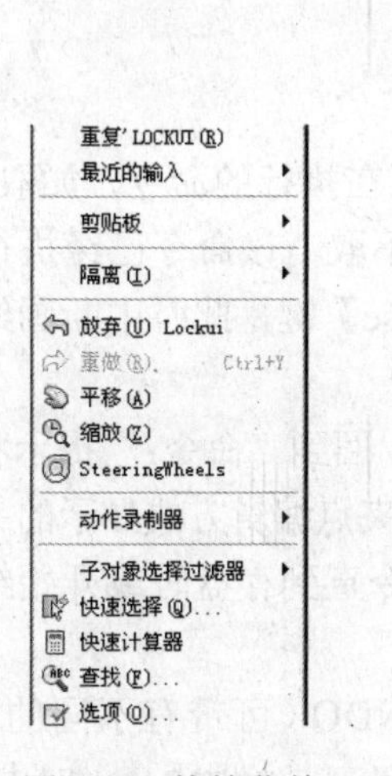

图 1.25 快捷菜单

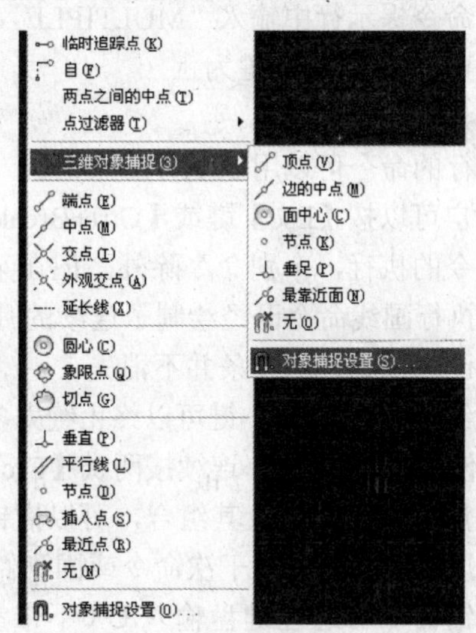

图 1.26 “三维对象捕捉”快捷菜单

3. 键盘输入命令

所有的命令均可以通过键盘输入（不分大、小写）。如果熟悉使用菜单和按钮，对一些不常用的命令，在打开的工具栏中或在菜单中找不到，可以通过键盘直接输入命令。对命令提示中必须输入的参数，也可以通过键盘输入。

部分命令通过键盘输入时可以缩写，此时可以只输入很少的字母即可执行该命令。如

"Circle"命令的缩写为"C"（不分大、小写）。用户可以定义自己的命令缩写。

在大多数情况下，直接输入命令会打开相应的对话框。如果不想使用对话框，可以在命令前加上"-"，如"-Layer"，此时不打开"图层特性管理器"对话框，而是显示等价的命令行提示信息，同样可以对图层特性进行设定。

4. 菜单输入命令

用鼠标左键在主菜单中单击下拉菜单，再移动到相应的菜单条上单击对应的命令。如果有下一级子菜单，则移动到菜单条后略微停顿，自动弹出下一级子菜单，移动光标到对应的命令上单击即可。

也可单击鼠标右键，弹出快捷菜单，移动鼠标到对应的菜单项上单击即可。

通过快捷键输入菜单命令，用【Alt】键和菜单中的带下画线字母或光标移动键选择菜单条和命令，按【Enter】键即可。

1.5.3 命令的重复、撤销、重做

在绘图的过程中经常要重复、撤销或重做某一条命令。AutoCAD 提供了多种方式实现该功能。

1. 命令的重复

命令重复执行有下列方法。

（1）在出现命令提示时按【Enter】键或【Space】键可以快速重复执行上一条命令。

（2）在绘图区单击鼠标右键选择"重复×××命令"执行上一条命令。

（3）在命令提示区或文本窗口中单击鼠标右键，在弹出的快捷菜单中选择"近期使用的命令"，可选择最近执行的 6 条命令之一重复执行。

（4）在命令提示行中输入"MULTIPLE"，在下一个提示后输入要执行的命令，将会重复执行该命令直到按【Esc】键为止。

2. 命令的撤销

正在执行的命令可以用以下方法撤销。

（1）用户可以按【Esc】键或【Ctrl+Break】组合键中断正在执行的命令，如取消对话框，废除一些命令的执行，个别命令除外。但在某些命令中，并不取消该命令已经执行完成的部分。例如，执行画线命令已经绘制了连续的几条线，再按【Esc】键，此时中断画线命令，不再继续，但已经绘制好的线条并不消失。

（2）连续按两次【Esc】键可以终止绝大多数命令的执行，回到"命令:"提示状态。编程时，往往要使用^C^C 两次。连续按两次【Esc】键也可以取消夹点编辑方式显示的夹点。

（3）采用 U、UNDO 及其组合，可以撤销前面执行的命令直到存盘时或开始绘图时的状态，同样可以撤销指定的若干次命令或回到做好的标记处。

（4）撤销命令可通过键盘输入 U（不带参数选项）或 UNDO（可带有不同的参数选项）命令或选择"编辑→撤销"菜单。或者通过单击按钮快速访问工具栏中的或按【Ctrl+Z】组合键来完成。如果单击快速访问工具栏撤销后面向下的箭头，会弹出之前执行过的命令，用户可以选择撤销到之前的某个命令处。

3. 命令的重做

已被撤销的命令还可以恢复重做。要恢复撤销的最后一个命令，可以输入 REDO 或通过"编辑→重做"来执行，不过，重做命令仅限恢复最近的一个命令，无法恢复以前被撤销的命令。如果是刚用 U 命令撤销的命令，可以按【Ctrl+Y】组合键重做。用户可以单击快速访问工具栏

中的“重做”按钮 执行重做，单击其后的箭头，可以恢复重做到制定的位置。

1.5.4 坐标形式

从坐标系的种类来说，坐标可分为笛卡儿坐标和极坐标两种。从坐标形式分，可分为绝对坐标和相对坐标两种形式。通过键盘可以精确输入坐标。输入坐标时，一般显示在命令提示行。如果动态输入按钮打开，可以在图形上的动态输入文本框中输入数值，通过按【Tab】键在字段之间切换。键盘输入坐标包括直角坐标和极坐标。

1. 直角坐标

直角坐标有以下两种。

（1）绝对直角坐标：输入点的（x, y, z）坐标，在二维图形中，z 坐标可以省略，如“10,20”指点的坐标为（10,20,0）。

（2）相对直角坐标：输入相对坐标，必须在前面加上“@”符号，如“@10,20”指该点相对于当前点，沿 x 方向移动 10，沿 y 方向移动 20。

2. 极坐标

极坐标有以下两种。

（1）绝对极坐标：给定距离和角度，在距离和角度中间加“<”符号，且规定 x 轴正向 0°，y 轴正向 90°，如“20<30”指距原点 20，方向 30° 的点。

（2）相对极坐标：在距离前加“@”符号，如“@20<30”，指输入的点距上一点的距离为 20，和上一点的连线与 x 轴成 30°。

通过鼠标指定坐标，只需在对应的坐标点上单击即可。如图 1.27 所示为 4 种坐标图例。

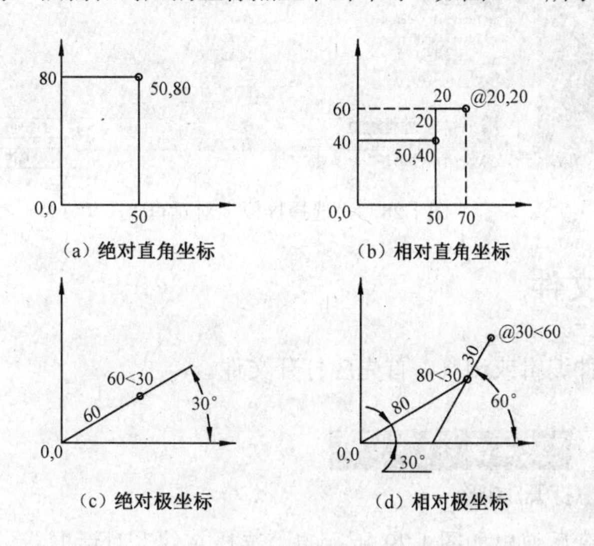

（a）绝对直角坐标　（b）相对直角坐标

（c）绝对极坐标　（d）相对极坐标

图 1.27　4 种坐标图例

注意:

当状态行极轴追踪按钮打开时，随着十字光标的移动，在状态行左侧会相应地显示追踪的极点坐标。如果动态输入按钮 DYN 打开，则绘制的图形上会动态显示大小和方位等信息。

1.6 文件操作命令

文件操作包括新建、打开、保存、赋名存盘等。

1.6.1 新建文件

开始绘制一幅新图，首先应该新建文件。

命令：NEW ，QNEW

快速访问工具栏：

菜单浏览器：/新建/图形

执行新建文件命令，弹出如图 1.28 所示的“选择样板”对话框。用户选择合适的样板文件，单击“打开”按钮进入绘图界面。

图 1.28 “选择样板”对话框

1.6.2 打开文件

如果对已有的文件编辑或浏览，首先应打开文件。

命令：OPEN

快速访问工具栏：

菜单浏览器：/打开/图形

执行“打开”命令后弹出如图 1.29 所示的“选择文件”对话框。

在该对话框中可以同时打开多个文件。按【Ctrl】键依次单击多个文件或按【Shift】键连续选中多个文件，单击打开按钮即可，如图 1.29 所示。

以只读方式打开文件。单击打开按钮右侧的向下小箭头，选中“以只读方式打开”后，打开的文件不可被更改，即只能读不能改。可打开的文件类型包括图形“dwg”、标准“dws”、DXF“dxf”和图形样板“dwt”。具体的操作可以参考前面“创建新图形”对话框的内容。

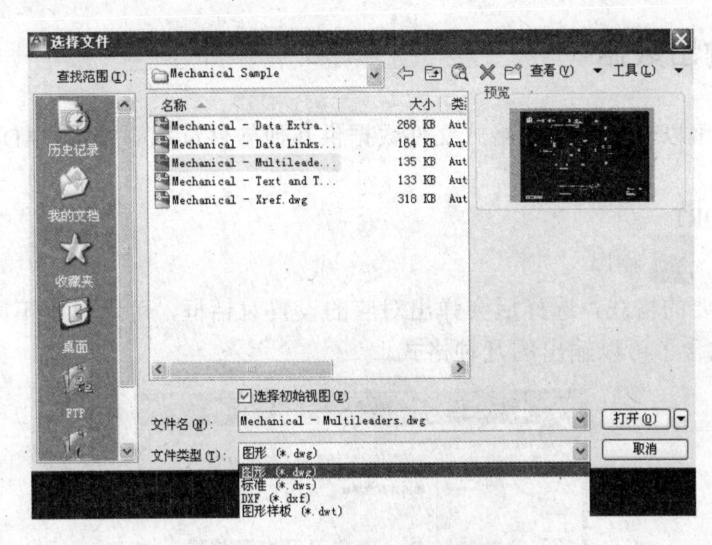

图 1.29 “选择文件”对话框

1.6.3 保存文件

对文件进行了有效的编辑后，必须存盘保留已经编辑的文件。

命令：SAVE

快速访问工具栏：

菜单浏览器：/保存

如果所编辑的图形文件已经取过名字，则不进行任何提示，系统直接将图形以当前文件名存盘；如果未取名，将“Drawing”加上序号作为预设的文件名，该序号系统自动检测，在现有的最大序号上加 1，并且弹出如“赋名存盘”一样的对话框，以让用户确认文件后保存，其操作过程见 1.6.4 节“赋名存盘”。

1.6.4 赋名存盘

如果要对编辑的文件另取名称保存，应执行赋名存盘。

命令：Save As...

快速访问工具栏：

菜单浏览器：/另存为

执行该命令后，弹出如图 1.30 所示的“图形另存为”对话框。

在文件名文本框中输入图形文件名，单击保存按钮，即可将编辑的图形以该文件保存。

如果想改变文件存放的位置，可以使用最上一行按钮。单击“保存于”下拉列表框右侧的向下小箭头，弹出目录列表后，选择希望的目录即可。如果希望以其他格式（DXF、DWT、DWS 等）存盘，在“文件类型”列表中选取。

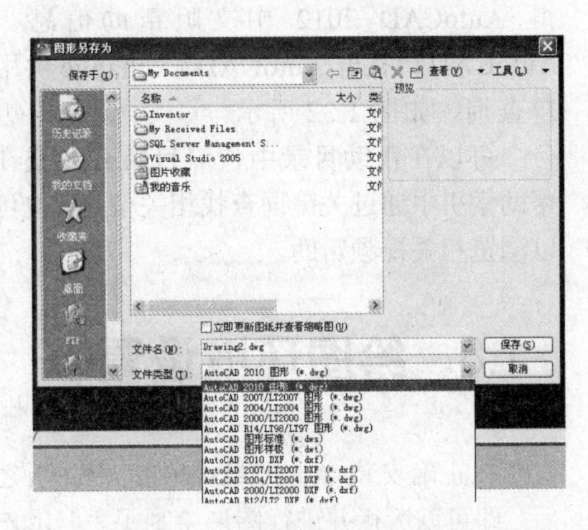

图 1.30 “图形另存为”对话框

1.6.5 输出数据

编辑的文件可以转换成其他格式文件数据供其他软件读取。AutoCAD 2012 提供了多种输出格式。

命令：EXPORT

菜单浏览器：/输出

用户选择需要的格式，选择后会弹出对应的设置对话框，可以设置不同文件格式的参数。图 1.31 中包含了可以输出的几种格式。

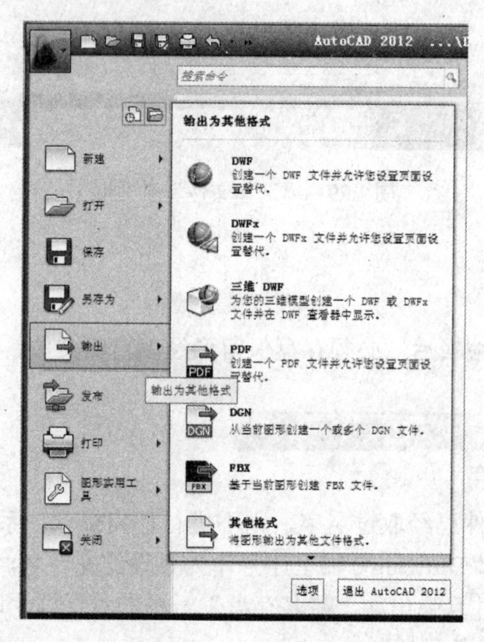

图 1.31　输出格式

1.7 帮助信息

按【F1】键、在命令行输入“HELP”或“？”以及单击标题栏右侧的问号均可以获得 AutoCAD 2012 中文版帮助信息。AutoCAD会打开 AutoCAD Exchange 供用户查询，如图 1.32 所示。

可以在帮助目录中按照目录查找或在帮助索引中通过关键词查找相关信息，也可以浏览相关视频帮助。

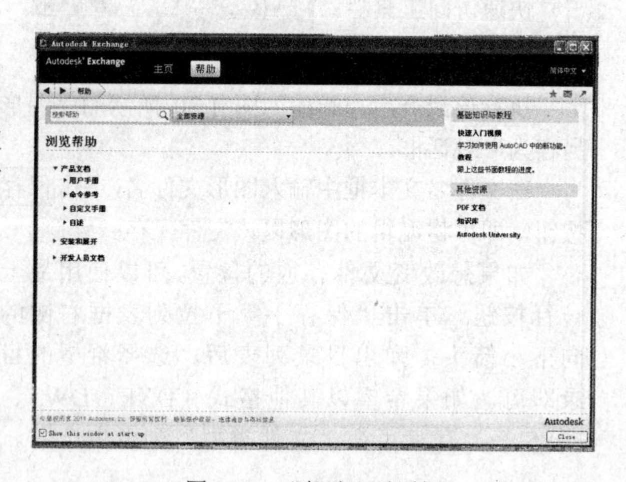

图 1.32　“帮助”对话框

1.8 绘图环境设置

在正确安装 AutoCAD 2012 中文版之后，即可以运行并进行图形绘制了。但用户往往会发现，很多地方并不符合自己的愿望。例如，希望绘图时的精度为 2 位小数，显示出来的却是 4 位小数；希望不仅能捕捉预定角度的极轴，而且能捕捉 20° 的极轴；希望屏幕背景为白色，默认颜色却是黑色；希望能够自动捕捉直线的端点、终点、垂足等。这些都和图形绘制的环境有关。

设置了合适的绘图环境，不仅可以简化大量的调整、修改工作，而且有利于统一格式，便于图形的管理和使用。下面介绍图形环境设置方面的知识，其中包括绘图界限、单位、图层、颜色、线型、线宽、草图设置、选项设置等。

1.8.1 单位 UNITS

对任何图形而言，总有其大小、精度以及采用的单位。在 AutoCAD 中，屏幕上显示的只是屏幕单位，但屏幕单位应对应一个真实的单位。不同的单位的显示格式是不同的。同样也可以设定或选择角度类型、精度和方向。如果是通过向导并进行了快速设置或高级设置，则应该已经选择了单位及精度等。下面介绍如何通过命令进行设定或修改。

命令：UNITS

执行该命令后，弹出如图 1.33 所示的“图形单位”对话框。

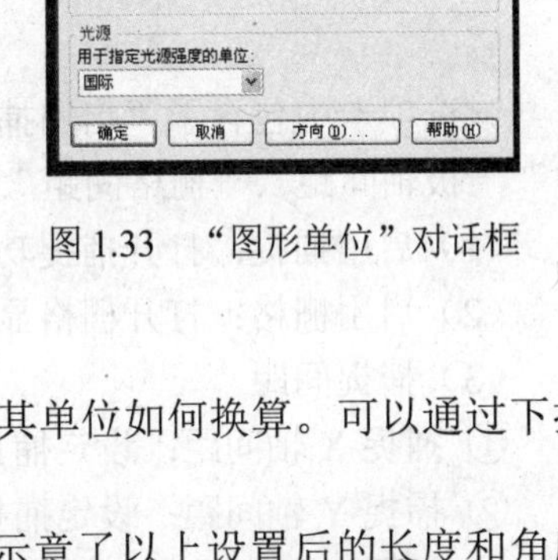

图 1.33 “图形单位”对话框

该对话框中包含长度、角度、设计中心块的图形单位和输出样例 4 个区，另外有 4 个按钮。

（1）长度区：设定长度的单位类型及精度。

① 类型：通过下拉列表，可以选择长度单位类型。

② 精度：通过下拉列表，可以选择长度精度。

（2）角度区：设定角度单位类型和精度。

① 类型：通过下拉列表，可以选择角度单位类型。

② 精度：通过下拉列表，可以选择角度精度。

③ 顺时针：控制角度方向的正、负。选中该复选框时，顺时针为正，否则，逆时针为正。默认逆时针为正。

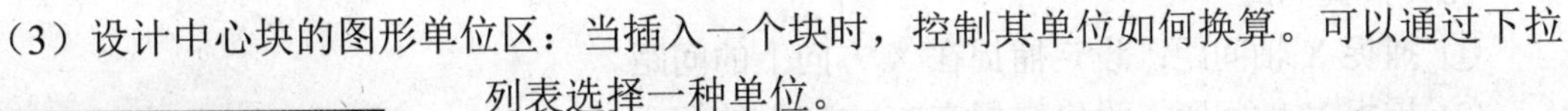

（3）设计中心块的图形单位区：当插入一个块时，控制其单位如何换算。可以通过下拉列表选择一种单位。

（4）输出样例区：该区示意了以上设置后的长度和角度单位格式。

（5）方向按钮：设定角度方向。单击该按钮后，弹出如图 1.34 所示的“方向控制”对话框。

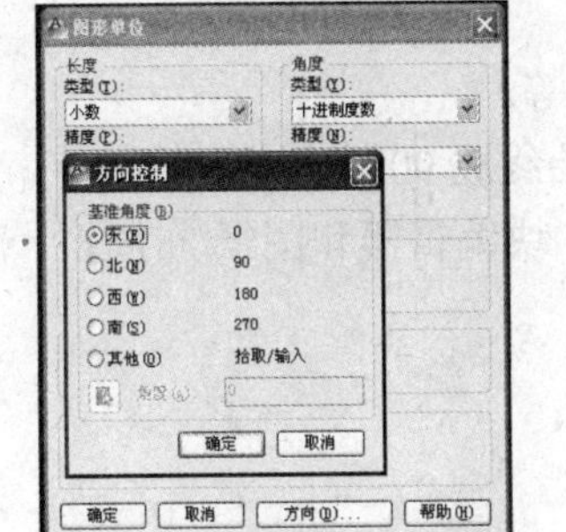

图 1.34 “方向控制”对话框

该对话框中可以设定基准角度方向，默认 0° 为东的方向。如果要设定除东、南、西、北 4 个方向以外的方向作为 0° 方向，可以选中“其他”单选按钮，此时下面的拾取/输入角度项为有效，用户可以单击“拾取”按钮，进入绘图界面单击某方向作为 0° 方向或直接输入某角度作为 0° 方向。

1.8.2 捕捉（SNAP）和栅格（GRID）

捕捉和栅格提供了一种精确绘图工具。通过捕捉可以将屏幕上的拾取点锁定在特定的位置上，而这些位置，隐含了间隔捕捉点。栅格是在屏幕上可以显示出来的具有指定间距的点，这些点只是在绘图时提供一种参考作用，其本身不是图形的组成部分，也不会被输出。栅格设定太密时，在屏幕上显示不出来。可以设定捕捉点，即栅格点。

命令：DSETTINGS

状态栏捕捉、栅格上右击，选择“设置”。

同样可以在状态栏中用鼠标右键单击栅格按钮或捕捉按钮，选择快捷菜单中的“设置”来进行设置。

执行该命令后，弹出如图 1.35 所示的“草图设置”对话框。其中第 1 个选项卡即“捕捉和栅格”选项卡。

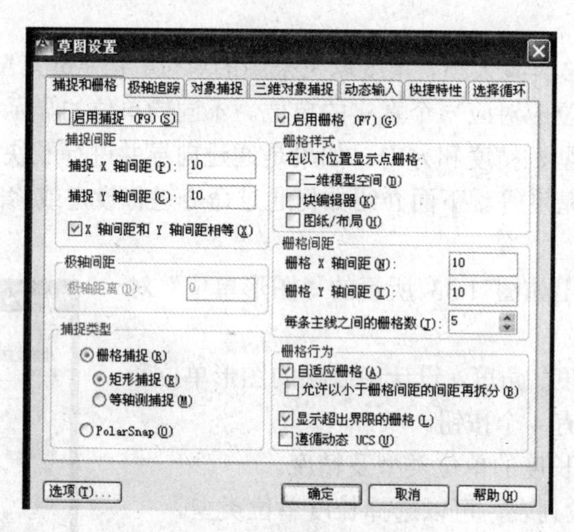

图 1.35 “草图设置”对话框

该选项卡中包含了“启用捕捉”、“启用栅格”两个复选框，以及“捕捉间距”、“栅格样式”、“极轴间距”、“栅格间距”、“捕捉类型”和“栅格行为”等选项区域。

（1）启用捕捉：打开捕捉功能。

（2）启用栅格：打开栅格显示。

（3）捕捉间距。

① 捕捉 X 轴间距：设定捕捉在 X 方向上的间距。

② 捕捉 Y 轴间距：设定捕捉在 Y 方向上的间距。

③ X 轴间距和 Y 轴间距相等：约束两个方向捕捉的间距相等。

角度：设定捕捉的角度。在矩形捕捉模式下，X 和 Y 方向始终成 90°。

（4）栅格样式。设置显示栅格的位置，包括二维模型空间、块编辑器和图纸/布局。

（5）极轴间距。设定在极轴捕捉模式下的极轴间距。

（6）栅格间距。

① 栅格 X 轴间距：设定栅格在 X 方向上的间距。

② 栅格 Y 轴间距：设定栅格在 Y 方向上的间距。

③ 每条主线之间的栅格数：设置主栅格线之间的栅格数。

（7）捕捉类型。

① 栅格捕捉：设定成栅格捕捉，分成矩形捕捉和等轴测捕捉两种方式。

矩形捕捉——X 和 Y 成 90° 的捕捉格式。

等轴测捕捉——设定成正等轴测捕捉方式。

如图 1.36 所示为栅格捕捉状态下 30° 角和等轴测捕捉模式下的屏幕示例。

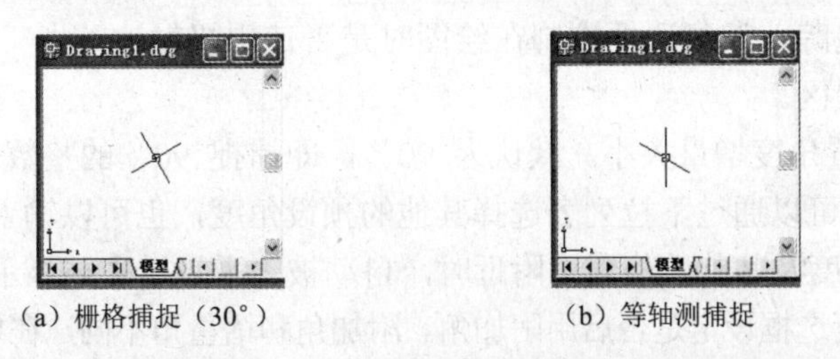

（a）栅格捕捉（30°）　　（b）等轴测捕捉

图 1.36　栅格捕捉和等轴测捕捉屏幕

在等轴测捕捉模式下，可以按【F5】键或【Ctrl+D】组合键在 3 个轴测平面之间切换。

② 极轴捕捉（Polar Snap）：设定成极轴捕捉模式，单击该项后，极轴间距有效，而捕捉间距无效。

（8）栅格行为。

① 自适应栅格。可以设置成允许以小于栅格间距的距离再拆分。

② 显示超出界限的栅格。可以设置是否显示超出界限部分的栅格。一般不显示，则有栅格的部分为界限内的范围。

③ 遵循动态 UCS。设置栅格是否跟随动态 UCS。

（9）选项按钮：单击该按钮，将弹出“选项”对话框。有关“选项”对话框的操作将在后面陆续介绍。

1.8.3 极轴追踪

利用极轴追踪可以在设定的极轴角度上根据提示精确移动光标。极轴追踪提供了一种拾取特殊角度的点的方法。

命令：DSETTINGS

状态栏极轴上右击，选择“设置”。

在“草图设置”对话框中的“极轴追踪”选项卡如图 1.37 所示。

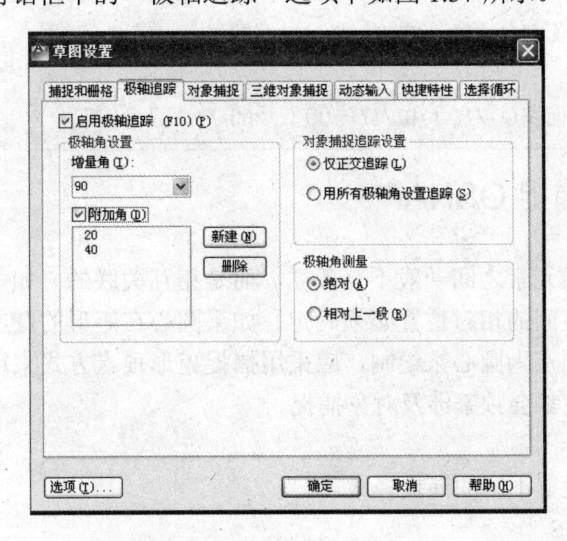

图 1.37　“极轴追踪”选项卡

该选项卡中包含了“启用极轴追踪”复选框，以及“极轴角设置”、“对象捕捉追踪设置”

和“极轴角测量”3 个选项区域。

（1）启用极轴追踪：该复选框控制在绘图时是否使用极轴追踪。

（2）极轴角设置区。

① 增量角：设置角度增量大小。默认为 90°，即捕捉 90° 的整数倍角度：0°、90°、180°、270°。用户可以通过下拉列表选择其他的预设角度，也可以输入新的角度。绘图时，当光标移到设定的角度及其整数倍角度附近时，自动被“吸”过去并显示极轴和当前方位。

② 附加角：该复选框设定是否启用附加角。附加角和增量角不同，在极轴追踪中会捕捉增量角及其整数倍角度，并且会捕捉附加角设定的角度，但不一定捕捉附加角的整数倍角度。如设定了增量角为 45°，附加角为 30°，则自动捕捉的角度为 0°、45°、90°、135°、180°、225°、270°、315° 以及 30°，不会捕捉 60°、120°、240°、300°。

③ 新建按钮：新增一个附加角。

④ 删除按钮：删除一个选定的附加角。

（3）对象捕捉追踪设置区。

① 仅正交追踪：仅在对象捕捉追踪时采用正交方式。

② 用所有极轴角设置追踪：在对象捕捉追踪时采用所有极轴角。

（4）极轴角测量区。

① 绝对：设置极轴角为绝对角度。在极轴显示时有明确的提示。

② 相对上一段：设置极轴角为相对于上一段的角度，在极轴显示时有明确的提示。

注意：

在绘图过程中，如果希望鼠标在指定的方向上，则可以临时输入“<XX”来设定。例如，在执行 LINE 命令中，输入第 2 点前输入“<17”并按【Enter】键，则在单击第 2 点时鼠标指引线将会被限制在 17° 和 197° 的方向上。该用法可以用在已知第 1 点而需要确定另一点以便得到长度或方向时。该用法称为“角度替代”。

【例 1.1】绘制一对角线长 300，对角线角度为 39° 的矩形。

```
命令：rectang↵                                                             下达矩形命令
指定第1个角点或 [倒角(C)/标高(E)/圆角(F)/厚度(T)/宽度(W)]：100,100 ↵      输入第1个角点坐标
指定另一个角点或 [面积(A)/尺寸(D)/旋转(R)]：<39↵                           输入替代角度
角度替代：39
指定另一个角点或 [面积(A)/尺寸(D)/旋转(R)]：300↵                           输入对角线长度
```

1.8.4 对象捕捉 OSNAP

绘制的图形各组成元素之间一般不是孤立，而是相互关联的。如一个图形中有一矩形和一个圆，该圆和矩形之间的相对位置必须确定。如果圆心在矩形的左上角顶点上，在绘制圆时，必须以矩形的该顶点为圆心来绘制，应采用捕捉矩形顶点方式来精确定点。以此类推，几乎在所有的图形中，都会频繁涉及对象捕捉。

1. 对象捕捉模式

不同的对象可以设置不同的捕捉模式。

命令：DSETTINGS

在状态栏中右击对象捕捉按钮，选择快捷菜单中的“设置”。“草图设置”对话框中的“对象捕捉”选项卡如图 1.38 所示。

“对象捕捉”选项卡中包含了“启用对象捕捉”、“启用对象捕捉追踪”两个复选框及对象捕捉模式区。

（1）启用对象捕捉：控制是否启用对象捕捉。

（2）启用对象捕捉追踪：控制是否启用对象捕捉追踪。如图 1.39 所示，捕捉该正六边形的中心。可以打开对象捕捉追踪，然后在输入点的提示下，首先将光标移到直线 *A* 上，出现中点提示后，将光标移到端点 *B* 上，出现端点提示后，向左移到中心位置附近，出现如图 1.39 所示的提示后单击，该点即是中心点。

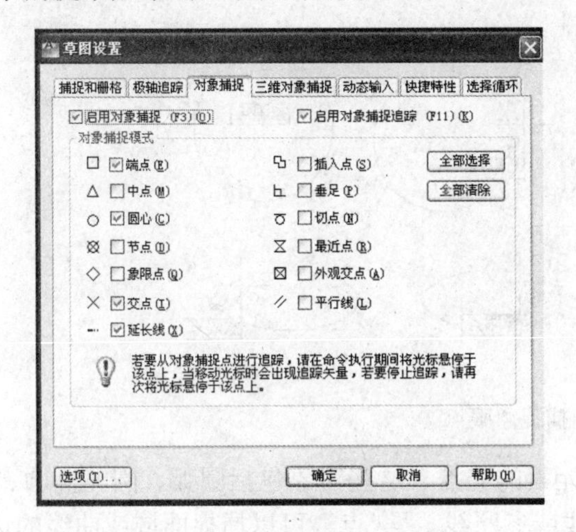

图 1.38　“对象捕捉”选项卡

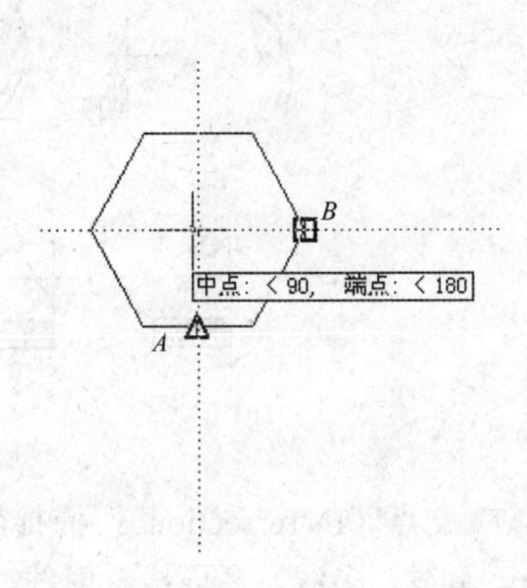

图 1.39　“对象捕捉”追踪

（3）对象捕捉模式。

① 端点（ENDpoint）：捕捉直线、圆弧、多段线、填充直线、填充多边形等端点，拾取点靠近哪个端点，即捕捉该端点，如图 1.40 所示。

② 中点（MIDpoint）：捕捉直线、圆弧、多段线的中点。对于参照线，“中点”将捕捉指定的第 1 点（根）。当选择样条曲线或椭圆弧时，“中点”将捕捉对象起点和端点之间的中点，如图 1.41 所示。

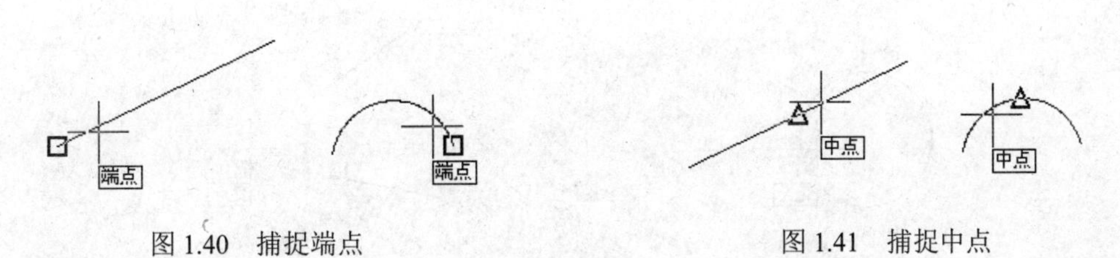

图 1.40　捕捉端点　　　　图 1.41　捕捉中点

③ 圆心（CENter）：捕捉圆、圆弧或椭圆弧的圆心，拾取圆、圆弧、椭圆弧而非圆心，如图 1.42 所示。

④ 节点（NODe）：捕捉点对象以及尺寸的定义点。块中包含的点可以用做快速捕捉点，如图 1.43 所示。

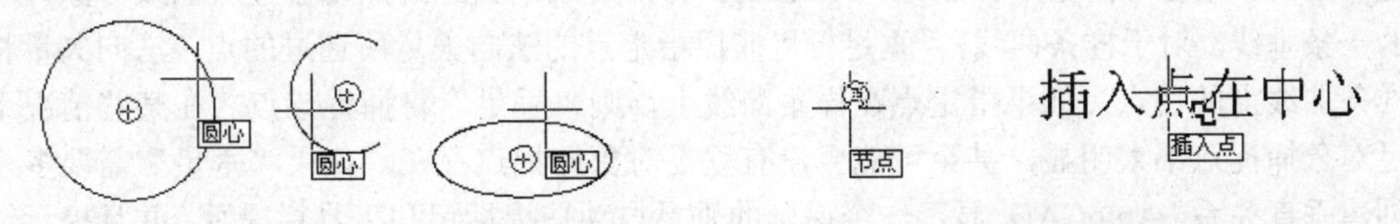

图 1.42　捕捉圆心　　　　图 1.43　捕捉节点和插入点

⑤ 插入点（INSertion）：捕捉块、文字、属性、形、属性定义等插入点。如果选择块中的属性，AutoCAD 将捕捉属性的插入点而不是块的插入点。为此，如果一个块完全由属性组成，只有当其插入点与某个属性的插入点一致时才能捕捉到其插入点，如图 1.44 右图所示。

⑥ 象限点（QUAdrant）：捕捉到圆弧、圆或椭圆的最近的象限点（0°、90°、180°、270°点）。圆和圆弧的象限点的捕捉位置取决于当前用户坐标系（UCS）方向。要显示“象限点”捕捉，圆或圆弧的法线方向必须与当前用户坐标系的 z 轴方向一致。如果圆弧、圆或椭圆是旋转块的一部分，那么象限点也随着块旋转，如图 1.44 所示。

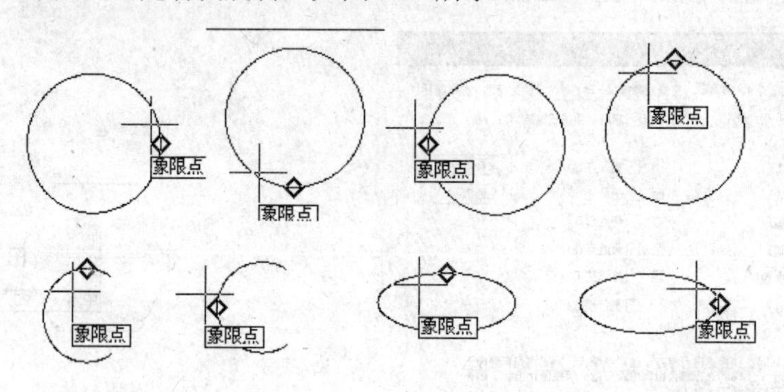

图 1.44　捕捉象限点

⑦ 交点（INTersection）：捕捉两个图形元素的交点，这些对象包括圆弧、圆、椭圆、椭圆弧、直线、多线、多段线、射线、样条曲线或参照线。“交点”可以捕捉面域或曲线的边，但不能捕捉三维实体的边或角点。块中直线的交点同样可以捕捉，如果块以一致的比例进行缩放，可以捕捉块中圆弧或圆的交点，如图 1.45 所示。

⑧ 延长线（EXTension）：可以使用“延长线”对象捕捉延伸直线和圆弧。与“交点”或“外观交点”一起使用“延长线”，可以获得延伸交点。要使用“延长线”，在直线或圆弧端点上暂停后将显示小的加号（+），表示直线或圆弧已经选定，可以用于延伸。沿着延伸路径移动光标将显示一个临时延伸路径。如果“交点”或“外观交点”处于“开”状态，就可以找出直线或圆弧与其他对象的交点，如图 1.46 所示。

图 1.45　捕捉交点　　　　图 1.46　捕捉延长线交点

⑨ 垂足（PERpendicular）：“垂足”可以捕捉到与圆弧、圆、参照、椭圆、椭圆弧、直线、多线、多段线、射线、实体或样条曲线正交的点，也可以捕捉到对象的外观延伸垂足，最后结果是垂足未必在所选对象上。当用“垂足”指定第 1 点时，AutoCAD 将提示指定对象上的一点。当用“垂足”指定第 2 点时，AutoCAD 将捕捉刚刚指定的点以创建对象或对象外观延伸的一条垂线。对于样条曲线，“垂足”将捕捉指定点的法向矢量所通过的点。法向矢量将捕捉样条曲线上的切点。如果指定点在样条曲线上，则“垂足”将捕捉该点。在某些情况下，垂足对象捕捉点不太明显，甚至可能会没有垂足对象捕捉点存在。如果“垂足”需要多个点以创建垂直关系，AutoCAD 显示一个递延的垂足自动捕捉标记和工具栏提示，并且提示输入第 2 点。如图 1.47 所示，绘制一条直线同时垂直于直线和圆，在输入点的提示下，采用“垂

足”响应。

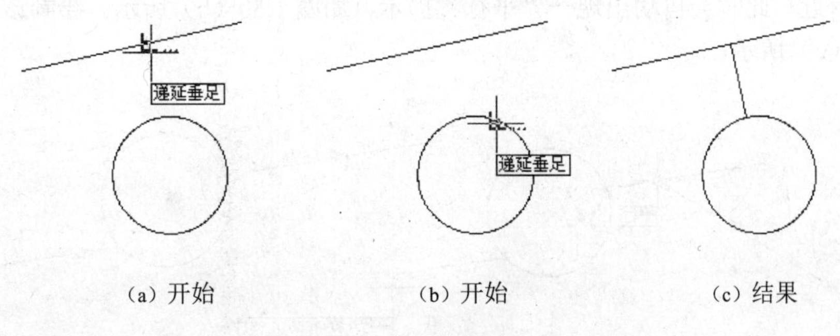

（a）开始　　（b）开始　　（c）结果

图 1.47　捕捉垂足

⑩ 外观交点（APParent Intersection）：和交点类似的设定。捕捉空间两个对象的视图交点，注意在屏幕上看上去“相交”，如果第 3 个坐标不同，这两个对象并不真正相交。采用“交点”模式无法捕捉该“交点”。如果要捕捉该点，应该设定成“外观交点”。

⑪ 快速（QUIck）：当用户同时设定了多个捕捉模式时，捕捉发现第 1 个点。该模式为 AutoCAD 设定的默认模式。

⑫ 无（NONe）：不采用任何捕捉模式，一般用于临时覆盖捕捉模式。

⑬ 切点（TANgent）：捕捉与圆、圆弧、椭圆相切的点。如采用 TTT、TTR 方式绘制圆时，必须和已知的直线或圆、圆弧相切。如绘制一直线和圆相切，则该直线的上一个端点和切点之间的连线保证和圆相切。对于块中的圆弧和圆，如果块以一致的比例进行缩放并且对象的厚度方向与当前 UCS 平行，就可以使用切点捕捉。对于样条曲线和椭圆，指定的另一个点必须与捕捉点处于同一平面。如果“切点”对象捕捉需要多个点建立相切的关系，则 AutoCAD 显示一个递延的自动捕捉“切点”标记和工具栏提示，并提示输入第 2 点。要绘制与 2 个或 3 个对象相切的圆，可以使用递延的“切点”创建两点或三点圆。如图 1.48 所示，绘制一直线垂直于直线并和圆相切。

⑭ 最近点（NEArest）：捕捉该对象上和拾取点最靠近的点，如图 1.49 所示。

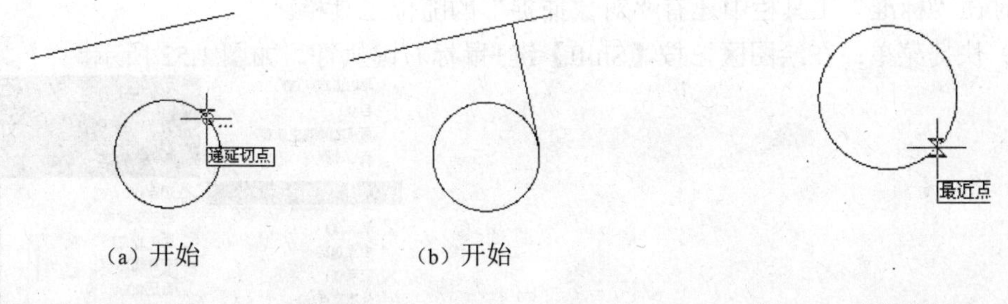

（a）开始　　（b）开始

图 1.48　捕捉切点　　图 1.49　捕捉最近点

⑮ 平行线（PARallel）：绘制直线段时应用“平行线”捕捉。要想应用单点对象捕捉，请先指定直线的“起点”，选择“平行线”对象捕捉（或将“平行线”对象捕捉设置为执行对象捕捉），然后移动光标到要与之平行的对象上，随后将显示小的平行线符号，表示此对象已经选定。再移动光标，在接近与选定对象平行时自动“跳到”平行的位置。该平行对齐路径以对象和命令的起点为基点。可以与“交点”或“外观交点”对象捕捉一起使用“平行线”捕捉，从而找出平行线与其他对象的交点。

【例 1.2】从圆上一点开始，绘制直线的平行线。

在提示输入下一点时，将光标移到直线上，如图 1.50（a）所示。然后将光标移到与直线平行的方向附近，此时会自动出现一“平行”提示，如图 1.50（b）所示。绘制该平行线，结果如图 1.50（c）所示。

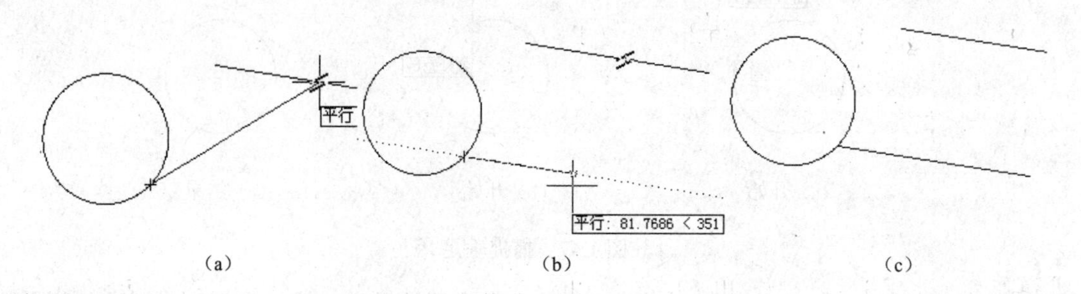

图 1.50　捕捉平行线

① 捕捉自（FROm）：定义从某对象偏移一定距离的点。“捕捉自”不是对象捕捉模式之一，但往往和对象捕捉一起使用。

② 临时追踪点：创建对象捕捉所使用的临时点。

【例 1.3】如图 1.51 所示，要绘制一半径为 25 的圆，其圆心位于正六边形正右方相距 50。

命令: CIRCLE↵

指定圆的圆心或 [三点(3P)/两点(2P)/相切、相切、半径(T)]: **单击“捕捉自”按钮** _from

基点: **单击A点，随即将光标移到A点正右方(或在下面提示下输入“@50<0”)**

<偏移>:50↵

指定圆的半径或 [直径(D)]:25↵

2. 设置对象捕捉的方法

设定对象捕捉方式有几种方法。

（1）按钮：[“对象捕捉”工具栏]。

同时在“标准”工具栏中还有“对象捕捉”的随位工具栏。

（2）快捷菜单：在绘图区，按【Shift】键+鼠标右键执行，如图 1.52 所示。

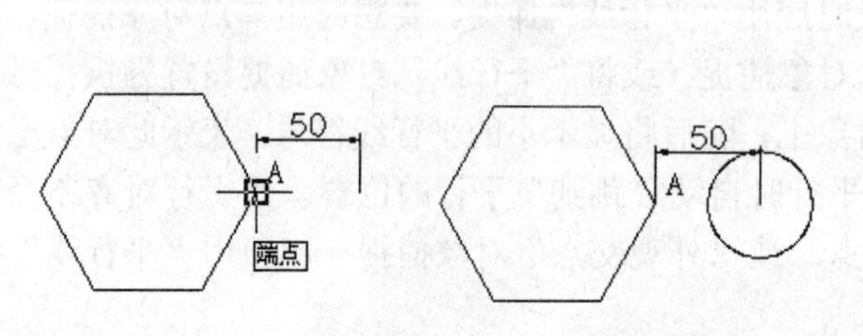

图 1.51　捕捉自

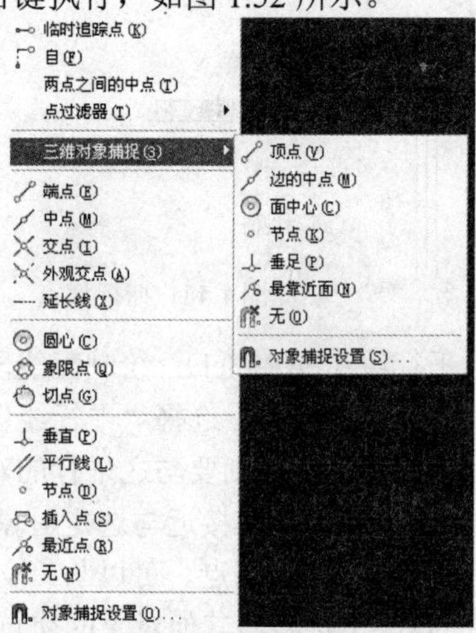

图 1.52　“三维对象捕捉”快捷菜单

（3）键盘输入包含前 3 个字母的词。如在提示输入点时输入“MID”，此时会用中点捕捉模式覆盖其他对象捕捉模式，同时可以用诸如“END,PER,QUA”、“QUI,END”的方式输入多个对象捕捉模式。

（4）通过 1.8.4 节中“对象捕捉”选项卡来设置。

3. 对象捕捉参数和极轴追踪参数设置

在图形比较密集时，即使采用对象捕捉，也可能由于图线较多而出现误选现象，为此应该设置合适的靶框。同样，用户也可以设置是否在自动捕捉时提示标记或在极轴追踪时是否显示追踪矢量等。设置捕捉参数可以满足用户的需求。

命令：OPTIONS

快捷菜单：在命令行或文本窗口中按【Shift】键+鼠标右键，在快捷菜单中选择“选项”，执行“选项”命令后，弹出如图 1.53 所示的“选项”对话框，其中的“绘图”选项卡可以设置对象捕捉参数和极轴追踪参数。

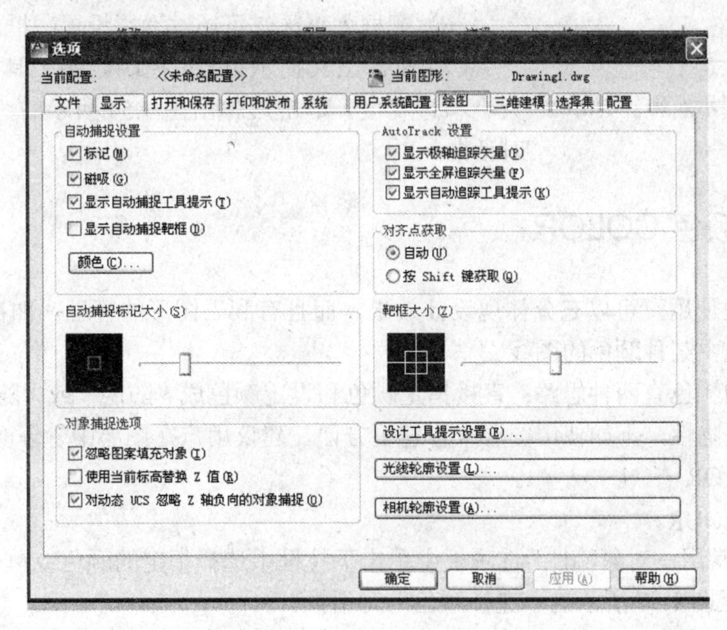

图 1.53 “选项”对话框

该选项卡中包含了“自动捕捉设置”、“自动捕捉标记大小”、“对象捕捉选项”、“自动追踪（AutoTrack）设置”、“对齐点获取”和“靶框大小”5 个区。

（1）自动捕捉设置区。

① 标记：设置是否显示自动捕捉标记，不同捕捉点的标记不同。

② 磁吸：设置是否将光标自动锁定在最近的捕捉点上。

③ 显示自动捕捉工具提示：控制是否显示捕捉点类型提示。

④ 显示自动捕捉靶框：控制是否显示自动捕捉靶框。

⑤ 颜色：设置自动捕捉标记颜色。单击该按钮后弹出“图像窗口颜色”对话框。

（2）自动捕捉标记大小区。通过滑块设置自动捕捉标记大小。向右移动增大，向左移动减小。

（3）对象捕捉选项。

① 忽略图案填充对象：指定在打开对象捕捉时，忽略填充图案。

② 使用当前标高替换 z 值：指定对象捕捉时忽略对象捕捉位置的 z 值，并使用为当前 UCS 设置的标高 z 值。

③ 对动态 UCS 忽略 z 轴负向的对象捕捉：指定使用动态 UCS 期间对象捕捉时，忽略具有负 z 值的几何体。

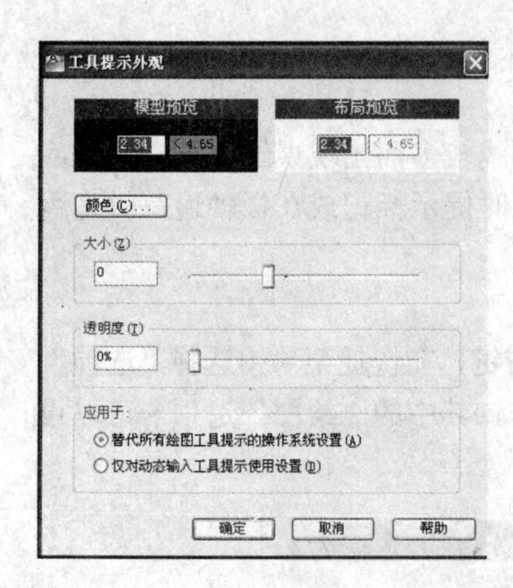

图 1.54 “工具提示外观”对话框

（4）自动追踪设置区。

① 显示极轴追踪矢量：控制是否显示极轴追踪矢量。

② 显示全屏追踪矢量：控制是否显示全屏追踪矢量，该矢量显示的是一条参照线。

③ 显示自动追踪工具提示：控制是否显示自动追踪工具栏提示。

（5）对齐点获取区。

① 自动：对齐点自动获取。

② 按 Shift 键获取：对齐点必须通过按【Shift】键才能获取。

（6）靶框大小区。可通过滑块设置靶框的大小。

（7）设计工具提示设置：控制绘图工具栏提示的颜色、大小和透明度，单击后弹出图 1.54 所示的“工具提示外观”对话框。

1.8.5 颜色 COLOR

颜色的合理使用，可以充分体现设计效果，而且有利于图形的管理。如在选择对象时，可以通过过滤选中某种颜色的图线。

设定图线的颜色有两种思路：直接指定颜色和设定颜色成“随层”或“随块”。直接指定颜色有一定的缺陷性，不如使用图层来管理更方便，建议用户在图层中管理颜色。

命令：COLOR

COLOUR

按钮：在“常用→对象特性”选项板中单击下拉框中选择指定的颜色或单击“选择颜色”，弹出如图 1.55 至图 1.57 所示的“选择颜色”对话框。

选择颜色不仅可以直接在对应的颜色小方块上单击或双击，也可以在颜色文本框中输入英文单词或颜色的编号，在随后的小方块中会显示相应的颜色。另外可以设定成“随层”或“随块”。如果在绘图时直接设定了颜色，不论该图线在什么层上，都具有设定的颜色。如果设定成“随层”或“随块”，则图线的颜色随层的颜色而变或随插入块中图线的相关属性而变。

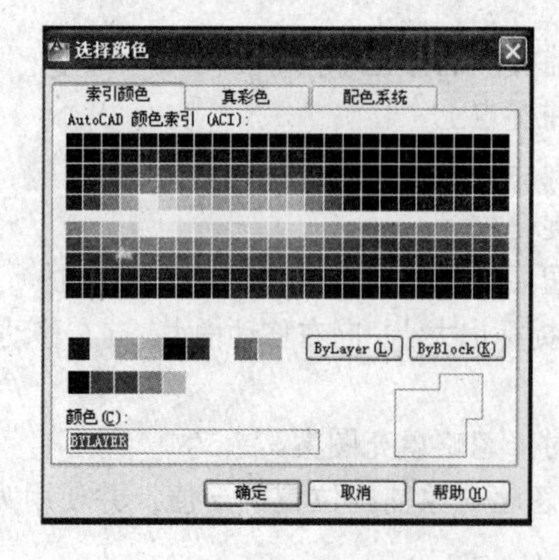

图 1.55 “选择颜色”对话框—索引颜色

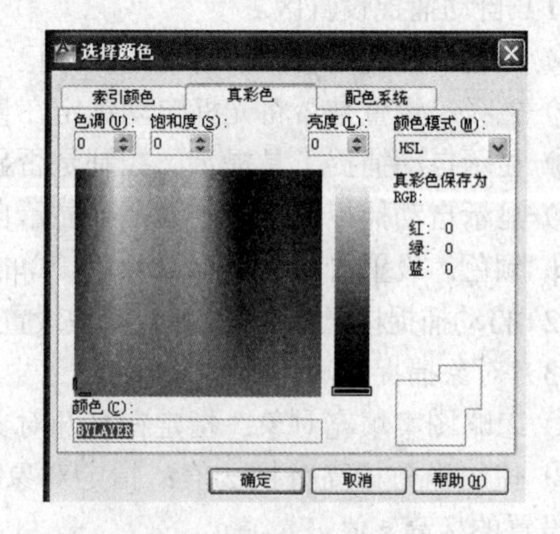

图 1.56 “选择颜色”对话框—真彩色

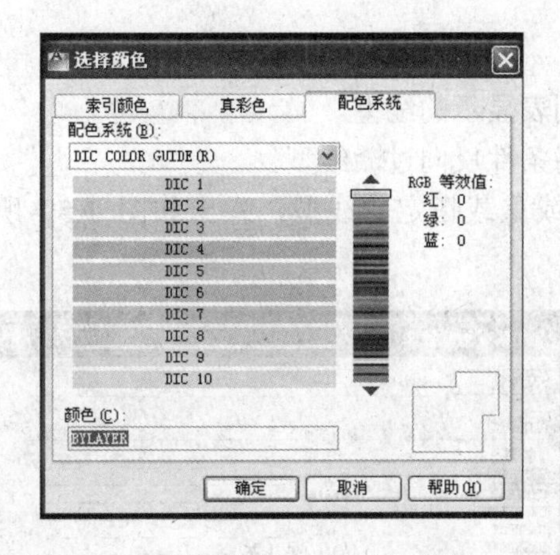

图 1.57 “选择颜色”对话框—配色系统

1.8.6 线型 LINETYPE

线型是图样表达的关键要素之一，不同的线型表示了不同的含义。如在机械图中，粗实线表示可见轮廓线，虚线表示不可见轮廓线，点画线表示中心线、轴线、对称线等。不同的元素应该采用不同的图线来绘制。

有些绘图机上可以设置不同的线型，但由于一方面通过硬件设置比较麻烦，而且不灵活；另一方面，在屏幕上也需要直观显示出不同的线型。因此目前对线型的控制，基本上都由软件来完成。

常用线型是预先设计好储存在线型库中的。我们只需加载即可。

命令：LTYPE

LINETYPE

按钮：在“常用→对象特性”选项板下拉列表中直接指定加载或默认加载的线型，也可以选择“其他”而弹出如图 1.58 所示的“线型管理器”对话框。

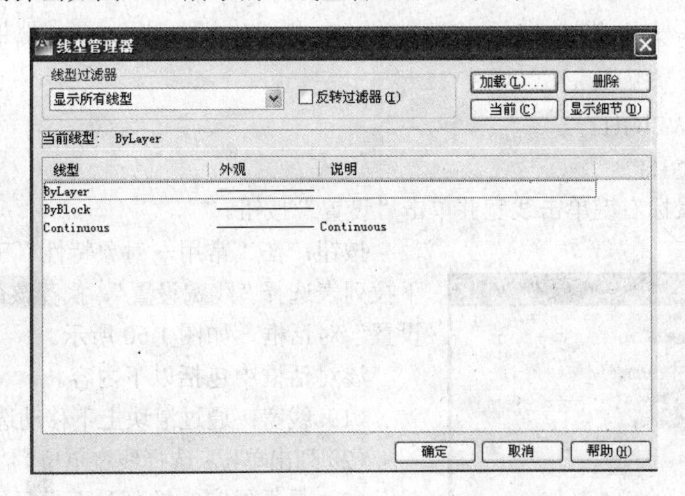

图 1.58 “线型管理器”对话框

该对话框中的列表显示了目前已加载的线型，包括线型名称、外观和说明。另外还有线型过滤器区，加载、删除、当前及显示细节按钮。详细信息区是否显示可通过显示细节或隐藏细节按钮来控制。

（1）线型过滤器区。

下拉列表框：过滤出列表显示的线型。

反转过滤器：按照过滤条件反向过滤线型。

（2）加载按钮：加载或重载指定的线型，弹出如图 1.59 所示的“加载或重载线型”对话框。

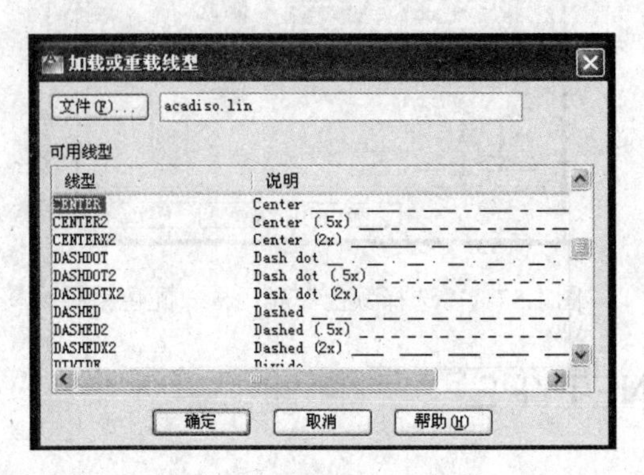

图 1.59 “加载或重载线型”对话框

在该对话框中可以选择线型文件及该文件中包含的某种线型。

（3）删除按钮：删除指定的线型，该线型必须不被任何图线依赖，即图样中没有使用该种线型。实线（CONTINUOUS）线型不可被删除。

（4）当前按钮：将指定的线型设置成当前线型。

（5）显示细节 / 隐藏细节按钮：控制是否显示或隐藏选中的线型细节。如果当前没有显示细节，则为显示细节按钮，否则为隐藏细节按钮。

（6）详细信息区：包括选中线型的名称、线型、全局比例因子、当前对象缩放比例等。

1.8.7 线宽 LINEWEIGHT

不同的图线有不同的宽度要求，并且代表了不同的含义，如在一般的建筑图中，就有 4 种线宽。

命令：LINEWEIGHT

LWEIGHT

在状态栏用鼠标右键单击线宽并单击“设置”按钮。

按钮：在“常用→对象特性”工具栏中单击线宽下拉列表选择“线宽设置”，执行该命令后弹出“线宽设置”对话框，如图 1.60 所示。

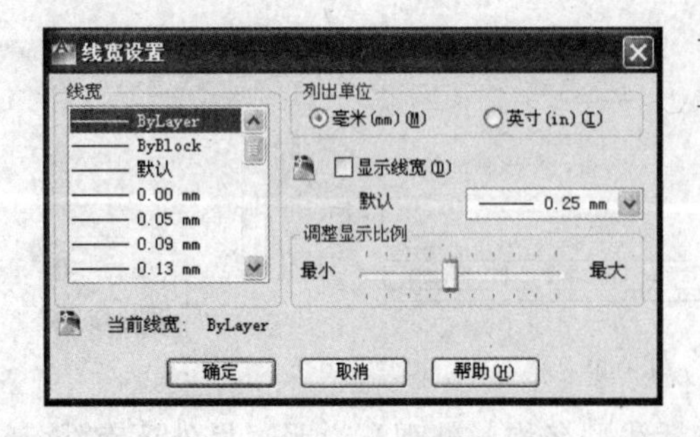

图 1.60 “线宽设置”对话框

该对话框中包括以下内容。

（1）线宽：通过滑块上下移动选择不同的线宽。

（2）列出单位：选择线宽单位为“毫米”或“英寸”。

（3）显示线宽：控制是否显示线宽。

（4）默认：设定默认线宽的大小。

（5）调整显示比例：调整线宽显示比例。

（6）当前线宽：提示当前线宽设定值。

1.8.8 图层 LAYER

层是一种逻辑概念。例如，设计一幢大楼，包含楼房的结构、水暖布置、电气布置等，它们有各自的设计图，而最终又是合在一起的。从逻辑意义上讲，结构图、水暖图、电气图都是处于不同的层面上。又如，在机械图中，粗实线、细实线、点画线、虚线等不同线型表示了不同的含义，也可以是在不同的层上。对于尺寸、文字、辅助线等，都可以放置在不同的层上。

在 AutoCAD 中，每个层可以视做一张透明的纸，可以在不同的“纸”上绘图。不同的层叠加在一起，形成最后的图形。

层有一些特殊的性质。例如，可以设定该层是否显示，是否允许编辑、是否输出等。如果要改变粗实线的颜色，可以将其他图层关闭，仅仅打开粗实线层，一次选定所有的图线进行修改。这样做显然比在大量的图线中去将粗实线挑选出来轻松得多。在图层中可以设定每层的颜色、线型、线宽。只要图线的相关特性设定成“随层”，图线就将具有所属层的特性。可见用图层来管理图形是十分有效的。

1. 图层的设置

要使用层，应该首先设置层。

命令：LAYER

按钮：单击“常用→图层”选项卡，选择“图层特性”按钮。

执行图层命令后，弹出如图 1.61 所示的“图层特性管理器”对话框。该对话框中包含了“新建特性过滤器”、“新建组过滤器”、“图层状态管理器”、“新建图层”、“在所有视口中都被冻结的新图层视口”、“删除图层”、“置为当前”、“刷新”、“设置”等按钮。中间列表显示了图层的名称、开/关、冻结/解冻、锁定/解锁、颜色、线型、线宽、打印样式、打印等信息。

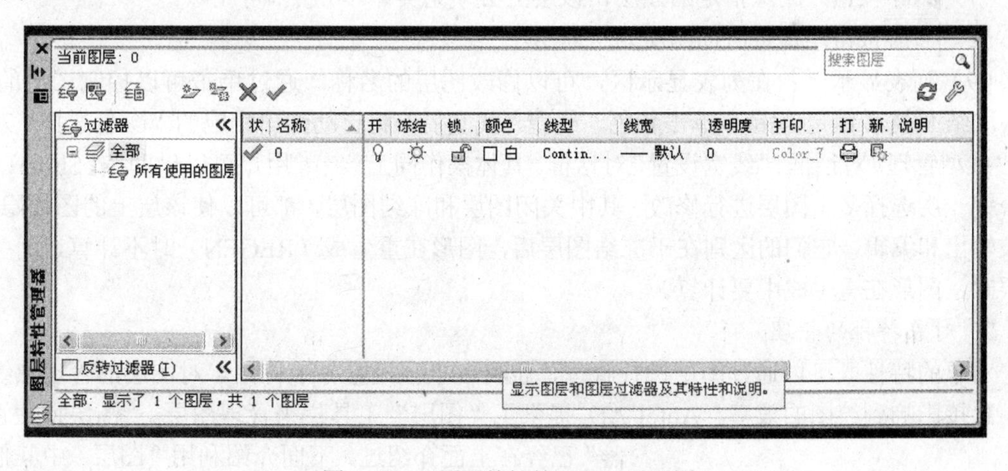

图 1.61 “图层特性管理器”对话框

（1）新建特性过滤器。单击“新建特性过滤器”按钮后，弹出如图 1.62 所示的“图层过滤器特性”对话框。

在该对话框中，可以根据过滤器的定义来选择筛选结果。如图 1.62 显示了颜色为“红”色的图层。

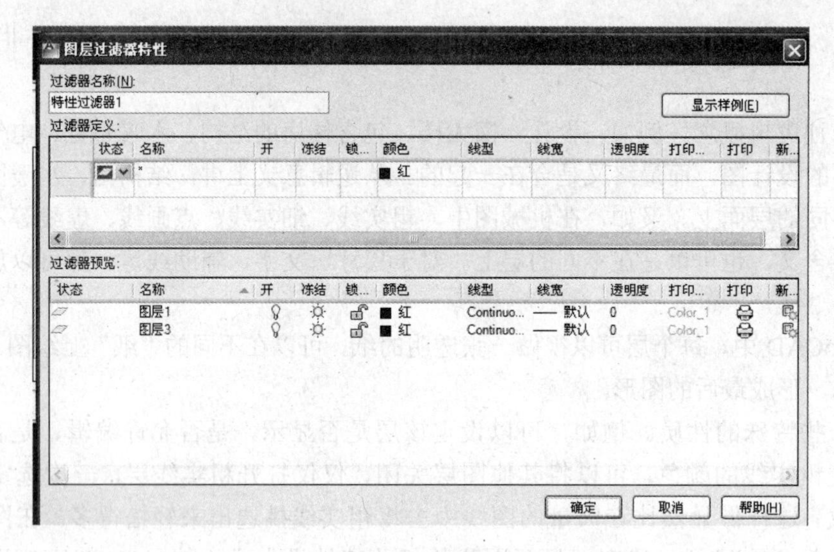

图 1.62 “图层过滤器特性”对话框

（2）新建组过滤器：组过滤器可以将图层进行分组管理。在某一时刻，只有一个组是活动的。不同组中的图层名称可以相同，不会相互冲突。

（3）图层状态管理器：保存、恢复和管理命名图层状态示。

（4）反转过滤器：列出不满足过滤器条件的图层。

（5）新建按钮：新建一图层。新建的图层自动增加在目前光标所在的图层下面，并且新建的图层自动继承该图层的特性，如颜色、线型等。图层的默认名可以选择后修改成具有一定意义的名称。在命令行中如果同时建立多个图层，用“，”分隔图层名即可。

（6）在所有视口中都被冻结的新图层视口：创建新图层，然后在所有现有布局视口中将其冻结。

（7）删除按钮：删除指定的图层。该层上必须无实体。0 层不可删除。

（8）当前按钮：指定所选图层为当前层。

（9）列表显示区：在列表显示区，可以修改图层的名称。通过单击可以控制图层的开/关、冻结/解冻、锁定/解锁。单击颜色、线型、线宽后，将自动弹出相应的“颜色选择”对话框、“线型管理”对话框、“线宽设置”对话框。具体操作同上一节。用户可以借助按【Shift+Ctrl】组合键一次选择多个图层进行修改。其中关闭图层和冻结图层，都可以使该层上的图线隐藏，不被输出和编辑，它们的区别在于冻结图层后，图形在重生成（REGEN）时不计算，而关闭图层时，图形在重生成中要计算。

2. 对象特性的管理

对象的特性既可以通过图层进行管理，也可以单独设置各个特性。对图层的管理熟练与否，直接影响到绘图的效率。AutoCAD 提供了“图层”工具栏来管理图层。“图层特性管理器”已经在上面介绍过，下面介绍利用“图层”中其他几个按钮和“特性”工具栏快速管理对象特性的方法。

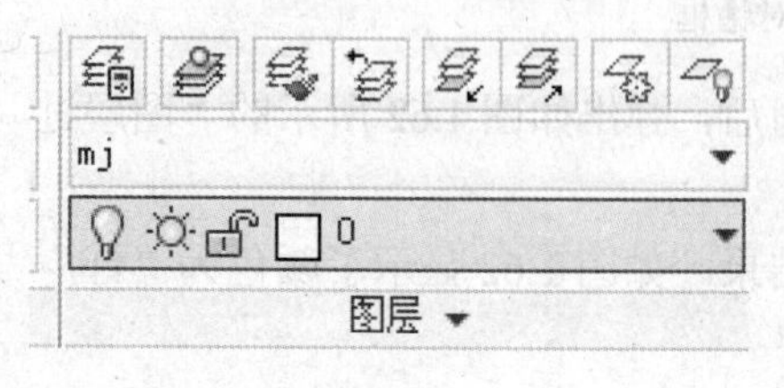

图 1.63 “图层”选项卡

（1）应用的过滤器：如图 1.63 所示，单击“图层”选项卡中的下拉按钮即“应用的过滤器”。

① 打开/关闭：控制某层的打开/关闭状态。单击该栏或随后的下拉列表按钮，在希望改变的开关上单击，其状态相应发生变化。将鼠标在其他地方单击，使设置修改生效。如果关闭了当前层，会出现一对话框提示。

② 在所有视窗中冻结/解冻：控制某层的解冻/冻结状态。单击该栏或随后的下拉列表按钮，在希望改变的开关上单击，其状态相应发生变化。将鼠标在其他地方单击，使设置修改生效。当前层无法冻结。

③ 在当前视窗中冻结/解冻：同上，只是前提是在当前的视窗中操作。

④ 锁定/解锁图层：设置锁定或将锁定图层解锁。图层一旦被锁定，则不可以对该层上的对象进行编辑。但可以添加图形对象。

⑤ 颜色：提示该层的颜色，单击颜色块后弹出“选择颜色”对话框，供重新设置图层颜色。

⑥ 层名：显示当前的图层名。单击下拉列表后，选择某层，该层将变成当前层。

⑦ ：将对象的图层置为当前。选择一个对象后，单击该按钮，即将当前图层设置为该对象所在图层。

⑧ ：匹配，将选定对象的图层更改为与目标图层相匹配。

⑨ ：上一个图层。恢复到上一次选择的图层。

⑩ ：隐藏或锁定除选定对象之外的其他图层。

⑪ ：取消上一按钮对图层的隔离。

⑫ ：冻结选定对象的图层。

⑬ ：关闭选定对象的图层。

（2）对象“特性”选项卡。“特性”选项卡如图 1.64 所示。

图 1.64　“特性”选项卡

① 颜色控制：设置当前采用的颜色。可以在显示的颜色上选取，如选取“其他”则弹出“选择颜色”对话框。

② 线型控制：设置当前采用的线型。可以在显示的已加载的线型上选取，如选取“其他”，则弹出“线型管理器”对话框。

③ 线宽设置：设置当前线宽。可以通过下拉列表选择线宽。

④ 打印样式控制：设置新对象的默认打印样式并编辑现有对象的打印样式。

⑤ 透明度：设置选定对象的透明度。如果未指定具体对象，则提供的透明度为当前的透明度。

⑥ 列表：列表形式显示对象的属性数据。

1.8.9 其他选项设置

除了前面介绍的设置外，还有一些设置和绘图密集相关，如“显示”、“打开/保存”等。下面介绍“选项”对话框中其他几种和用户密切相关的主要设置。

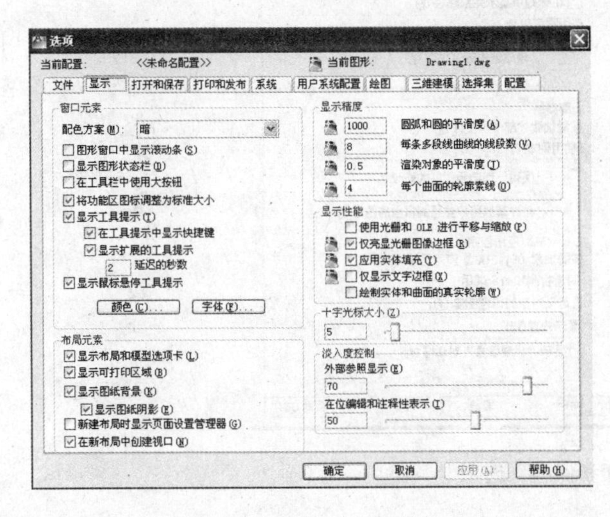

图 1.65　“显示”选项卡

1. “显示”选项卡

“显示”选项卡可以设定 AutoCAD 在显示器上的显示状态，如图 1.65 所示。

“显示”选项卡中包含了“窗口元素”、“显示精度”、“布局元素”、“显示性能”、“十字光标大小”和“淡入度控制”6 个选项区域。主要选项含义如下。

（1）窗口元素。

① 图形窗口中显示滚动条：在绘图区的

右侧和下方显示滚动条，可以通过滚动条来显示不同的部分。

② 显示图形状态栏：显示绘图状态栏。

③ 在工具栏中使用大按钮：设置是否以 32×32 的格式显示大按钮。

④ 将功能区图标调整为标准大小：如果功能区图标非标准，在此调整为标准的 16×16 或 32×32 的标准大小。

⑤ 显示工具提示：设置是否显示工具提示以及如何显示等。

⑥“颜色”：设置屏幕上各个区域的颜色。如要更换背景色等，在此操作。

⑦“字体”：设置屏幕上各个区域的字体。

（2）显示精度。圆弧和圆的平滑度：相当于 VIEWRES 命令设定值。数值越大显示越平滑。

（3）布局元素。包括设置是否显示布局和模型选项卡、打印区域、图纸背景及其阴影等。模型和布局选项卡如显示，则会在绘图区下方显示。显示了该选项卡后，可以直接单击选择进入不同的空间。

（4）显示性能。

① 使用光栅和 OLE 进行平移和缩放：设置是否使用光栅和 OLE 进行平移缩放。

② 仅亮显光栅图像边框：设置是否显示光栅图像或仅显示其边框。

③ 应用实体填充：相当于 FILL 命令。

④ 仅显示文字边框：相当于 QTEXT 命令。

⑤ 绘制实体和曲面的真实轮廓：控制三维实体的轮廓边在二维或三维边框显示中的表现形式。

（5）十字光标大小。设置十字光标的相对屏幕大小。默认为 5%，当设定成 100%时将看不到光标的端点。

（6）淡入度控制。用于控制外部参照和在位编辑和注释性表示的淡入度。

2. “打开和保存”选项卡

“打开和保存”选项卡控制了打开和保存的一些设置，如图 1.66 所示。

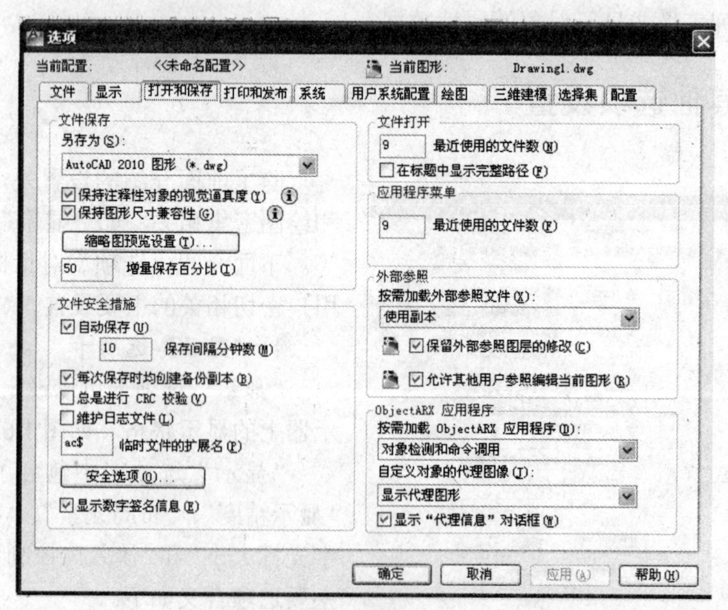

图 1.66 “打开和保存”选项卡

在“打开和保存”选项卡中，包含了“文件保存”、“外部参照”、“文件安全措施”、“文件打开”和“ObjectARX 应用程序”5 个选项区域。

（1）文件保存。

① 另存为：设置保存的格式。

② 保持注释性对象的视觉逼真度：控制保存图形时是否保存对象是视觉逼真度。

③ 保持图形尺寸兼容性：控制保存和打开图形时最大的对象大小限制。

④ 增量保存百分比：设置潜在图形浪费空间的百分比。当该部分用光时，会自动执行一次全部保存。该值为 0，则每次均执行全部保存。设置数值小于 20 时，会明显影响速度。默认值为 50。

（2）文件安全措施。

① 自动保存：设置是否允许自动保存。设置了自动保存，按指定的时间间隔自动执行存盘操作，避免由于意外造成过大的损失。

② 保存间隔分钟数：设置保存间隔分钟数。

③ 每次保存时均创建备份副本：保存时同时创建备份文件。备份文件和图形文件一样，只是扩展名为.BAK。如果图形文件受到破坏，可以通过更改文件名打开备份文件。

（3）文件打开。

① 设置列出最近打开文件的数目。

② 设置是否在标题栏中显示完整的路径。

（4）外部参照。控制与编辑和加载外部参照有关的设置。

（5）ObjectARX 应用程序。控制有关 ObjectARX 应用程序的加载及代理图形的有关设置。

3. “系统”选项卡

“系统”选项卡可以设置诸如是否“允许长符号名”、是否在“用户输入内容出错时进行声音提示”、是否“在图形文件中保存链接索引”、设置三维性能、指定当前系统定点设备等，如图 1.67 所示。

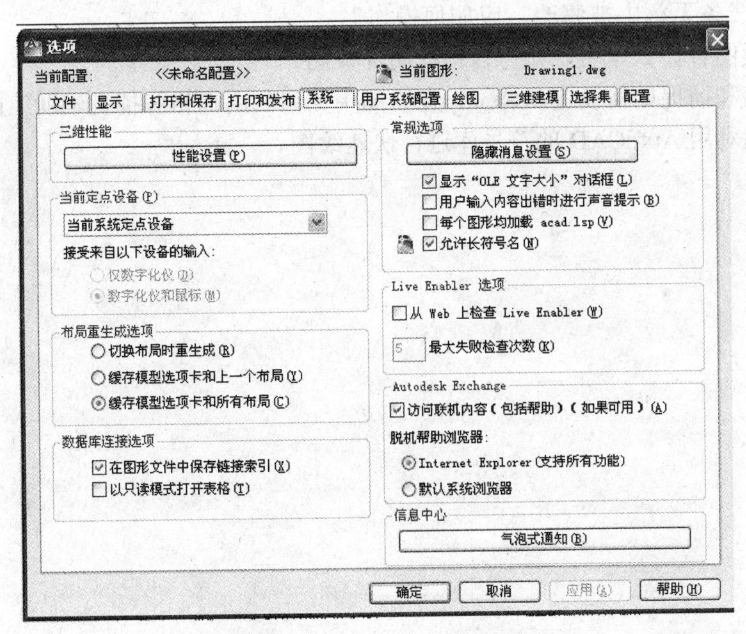

图 1.67 “系统”选项卡

4. DWT 样板图

样板图是十分重要的减少不必要重复劳动的工具之一。用户可以将各种常用的设置，如图层（包括颜色、线型、线宽）、文字样式、图形界限、单位、尺寸标注样式、输出布局等作为样板保存。在进入新的图形绘制，如采用样板时，则样板图中的设置全部可以使用，无须重新设置。

样板图不仅极大地减轻了绘图中重复的工作，将精力集中在设计过程本身，而且统一了图纸的格式，使图形的管理更加规范。

要输出成样板图，在“另存为”对话框中选择 DWT 文件类型即可。通常情况下，样板图存放于 TEMPLATE 子目录下。

习题

（1）熟悉 AutoCAD 2012 中文版界面。

（2）命令输入方式有哪些？

（3）坐标输入方式有哪些？各自的使用场合如何？

（4）工具栏有哪些显示方式，如何调整？

（5）菜单操作方式有哪些？

（6）在不同区域单击鼠标右键，其功能有哪些？

（7）是否所有图形文件都可以局部打开？局部打开文件的条件是什么？

（8）如果不希望打开的文件被修改，打开文件时如何设置？

（9） 设置颜色、线型、线宽的方法有几种？一般情况下应该如何管理图线的这些特性？

（10）如何设定文件的自动保存间隔时间为 15min？

（11）执行对象捕捉的方式有哪些？如何临时覆盖已经设定的对象捕捉模式？

（12）图层中包含哪些特性设置？冻结和关闭图层的区别是什么？如果希望某图线显示而又不希望该线条无意中被修改，应如何操作？

（13）样板图有什么作用？如何合理使用样板图？

（14）栅格和捕捉如何设置和调整？在绘图中如何利用栅格和捕捉辅助绘图？

（15）如何利用 AutoCAD 的符号库进行快速绘图？

第 2 章

绘图流程

由于图形千差万别，每个人使用 AutoCAD 的方式也不可能一样，所以绘图时具体的操作顺序和手法也不尽相同。但不论是哪个专业的图形，要达到高效绘制，绘图的总体流程是差不多的。本章以一典型示例介绍绘图的基本流程，使读者大致了解用 AutoCAD 2012 绘图的总体思路和过程。

2.1 绘图流程

AutoCAD 2012 绘图一般按照以下顺序进行。

（1）环境设定：包括图限、单位、捕捉间隔、对象捕捉方式、尺寸样式、文字样式和图层（含颜色、线型、线宽）等的设定。对于单张图纸，其中文字和尺寸样式的设定也可以放在要使用的时候设定。对于整套图纸，应当全部设定完成后，保存为模板，以后绘制新图时套用该模板。

（2）绘制图形：一般先绘制辅助线（单独放置在一层），用来确定尺寸基准的位置；选择好图层后，绘制该层的线条；应充分利用计算机的优点，让 AutoCAD 完成重复的劳动，充分发挥每条编辑命令和辅助绘图命令的优势，对同样的操作尽可能一次完成。采用必要的捕捉、追踪等功能进行精确绘图。

（3）绘制剖面线：绘制填充图案。为方便边界的确定，必要时关闭中心线层。

（4）标注尺寸：标注图样中必须有的尺寸。具体应根据图形的种类和要求来标注。

（5）保存图形、输出图形：将图形保存起来备用，需要时在布局中设置好后输出成复制。

2.2 绘图示例

本节一般使用默认环境设置，绘制如图 2.1 所示的图形。其中绝大多数操作所完成的功能，也可以由其他方法来完成，这些内容将分别在后续章节中系统地介绍。

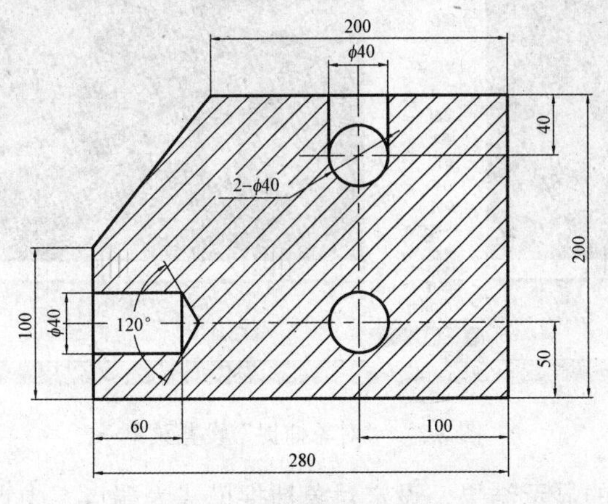

图 2.1　绘图流程示例图

2.2.1 启动 AutoCAD 2012

在桌面上直接双击“AutoCAD 2012 Simplified Chinese”(简体中文版)图标，启动 AutoCAD 2012，关闭“启动”对话框或“选择样板文件”对话框进入到绘图界面。

2.2.2 基本环境设置

1. 图层设置

图中包含了 3 种不同的线型，为了便于图线的管理，分别为剖面线、中心线、粗实线，设定 3 个不同的图层，并把它们分别定义为 hatch（剖面线层）、center（中心线层）和 solid（粗实线层）。由于尺寸暂时不标，所以先不设尺寸层，在需要标注时再设。

单击“图层”按钮后，会弹出“图层特性管理器”对话框，其中开始时只有 0 层，其他层为设定后的结果。请参照第 1 章图层设置部分，增加图层、设置颜色、线型和线宽，其图层设置结果如表 2.1 所示。

表 2.1　图层设置表

层　名	颜　色	线　型	线　宽
0	黑色	Continuous	默认
solid	黑色	Continuous	0.3mm
center	红色（red）	Center	默认
hatch	青色（cyan）	Continuous	默认

2. 正交、捕捉模式及对象捕捉设置

由于要绘制水平、垂直线，捕捉直线的端点、中点、交点、显示线宽等，所以绘图前还要先进行辅助绘图的方式设置。

（1）打开捕捉开关。

（2）打开正交开关。

（3）打开线宽开关。

（4）用鼠标右键单击状态行中的对象捕捉按钮，弹出如图 2.2 所示的“对象捕捉”设置菜单。

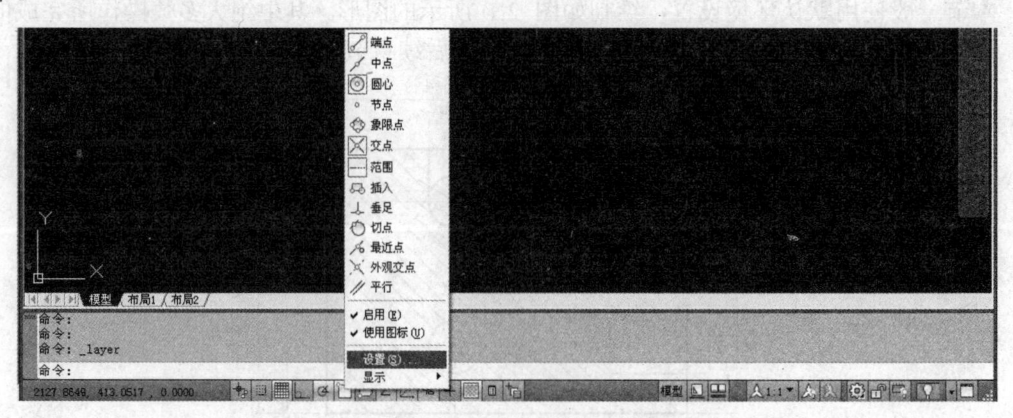

图 2.2　“对象捕捉”设置菜单

依照如图 2.3 所示的显示结果，设定对象捕捉模式为端点、中点、圆心、交点和垂足，并选中“启用对象捕捉”复选框。最后单击确定按钮退出“草图设置”对话框。

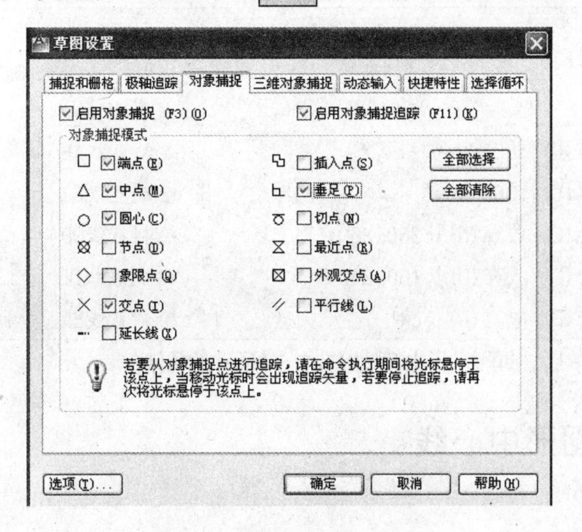

图 2.3　设定对象捕捉模式

3. 栅格显示设置

绘图过程中可以通过显示栅格来观测绘图的位置，按【F7】键可在显示和关闭之间切换。是否显示栅格仅和显示有关，而和图形无关，对绘制的图形没有任何影响。下面示例中是否打开栅格不影响绘制过程。

2.2.3 绘制外围轮廓线

1. 选择图层

首先选择图层用于绘制外围轮廓线。单击“图层”面板中的图层列表框，弹出图层列表，选择“solid”层，如图 2.4 所示。

此时图层“solid”变成当前层，随即绘制的图形对象具有“solid”层的特性，线宽为 0.3，颜色为黑色，线型为实线。

2. 绘制直线

要绘制的外围轮廓线如图 2.5 所示，为便于描述，加上了端点标记符（实际图形中没有）。

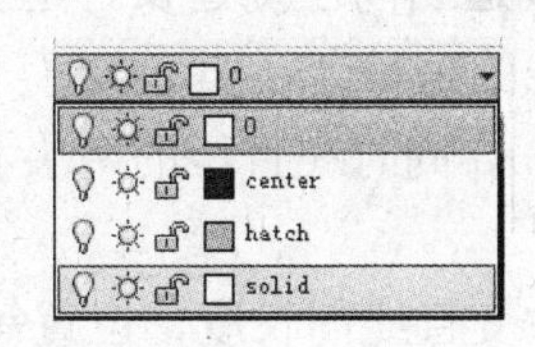

图 2.4　选择“solid”层

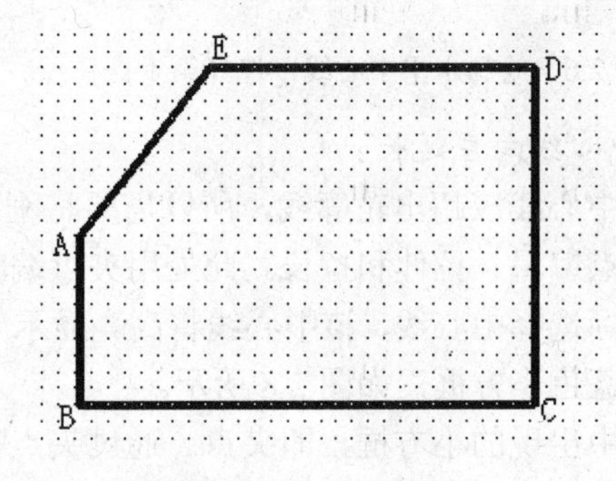

图 2.5　绘制的外围轮廓线

绘制轮廓线的方法有很多，如先绘制两条相互垂直的直线，再通过复制、偏移、镜像、延伸、修剪、打断等编辑命令绘制出如图 2.5 所示的轮廓线。但对于有尺寸的直线，通过键盘绘制比较方便。这里采用键盘输入绝对坐标的方式绘制。

单击“绘图”面板中的“直线”按钮。

```
命令: _line
指定第1点:80,160↵
                                                    定义起点A
指定下一点或 [放弃(U)]:80,60↵                        绘制直线AB
指定下一点或 [放弃(U)]:360,60↵                       绘制直线BC
指定下一点或 [闭合(C)/放弃(U)]:360,260↵              绘制直线CD
指定下一点或 [闭合(C)/放弃(U)]:160,260↵              绘制直线DE
指定下一点或 [闭合(C)/放弃(U)]:c↵                    绘制直线EA，封闭轮廓线并退出直线命令
```

正确完成以上操作后，屏幕上出现如图 2.5 所示的图形。

2.2.4 绘制图形中心线

1. 选择图层

水平中心线应位于中心线层上。在“图层”面板中单击“图层列表框”，从中选择“center”图层。此时相关的特性分别改成红色，细点画线。

2. 绘制水平中心线

```
命令: _line
指定第1点:在左侧垂直线A上中点附近，提示为“中点”时选择     该中心线起点位于直线A上中点处
指定下一点或 [放弃(U)]:移动光标到D点选择                  确定中心线终点的位置
指定下一点或 [放弃(U)]: ↵                                 结束直线命令
```

绘制水平中心线，如图 2.6 所示。也可以按【Space】键、【Esc】键或单击鼠标右键选择“确认”，退出直线绘制，结果如图 2.7 所示。

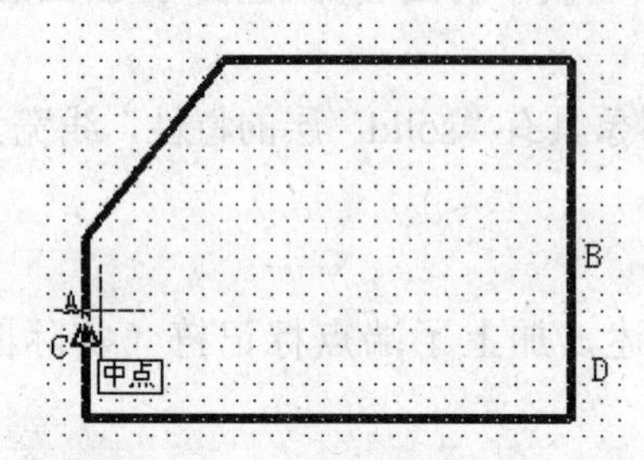

图 2.6　绘制水平中心线，选择第 1 点

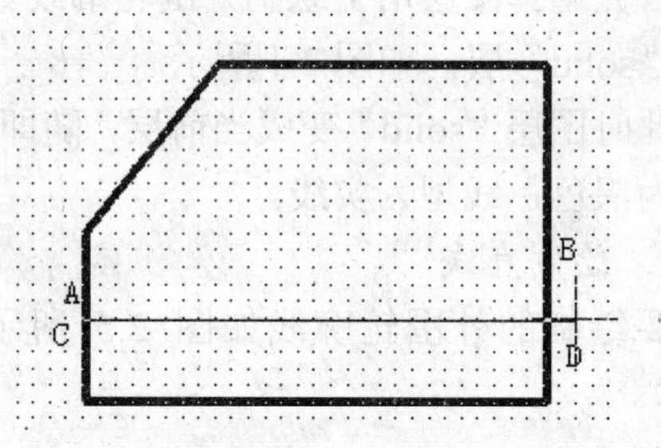

图 2.7　绘制中心线的终点

3. 中心线向左延长

由于中心线应超出轮廓线，所以需要将刚绘制好的中心线适当向左侧延长。延长的方法主要有夹点编辑、拉伸和拉长。此处用夹点编辑来实现中心线的延长。

用光标选择中心线，该中心线将高亮显示（看上去像虚线），同时在直线的两头和中点各出现一个蓝色小方框，如图 2.8 所示。

在图中出现的小方框，即夹点。通过夹点，可以方便地改变直线的长度、位置等。

此时点中最左侧的小方框，该方框变为填充红色，移动光标时，原位置和光标之间有拉伸线提示。在如图 2.9 所示的位置单击鼠标左键，将右端点移到 C 点处。

连续按两次【Esc】键，退出夹点编辑。命令提示行出现两次“**取消**”。同时出现在直线上的 3 个夹点消失，中心线恢复正常显示，但端点已向左延伸。

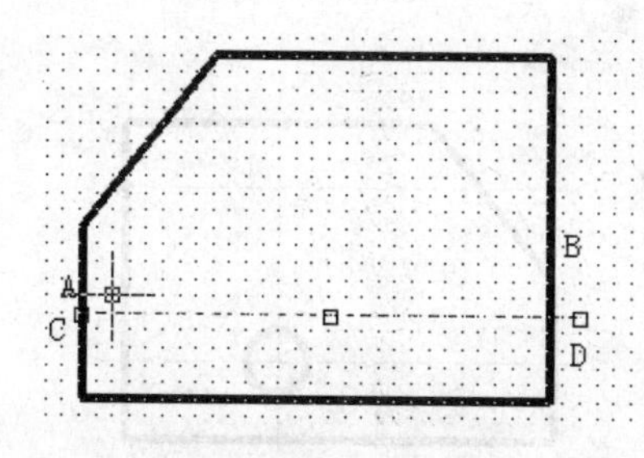

图 2.8　显示夹点

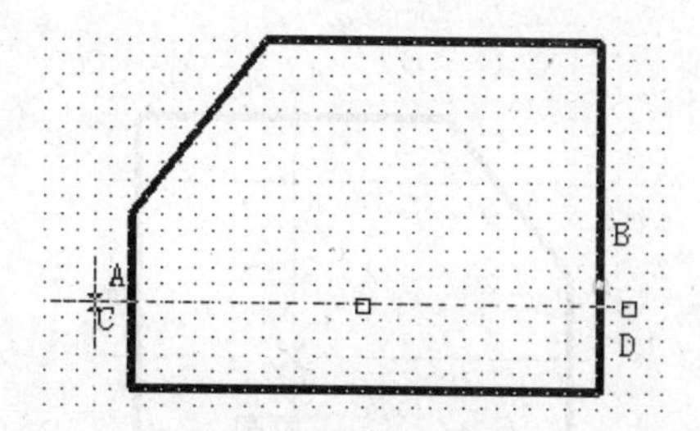

图 2.9　夹点拉伸直线

用同样的方法来绘制垂直的中心线，如图 2.10 所示。

4. 绘制上方水平中心线

由于在图形上已经有了类似的水平中心线，可以通过偏移、复制等命令来产生上面的水平中心线，当然可以再绘制一条水平中心线。此处通过偏移命令来绘制上方的水平中心线。

单击“修改”面板中的“偏移”按钮。

```
命令: _offset                                                        下达偏移命令
当前设置: 删除源=否  图层=源  OFFSETGAPTYPE=0
指定偏移距离或 [通过(T)/删除(E)/图层(L)] <通过>:110↵                  输入偏移距离
选择要偏移的对象，或 [退出(E)/放弃(U)] <退出>:选择如图2.10所示的直线A
指定要偏移的那一侧上的点，或 [退出(E)/多个(M)/放弃(U)] <退出>:单击B点    确定偏移方向
选择要偏移的对象，或 [退出(E)/放弃(U)] <退出>:↵                        结束偏移命令
```

结果如图 2.11 所示。

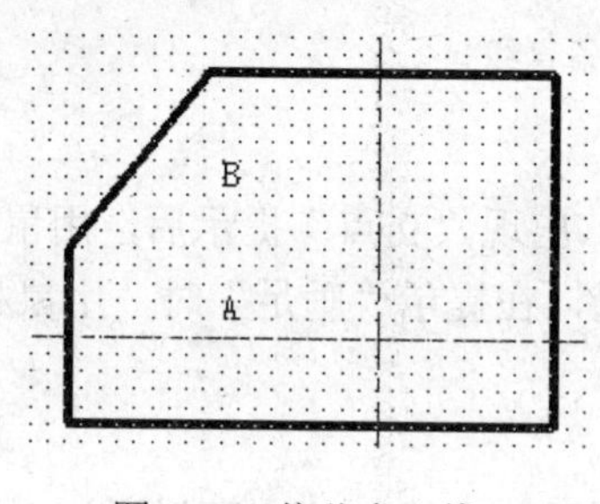

图 2.10　偏移中心线

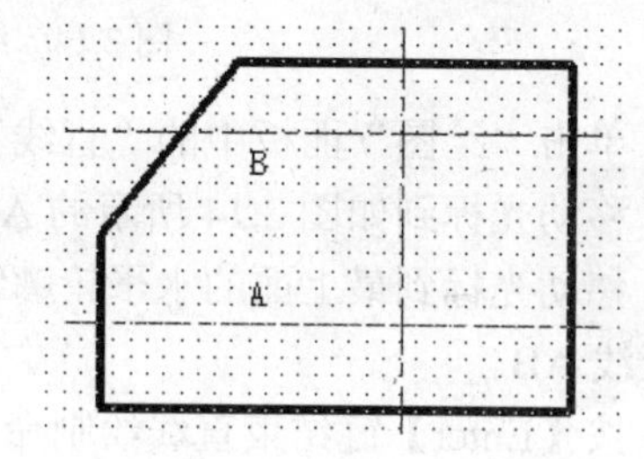

图 2.11　偏移后的结果

2.2.5　绘制圆

1. 选择图层

圆为粗实线，应处于“solid”层上。首先将当前层改为“solid”。单击“图层”面板中的“图层列表框”，选择“solid”层。当前图层改成“solid”，线型为粗实线，颜色为黑色。

2. 绘制圆

单击“绘图”面板中的“圆”按钮。

```
命令: _circle
指定圆的圆心或 [三点(3P)/两点(2P)/相切、相切、半径(T)]: 移动光标到如图2.12所示的A点位置，
稍加停顿，出现提示为“交点”后，单击鼠标
指定圆的半径或 [直径(D)]:20↵
```

结果如图 2.13 所示。

用同样的方法，以上方两中心线的交点 B 为圆心绘制第 2 个圆。

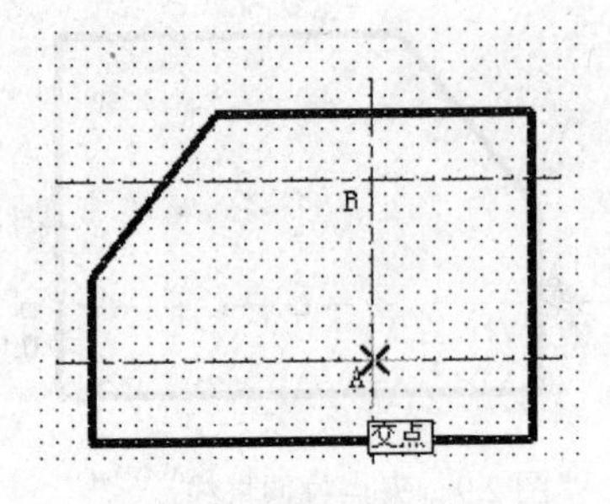

图 2.12　通过交点确定圆心

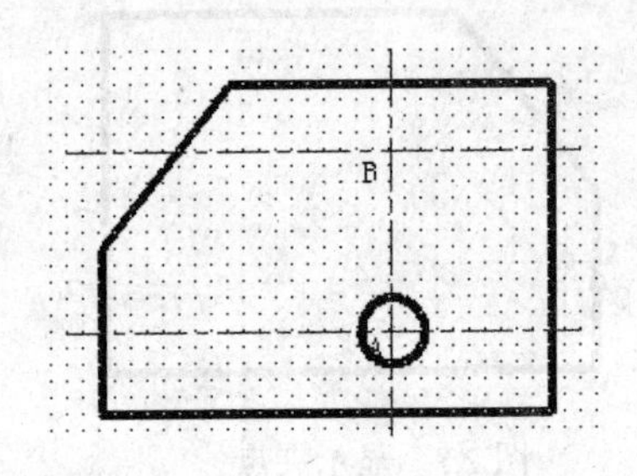

图 2.13　绘制圆

2.2.6　绘制上方两条垂直线

绘制与上面圆相切的两条直线 AB、CD，如图 2.14 所示。

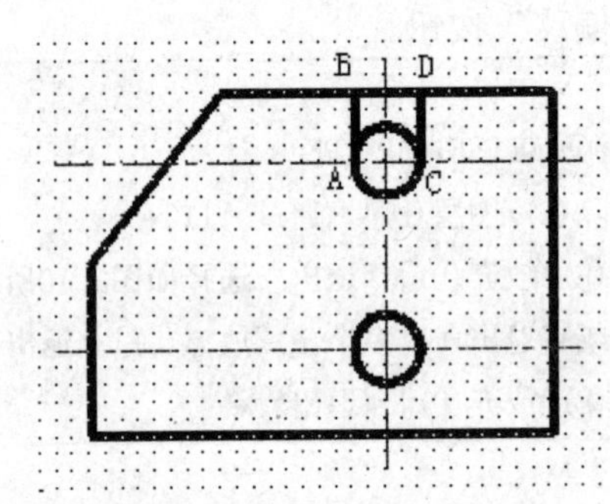

图 2.14　绘制与圆相切的两条直线

（1）单击“绘图”面板中的“直线”按钮。

（2）移动光标到如图 2.14 所示的 A 点，稍加停顿，出现“交点”提示后，用鼠标单击。

（3）移动光标到最上面的水平轮廓线上 B 点的附近，在提示“垂足”时，用鼠标单击，绘制出直线 AB。

（4）按【Enter】键结束直线绘制命令。

用同样的方法绘制直线 CD。绘制结果如图 2.14 所示。直线 CD 也可以通过对直线 AB 的复制、偏移等方法绘制。

上述操作结束后，将上面一条水平中心线向内收缩到 A 点和 C 点两侧。

2.2.7　绘制左侧圆孔投影直线

左侧圆孔投影产生的直线如图 2.15 所示。

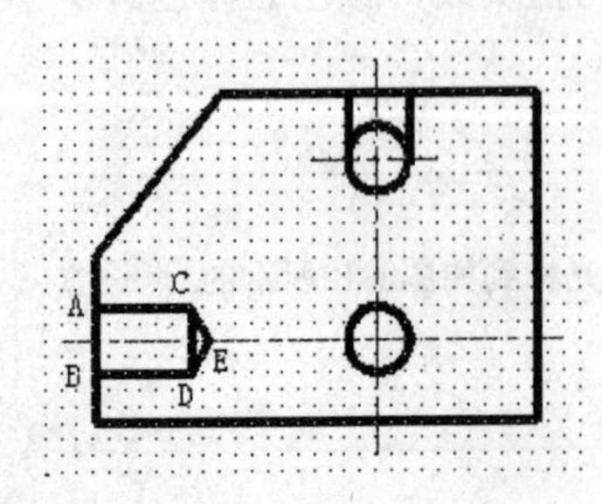

图 2.15　左侧圆孔投影直线

绘制如图 2.15 所示的直线 AC、BD、CD、DE、CE 的方法较多。可以直接绘制，也可以通过复制等命令产生该位置的直线，再编辑修改成符合要求的特性。这里采用偏移后修改的方法绘制。

1. 偏移复制上下两条水平直线

由于圆孔的投影直线在中心线两侧，距离已知，所以采用偏移命令来复制。

单击“修改”面板中的“偏移”按钮。

命令：_offset　　　　　　　　　　　　　　　　　　　　下达offset偏移命令
当前设置：删除源=否　图层=源　OFFSETGAPTYPE=0
指定偏移距离或［通过(T)/删除(E)/图层(L)］〈110.0000〉:20↵　　　　输入偏移距离
选择要偏移的对象，或［退出(E)/放弃(U)］〈退出〉:**选择下面的一条水平中心线**
指定要偏移的那一侧上的点，或［退出(E)/多个(M)/放弃(U)］〈退出〉:**在被选中心线的上方任意位置单击**
选择要偏移的对象，或［退出(E)/放弃(U)］〈退出〉:**再次选择原水平中心线**
指定要偏移的那一侧上的点，或［退出(E)/多个(M)/放弃(U)］〈退出〉:**在被选中心线的下方任意位置单击**
选择要偏移的对象，或［退出(E)/放弃(U)］〈退出〉:↵　　　　　　　　按【Enter】键退出偏移命令

操作结果如图 2.16 所示。

2. 偏移复制垂直线

同样，用偏移方法复制垂直线 EF，偏移距离为 60，要偏移对象为 AB。其结果如图 2.17 所示。

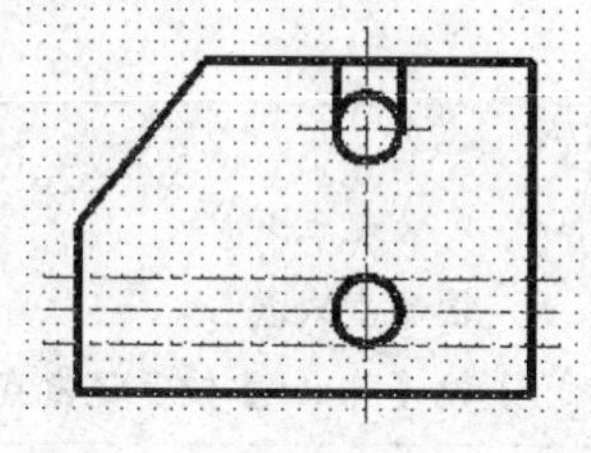

图 2.16　偏移复制两条水平线

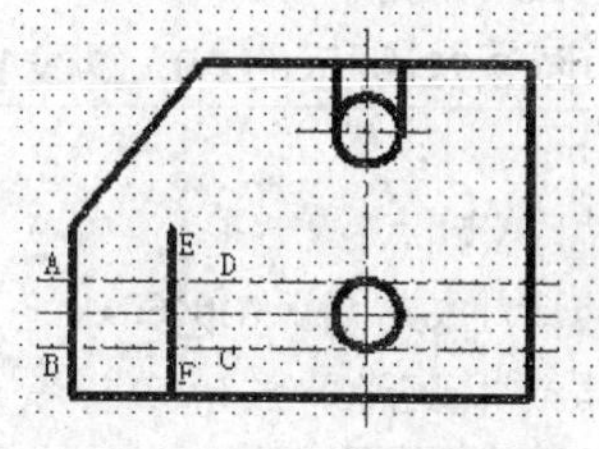

图 2.17　偏移复制垂直线

3. 修剪图形

偏移复制的水平线和垂直线都偏长，需要将长出的部分剪掉，如图 2.18 所示。

单击“修改”面板中的“修剪”按钮。

命令：_trim
当前设置：投影=UCS 边=无
选择剪切边…
选择对象或〈全部选择〉:**如图2.18所示，选择1点**
指定对角点:**选择2点**
找到 5 个
选择对象:↵
选择要修剪的对象，或按住【Shift】键选择要延伸的对象，或
［栏选(F)/窗交(C)/投影(P)/边(E)/删除(R)/放弃(U)］:**依次选择A、B、C、D、E、F点表示的超出部分的图线**
选择要修剪的对象，或按住【Shift】键选择要延伸的对象，或
［栏选(F)/窗交(C)/投影(P)/边(E)/删除(R)/放弃(U)］:↵

结果如图 2.19 所示。

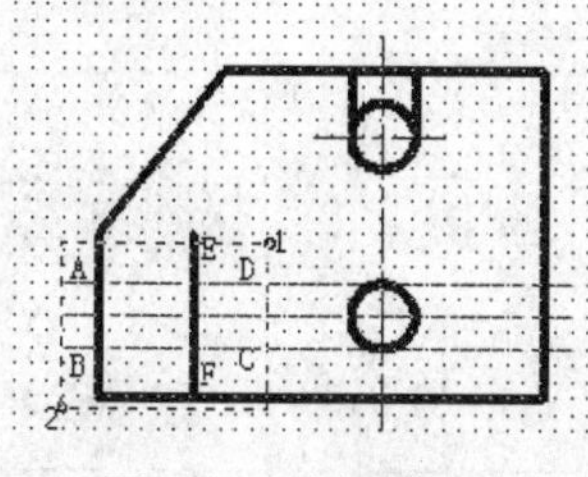

图 2.18　选择剪切边

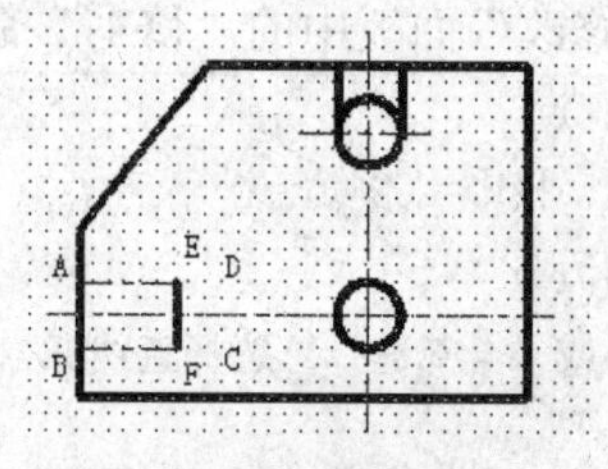

图 2.19　剪切后的结果

4. 修改偏移复制的线条为粗实线

由于该孔的轮廓线应该是粗实线，因此必须将点画线改成粗实线。将偏移复制的两条水平点画线改到“solid”层上，这两条线将具有“solid”层的特性，可以采用 CHANGE 命令、PROPERTIES、MATCHPROP 以及先选择对象再选择目标图层的方法。

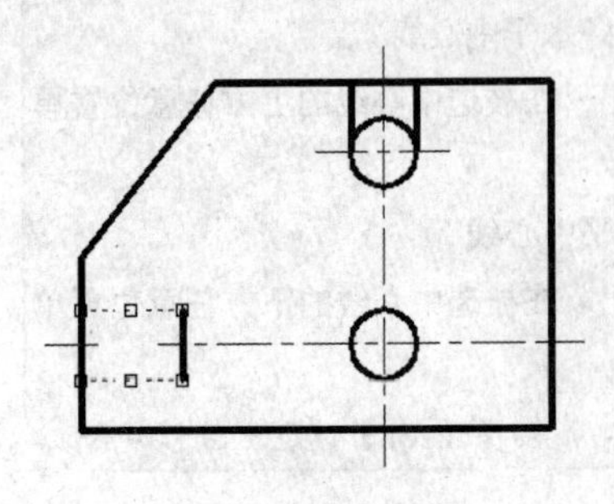

图 2.20　修改点画线的图层

分别单击这两条点画线，在图中出现夹点，如图 2.20 所示。同时在“图层”面板中的图层自动变成了这两条线的所在图层“center”。单击“图层”面板的“图层列表框”，选中“solid”层。

在绘图区任意位置单击，这两条点画线迅速变成粗实线。连续按两次【Esc】键退出夹点编辑。修改线型完成，结果如图 2.21 所示。

5. 绘制 120° 锥角

先绘制如图 2.22 所示的 60° 斜线 DE。

```
命令: _line
指定第一点:单击D点                          定义起点D
指定下一点或 [放弃(U)]:@40<60↵               绘制直线DE
指定下一点或 [闭合(C)/放弃(U)]:↵             按【Enter】键，退出直线命令
```

再绘制如图 2.22 所示的 300° 斜线 EB。

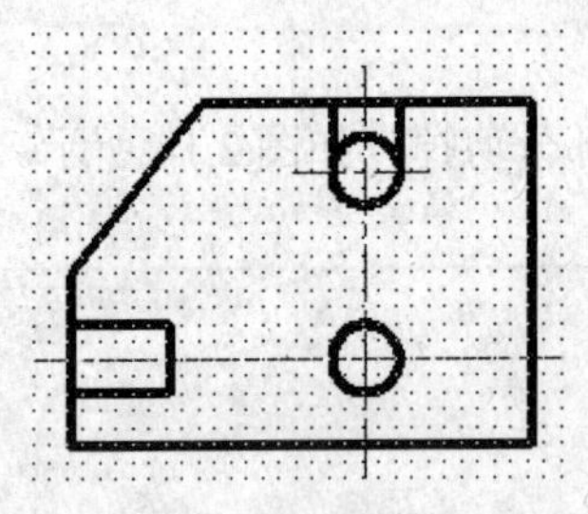

图 2.21　修改后的结果

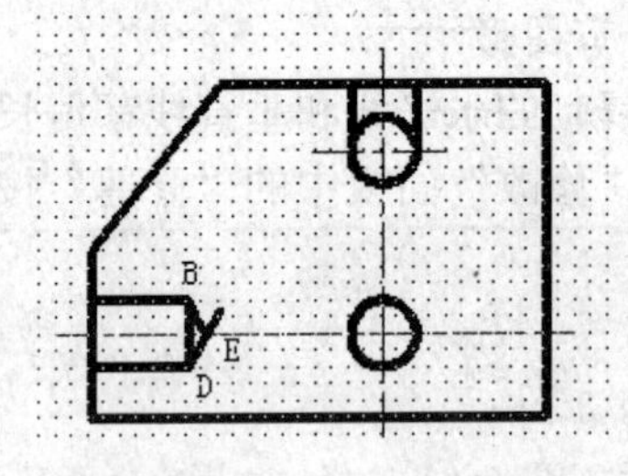

图 2.22　绘制斜线 DE 和 EB

在 C 点和 E 点之间绘制一条直线。再次下达直线命令。

```
命令: _line
指定第1点:单击E点                            定义起点E
指定下一点或 [放弃(U)]:单击B点               绘制直线BE
指定下一点或 [闭合(C)/放弃(U)]:↵             按【Enter】键，退出直线命令
```

结果如图 2.22 所示。

最后修剪超出部分长度。

由于绘制的直线 DE 超长，所以应该将超出部分剪去。

选择“修改”面板中的“修剪”命令。

```
命令: _trim                                  下达修剪命令
当前设置: 投影=UCS 边=无
选择剪切边…
选择对象或 <全部选择>:选择直线BE
找到1个
```

选择对象:按空格键　　　　　　　　　　　　　　　　　　按空格键结束剪切边的选择
选择要修剪的对象，或按住【Shift】键选择要延伸的对象，或
[栏选(F)/窗交(C)/投影(P)/边(E)/删除(R)/放弃(U)]:选择E点以上超出图线
选择要修剪的对象，或按住【Shift】键选择要延伸的对象，或
[栏选(F)/窗交(C)/投影(P)/边(E)/删除(R)/放弃(U)]:↵　　　　　　　按【Enter】键结束修剪命令

2.2.8 绘制剖面线

1. 关闭“center”层改当前层为“hatch”层

剖面线绘制在“hatch”层上，由于绘制剖面线时要选择边界，为了消除中心线的影响，在下达剖面图案填充命令前，先将“center”层关闭，并将当前层改为“hatch”。

如图 2.23 所示，单击“图层”面板中的“图层列表框”，单击“center”层最前面的💡按钮，关闭该层，黄色的💡按钮变成蓝黑色💡按钮，此时即关闭“center”层，该层上的图线不显示。同时向下移动光标，在“hatch”层上单击，使当前层改为“hatch”。

结果如图 2.24 所示。

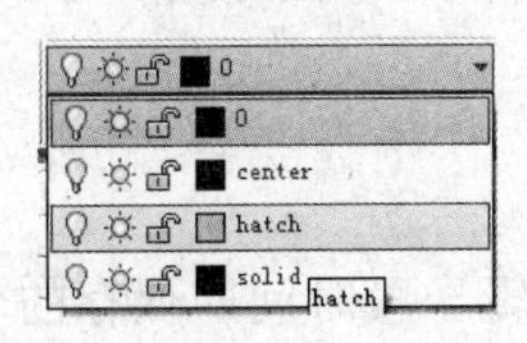

图 2.23　关闭“center”层，设置“hatch”层为当前层

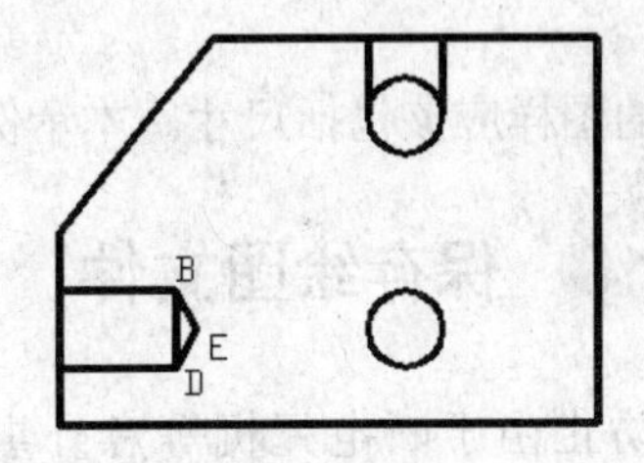

图 2.24　图层管理结果

2. 绘制剖面线

单击“绘图”面板中的“图案填充”按钮，在命令行提示“拾取内部点或 [选择对象(S)/设置(T)]: ”后输入“t”，弹出如图 2.25 所示的“图案填充和渐变色”对话框。

图 2.25　“图案填充和渐变色”对话框

首先要设置填充图案类型、比例等参数。如图 2.25 所示，在该对话框中单击“图案”后的列表框，弹出系列图案名，选择“ANSI31”，将比例改成 3。

设定好以上参数后，单击“拾取点”按钮 添加:拾取点。系统将返回绘图屏幕。在图形中需要绘制剖面线的范围内任意位置单击鼠标左键，系统自动找出一封闭边界，并高亮显示。单击鼠标右键，在弹出的菜单中选择“预览”。系统在选择的边界中绘制剖面线，如图 2.26 所示。

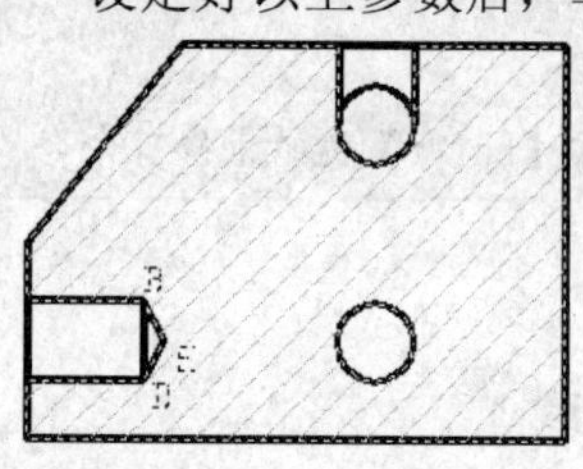

图 2.26　预览图案填充

如图 2.26 所示的剖面线绘制结果正确，则单击鼠标右键回到“图案填充和渐变色”对话框。单击确定按钮结束剖面线的绘制。此时系统真正在图形中绘制剖面线，和预览的结果一样。否则可以重新调整设置。

3. 打开“center”层

接着打开被关闭的“center”层，单击“图层”面板中的“图层”列表框，将蓝黑色的按钮选中，使之变成黄色的按钮，即打开“center”层。

2.2.9 标注示例尺寸

完整的图样应该包括尺寸。本示例尺寸标注略，具体尺寸标注方式参见 8.3 节。

2.2.10 保存绘图文件

为了防止由于断电死机等意外事件，应该养成编辑一段时间即保存的习惯。同时可以通过设置，指定一时间间隔，由计算机自动存盘。具体设置方法参见第 1 章中环境设置部分。绘图结束，也应保存文件后再退出。单击“标准”面板中的“保存”按钮，弹出如图 2.27 所示的“图形另存为”对话框。

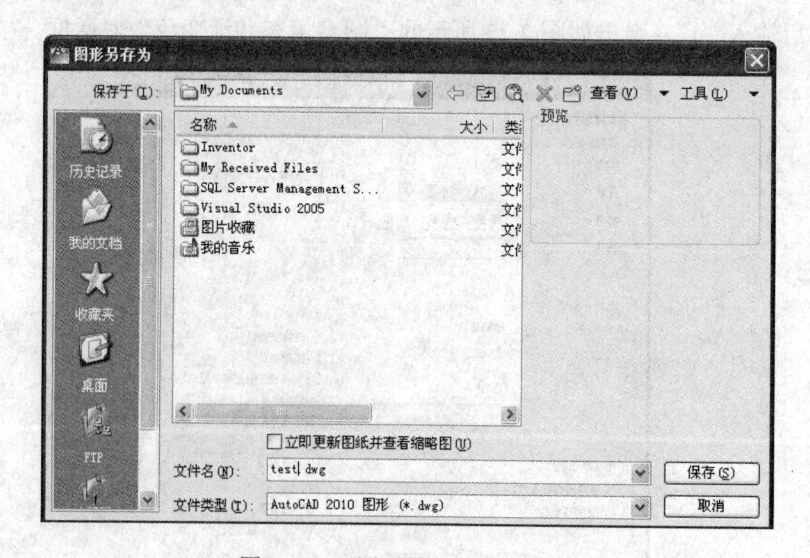

图 2.27　“图形另存为”对话框

在“文件名”文本框中输入绘图文件名，例如“test”，然后单击保存按钮。系统将该图形以输入的名称保存。如果前面进行过存盘操作，则不出现该对话框，系统自动执行保存操作。

2.2.11 输出

最终的图形可以通过打印机或绘图机等设备输出。输出的格式可以通过图纸空间进行布局，也可以在模型空间中直接输出。

单击“输出”面板中的“打印”按钮，弹出“打印-模型”对话框。在“打印-模型”对话框中，首先要选择“打印机/绘图仪”，然后单击预览按钮可以模拟输出的结果。预览图形与页面设置有关。如果在 Windows 中打印机或绘图机已安装设定好并处于等待状态，单击确定按钮则直接在输出设备上形成复制。输出成功一般会在右下角出现打印输出成功信息提示。详细的打印输出操作参见第 11 章。

2.3 绘图一般原则

绘图的一般原则有以下几点。

（1）先设定图限→单位→图层，再绘制图形。

（2）尽量采用 1:1 的比例绘制，最后在布局中控制输出比例。

（3）注意命令提示信息，避免误操作。

（4）注意采用捕捉、对象捕捉等精确绘图工具和手段辅助绘图。

（5）图框不要和图形绘制在一起，应分层放置。在布局时采用插入或向导来使用图框。

（6）常用的设置（如图层、文字样式、标注样式等）应保存成模板，新建图形时直接利用模板生成初始绘图环境。也可以通过“CAD 标准”来统一。

习题

（1）一般的作图流程是什么？

（2）绘制图形前的准备工作有哪些？

（3）绘图时为何要注意命令提示信息？

（4）模板包含哪些内容，其作用如何？

（5）为何要按照 1:1 的比例绘图？按照 1:1 绘图在 A4 大小的图纸中放不下应如何处理？

第 3 章

基本绘图命令

平面图形都是由点、直线、圆、圆弧以及稍复杂一些的曲线（如椭圆、样条曲线等）组成的。本章介绍诸如直线、矩形、正多边形、圆、椭圆、样条曲线、点、表等绘图命令。

3.1 画直线 LINE

直线是最常见的图素之一。

命令：LINE

功能区：常用→绘图→直线

命令及提示：

```
命令：_line
指定第一点：
指定下一点或［放弃(U)]：
指定下一点或［放弃(U)]：
指定下一点或［闭合(C)/放弃(U)]：
```

参数如下。

（1）指定第 1 点：定义直线的第 1 点。如果以按【Enter】键响应，则为连续绘制方式。该段直线的第 1 点为上一个直线或圆弧的终点。

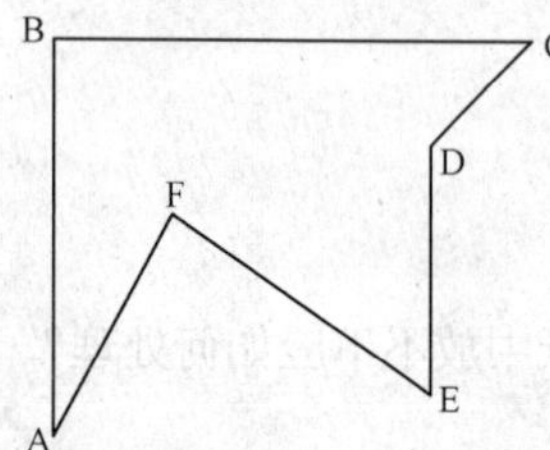

图 3.1　键盘输入绘制直线

（2）指定下一点：定义直线的下一个端点。

（3）放弃(U)：放弃刚绘制的一段直线。

（4）闭合(C)：封闭直线段使之首尾相连成封闭多边形。

【例 3.1】绘制直线练习。

（1）利用键盘输入坐标，绘制如图 3.1 所示的图形。键盘输入坐标可以精确绘图。

```
命令：_line
指定第1点:120,80↵                              定义A点绝对坐标
指定下一点或［放弃(U)]:120,240↵                 输入B点绝对坐标，绘制AB
指定下一点或［放弃(U)]:@200<0↵                  输入C点相对B点极坐标，距离200，角度0°
指定下一点或［闭合(C)/放弃(U)]:@-60<45↵          输入D点相对C点极坐标，距离60，角度45°反方向，
                                                即225°方向
指定下一点或［闭合(C)/放弃(U)]:@0,-100↵          输入E点相对D点直角坐标，X方向为0，Y方向距离为
                                                100，方向为负，即向下
指定下一点或［闭合(C)/放弃(U)]:210<45↵           输入F点的绝对极坐标，距离原点210，方向45°
```

```
指定下一点或 [闭合(C)/放弃(U)]:u↵                  取消刚画好的FE段，重新接着E点绘制下一条直线
指定下一点或 [闭合(C)/放弃(U)]:240<45↵             输入F点绝对极坐标，距离原点240，方向45°
指定下一点或 [闭合(C)/放弃(U)]:c↵                  输入闭合参数C，将连续线段的首尾相连
```

结果如图 3.1 所示。

（2）利用正交模式绘制如图 3.2 所示的图形。采用正交模式绘制直线，一般用来绘制水平或垂直的直线。在大量需要绘制水平和垂直线的图形中，采用这种模式能保证绘图的精度。

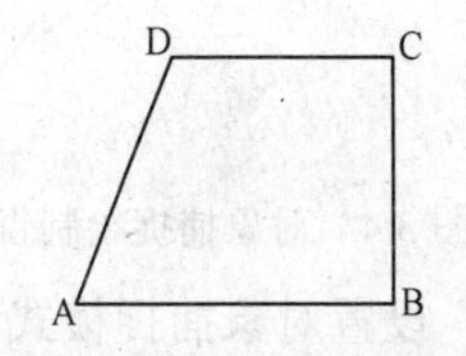

图 3.2　正交模式绘制直线

首先在状态行中使正交模式处于打开状态，然后执行下列命令。

```
命令: _line
指定第1点:在屏幕上单击A点
指定下一点或 [放弃(U)]:移动鼠标，在显示的“橡皮线”到B点时按下      绘制AB段
指定下一点或 [放弃(U)]:移动到C点，按住鼠标左键                    绘制BC段
指定下一点或 [闭合(C)/放弃(U)]:移到D点，按住鼠标左键              绘制CD段
指定下一点或 [闭合(C)/放弃(U)]:c↵                                 绘制DA封闭连续直线段
```

结果如图 3.2 所示。

注意：

在正交模式下利用鼠标直接绘图时，移动鼠标在 X 方向和 Y 方向的增量哪个大，系统会认为用户想绘制该方向的直线，同时显示该方向的橡皮线。

（3）利用栅格和捕捉精确绘制如图 3.3 所示的图形。利用栅格和捕捉绘制直线，可以使单击鼠标选择的点为捕捉间隔的整数倍。栅格的显示不是必须的，但显示栅格有助于用户观察绘制时的相对位置。

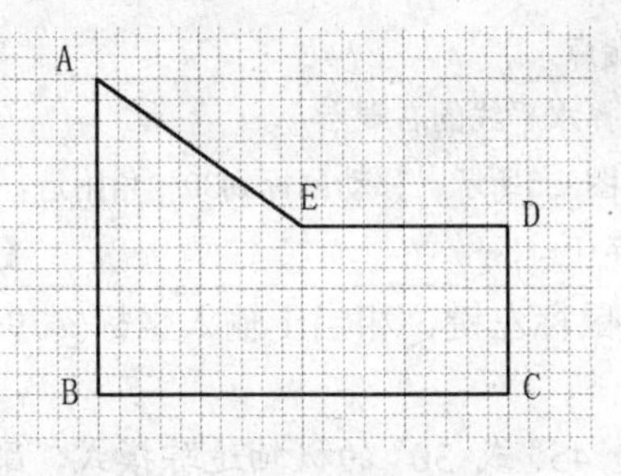

图 3.3　利用栅格和捕捉绘图

单击栅格和捕捉按钮打开栅格和捕捉模式。当打开捕捉模式后，光标移到可以捕捉的点附近时，会自动被吸过去，不用费力即可准确找点。

```
命令: _line
指定第1点:单击A点                                  定义起点
指定下一点或 [放弃(U)]:单击B点                     绘制直线AB
指定下一点或 [放弃(U)]:单击C点                     绘制直线BC
指定下一点或 [闭合(C)/放弃(U)]:单击D点             绘制直线CD
指定下一点或 [闭合(C)/放弃(U)]:单击E点             绘制直线DE
指定下一点或 [闭合(C)/放弃(U)]:c↵                  输入闭合参数，封闭连续直线EA
```

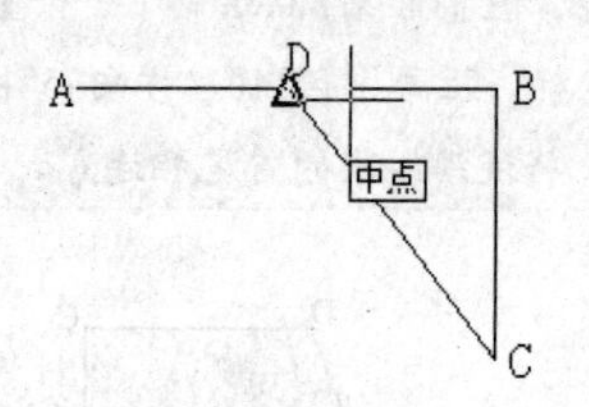

图 3.4 对象捕捉绘制直线

结果如图 3.3 所示。以上直线的所有端点都在栅格点上。

注意:

如果设定的栅格显示密度过密，系统将不在屏幕上显示栅格。虽然默认情况下，捕捉间隔和栅格显示的密度相一致，但栅格显示的密度也可以和捕捉的间隔不一致。

（4）利用对象捕捉绘制如图 3.4 所示的图形，其中 D 点为 AB 的中点。

设置对象捕捉模式为“中点”，并使对象捕捉模式处于打开状态。

```
命令: _line
指定第1点:单击A点
指定下一点或 [放弃(U)]:单击B点
指定下一点或 [放弃(U)]:单击C点
指定下一点或 [闭合(C)/放弃(U)]:移动光标到水平线上中点附近，在出现提示为“中点”时按下
指定下一点或 [闭合(C)/放弃(U)]:↵                          【Enter】键结束直线绘制
```

结果如图 3.4 所示。

（5）利用极轴追踪绘制直线。极轴追踪可以自动捕捉预先设定好的极轴角度，默认为 90° 的倍数。

当极轴追踪打开后，光标移动到设定的角度附近时，会自动捕捉极轴角度，同时显示相对极坐标。此时单击鼠标左键，即输入提示点的坐标。

极轴捕捉开关可以通过【F10】键切换或在状态栏中控制，也可以通过“草图设置”对话框控制。

首先打开“草图设置”对话框，在“极轴追踪”选项卡中增设角度 30°。

```
命令: _line
指定第1点:选择水平线的左端点
指定下一点或 [放弃(U)]:选择水平线的右端点
指定下一点或 [放弃(U)]:如图3.5所示，移动鼠标到30° 角附近，出现极轴提示后单击
指定下一点或 [闭合(C)/放弃(U)]:↵                          【Enter】键结束直线绘制
```

在如图 3.5 所示位置单击鼠标左键，相当于输入坐标@79<30。

注意:

绘制轴测图时，可以设定 45° 或 30° 的极轴追踪模式，配合对象捕捉中的平行线捕捉方式，方便绘制 Y 方向和 X 方向的直线。极轴追踪和正交模式不可以同时打开。打开正交的同时关闭极轴，反之亦然。但极轴追踪中包含了水平和垂直两个方向。

（6）利用对象追踪绘制直线。利用对象追踪可以找到距现有图形相对位置的点，如图 3.6 所示。

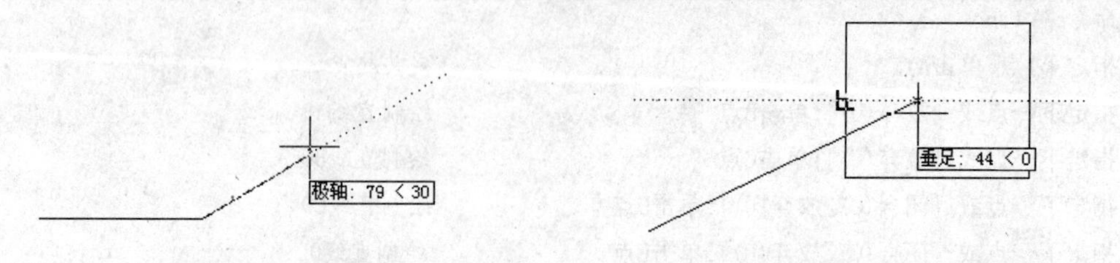

图 3.5 极轴追踪绘制直线　　图 3.6 对象追踪绘制直线

在图 3.6 中，欲绘制的斜线终点，是与矩形左侧垂足的相对关系@44<0 的点（捕捉模

式中必须同时打开中点模式）。

注意：

（1）绘图时可以将以上各种方法综合使用。

（2）绘制直线时，如果在要求指定第 1 点时按【Enter】键或【Space】键响应，则系统会以前一直线或圆弧的终点作为新的线段的起点来绘制直线。

3.2 画射线 RAY

射线是一条有起点、通过另一点或指定某方向无限延伸的直线，一般用做辅助线。

命令：RAY

功能区：常用→绘图→射线

在默认的“绘图”面板中没有与此命令对应的按钮，可以在“自定义”对话框中的“绘图”中找到。

命令及提示：

```
命令：_ray
指定起点：
指定通过点：
```

参数如下。

（1）指定起点：输入射线起点。

（2） 指定通过点：输入射线通过点。连续绘制射线则指定通过点，起点不变。按【Enter】键或【Space】键退出射线绘制。

如图 3.5 所示的辅助线（虚线）其实为射线。

3.3 画构造线 XLINE

构造线（参照线）是指通过某两点或通过一点并确定了方向向两个方向无限延长的直线。参照线一般用做辅助线。AutoCAD 中提示的极轴线，如图 3.6 所示的虚线即是参照线。

命令：XLINE

功能区：常用→绘图→构造线

命令及提示：

```
命令：_xline
指定点或 [水平(H)/垂直(V)/角度(A)/二等分(B)/偏移(O)]：
```

参数如下。

（1）水平（H）：绘制水平参照线，随后指定的点为该水平线的通过点。

（2）垂直（V）：绘制垂直参照线，随后指定的点为该垂直线的通过点。

（3）角度（A）：指定参照线角度，随后指定的点为该线的通过点。

（4）偏移（O）：复制现有的参照线，指定偏移通过点。

（5）二等分（B）：以参照线绘制指定角的平分线。

【例 3.2】绘制角 BAC 的平分线。

```
命令：_xline
指定点或 [水平(H)/垂直(V)/角度(A)/二等分(B)/偏移(O)]:b↵        绘制二等分参照线
指定角的顶点:单击顶点A
指定角的起点:单击B点
```

```
指定角的端点:单击C点
指定角的端点:↵                    可以继续输入其他点，此时A、B点不变。否则按【Enter】键结束
```

结果如图 3.7 所示。

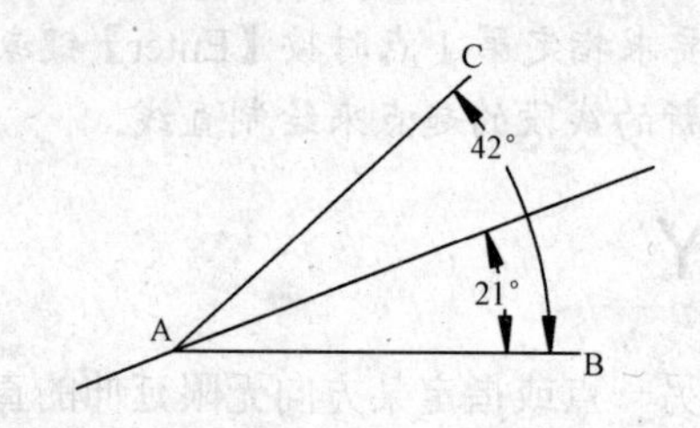

图 3.7　构造线绘制角平分线

3.4　画多段线 PLINE

多段线是由一系列具有宽度性质的直线段或圆弧段组成的单一实体。

命令：PLINE

功能区：常用→绘图→多段线

命令及提示：

```
命令: _pline
指定起点:
当前线宽为 0.0000
指定下一个点或 [圆弧(A)/半宽(H)/长度(L)/放弃(U)/宽度(W)]:
指定下一点或 [圆弧(A)/闭合(C)/半宽(H)/长度(L)/放弃(U)/宽度(W)]: a↵
指定圆弧的端点或
[角度(A)/圆心(CE)/闭合(CL)/方向(D)/半宽(H)/直线(L)/半径(R)/第2个点(S)/放弃(U)/宽度(W)]:
```

参数如下。

（1）圆弧：绘制圆弧多段线，同时提示转换为绘制圆弧的系列参数。

端点——输入绘制圆弧的端点。

角度（A）——输入绘制圆弧的角度。

圆心（CE）——输入绘制圆弧的圆心。

闭合（CL）——将多段线首尾相连封闭图形。

方向（D）——确定圆弧方向。

半宽（H）——输入多段线一半的宽度。

直线（L）——转换成直线绘制方式。

半径（R）——输入圆弧的半径。

第 2 个点（S）——输入决定圆弧的第 2 个点。

放弃（U）——放弃最后绘制的圆弧。

宽度（W）——输入多段线的宽度。

（2）闭合（CL）：将多段线首尾相连封闭图形。

（3）半宽（H）：输入多段线一半的宽度。

（4）长度（L）：输入欲绘制的直线长度，其方向与前一直线相同或与前一圆弧相切。

（5）放弃（U）：放弃最后绘制的一段多段线。

（6）宽度（W）：输入多段线的宽度。

【例 3.3】绘制如图 3.8 所示的多段线。

```
命令: _pline
指定起点:单击A点
当前线宽为 0.0000
指定下一点或 [圆弧(A)/闭合(C)/半宽(H)/长度(L)/放弃(U)/宽度(W)]:单击B点        绘制水平线AB
指定下一点或 [圆弧(A)/闭合(C)/半宽(H)/长度(L)/放弃(U)/宽度(W)]:w↵            修改宽度
指定起点宽度 〈0.0000〉:4↵                                                   宽度值4
指定端点宽度 〈4.0000〉:↵                                                    起点和终点同宽
指定下一点或 [圆弧(A)/闭合(C)/半宽(H)/长度(L)/放弃(U)/宽度(W)]:单击C点        绘制垂直线
指定下一点或 [圆弧(A)/闭合(C)/半宽(H)/长度(L)/放弃(U)/宽度(W)]:a↵            转换成绘制圆弧
指定圆弧的端点或[角度(A)/圆心(CE)/闭合(CL)/方向(D)/半宽(H)/直线 (L)
/半径(R)/第2点(S)/放弃(U)/宽度(W)]:单击D点                                  单击圆弧的终点
指定圆弧的端点或[角度(A)/圆心(CE)/闭合(CL)/方向(D)/半宽(H)/直线(L)
/半径(R)/第2点(S)/放弃(U)/宽度(W)]:l↵                                       转换为直线绘制
指定下一点或 [圆弧(A)/闭合(C)/半宽(H)/长度(L)/放弃(U)/宽度(W)]:l↵            输入长度绘制
指定直线的长度:30↵                                       绘制和圆弧终点相切的直线DE
指定下一点或 [圆弧(A)/闭合(C)/半宽(H)/长度(L)/放弃(U)/宽度(W)]:w↵            改变宽度
指定起点宽度 〈4.0000〉:6↵                                                   输入起点宽度6
指定端点宽度 〈6.0000〉:2↵                                                   输入终点宽度2
指定下一点或 [圆弧(A)/闭合(C)/半宽(H)/长度(L)/放弃(U)/宽度(W)]:单击F点        绘制EF
指定下一点或 [圆弧(A)/闭合(C)/半宽(H)/长度(L)/放弃(U)/宽度(W)]: ↵            结束多段线绘制
```

结果如图 3.8 所示。请将绘制的结果保存成“图 3.8.dwg”。

注意：

（1）多段线的专用编辑命令为 PEDIT，具体在第 4 章的编辑命令中介绍。

（2）多段线的宽度填充是否显示和 FILLMODE 变量的设置有关。

3.5 画正多边形 POLYGON

在 AutoCAD 中可以精确绘制边数多达 1024 的正多边形。

命令：POLYGON

功能区：常用→绘图→多边形

命令及提示：

```
命令: _polygon
输入边的数目 〈X〉:
指定多边形的中心点或 [边(E)]:
输入选项 [内接于圆(I)/外切于圆(C)] 〈I〉:
指定圆的半径:
```

参数如下。

（1）边的数目：输入正多边形的边数。最大为 1024，最小为 3。

（2）中心点：指定绘制的正多边形的中心点。

（3）边（E）：采用输入其中一条边的方式产生正多边形。

（4）内接于圆（I）：绘制的多边形内接于随后定义的圆。

（5）外切于圆（C）：绘制的正多边形外切于随后定义的圆。

（6）圆的半径：定义内接圆或外切圆的半径。

【例 3.4】用不同方式绘制如图 3.9 所示的 3 个正六边形。

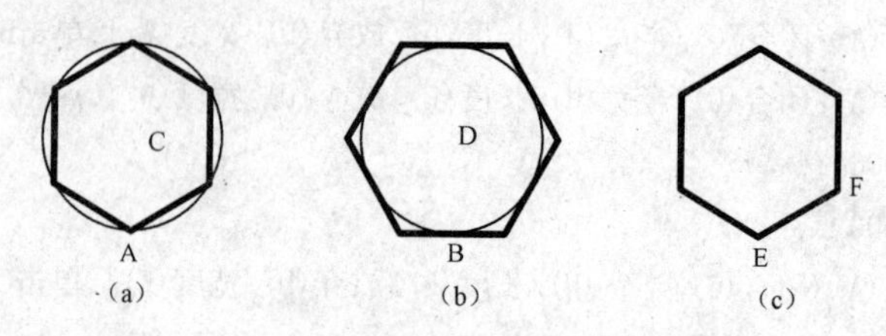

图 3.9　绘制正多边形的 3 种方式

命令及提示	说明
命令: _polygon	
输入边的数目〈4〉:6↵	输入正多边形的边数，默认为4
指定多边形的中心点或 [边(E)]:单击C点	
输入选项 [内接于圆(I)/外切于圆(C)]〈I〉:↵	选择内接于圆选项
指定圆的半径:单击A点	指定和正多边形外接的圆的半径

结果如图 3.9（a）所示。

命令及提示	说明
命令: _polygon	
输入边的数目〈6〉:↵	按【Enter】键接受默认值6
指定多边形的中心点或 [边(E)]:单击D点	
输入选项 [内接于圆(I)/外切于圆(C)]〈I〉:c↵	选外切于圆的选项C
指定圆的半径:单击B点	指定和正多边形内切的圆的半径

结果如图 3.9（b）所示。

命令及提示	说明
命令: _polygon	
输入边的数目〈6〉:↵	接受默认值6
指定多边形的中心点或 [边(E)]:e↵	选择边选项
指定边的第1个端点:单击E点	
指定边的第2个端点:单击F点	

结果如图 3.9（c）所示。

注意:

绘制的正多边形同样是一多段线，编辑时一般是一个整体，可以通过分解命令使之分解成单个的线段。

3.6　画矩形 RECTANG

可通过定义矩形的两个对角点来绘制矩形，同时可以设定其宽度、圆角和倒角等。

命令：RECTANG

功能区：常用→绘图→矩形

命令及提示：

```
命令: _rectang
指定第1个角点或 [倒角(C)/标高(E)/圆角(F)/厚度(T)/宽度(W)]:
指定另一个角点或 [面积(A)/尺寸(D)/旋转(R)]:
```

参数如下。

（1）指定第 1 个角点：定义矩形的一个顶点。

（2）指定另一个角点：定义矩形的另一个顶点。

（3）倒角（C）：绘制带倒角的矩形。

① 第 1 倒角距离——定义第 1 倒角距离。

② 第 2 倒角距离——定义第 2 倒角距离。

（4）圆角（F）：绘制带圆角的矩形。矩形的圆角半径——定义圆角半径。

（5）宽度（W）：定义矩形的线宽。

（6）标高（E）：矩形的高度。

（7）厚度（T）：矩形的厚度。

（8）面积（A）：根据面积、长度、宽度绘制矩形。

① “输入以当前单位计算的矩形面积 <××>”。

② “计算矩形尺寸时依据 [长度(L)/宽度(W)] <长度>: L↵”。

③ “输入矩形长度<×>:”或“计算矩形标注时依据 [长度(L)/宽度(W)] <长度>: w↵”。

④ “输入矩形宽度<×>:”。

（9）尺寸（D）：根据长度和宽度来绘制矩形。

① “指定矩形的长度 <0.0000> :”。

② “指定矩形的宽度 <0.0000>:”。

（10）旋转（R）：通过输入值、指定点或输入 P 并指定两个点来指定角度。

“指定旋转角度或 [点(P)] <0>:”。

【例 3.5】绘制如图 3.10 所示的矩形。

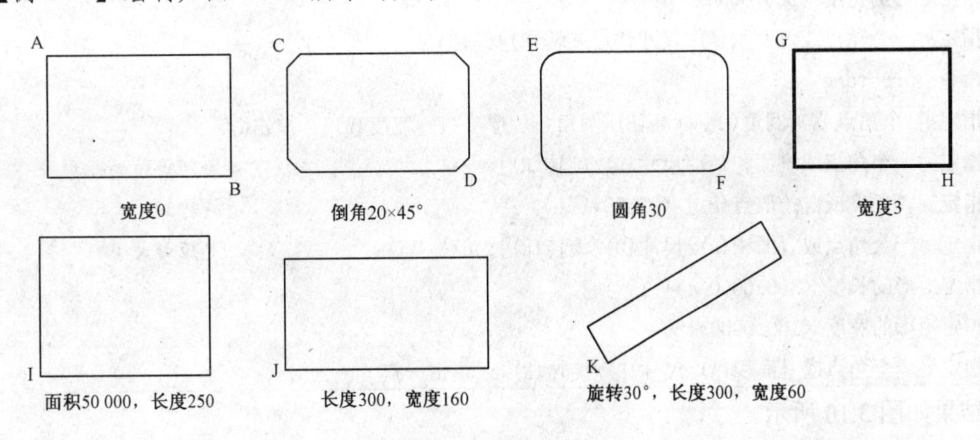

图 3.10　绘制矩形

```
命令: _rectang
指定第1个角点或 [倒角(C)/标高(E)/圆角(F)/厚度(T)/宽度(W)]:单击A点
指定另一个角点或 [面积(A)/尺寸(D)/旋转(R)]:单击B点
命令: _rectang
指定第1个角点或 [倒角(C)/标高(E)/圆角(F)/厚度(T)/宽度(W)]:c↵        设置倒角
```

```
指定矩形的第1个倒角距离〈0.0000〉:6↵                                   第1倒角距离设定为6
指定矩形的第个倒角距离〈6.0000〉:6↵                                    第2倒角距离设定为6
指定第1个角点或［倒角(C)/标高(E)/圆角(F)/厚度(T)/宽度(W)］:单击C点
指定另一个角点或［面积(A)/尺寸(D)/旋转(R)］:单击D点
命令: _rectang
当前矩形模式: 倒角=6.0000×6.0000                                      显示当前矩形的模式
指定第1个角点或［倒角(C)/标高(E)/圆角(F)/厚度(T)/宽度(W)］:f↵          设置圆角
指定矩形的圆角半径〈6.0000〉:↵                                         圆角半径设定为默认值6
指定第1个角点或［倒角(C)/标高(E)/圆角(F)/厚度(T)/宽度(W)］:单击E点
指定另一个角点或［面积(A)/尺寸(D)/旋转(R)］:单击F点
命令: _rectang
指定第1个角点或［倒角(C)/标高(E)/圆角(F)/厚度(T)/宽度(W)］:w↵          设定矩形的线宽
指定矩形的线宽〈0.0000〉:3↵                                            宽度值设定为3
指定第1个角点或［倒角(C)/标高(E)/圆角(F)/厚度(T)/宽度(W)］:单击G点
指定另一个角点或［面积(A)/尺寸(D)/旋转(R)］:单击H点
命令: _rectang
指定第1个角点或［倒角(C)/标高(E)/圆角(F)/厚度(T)/宽度(W)］: 单击I点
指定另一个角点或［面积(A)/尺寸(D)/旋转(R)］: a↵                        选择面积定矩形
输入以当前单位计算的矩形面积〈100.0000〉: 50000↵
计算矩形标注时依据［长度(L)/宽度(W)］〈长度〉: l↵                       再选择长度
输入矩形长度〈10.0000〉: 250↵
命令: _rectang
指定第1个角点或［倒角(C)/标高(E)/圆角(F)/厚度(T)/宽度(W)］: 单击J点
指定另一个角点或［面积(A)/尺寸(D)/旋转(R)］: d↵                        通过长度和宽度定矩形
指定矩形的长度〈250.0000〉: 300↵
指定矩形的宽度〈200.0000〉: 160↵
指定另一个角点或［面积(A)/尺寸(D)/旋转(R)］: ↵
命令: _rectang
指定第1个角点或［倒角(C)/标高(E)/圆角(F)/厚度(T)/宽度(W)］: 单击K点
指定另一个角点或［面积(A)/尺寸(D)/旋转(R)］: r↵                        绘制旋转的矩形
指定旋转角度或［拾取点(P)］〈0〉:30↵                                    旋转30°
指定另一个角点或［面积(A)/尺寸(D)/旋转(R)］: d↵                        定矩形大小
指定矩形的长度〈300.0000〉:↵
指定矩形的宽度〈160.0000〉:60↵
指定另一个角点或［面积(A)/尺寸(D)/旋转(R)］: 单击一点
```

结果如图 3.10 所示。

注意：

（1）绘制的矩形同样是一多段线，编辑时一般是一个整体，可以通过分解命令使之分解成单个的线段，同时失去线宽性质。

（2）线宽是否填充和 FILLMODE 变量的设置有关。

3.7 画圆弧 ARC

圆弧是常见的图素之一。圆弧可通过圆弧命令直接绘制，也可以通过打断圆成圆弧以及倒圆角等方法产生圆弧。下面介绍用圆弧命令绘制圆弧的方法。

命令：ARC

功能区：常用→绘图→圆弧

共有 11 种不同的定义圆弧的方式，如图 3.11 所示。

通过菜单可以直接指定圆弧绘制方式。通过命令行则要输入相应参数。通过按钮也要输入相应参数，但用户可以通过自定义界面方式，定制一组按钮以便快速打开各种圆弧绘制按钮，如图 3.11 所示。

三点
起点，圆心，端点
起点，圆心，角度
起点，圆心，长度
起点，端点，角度
起点，端点，方向
起点，端点，半径
圆心，起点，端点
圆心，起点，角度
圆心，起点，长度
连续

图 3.11　11 种绘制圆弧的方式

命令：_arc

参数如下。

（1）三点：指定圆弧的起点、终点以及圆弧上的任意一点。

（2）起点：指定圆弧的起始点。

（3）终点：指定圆弧的终止点。

（4）圆心：指定圆弧的圆心。

（5）方向：指定和圆弧起点相切的方向。

（6）长度：指定圆弧的弦长。正值绘制小于 180° 的圆弧，负值绘制大于 180° 的圆弧。

（7）角度：指定圆弧包含的角度。顺时针为负，逆时针为正。

（8）半径：指定圆弧的半径。按逆时针绘制，正值绘制小于 180° 的圆弧，负值绘制大于 180° 的圆弧。

在输入 ARC 命令后，出现以下提示：

指定圆弧的起点或[圆心（CE）]：

如果此时单击一点，即输入的是起点，绘制的方法将局限于以“起点”开始的方法；如果输入 CE，则系统将采用随后的输入点作为圆弧的圆心的绘制方法。

在绘制圆弧必须提供的 3 个参数中，系统会根据已经提供的参数，而提示需要提供的剩下的参数。如在前面绘图中已经输入了圆心和起点，则系统会出现以下提示：

“指定圆弧的端点或[角度（A）/弦长（L）]：”。

如图 3.12 所示为 10 种圆弧绘制示例。一般绘制圆弧的选项组合有如下 5 种。

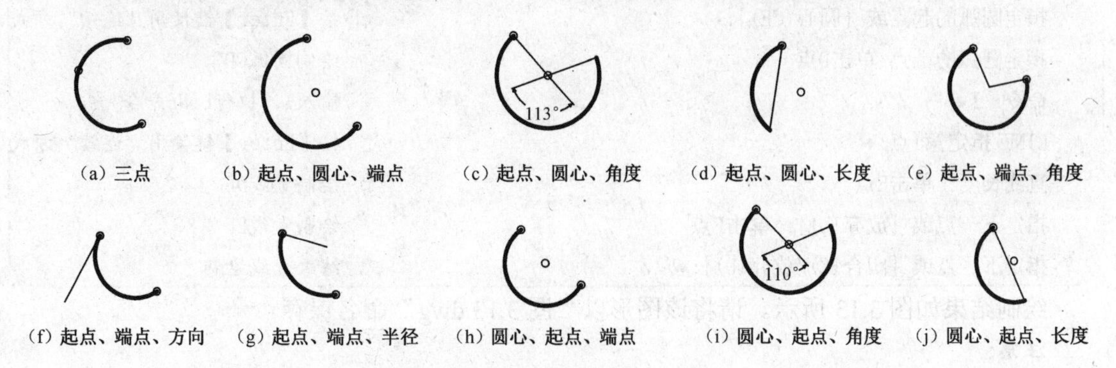

图 3.12　10 种圆弧绘制示例

（1）三点：通过指定圆弧上的起点、终点和中间任意一点来确定圆弧。

（2）起点、圆心：首先输入圆弧的起点和圆心，其余的参数为端点、角度或弦长。如果给定的角度为正，将按逆时针绘制圆弧。如果为负，将按顺时针绘制圆弧。如果给出正的弦长，则绘制小于 180° 的弧，反之给出负的弦长，绘制大于 180° 的弧。

（3）起点、端点：首先定义圆弧的起点和端点，其余绘制圆弧的参数为角度、半径、方向或圆心。如果提供角度，则正的角度按逆时针绘制圆弧，负的角度按顺时针绘制圆弧。如果选择半径选项，按照逆时针绘制圆弧，负的半径绘制大于 180° 的圆弧，正的半径绘制小于 180° 的圆弧。

（4）圆心、起点：首先输入圆弧的圆心和起点，其余绘制圆弧的参数为角度、弦长或端点。正的角度按逆时针绘制，而负的角度按顺时针绘制圆弧。正的弦长绘制小于 180° 的圆弧，负的弦长绘制大于 180° 的圆弧。

（5）连续：在开始绘制圆弧时如果不输入点，而是按【Enter】键或【Space】键，则采用连续的圆弧绘制方式。所谓的连续，是指该圆弧的起点为上一个圆弧的终点或上一个直线的终点，同时所绘圆弧和已有的直线或圆弧相切。

【例 3.6】首先绘制直线 AB 和 BC，然后用连续方式绘制 CD 段圆弧，再绘制直线 DE 和 EF，如图 3.13 所示。

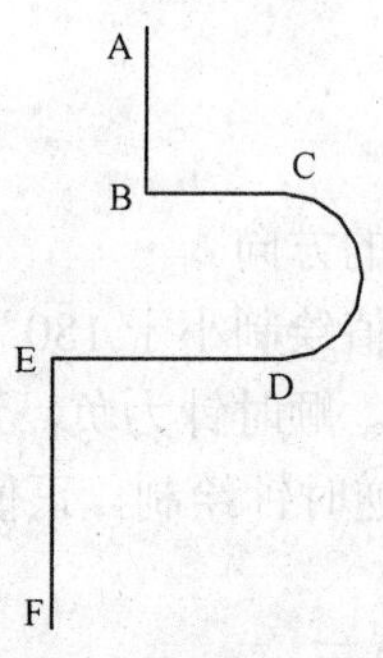

图 3.13 “连续”绘制直线和圆弧示例

正交模式打开。

```
命令: _line 指定第1点:单击A点
指定下一点或 [放弃(U)]:单击B点                    绘制直线AB
指定下一点或 [放弃(U)]:单击C点                    绘制直线BC
指定下一点或 [放弃(U)]:↵                          结束直线绘制
命令: _arc
指定圆弧的起点或 [圆心(CE)]:↵                     按【Enter】键使用“连续”方式
指定圆弧的端点:单击D点                            绘制圆弧CD
命令: l↵                                          输入l，执行LINE命令
LINE 指定第1点:↵                                  按【Enter】键使用“连续”方式
直线长度: 单击E点                                 绘制直线DE
指定下一点或 [放弃(U)]: 单击F点                   绘制直线EF
指定下一点或 [闭合(C)/放弃(U)]:↵                  结束直线绘制
```

绘制结果如图 3.13 所示。请将该图形以“图 3.13.dwg”命名保存。

注意：

（1）可以画出圆而难以直接绘制圆弧时可以打断或修剪圆成所需的圆弧。

（2）在菜单中单击圆弧的绘制方式是明确的，相应的提示不再给出可以选择的参数。通过按钮或命令行输入绘制圆弧命令时，相应的提示会给出可能的多种参数。

（3）获取圆心或其他某点时可以配合对象捕捉方式准确绘制圆弧。

3.8 画圆 CIRCLE

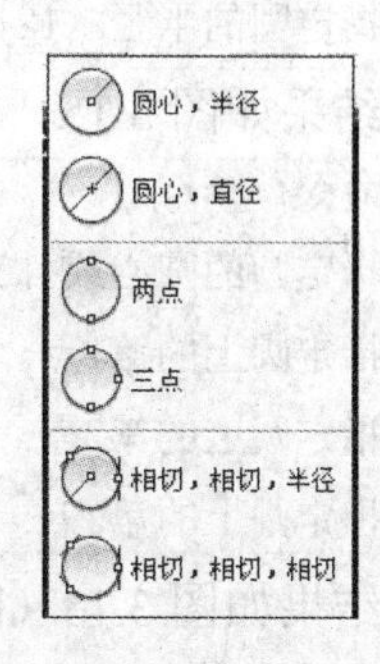

图 3.14 绘制圆的 6 种方式

圆是常见的图素之一。

命令：CIRCLE

功能区：常用→绘图→圆

在菜单和按钮中都有 6 种圆的绘制方式，如图 3.14 所示。其中 TTT 模式没有预先定义图标，用户可以通过自定义设计一个图标加到自定义面板中。

命令及提示：

```
命令：_circle
指定圆的圆心或 [三点(3P)/两点(2P)/相切、相切、半径(T)]:
```

参数如下。

（1）圆心：指定圆的圆心。

（2）半径（R）：定义圆的半径大小。

（3）直径（D）：定义圆的直径大小。

（4）两点（2P）：指定的两点作为圆的一条直径上的两点。

（5）三点（3P）：指定圆周上的三点定圆。

（6）相切、相切、半径（TTR）：指定与绘制的圆相切的两个元素，再定义圆的半径。半径值必须不小于两元素之间的最短距离。

（7）相切、相切、相切（TTT）：该方式属于三点（3P）中的特殊情况，即指定和绘制的圆相切的 3 个元素。

绘制圆一般先确定圆心，再确定半径或直径。同样可以先绘制圆，再通过尺寸标注来绘制中心线，或通过圆心捕捉方式绘制中心线。

【例 3.7】采用“相切、相切、半径（TTR）”和“相切、相切、相切（TTT）”的方式绘制圆，如图 3.15 所示。

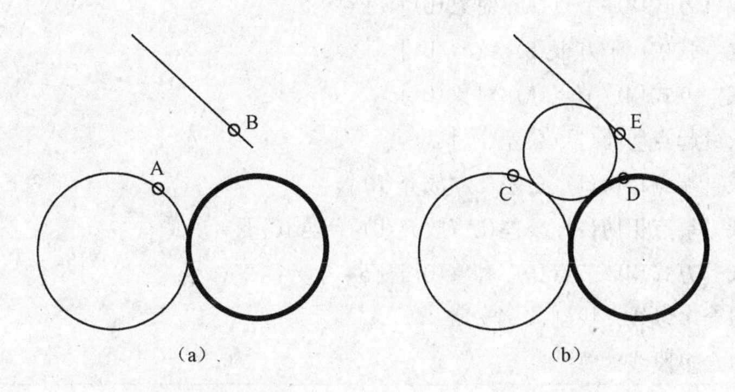

图 3.15 相切、相切、半径/相切绘制圆

先绘制好在图中标有小圆圈的圆和直线。

```
命令: _circle
指定圆的圆心或 [3点(3P)/两点(2P)/相切、相切、半径(T)]: _ttr              TTR方式
指定对象与圆的第1个切点:单击A点
```

```
指定对象与圆的第2个切点:单击B点
指定圆的半径 <121.2030>:70↵                                输入圆的半径
```

结果如图 3.15（a）所示。

```
命令: _circle
指定圆的圆心或 [3点(3P)/两点(2P)/相切、相切、半径(T)]: _3p      采用3点定圆方式
指定圆上的第1点: _tan 到  单击C点
指定圆上的第2点: _tan 到  单击D点
指定圆上的第3点: _tan 到  单击E点
```

结果如图 3.15（b）所示。

注意：

（1）切于直线时，不一定和直线有明显的切点，可以是直线延长后的切点。

（2）在菜单中单击圆的绘制方式是明确的，相应的提示不再给出可以选择的参数。通过按钮或命令行输入绘圆命令时，相应的提示会给出可能的多种参数。

（3）指定圆心或其他某点时可以配合对象捕捉方式准确绘圆。

3.9 画样条曲线 SPLINE

样条曲线是指被一系列给定点控制的光滑曲线。

命令：SPLINE

功能区：常用→绘图→样条曲线

样条曲线的绘制包括两种方法，一种是使用拟合点绘制，另一种是使用控制点绘制。

至少 3 个点才能确定一个样条曲线。

命令及提示：

```
命令: spline
当前设置: 方式=拟合   节点=弦
指定第一个点或 [方式(M)/节点(K)/对象(O)]: m↵
输入样条曲线创建方式 [拟合(F)/控制点(CV)] <拟合>:
指定第一个点或 [方式(M)/节点(K)/对象(O)]: k↵
输入节点参数化 [弦(C)/平方根(S)/统一(U)] <弦>:
指定第一个点或 [方式(M)/节点(K)/对象(O)]:
输入下一个点或 [起点切向(T)/公差(L)]:
输入下一个点或 [端点相切(T)/公差(L)/放弃(U)]:
输入下一个点或 [端点相切(T)/公差(L)/放弃(U)/闭合(C)]:
指定第一个点或 [方式(M)/节点(K)/对象(O)]: o↵
选择样条曲线拟合多段线: 找到 X 个
选择样条曲线拟合多段线:
```

参数如下。

（1）方式（M）：控制是使用拟合点还是使用控制点来创建样条曲线。

（2）第一个点：定义样条曲线的起始点。指定样条曲线的第一个点，或者是第一个拟合点或者是第一个控制点，具体取决于当前所用的方法。

（3）节点（K）：指定节点参数化，它是一种计算方法，用来确定样条曲线中连续拟合点之间

的零部件曲线如何过渡。

① 弦（或弦长方法）——均匀隔开连接每个零部件曲线的节点，使每个关联的拟合点对之间的距离成正比。

② 平方根（或向心方法）——均匀隔开连接每个零部件曲线的节点，使每个关联的拟合点对之间的距离的平方根成正比。此方法通常会产生更“柔和”的曲线。

③ 统一（或等间距分布方法）——均匀隔开每个零部件曲线的节点，使其相等，而不管拟合点的间距如何。此方法通常可生成泛光化拟合点的曲线。

（4）对象（O）：将二维或三维的二次或三次样条曲线拟合多段线转换成等效的样条曲线。

（5）下一个点：样条曲线定义的一般点。

（6）起点切向：定义起点处的切线方向。

（7）端点切向：定义终点处的切线方向。

（8）公差（L）：定义拟合时的公差大小。公差越小，样条曲线越逼近数据点，为0时指样条曲线准确经过数据点。

（9）放弃（U）：该选项不在提示中出现，可以输入“U”取消上一段曲线。

（10）闭合（C）：样条曲线首尾相连成封闭曲线。系统提示用户输入一次切矢，起点和终点共享相同的顶点和切矢。

【例 3.8】如图 3.16 所示，绘制不同拟合公差的样条曲线。其中图 3.16（a）中公差设定为 0，图 3.16（b）中公差设定为 20。

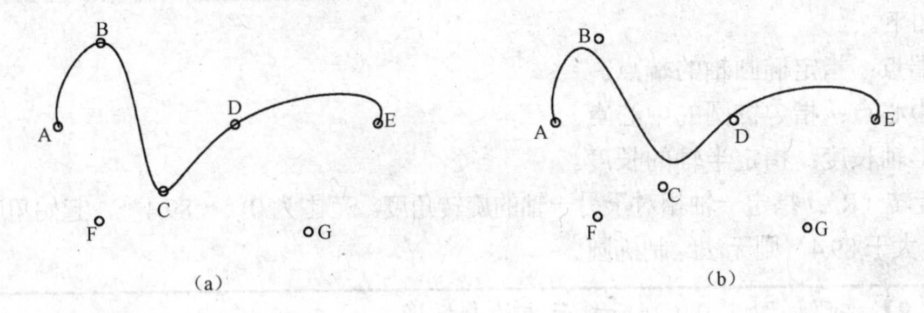

图 3.16　绘制不同拟合公差的样条曲线示例

```
命令: _spline
当前设置: 方式=拟合　　节点=弦
指定第一个点或 [方式(M)/节点(K)/对象(O)]: _M
输入样条曲线创建方式 [拟合(F)/控制点(CV)] <拟合>: _FIT
当前设置: 方式=拟合　　节点=弦
指定第一个点或 [方式(M)/节点(K)/对象(O)]: 顺次单击ABCDE点
输入下一个点或 [起点切向(T)/公差(L)]:
输入下一个点或 [端点相切(T)/公差(L)/放弃(U)]:
输入下一个点或 [端点相切(T)/公差(L)/放弃(U)/闭合(C)]:
输入下一个点或 [端点相切(T)/公差(L)/放弃(U)/闭合(C)]:
输入下一个点或 [端点相切(T)/公差(L)/放弃(U)/闭合(C)]:
```

结果如图 3.16（a）所示。

此时样条曲线经过输入的点。如果选择了公差（L），系统提示如下：

```
指定拟合公差<0.0000>:
```

此时，输入的公差值不为0，则绘制的样条曲线偏离输入的点，结果如图3.16（b）所示。

3.10 画椭圆和椭圆弧 ELLIPSE

AutoCAD中绘制椭圆和椭圆弧比较简单，和绘制正多边形一样，系统自动计算各点数据。

命令：ELLIPSE

功能区：常用→绘图→椭圆（圆心、轴、端点、椭圆弧）

绘制椭圆和绘制椭圆弧采用同一个命令，绘制椭圆弧是绘制椭圆的_a参数，绘制椭圆弧需要增加夹角的两个参数。

3.10.1 绘制椭圆

椭圆是最常见的曲线之一。

命令及提示：

```
命令：_ellipse
指定椭圆的轴端点或[圆弧（A）/中心点（C）]：
指定椭圆的中心点：
指定轴的端点：
指定另一条半轴长度或[旋转（R）]：
```

参数如下。

（1）端点：指定椭圆轴的端点。

（2）中心点：指定椭圆的中心点。

（3）半轴长度：指定半轴的长度。

（4）旋转（R）：指定一轴相对于另一轴的旋转角度。范围为0°～89.4°，起始角度为0°绘制一个圆，大于89.4°则无法绘制椭圆。

【例3.9】按照如图3.17所示提示点绘制椭圆。

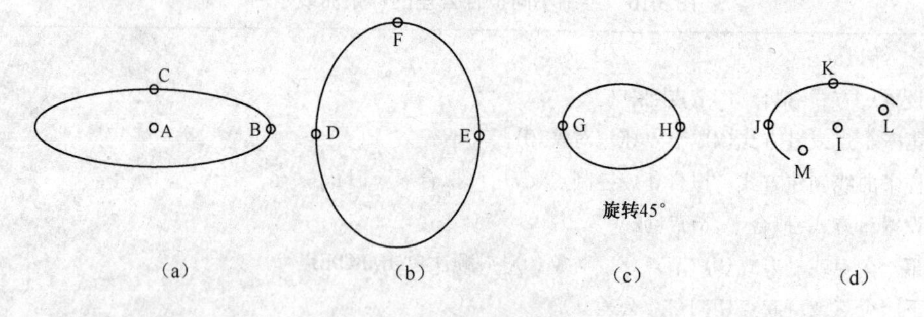

图3.17 椭圆及椭圆弧

```
命令：_ellipse
指定椭圆的轴端点或 [圆弧(A)/中心点(C)]:c↵          指定采用中心点的方式
指定椭圆的中心点:单击中心点A
指定轴的端点:单击轴的端点B
指定另一条半轴长度或 [旋转(R)]:单击C点              确定另一条轴的半长
```

结果如图 3.17（a）所示。

```
命令: _ellipse
指定椭圆的轴端点或 [圆弧(A)/中心点(C)]:单击D点                确定轴的一个端点
指定轴的另一个端点:单击E点
指定另一条半轴长度或 [旋转(R)]:单击F点                      确定另一条轴的半长
```

结果如图 3.17（b）所示。

```
命令: _ellipse
指定椭圆的轴端点或 [圆弧(A)/中心点(C)]:单击G点                确定轴的一个端点
指定轴的另一个端点:单击H点                                  确定轴的另一个端点
指定另一条半轴长度或 [旋转(R)]:r↵                           输入R采用旋转方式绘制椭圆
指定绕长轴旋转:45↵                                         输入旋转角度45°
```

结果如图 3.17（c）所示。

3.10.2 绘制椭圆弧

绘制椭圆弧，除了输入必要的参数确定椭圆外，需要输入椭圆弧的起始角度和终止角度。相应地增加了以下的提示及参数。

（1）指定起始角度或[参数（P）]：输入起始角度。

（2）指定终止角度或[参数（P）/包含角度（I）]：输入终止角度或输入椭圆包含的角度。

【例 3.10】绘制如图 3.17（d）所示的椭圆弧。

```
命令: _ellipse
指定椭圆的轴端点或 [圆弧(A)/中心点(C)]:a↵                    绘制椭圆弧
指定椭圆弧的轴端点或 [中心点(C)]:c↵                         采用中心点的方式绘制椭圆
指定椭圆弧的中心点:单击I点                                  指定中心点

指定轴的端点:单击J点
指定另一条半轴长度或 [旋转(R)]:单击K点
指定起始角度或 [参数(P)]:单击L点
指定终止角度或 [参数(P)/包含角度(I)]:单击M点
```

结果如图 3.17（d）所示。

3.11 画点

点可以用不同的样式在图纸上绘制出来。AutoCAD 提供了对点的捕捉方式。

3.11.1 绘制点 POINT

绘制点的方法如下。

命令：POINT

功能区：常用→绘图→多点

命令及提示：

```
命令: _point
当前点模式:  PDMODE=33  PDSIZE=-3.0000          显示当前绘制的点的模式和大小
指定点:                                          定义点的位置
```

注意：

（1）产生点的方式除了 POINT 命令绘制点外，还可以由 DIVIDE 和 MEASURE 来放置点。

（2）点在屏幕上显示的形式和大小可以由点样式来确定。

（3）点为连续绘制方式，一般按【Esc】键中断。启动其他命令也可以终止点命令。

3.11.2 点样式设置 DDPTYPE

AutoCAD 提供了 20 种不同式样的点供选择。可以通过“点样式”对话框设置。

命令：DDPTYPE

功能区：常用→实用工具→点样式

执行点样式命令后，弹出如图 3.18 所示的“点样式”对话框。

在如图 3.18 所示的“点样式”对话框中，可以单击希望的点的形式，输入点大小百分比，该百分比可以是相对于屏幕的大小，也可以设置成绝对单位大小。单击确定按钮后，系统自动采用新的设定重新生成图形。

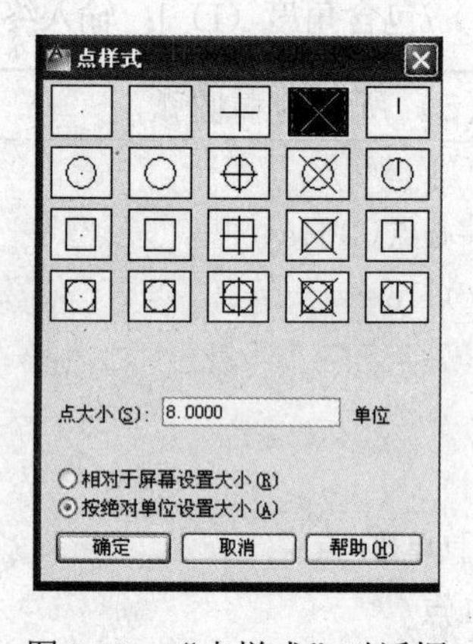

图 3.18 “点样式”对话框

3.12 表格 TABLE

编辑标题栏、明细栏等需要使用表格。

命令：TABLE

功能区：常用→注释→表格

功能区：注释→表格

执行该命令后，弹出如图 3.19 所示的“插入表格”对话框。如果执行“-table”，可通过命令行方式绘制表格。

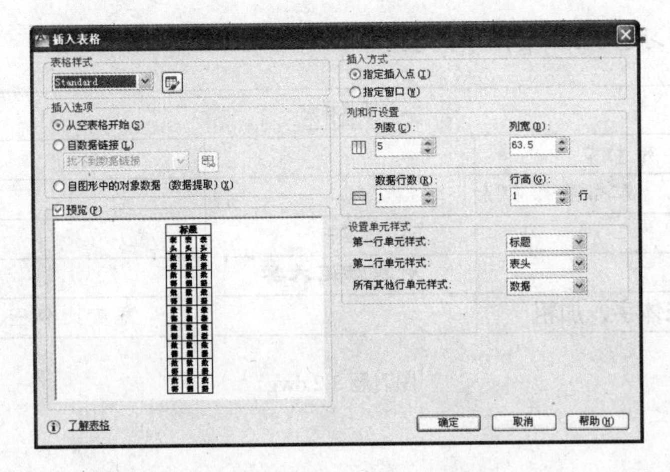

图 3.19　“插入表格”对话框

在图 3.19 中可以设置表格样式、插入方式、设置行数和列数，以及行高和列宽等。

在图形中插入表格后，立即可以输入数据，也可以双击单元格输入数据，如图 3.20 所示。

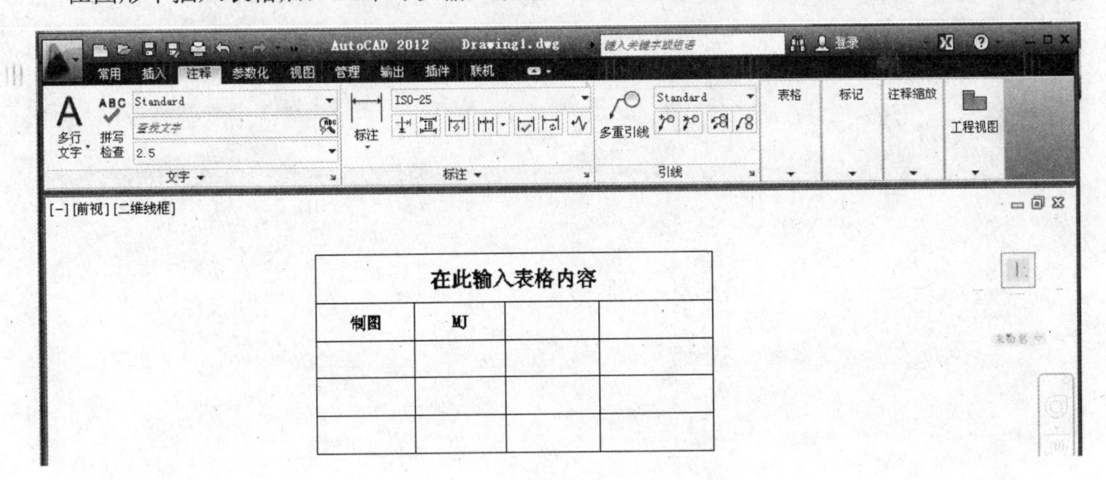

图 3.20　在表格中输入数据

习题

（1）指定点方式有几种？有几种方法可以精确输入点的坐标？

（2）多段线和一般线条有哪些区别？

（3）绘制矩形的方法有哪些？

（4）如何用多段线命令绘制一个箭头？

（5）绘制直线后再以连续方式绘制圆弧时，该圆弧有什么特点？先绘制圆弧，然后绘制直线时直接按【Enter】键时的起始点，其绘制的直线有什么特点？

（6）绘制有宽度的直线有哪些方法？

（7）绘制如图所示的习题 3.1.dwg，并以“图习题 3.1.dwg”为名保存。

（8）绘制一直径为 20，高度为 100，圈数为 12 的螺旋线。

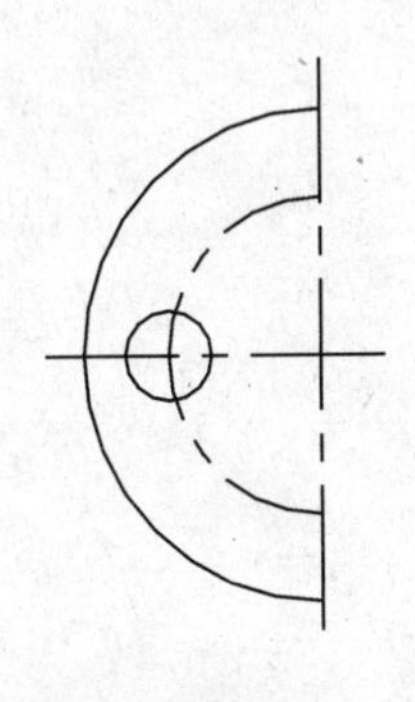

图习题 3.1.dwg

（9）绘制如图习题 3.2.dwg 所示的表格。

表格样本		
第一行，第一列，左对齐		
第二行，第一列，右对齐		
	居中	
	南京师范大学	
宋体字，加粗		宽度比例2

图习题 3.2.dwg

第4章

基本编辑命令

仅通过绘图功能一般不能形成最终所需的图形，在绘制一幅图形时，编辑图形是不可缺少的过程。图形的编辑一般包括删除、恢复、移动、旋转、复制、偏移、剪切、延伸、比例缩放、镜像、倒角、圆角、矩形和环形阵列、打断、分解等。对于多段线、双线、尺寸、文字、填充图案等还提供专用的编辑命令。

编辑命令不仅可以保证绘制的图形达到最终所需的结构精度等要求。更为重要的是，通过编辑功能中的复制、偏移、阵列、镜像等命令可以迅速完成相同或相近的图形。配合适当的技巧，可以充分发挥计算机绘图的优势，快速完成图形绘制。

对已有的图形进行编辑，AutoCAD 提供了两种不同的编辑顺序。

（1）先下达编辑命令，再选择对象。

（2）先选择对象，再下达编辑命令。

不论采用何种方式，都必须选择对象。本章首先介绍对象的选择方式，然后介绍不同的编辑方法和技巧。

4.1 选择对象

当 AutoCAD 提示选择对象时，光标一般会变成一个小框。在光标为“十”字形状中间带一小框时也可以选择对象。

4.1.1 对象选择模式

在“选项”对话框的“选择”选项卡中，可以设置对象选择模式以及相关选项。利用以下方式可以执行“选项”对话框。

命令：_options

在绘图区右击鼠标，选择“选项”菜单。执行选项命令后弹出“选项”对话框，选择其中的“选择集”选项卡。

“选择集”选项卡中包含了拾取框大小、夹点尺寸、选择集预览、选择集模式、夹点和功能区选项等区。

4.1.2 建立对象选择集

一般情况下，AutoCAD 处理的对象不止一个，往往是一组。一组对象甚至一个对象可以是命名对象或临时对象。可以对选择的对象进行编组，以便在随后的绘图编辑过程中直接调用。不论是永久的或临时的对象，AutoCAD 都提供了丰富而灵活的对象选择方法，在不同的使用场合合理使用不同的选择方法十分重要。

AutoCAD 要求在选中对象后，才能对它进行处理。执行许多命令（包括 SELECT 命令本身）后都会出现“选择对象”提示。

用定点设备单击对象，或在对象周围使用选择窗口，或输入坐标，或使用下列选择对象方式，都可以选择对象。不管由哪个命令给出“选择对象”提示，都可以使用这些方法。要查看所有选项，请在命令行中输入“?”。

AutoCAD 选择对象提示如下：

```
需要点或选择对象：(如果选中了对象则无以下提示)
需要点或窗口(W)/上一个(L)/窗交(C)/框(BOX)/全部(ALL)/栏选(F)/圈围(WP)/圈交(CP)/编组(G)/添加(A)/删除(R)/多个(M)/前一个(P)/放弃(U)/自动(AU)/单个(SI)/子对象(SU)/对象(O)
选择对象:指定点或输入选项
```

对应的英文提示如下：

```
Window/Last/Crossing/BOX/ALL/Fence/WPolygon/CPolygon/Group/Add/Remove/Multiple/
Previous/Undo/AUto/Single/SUbobject/Object
```

通常情况下，AutoCAD 提示选择对象时，往往会建立一个临时的对象选择集。选择对象的各种方法含义如下。

（1）Window（窗口）：在指定两个角点的矩形范围内选取对象，被选中的对象必须全部包含在窗口内，与窗口相交的对象不在选中之列。

（2）Last（上一个）：选择最近一次创建的可见对象。对象必须在当前空间（模型空间或图纸空间）中，并且一定不要将对象的图层设置为冻结或关闭状态。

（3）Crossing（窗交）：与“窗口”类似，但选中的对象不仅包括“窗口”中的对象，而且包括与窗口边界相交的对象，同时显示的窗口为虚线或高亮方框，和窗口显示的一般方框不同。

（4）Box（框）：为“窗口”和“窗交”的组合形式，当第 1 点在第 2 点的左侧，即从左往右拾取时，为“窗口”模式。当第 1 点在第 2 点的右侧，即从右往左拾取时，为“窗交”模式。

（5）All（全部）：选取除关闭、冻结、锁定图层上的所有对象。

（6）Fence（栏选）：用户可以绘制一个开放的多点的栅栏，该栅栏可以自己相交，最后也不必闭合。所有和该栅栏相交的对象全被选中。

（7）WPolygon（圈围）：与“窗口”类似的一种选择方法。用户可以绘制一个不规则的多边形，该多边形可以为任意形状，但自身不得相交或相切。所有全部位于该多边形之内的对象为选中的对象。该多边形最后一条边为自动绘制，在任何时候，该多边形均为封闭的。

（8）CPolygon（圈交）：与“窗交”类似的一种选择方法。用户可以绘制一个不规则的封闭多边形，该多边形同样可以是任意形状，但不得自身相交或相切。所有位于该多边形之内或和多边形相交的对象均被选中。该多边形的最后一条边自动绘制，始终是封闭的。

（9）Group（编组）：可以通过预先定义编组来选择对象。需要输入的对象应该预先编组并赋予名称，选中其中一个对象等于选中了整个组。

（10）Add（添加）：一般情况下该选项是自动的。如果前面执行了删除选项，使用该选项时，则可以切换到添加模式，再选择的对象会被添加进选择组中。

（11）Remove（删除）：可以从已有的对象中删除某些对象。

（12）Multiple（多个）：可以选取多点但不高亮显示选中对象。如果选择在两个对象的交点上，则同时选中两个对象。

（13）Previous（前一个）：将最近的对象选择集设置为当前的选择对象。如果执行了删除命令（Erase 或 Delete）则忽略该选项。如果在模型空间和图纸空间切换，同样会忽略该选项。

（14）Undo（放弃）：取消最近的对象选择操作。

（15）Auto（自动）：如果在选择对象时，第一次单击某对象，则相当于“单击”模式；如果第一次未选中任何对象，则自动转换为“窗选”模式。该方式为默认方式。

（16）Single（单个）：仅选择一个对象或对象组，此时无须按【Enter】键确认。

（17）Subobject（子对象）：使用户可以逐个选择原始形状，这些形状是复合实体的一部分或三维实体上的顶点、边和面。可以选择这些子对象的其中之一，也可以创建多个子对象的选择集。选择集可以包含多种类型的子对象。按住【Ctrl】键与选择 Select 命令的“子对象”选项相同。

（18）Object（对象）：结束选择子对象的功能，使用户可以使用对象选择方法。

（19）单击：在选择对象时，用“对象选择靶”（小框）在被选择的对象上单击，即选取了该对象。

注意：

（1）采用其中的某种选择对象方式时，可以输入英文全词或以上各选项中的大写字母缩写。

（2）在没有要求选择对象时，可以输入 Select 命令来建立选择集，以后可以通过 Previous（前一个）来调用该选择集。

（3）当完成了对象的选择后，一般需要按【Enter】键或【Space】键或单击鼠标右键选择“确认”来结束对象选择过程，并继续编辑。

（4）清除选择集，可以连续按两次【Esc】键或单击“标准”工具栏中的“重做”。

如图 4.1 所示为几种选择对象方法。

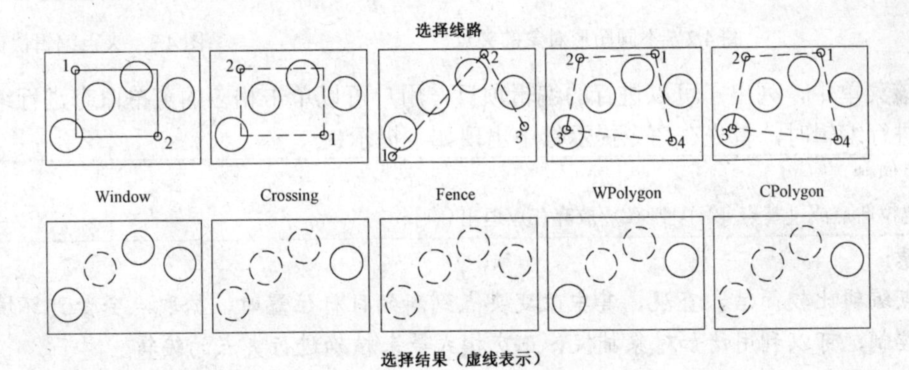

图 4.1　部分选择对象方法的比较

4.1.3　重叠对象的选择

AutoCAD 支持循环选择对象。要在重叠的对象之间循环，请将光标置于最前面的对象之上，然后按住【Shift】键并反复按【Space】键。如果打开选择集预览，通过将对象滚动到顶端使其亮显，然后按住【Shift】键并连续按【Space】键，可以在这些对象之间循环。所需对象亮显后，单击鼠标左键以选择该对象。

如果关闭选择集预览，按住【Shift+Space】组合键并单击以逐个在这些对象之间循环，直到选定所需对象。按【Esc】键关闭循环。

4.2 使用夹点编辑

夹点即图形对象上可以控制对象位置、大小的关键点。如对直线而言，其中心点可以控制位置，而两个端点可以控制其长度和位置，可见直线有 3 个夹点。

当在命令提示状态下选择了图形对象时，会在图形对象上显示出小方框表示的夹点。不同图形对象的夹点如图 4.2 所示。

注意：

（1）在图中显示的夹点即为可以编辑的点。如文字，通过夹点编辑只能改变其插入点，如要改变文字的大小、字体、颜色等，必须采用其他编辑命令。

（2）夹点显示的大小、颜色、选中后的颜色等可以通过“选项”对话框中的“选择”选项卡来设置。具体设置方法已在 4.1 节介绍。

在选取了图形对象后。如果选中了某个或几个夹点，再单击鼠标右键，此时会弹出如图 4.3 所示的夹点编辑快捷菜单。

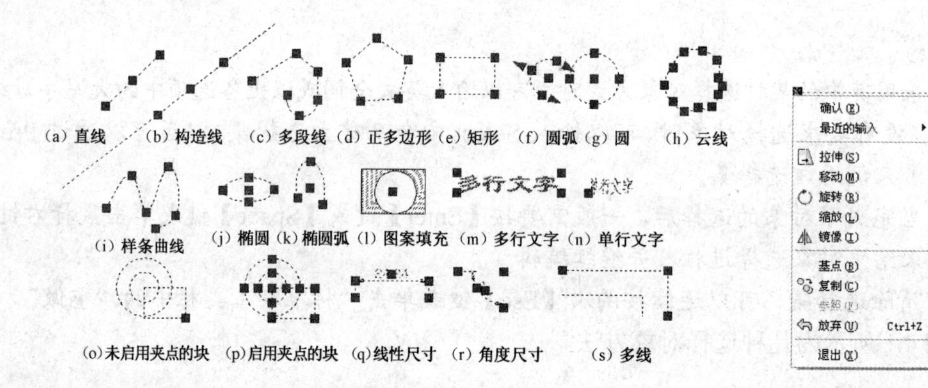

图 4.2 不同图形对象的夹点

图 4.3 夹点编辑快捷菜单

在该菜单中，列出了可以进行的编辑项目，用户可以单击相应的菜单命令进行编辑。采用夹点进行编辑时，首先在命令提示行中出现如下提示：

```
**拉伸**
指定拉伸点或 [基点(B)/复制(C)/放弃(U)/退出(X)]:
```

注意：

夹点编辑比较简洁、直观，其中改变夹点到新的目标位置时，拾取点会受到环境设置的影响和控制，可以利用诸如对象捕捉、正交模式等来精确进行夹点的编辑。

4.2.1 利用夹点拉伸对象

利用夹点拉伸对象，选中对象的两侧夹点，该夹点和光标一起移动，在目标位置单击鼠标左键，则选取的点将会改到新的位置，如图 4.4 和图 4.5 所示。

图 4.4 利用夹点拉伸直线（续）

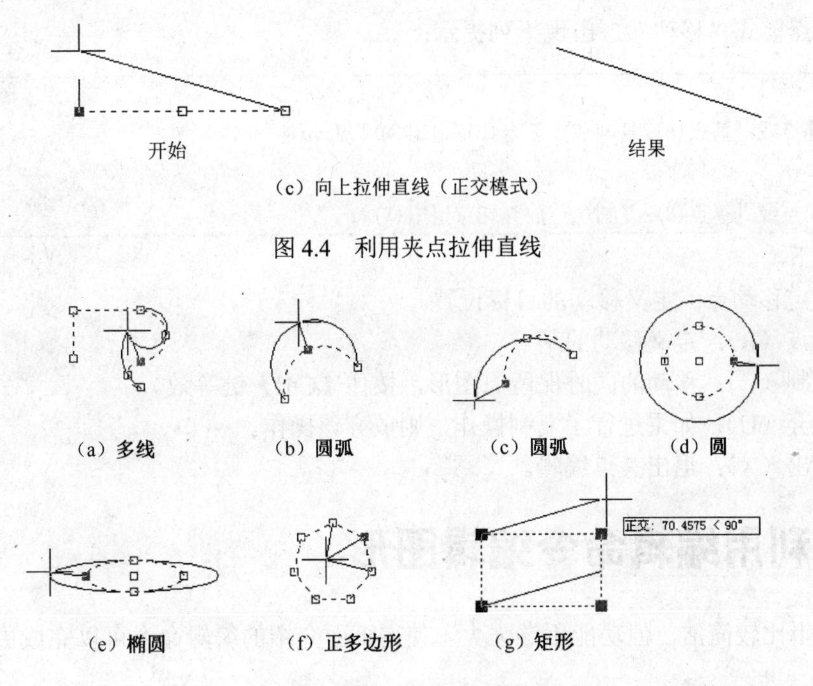

图 4.4　利用夹点拉伸直线

图 4.5　利用夹点拉伸其他对象

注意：

如果想同时更改多个夹点，按【Shift】键配合选择多个夹点，再移动或拉伸。默认情况下，移动或拉伸位置有极轴追踪矢量提示，如图 4.5 所示的矩形拉伸。

4.2.2 利用夹点移动对象

利用夹点移动对象，只需选中移动夹点，则所选对象会和光标一起移动，在目标点单击鼠标左键即可。各种对象的移动夹点如图 4.6 所示。

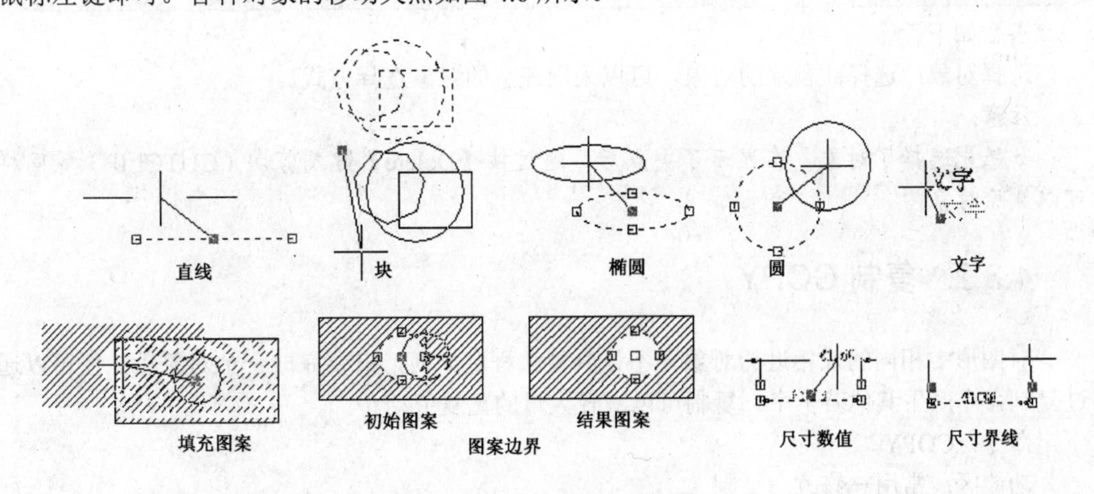

图 4.6　各种对象的移动夹点

对于一般的对象，如矩形，没有移动夹点。需要通过夹点移动时，则按如下步骤进行。

首先在“命令：”提示下选择对象，出现该对象的夹点，再选择一基点，输入 Move（也可用鼠标右键单击弹出的快捷菜单，从中选择“旋转”，或者按【Enter】键，遍历夹点模式，直到显示夹点模式“移动”)，出现下列提示：

```
** 拉伸 **
指定拉伸点或 [基点(B)/复制(C)/放弃(U)/退出(X)]:Move↵
** 移动 **
指定移动点或 [基点(B)/复制(C)/放弃(U)/退出(X)]:
```

参数如下。

（1）指定移动点：定义移动的目标位置。

（2）基点（B）：定义移动的基点。

（3）复制（C）：移动的同时保留原图形，按住【Ctrl】键等效。

（4）放弃（U）：如果进行了复制操作，则放弃该操作。

（5）退出（X）：退出夹点编辑。

4.3 利用编辑命令编辑图形

夹点编辑比较简洁，但功能不够强大。使用下面介绍的编辑命令可以完成更为复杂的编辑任务。

4.3.1 删除 ERASE

删除命令可以将图形中不需要的对象清除。

命令：ERASE

功能区：常用→修改→删除

命令及提示：

```
命令: _erase
选择对象:
```

参数如下。

选择对象：选择欲删除的对象，可以采用任意的对象选择方式。

注意：

如果先选择了对象，在显示了夹点后，通过按【Delete】键或剪切（CUTCLIP）等同样可以删除对象。

4.3.2 复制 COPY

对图形中相同的或相近的对象，不论其复杂程度如何，只要完成一个对象后，便可以通过复制命令产生其他若干个。复制可以减轻大量的重复劳动。

命令：COPY

功能区：常用→修改→复制

命令及提示：

```
命令: _copy
选择对象:
选择对象: ↵
```

```
当前设置:  复制模式 = 多个
指定基点或 [位移(D)/模式(O)] <位移>: o↵
输入复制模式选项 [单个(S)/多个(M)] <多个>:
指定基点或 [位移(D)/模式(O)] <位移>:
指定第二个点或 <使用第一个点作为位移>:
```

参数如下。

（1）选择对象：选取欲复制的对象。

（2）基点：复制对象的参考点。

（3）位移（D）：原对象和目标对象之间的位移。

（4）模式（O）：设置复制模式为单个（S）或多个（M）。

（5）指定第二个点：指定第二点来确定位移，第一点为基点。

使用第一个点作为位移：在提示输入第二点时按【Enter】键，则以第一点的坐标作为位移。

【例 4.1】将如图 4.7（a）所示的原始图形从 A 点复制到 B 点。

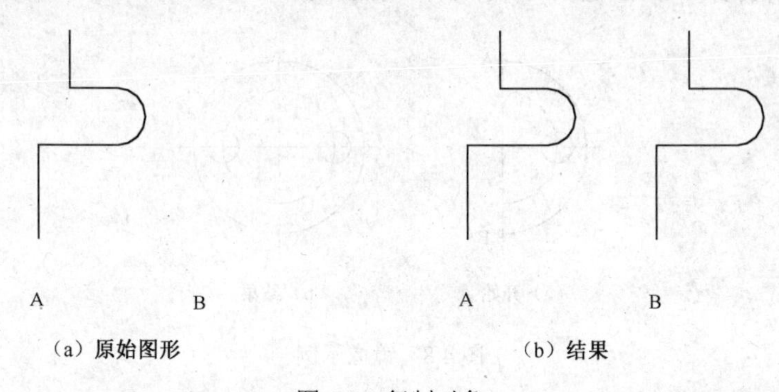

（a）原始图形　　（b）结果

图 4.7　复制对象

```
命令: _copy
选择对象:通过窗口选择对象                          提示选择欲复制的对象
指定对角点: 找到 5 个                              全部选择
选择对象: ↵                                        按【Enter】结束选择
当前设置:  复制模式 = 多个
指定基点或 [位移(D)/模式(O)] <位移>:点取A点
指定第二个点或 <使用第一个点作为位移>:点取B点
指定第二个点或 <使用第一个点作为位移>:↵              结束复制命令
```

结果如图 4.7（b）所示。

注意：

（1）复制对象应充分利用各种选择对象的方法。具体选择方法参见 4.1 节。

（2）在确定位移时应充分利用诸如对象捕捉、栅格和捕捉等精确绘图的辅助工具。在绝大多数编辑命令中都应该使用这些辅助工具来精确绘图。具体设置及使用方法参见 1.8 节。

4.3.3 镜像 MIRROR

对于对称的图形，可以只绘制 1/2 甚至 1/4，然后采用镜像命令产生对称的部分。

命令：MIRROR

功能区：常用→修改→镜像

命令及提示：

```
命令: _mirror
选择对象:
选择对象:
指定镜像线的第一点:
指定镜像线的第二点:
要删除源对象吗？[是(Y)/否(N)] <N>:
```

参数如下。

（1）选择对象：选择欲镜像的对象。

（2）指定镜像线的第一点：确定镜像轴线的第 1 点。

（3）指定镜像线的第二点：确定镜像轴线的第 2 点。

（4）要删除源对象吗？[是（Y）/否（N）] <N>：Y 删除原对象，N 不删除原对象。

【例 4.2】将打开“图习题 3.1.dwg”，按照如图 4.8（a）所示的图形进行镜像。

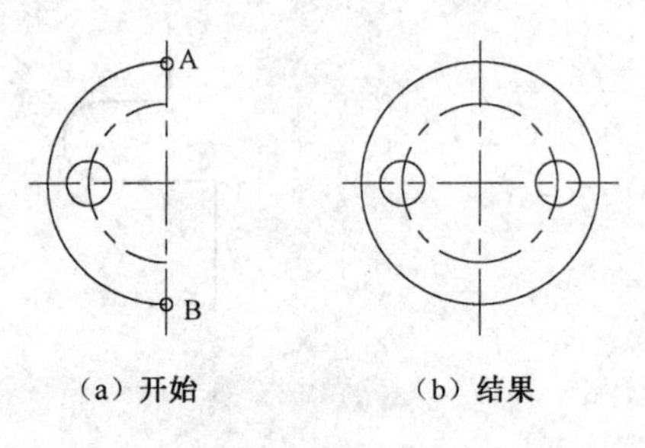

（a）开始　　（b）结果

图 4.8　镜像示例

```
命令: _mirror
选择对象:通过窗口方式选择左侧4个对象              选择镜像对象
指定对角点: 找到 4 个                            提示选中的对象数目
选择对象:↵                                       按【Enter】键结束对象选择
指定镜像线的第一点:单击A点                        通过对象捕捉交点A
指定镜像线的第二点:单击B点                        单击垂直线的另一个交点B
要删除源对象吗？[是(Y)/否(N)] <N>:↵              按【Enter】键保留原对象
```

结果如图 4.8（b）所示。

注意：

（1）该命令一般用于对称图形，可以只绘制其中的 1/2 甚至 1/4，然后采用镜像命令来产生其他对称的部分。

（2）对于文字的镜像，通过 MIRRTEXT 变量可以控制是否使文字和其他对象一样被镜像。如果 MIRRTEXT 为 0，则文字不进行镜像处理。如果 MIRRTEXT 为 1（默认设置），文字和其他对象一样被镜像。

4.3.4 阵列 ARRAY

对于规则分布的图形，可以通过矩形或环形阵列命令快速产生。AutoCAD 2012 还提供了沿路径阵列的功能。

命令：ARRAY

功能区：常用→修改→阵列

执行该命令后出现如下提示：

```
命令：ARRAY
选择对象：找到 X 个
选择对象：
输入阵列类型 [矩形(R)/路径(PA)/极轴(PO)] <矩形>:
```

在选择阵列对象后，确定进行何种阵列。

（1）矩形（R）：进行矩形阵列。等同于 ARRAYRECT 命令。

（2）路径（PA）：进行沿路径的阵列。等同于 ARRAYPATH 命令。

（3）极轴（PO）：进行环形阵列。等同于 ARRAYPOLAR 命令。

分别描述如下。

1. 矩形阵列 ARRAYRECT

命令及提示：

```
命令：arrayrect
选择对象：
指定项目数的对角点或 [基点(B)/角度(A)/计数(C)] <计数>:
指定对角点以间隔项目或 [间距(S)] <间距>:
按 Enter 键接受或 [关联(AS)/基点(B)/行数(R)/列数(C)/层级(L)/退出(X)] <退出>:
按 Enter 键接受或 [关联(AS)/基点(B)/行(R)/列(C)/层(L)/退出(X)] <退出>: b↵
指定基点或 [关键点(K)] <质心>:
为项目数指定对角点或 [基点(B)/角度(A)/计数(C)] <计数>: a↵
指定行轴角度 <0>:
按 Enter 键接受或 [关联(AS)/基点(B)/行(R)/列(C)/层(L)/退出(X)] <退出>: 1↵
输入 层 数或 [表达式(E)] <1>:
指定 层 之间的距离或 [总计(T)/表达式(E)] <1>:
```

参数如下。

（1）项目数：指定阵列中的项目数。使用预览网格以指定反映所需配置的点。

（2）计数（C）：分别指定行和列的值。

（3）间隔项目：指定行间距和列间距。使用预览网格以指定反映所需配置的点。

（4）间距（S）：分别指定行间距和列间距。

（5）基点（B）：指定阵列的基点。

（6）关键点（K）：对于关联阵列，在源对象上指定有效的约束（或关键点）以用做基点。如果编辑生成的阵列的源对象，阵列的基点保持与源对象的关键点重合。

（7）角度（A）：指定行轴的旋转角度。行和列轴保持相互正交。对于关联阵列，可以稍后编辑各个行和列的角度。

（8）关联（AS）：指定是否在阵列中创建项目作为关联阵列对象，或作为独立对象。

① 是——包含单个阵列对象中的阵列项目，类似于块。可以通过编辑阵列的特性和源对象，快速传递修改。

② 否——创建阵列项目作为独立对象。更改一个项目不影响其他项目。

（9）行数（R）：编辑阵列中的行数和行间距，以及它们之间的增量标高。

① 表达式（E）——使用数学公式或方程式获取值。

② 总计（T）——设置第一行和最后一行之间的总距离。

（10）列数（C）：编辑列数和列间距。

总计（T）——指定第一列和最后一列之间的总距离。

（11）层（L）：指定层数和层间距。

总计（T）——指定第一层和最后一层之间的总距离。

（12）退出（X）：退出命令。

2. 环形阵列

命令及提示：

```
命令：arraypolar
选择对象:
指定阵列的中心点或 [基点(B)/旋转轴(A)]:
输入项目数或 [项目间角度(A)/表达式(E)] <最后计数>:
指定要填充的角度（+ = 逆时针，- = 顺时针）或 [表达式(E)]:
按 Enter 键接受或 [关联(AS)/基点(B)/项目(I)/项目间角度(A)/填充角度(F)/行(ROW)/层级(L)/旋
转项目(ROT)/退出(X)] <退出>:
```

参数如下。

（1）中心点：指定分布阵列项目所围绕的点。旋转轴是当前 UCS 的 Z 轴。

（2）基点（B）：指定阵列的基点。

（3）旋转轴（A）：指定由两个指定点定义的自定义旋转轴。

（4）项目（I）：指定阵列中的项目数。

（5）表达式（E）：使用数学公式或方程式获取值。当在表达式中定义填充角度时，结果值中的（+或-）数学符号不会影响阵列的方向。

（6）项目间角度（A）：指定项目之间的角度。

（7）填充角度（F）：指定阵列中第一个和最后一个项目之间的角度。

（8）关联（AS）：指定是否在阵列中创建项目作为关联阵列对象，或作为独立对象。

① 是——包含单个阵列对象中的阵列项目，类似于块。可以通过编辑阵列的特性和源对象，快速传递修改。

② 否——创建阵列项目作为独立对象。更改一个项目不影响其他项目。

（9）行（ROW）：编辑阵列中的行数和行间距，以及它们之间的增量标高。

全部——设置第一行和最后一行之间的总距离。

（10）层级（L）：指定阵列中的层数和层间距。

全部——指定第一层和最后一层之间的总距离。

（11）旋转项目（ROT）：控制在排列项目时是否旋转项目。

（12）退出（X）：退出命令。

3. 路径阵列

此命令可以将选择对象沿路径阵列。路径可以是直线、多段线、三维多段线、样条曲线、螺旋、圆弧、圆或椭圆。

命令及提示：ARRAYPATH

```
选择对象:
选择路径曲线:
```

```
输入沿路径的项数或［方向(O)/表达式(E)］〈方向〉:
指定基点或［关键点(K)］〈路径曲线的终点〉:
指定与路径一致的方向或［两点(2P)/法线(N)］〈当前〉:
指定沿路径的项目间的距离或［定数等分(D)/全部(T)/表达式(E)］〈沿路径平均定数等分〉:
按 Enter 键接受或［关联(AS)/基点(B)/项目(I)/行数(R)/层级(L)/对齐项目(A)/Z 方向(Z)/退出(X)］
〈退出〉:
```

参数如下。

（1）路径曲线：指定用于阵列路径的对象。选择直线、多段线、三维多段线、样条曲线、螺旋、圆弧、圆或椭圆。

（2）项数：指定阵列中的项目数。

（3）方向（O）：控制选定对象是否将相对于路径的起始方向重定向（旋转），然后再移动到路径的起点。

① 两点——指定两个点来定义与路径的起始方向一致的方向。

② 普通——对象对齐垂直于路径的起始方向。

（4）对齐项目（A）：选项控制是保持起始方向还是继续沿着相对于起始方向的路径重定向项目。

（5）表达式（E）：使用数学公式或方程式获取值。

（6）基点（B）：指定阵列的基点。

（7）关键点（K）：对于关联阵列，在源对象上指定有效的约束点（或关键点）以用做基点。如果编辑生成的阵列的源对象，阵列的基点保持与源对象的关键点重合。

（8）项目间的距离：指定项目之间的距离。

（9）定数等分（D）：沿整个路径长度平均定数等分项目。

全部——指定第一个和最后一个项目之间的总距离。

（10）关联（AS）：指定是否在阵列中创建项目作为关联阵列对象，或作为独立对象。

是——包含单个阵列对象中的阵列项目，类似于块。可以通过编辑阵列的特性和源对象，快速传递修改。

否——创建阵列项目作为独立对象。更改一个项目不影响其他项目。

（11）项目（I）：编辑阵列中的项目数。

如果“方法”特性设置为“测量”，则会提示重新定义分布方法包括项目之间的距离、定数等分和全部选项。

（12）行数（R）：指定阵列中的行数和行间距，以及它们之间的增量标高。

全部——指定第一行和最后一行之间的总距离。

（13）层级（L）：指定阵列中的层数和层间距。

全部——指定第一层和最后一层之间的总距离。

（14）对齐项目（A）：指定是否对齐每个项目以与路径的方向相切。对齐相对于第一个项目的方向。

（15）Z 方向（Z）：控制是否保持项目的原始 Z 方向或沿三维路径自然倾斜项目。

（16）退出（X）：退出命令。

【例 4.3】将如图 4.9 (a) 所示的标高符号进行矩形阵列，复制成 3 行 4 列共 12 个，单位单元为 A、B 两点定义的矩形。请先用直线命令绘制该标高符号。

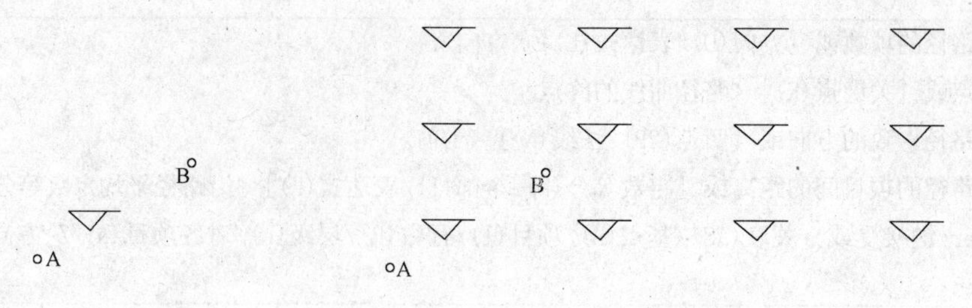

(a) 原始图形　　　　(b) 矩形阵列结果

图 4.9　矩形阵列示例

操作过程如下：

命令: _arrayrect

选择对象: 指定对角点: 找到 3 个　　　　**采用窗口方式选择标高符号**

选择对象: ↵

类型 = 矩形　关联 = 是

为项目数指定对角点或 [基点(B)/角度(A)/计数(C)] 〈计数〉: B↵

指定基点或 [关键点(K)] 〈质心〉: **拾取A点**

为项目数指定对角点或 [基点(B)/角度(A)/计数(C)] 〈计数〉: **拾取B点**

指定对角点以间隔项目或 [间距(S)] 〈间距〉:↵

按 Enter 键接受或 [关联(AS)/基点(B)/行(R)/列(C)/层(L)/退出(X)] 〈退出〉: R↵

输入 行数 数或 [表达式(E)] 〈2〉: 3↵

指定 行数 之间的距离或 [总计(T)/表达式(E)] 〈500.0274〉:↵

指定 行数 之间的标高增量或 [表达式(E)] 〈0〉:↵

按 Enter 键接受或 [关联(AS)/基点(B)/行(R)/列(C)/层(L)/退出(X)] 〈退出〉: c↵

输入 列数 数或 [表达式(E)] 〈1〉: 4↵

指定 列数 之间的距离或 [总计(T)/表达式(E)] 〈488.5276〉:↵

按 Enter 键接受或 [关联(AS)/基点(B)/行(R)/列(C)/层(L)/退出(X)] 〈退出〉:↵

结果如图 4.9（b）所示。

【例 4.4】将如图 4.10（a）所示的标高符号进行环形阵列。图中粗线仅示意阵列原始图形。

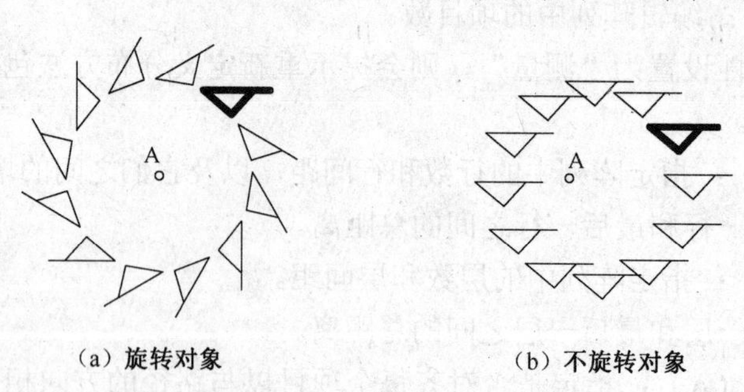

(a) 旋转对象　　　　(b) 不旋转对象

图 4.10　环形阵列示例

命令: _arraypolar

选择对象: 指定对角点: **窗口方式选择标高符号**　找到 3 个

选择对象: ↵

类型 = 极轴　关联 = 是

指定阵列的中心点或 [基点(B)/旋转轴(A)]:**拾取阵列圆心**

输入项目数或 [项目间角度(A)/表达式(E)] <4>: 12↵
指定填充角度(+=逆时针、-=顺时针)或 [表达式(EX)] <360>:↵
按 Enter 键接受或 [关联(AS)/基点(B)/项目(I)/项目间角度(A)/填充角度(F)/行(ROW)/层(L)/旋转项目(ROT)/退出(X)]: rot↵
是否旋转阵列项目? [是(Y)/否(N)] <是>: n↵ (如果此时回答y, 则如4.10左图所示。如果回答n, 则如4.10右图所示。)
按 Enter 键接受或 [关联(AS)/基点(B)/项目(I)/项目间角度(A)/填充角度(F)/行(ROW)/层(L)/旋转项目(ROT)/退出(X)]<退出>:↵

结果如图 4.10 (b) 所示。

【例 4.5】将如图 4.11 (a) 所示的标高符号进行路径阵列。图中粗线仅示意阵列原始图形。

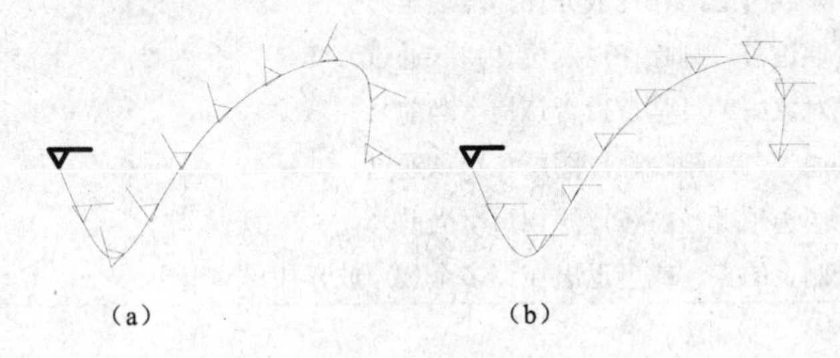

图 4.11 路径阵列

命令:ARRAYPATH

选择对象: 指定对角点: **窗口方式选择标高符号** 找到 3 个
选择对象: ↵
类型 = 路径 关联 = 是
选择路径曲线:**拾取路径曲线**
输入沿路径的项数或 [方向(O)/表达式(E)] <方向>: 10↵
指定沿路径的项目之间的距离或 [定数等分(D)/总距离(T)/表达式(E)] <沿路径平均定数等分(D)>: ↵
按 Enter 键接受或 [关联(AS)/基点(B)/项目(I)/行(R)/层(L)/对齐项目(A)/Z 方向(Z)/退出(X)] <退出>: a↵
是否将阵列项目与路径对齐? [是(Y)/否(N)] <是>: n↵ (如果回答y, 结果如同4.11左, 如果回答n, 结果如图4.11右)
按 Enter 键接受或 [关联(AS)/基点(B)/项目(I)/行(R)/层(L)/对齐项目(A)/Z 方向(Z)/退出(X)] <退出>:↵

注意:

(1) 阵列后阵列的对象默认是一个整体块。可以分解后单独处理。

(2) 在环形阵列图形对象时, 不同的图形有不同的基点。一般情况下, 文字的节点、块的插入点、连续直线的第一个转折点、单一直线的第一个端点、矩形的第一个顶点、圆的圆心等。到环形阵列的中心点之间的距离为阵列半径。通过"阵列"对话框中的"对象基点"选项区域, 可以输入具体数值来指定基点; 单击"拾取基点"按钮也可以在图形上获得基点。同样也可以用 BASE 命令定义基点。

4.3.5 偏移 OFFSET

单一对象可以将其偏移，从而产生复制的对象。偏移时根据偏移距离会重新计算其大小。

命令：OFFSET

功能区：常用→修改→偏移

命令及提示：

```
命令: _offset
当前设置: 删除源=否  图层=源  OFFSETGAPTYPE=0
指定偏移距离或 [通过(T)/删除(E)/图层(L)] <通过>: T↵
指定通过点或 [退出(E)/多个(M)/放弃(U)] <退出>:M↵
指定通过点或 [退出(E)/放弃(U)] <下一个对象>:
选择要偏移的对象，或 [退出(E)/放弃(U)] <退出>:
指定偏移距离或 [通过(T)/删除(E)/图层(L)] <通过>: E↵
要在偏移后删除源对象吗？ [是(Y)/否(N)] <当前>:
指定偏移距离或 [通过(T)/删除(E)/图层(L)] <通过>: L↵
输入偏移对象的图层选项 [当前(C)/源(S)] <当前>:
指定要偏移的那一侧上的点，或 [退出(E)/多个(M)/放弃(U)] <退出>:
```

参数如下。

（1）指定偏移距离：输入偏移距离，该距离可以通过键盘输入，可以通过单击两个点来定义。

（2）通过（T）：指偏移的对象将通过随后单击的点。

（3）退出（E）：退出偏移命令。

（4）多个（M）：使用同样的偏移距离重复进行偏移操作。同样可以指定通过的点。

（5）放弃（U）：恢复前一个偏移。

（6）删除（E）：偏移源对象后将其删除。随后可以确定是否删除源对象，输入 Y 为删除源对象，输入 N 为保留源对象。

（7）图层（L）：确定偏移复制的对象是创建在源对象层上还是当前层上。

（8）选择要偏移的对象：选择欲偏移的对象，按【Enter】键则退出偏移命令。

（9）指定要偏移的那一侧上的点：指定点来确定往哪个方向偏移。

【例 4.6】偏移如图 4.12 所示的图形到指定位置。请预先绘制图中 C 所指的图形，其中最后一个为一条多段线。

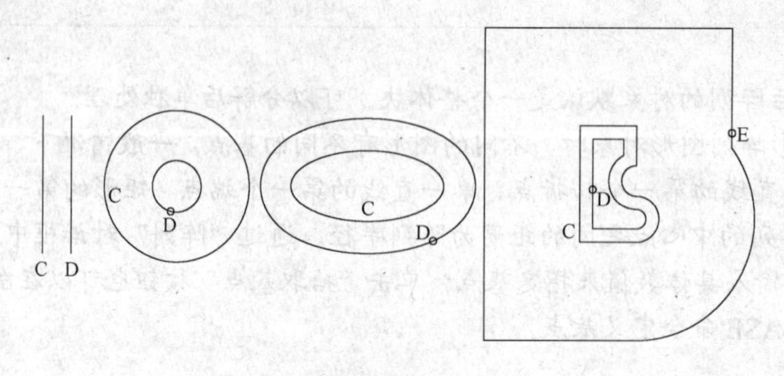

图 4.12　偏移图形示例

命令：_offset	下达OFFSET命令
当前设置：删除源=否　图层=源　OFFSETGAPTYPE=0	
指定偏移距离或［通过(T)/删除(E)/图层(L)］〈通过〉：30↵	输入偏移距离
选择要偏移的对象，或［退出(E)/放弃(U)］〈退出〉:**单击直线C**	
指定要偏移的那一侧上的点，或［退出(E)/多个(M)/放弃(U)］〈退出〉:**单击D点一侧**	确定偏移的方向
选择要偏移的对象，或［退出(E)/放弃(U)］〈退出〉：↵	按【Enter】键退出偏移命令
命令：_offset	下达OFFSET命令
当前设置：删除源=否　图层=源　OFFSETGAPTYPE=0	
指定偏移距离或［通过(T)/删除(E)/图层(L)］〈30.0000〉:t↵	输入T指定偏移通过随后的指定点
选择要偏移的对象，或［退出(E)/放弃(U)］〈退出〉:**单击线C**	选择欲偏移的对象
指定通过点或［退出(E)/多个(M)/放弃(U)］〈退出〉:**单击D点**	偏移出中间的多段线
选择要偏移的对象，或［退出(E)/放弃(U)］〈退出〉:**单击线C**	
指定通过点或［退出(E)/多个(M)/放弃(U)］〈退出〉:**单击E点**	在经过E点处偏移了该多段线
选择要偏移的对象，或［退出(E)/放弃(U)］〈退出〉:↵	按【Enter】键退出偏移命令

注意：

（1）偏移常应用于根据尺寸绘制的规则图样中，尤其在相互平行的直线间相互复制。该命令比复制命令要求输入的数值少，使用比较简洁。

（2）对于多段线的偏移。如果出现了圆弧无法偏移的情况（如以上示例中最后一次偏移中的向内凹的圆弧），此时将忽略该圆弧。该过程一般不可逆。

（3）一次只能偏移一个对象，可以将多条线连成多段线来偏移。

4.3.6 移动 MOVE

移动命令可以将一组或一个对象从一个位置移动到另一个位置。

命令：MOVE

功能区：常用→修改→移动

命令及提示：

```
命令：_move
选择对象：
选择对象：↵
指定基点或［位移(D)］〈位移〉：
指定第二个点或〈使用第一个点作为位移〉：
```

参数如下。

（1）选择对象：选择欲移动的对象。

（2）指定基点或[位移（D）]：指定移动的基点或直接输入位移。

（3）指定第二个点或<使用第一个点作为位移>：如果单击了某点，则指定位移第 2 点。如果直接按【Enter】键，则用第 1 点的数值作为位移来移动对象。

【例 4.7】将如图 4.13（a）所示的图形从 A 点移到 B 点。

（a）原图　　（b）结果

图 4.13　移动示例

```
命令: _move
选择对象:选取矩形和圆两个对象
指定对角点: 找到 2 个
选择对象:↵                                              按【Enter】键结束对象选择
指定基点或 [位移(D)] <位移>: 单击A点
指定第二个点或 <使用第一个点作为位移>:单击B点
```

结果如图 4.13（b）所示。

注意：

（1）移动和复制需要进行的操作基本相同，但结果不同。复制在原位置保留了原对象，而移动在原位置并不保留原对象，等同于先复制在删除原对象。

（2）应该充分采用诸如对象捕捉等辅助绘图手段精确移动对象。

4.3.7 旋转 ROTATE

旋转命令可以将某一对象旋转一个指定角度或参照一个对象进行旋转。

命令：ROTATE

功能区：常用→修改→旋转

命令及提示：

```
命令: _rotate
UCS 当前的正角方向:  ANGDIR=逆时针   ANGBASE=0
选择对象:
选择对象:↵
指定基点:
指定旋转角度或 [复制(C)/参照(R)] <0>: R↵
指定参照角 <0>:
指定新角度或 [点(P)] <0>:
```

参数如下。

（1）选择对象：选择欲旋转的对象。

（2）指定基点：指定旋转的基点。

（3）指定旋转角度：输入旋转的角度。

（4）复制（C）：创建要旋转的选定对象的副本。

（5）参照（R）：采用参照的方式旋转对象。

（6）指定参考角<0>：如果采用参照方式，则指定参考角。

（7）指定新角度或[点（P）]<0>：定义新的角度，或通过指定两点来确定角度。

【例 4.8】通过光标位置动态旋转图形。首先请打开“图 3.13.dwg”。

命令：_rotate	
UCS 当前的正角方向： ANGDIR=逆时针 ANGBASE=0	
选择对象：**选择所有图形**	采用窗交的方式选择旋转对象
指定对角点：找到 5 个	
选择对象：↵	按【Enter】键结束对象选择
指定基点：**单击A点**	指定旋转基点
指定旋转角度，或［复制(C)/参照(R)］<0>：**移动光标，图形对象同时旋转，单击如图4.14所示的示意点**	确定旋转角度

结果如图 4.14 中实线所示。请将该结果图形保存成“图 4.23.dwg”。

【例 4.9】通过参照旋转如图 4.15 所示的图形到水平位置。请首先打开“图 4.23.dwg”。

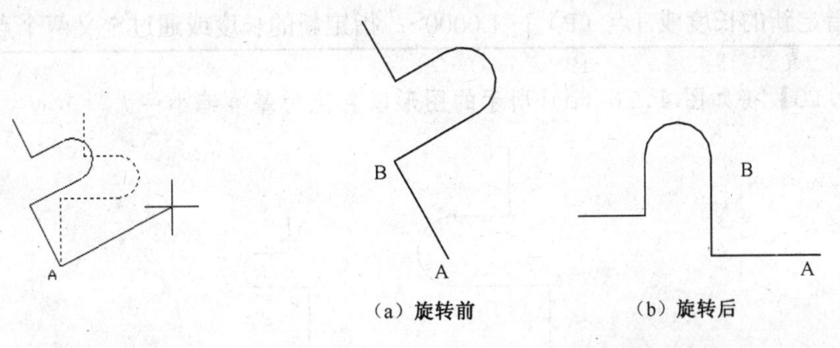

图 4.14 旋转示例

图 4.15 参照旋转示例

命令：_rotate	
UCS 当前的正角方向： ANGDIR=逆时针 ANGBASE=0	提示当前相关设置
选择对象：**选择所有图线**	采用窗交（口）的方式选择旋转对象
指定对角点：找到 5 个	
选择对象：↵	按【Enter】键结束对象选择
指定基点：**单击A点**	定义旋转基点
指定旋转角度，或［复制(C)/参照(R)］<0>：r↵	启用参照方式
指定参考角 <0>：**单击A点**	
指定第2点：**单击B点**	
指定新角度或［点(P)］<0>：180↵	

结果如图 4.15（b）图形所示。

4.3.8 比例缩放 SCALE

在绘图过程中经常发现绘制的图形过大或过小。通过比例缩放可以快速实现图形的大小转换。缩放时可以指定一定的比例，也可以参照其他对象进行缩放。

命令：SCALE

功能区：常用→修改→缩放

命令及提示：

```
命令: _scale
选择对象:
选择对象:↵
指定基点:
指定比例因子或 [复制(C)/参照(R)] <1.0000>: R↵
指定参照长度 <1.0000>:
指定新的长度或 [点(P)] <1.0000>:
```

参数如下。

（1）选择对象：选择欲比例缩放的对象。

（2）指定基点：指定比例缩放的基点。

（3）指定比例因子或 [参照（R）]：指定比例或采用参照方式确定比例。

（4）复制（C)：创建要缩放的选定对象的副本。

（5）指定参考长度 <1>：指定参考的长度，默认为 1。

（6）指定新的长度或 [点（P）] <1.0000>：指定新的长度或通过定义两个点来定长度。

【例 4.10】将如图 4.16 (a) 所示的图形以 A 点为基准缩小$\frac{1}{2}$。

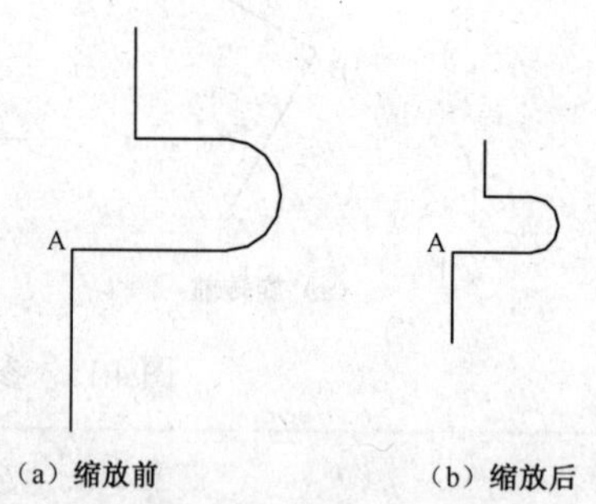

（a）缩放前　　（b）缩放后

图 4.16　比例缩放示例

```
命令: _scale
选择对象:单击正五边形 找到 5 个
选择对象:↵                                   按【Enter】键结束选择
指定基点:单击A点                              确定比例缩放的基点
指定比例因子或 [复制(C)/参照(R)] <1>:0.5↵     缩小一半
```

结果如图 4.16（b）所示。

注意：

比例缩放是真正改变了图形的大小，和视图显示中的 ZOOM 命令缩放有本质的区别。ZOOM 命令仅仅改变在屏幕上的显示大小，图形本身尺寸无任何大小变化。

4.3.9 拉伸 STRETCH

拉伸是调整图形大小、位置的一种十分灵活的工具。

命令：STRETCH

功能区：常用→修改→拉伸

命令及提示：

```
命令: _stretch
以交叉窗口或交叉多边形选择要拉伸的对象…
选择对象:
指定对角点:
选择对象:↵
指定基点或 [位移(D)] <位移>:
指定第2二个点或 <使用第一个点作为位移>:
```

参数如下。

（1）选择对象：只能以交叉窗口或交叉多边形选择要拉伸的对象。

（2）指定基点或 [位移（D）]：指定拉伸基点或定义位移。

（3）指定第二个点或 <使用第一个点作为位移>：如果第一点定义了基点，定义第二点来确定位移。如果直接按【Enter】键，则位移就是第一个点的坐标。

【例 4.11】将图 4.17（b）中指定的部分拉伸 AB 之间的距离。请预先绘制如图 4.17（a）所示的原始图形，其外围是一条封闭多段线。

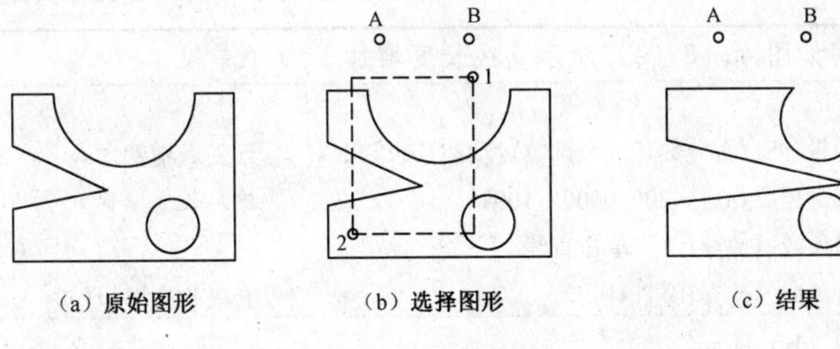

（a）原始图形　（b）选择图形　（c）结果

图 4.17　拉伸示例

```
命令: _stretch
以交叉窗口或交叉多边形选择要拉伸的对象…        提示选择的对象的方式
选择对象:单击1点                              单击交叉窗口或交叉多边形的第一个顶点
指定对角点:单击2点                            指定交叉窗口的另一个顶点
找到5个
选择对象:↵                                    按【Enter】键结束对象选择
指定基点或 [位移(D)] <位移>:单击A点
指定第二个点或 <使用第一个点作为位移>:单击B点
```

结果如图 4.17（c）所示。

注意：

拉伸一般只能采用交叉窗口或交叉多边形的方式来选择对象，可以采用 Remove 方式取消不需拉伸的对象。其中比较重要的是必须选择好端点是否应该包含在被选择的窗口中。如果端点被包含在窗口中，则该点会同时被移动，否则该端点不会被移动。

4.3.10　拉长 LENGTHEN

拉长命令可以修改某直线或圆弧的长度或角度。可以指定绝对大小、相对大小、相对百分比大小，甚至可以动态修改其大小。

命令：LENGTHEN

功能区：常用→修改→拉长

命令及提示：

```
命令: _lengthen
选择对象或 [增量(DE)/百分数(P)/全部(T)/动态(DY)]:
输入长度增量或 [角度(A)] <当前值>:
选择要修改的对象或 [放弃(U)]:
```

参数如下。

（1）选择对象：选择欲拉长的直线或圆弧对象，此时显示该对象的长度或角度。

（2）增量（DE）：定义增量大小，正值为增，负值为减。

（3）百分数（P）：定义百分数来拉长对象，类似于缩放的比例。

（4）全部（T）：定义最后的长度或圆弧的角度。

（5）动态（DY）：动态拉长对象。

（6）输入长度增量或 [角度（A）] <>：输入长度增量或角度增量。

（7）选择要修改的对象或 [放弃（U）]：单击欲修改的对象，输入 U 则放弃刚完成的操作。

【例 4.12】将如图 4.18（a）所示直线长度增加 100 个单位。

```
命令: _lengthen
选择对象或 [增量(DE)/百分数(P)/全部(T)/动态(DY)]:de↵        设置成增量方式
输入长度增量或 [角度(A)] <200.0000>:100↵                     输入长度增量
选择要修改的对象或 [放弃(U)]:单击直线
选择要修改的对象或 [放弃(U)]:↵                                直线长度增加100
```

结果如图 4.18（b）所示。

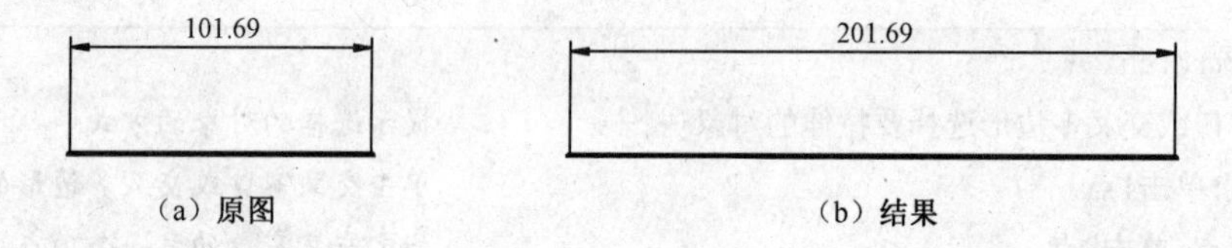

（a）原图　　（b）结果

图 4.18　拉长示例

注意：

单击直线或圆弧时的拾取点直接控制了拉长或截短的方向，修改发生在拾取点的一侧。

4.3.11 修剪 TRIM

绘图中经常需要修剪图形，将超出的部分去掉，以便使图形精确相交。修剪命令是以指定的对象为边界，将要修剪的对象剪去超出部分。

命令：TRIM

功能区：常用→修改→修剪

命令及提示：

```
命令: _trim
当前设置: 投影=UCS 边=无
选择剪切边…
```

```
选择对象:
选择对象:↵
选择要修剪的对象或按 Shift 键选择要延伸的对象或 [栏选(F)/窗交(C)/投影(P)/边(E)/删除(R)/放弃(U)]: p↵
输入投影选项 [无(N)/UCS(U)/视图(V)] <UCS>:
选择要修剪的对象，或按住 Shift键选择要延伸的对象，或 [栏选(F)/窗交(C)/投影(P)/边(E)/删除(R)/放弃(U)]: e↵
输入隐含边延伸模式 [延伸(E)/不延伸(N)] <不延伸>:
```

参数如下。

（1）选择剪切边…或选择对象：提示选择剪切边，选择对象作为剪切边界。

（2）选择要修剪的对象：选择欲修剪的对象。

（3）按【Shift】键选择要延伸的对象：按住【Shift】键选择对象，此时为延伸。

（4）栏选（F）：选择与选择栏相交的所有对象，将出现栏选提示。

（5）窗交（C）：由两点确定矩形区域，区域内部或与之相交的对象。

（6）投影（D）：按投影模式剪切，选择该项后出现输入投影选项的提示。

（7）输入投影选项 [无（N）/UCS（U）/视图（V）] <无>：输入投影选项，即根据无或UCS或视图来进行剪切。

（8）边（E）：按边的模式剪切，选择该项后，提示要求输入隐含边的延伸模式。

输入隐含边延伸模式 [延伸（E）/不延伸（N）] <不延伸>——定义隐含边延伸模式。如果选择不延伸，即剪切边界和要修剪的对象必须显式相交。如选择了延伸，则剪切边界和要修剪的对象在延伸后有交点也可以。

（9）删除（R）：删除选定的对象。此选项提供了一种用来删除不需要的对象的简便方法，而无须退出 TRIM 命令。在以前的版本中，最后一段图线无法修剪，只能退出后用删除命令删除，现在可以在修剪命令中删除。

（10）放弃（U）：撤销由修剪命令所进行的最近一次修改。

【例 4.13】修剪练习。

（1）首先使用矩形命令和圆命令绘制如图 4.19（a）所示的图形。然后以圆 A 和矩形 B 相互为边界将如图 4.19（a）所示的 C、D、E、F 段剪去。

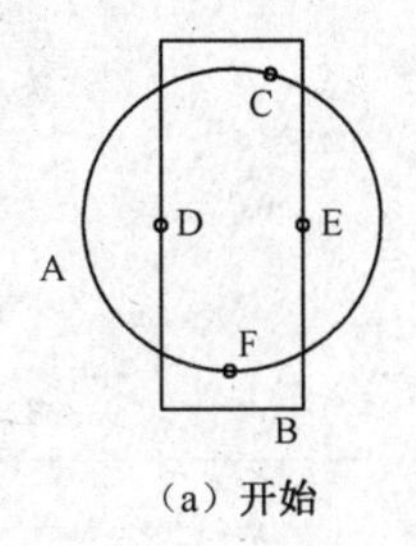

（a）开始

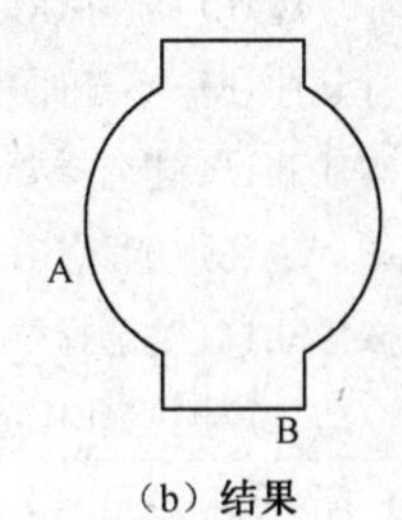

（b）结果

图 4.19　修剪示例

```
命令: _trim
当前设置: 投影=UCS 边=无                        提示当前设置
选择剪切边…                                     提示以下的选择为选择剪切边
选择对象:拾取圆A  找到 1 个                     选择剪切边
选择对象:拾取矩形B找到 1 个，总计 2 个          提示目前选择对象数目
```

选择对象:↵ 按【Enter】键结束选择

选择要修剪的对象或按住Shift键选择要延伸的对象或 [栏选(F)/窗交(C)/投影(P)/边(E)/删除(R)/放弃(U)]:单击C点 选择欲修剪的对象

选择要修剪的对象或按住Shift键选择要延伸的对象或 [栏选(F)/窗交(C)/投影(P)/边(E)/删除(R)/放弃(U)]: 单击D点

选择要修剪的对象或按住Shift键选择要延伸的对象或 [栏选(F)/窗交(C)/投影(P)/边(E)/删除(R)/放弃(U)]:单击E点

选择要修剪的对象或按住Shift键选择要延伸的对象或 [栏选(F)/窗交(C)/投影(P)/边(E)/删除(R)/放弃(U)]:单击F点

选择要修剪的对象或按住Shift键选择要延伸的对象或 [栏选(F)/窗交(C)/投影(P)/边(E)/删除(R)/放弃(U)]:↵ 按【Enter】键结束修剪命令

结果如图 4.19（b）所示。其中选择修剪对象时，也可以使用交叉窗口的方法，如同时选择 E、D 两点。

（2）首先如图 4.20（a）所示绘制一直线和圆。以直线为边界，将圆上 G 段剪去，如图 4.20（b）所示。

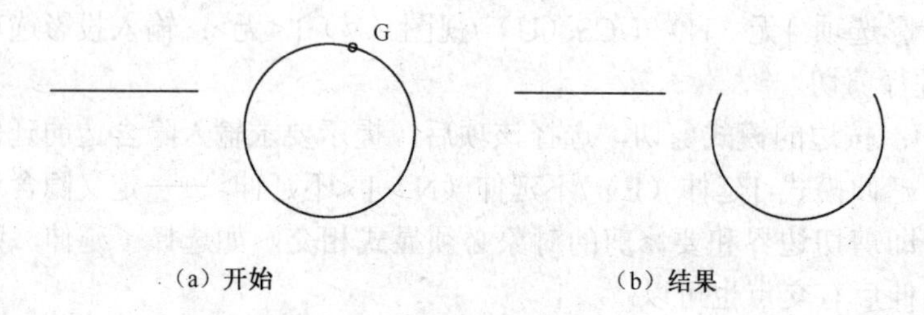

图 4.20　延伸修剪示例

令: _trim

当前设置: 投影=UCS 边=无 提示当前设置

选择剪切边… 提示以下选择剪切边

选择对象:单击直线找到1个 也可以全部选中

选择对象:↵ 按【Enter】键结束选择

选择要修剪的对象或按住 Shift 键选择要延伸的对象或 [栏选(F)/窗交(C)/投影(P)/边(E)/删除(R)/放弃(U)]:e↵ 选择边剪切模式

输入隐含边延伸模式 [延伸(E)/不延伸(N)] 〈不延伸〉:e↵ 选择延伸模式

选择要修剪的对象或按住Shift键选择要延伸的对象或 [栏选(F)/窗交(C)/投影(P)/边(E)/删除(R)/放弃(U)]:单击G点

选择要修剪的对象或按住Shift键选择要延伸的对象或 [栏选(F)/窗交(C)/投影(P)/边(E)/删除(R)/放弃(U)]:↵ 按【Enter】键结束修剪

结果如图 4.20（b）所示。

注意:

（1）修剪图形时最后的一段或单独的一段是无法剪掉的，可以采用删除命令删除。

（2）修剪边界对象和被修剪对象可以是同一个对象。

（3）要选择包含块的剪切边，只能使用单个选择、“窗交”、“栏选”和“全部选择”选项。对块中包含的图元或多线等进行修剪操作前，必须将它们“炸开”，使之失去块、多线的性质才能进行修剪编辑。对多线最好使用多线编辑命令。

（4）修剪图案填充时，不要将“边”设置为“延伸”。否则，修剪图案填充时将不能填补修剪边界中的间隙。

（5）某些要修剪的对象的交叉选择不确定。修剪命令将沿着矩形交叉窗口从第一个点以顺时针方向选择遇到的第一个对象。

4.3.12 延伸 EXTEND

延伸是以指定的对象为边界，延伸某对象与之精确相交。

命令：EXTEND

功能区：常用→修改→延伸

命令及提示：

```
命令：_extend
选择边界的边…
选择对象或〈全部选择〉：
选择对象：↵
选择要延伸的对象，或按住Shift键选择要修剪的对象，或［栏选(F)/窗交(C)/投影(P)/边(E)/放弃(U)]:
p↵
输入投影选项［无(N)/UCS(U)/视图(V)］〈无〉：
选择要延伸的对象或［投影(P)/边(E)/放弃(U)]:e↵
输入隐含边延伸模式［延伸(E)/不延伸(N)］〈不延伸〉：
```

参数如下。

（1）选择边界的边…或<全部选择>：选择延伸边界的边，下面的选择对象即作为边界。

（2）选择要延伸的对象：选择欲延伸的对象。

（3）按住【Shift】键选择要修剪的对象：按住【Shift】键选择对象，此时为修剪。

（4）栏选（F）：选择与选择栏相交的所有对象，将出现栏选提示。

（5）窗交（C）：由两点确定矩形区域，区域内部或与之相交的对象。

（6）投影（P）：按投影模式延伸，选择该项后出现输入投影选项的提示。

（7）输入投影选项［无（N）/UCS（U）/视图（V）］<无>：输入投影选项，即根据无或UCS或视图来进行延伸。

（8）边（E）：将对象延伸到另一个对象的隐含边。

输入隐含边延伸模式［延伸（E）/不延伸（N）］<不延伸>——定义隐含边延伸模式。如果选择不延伸，即剪切边界和要修剪的对象必须显式相交。如选择了延伸，则剪切边界和要修剪的对象在延伸后有交点也可以。

（9）放弃（U）：撤销由延伸命令所进行的最近一次修改。

【例 4.14】首先参照如图 4.21（a）所示的绘制两条直线 A、C 和圆 B。将直线 A 首先延伸到圆 B 上，再延伸到直线 C 上。

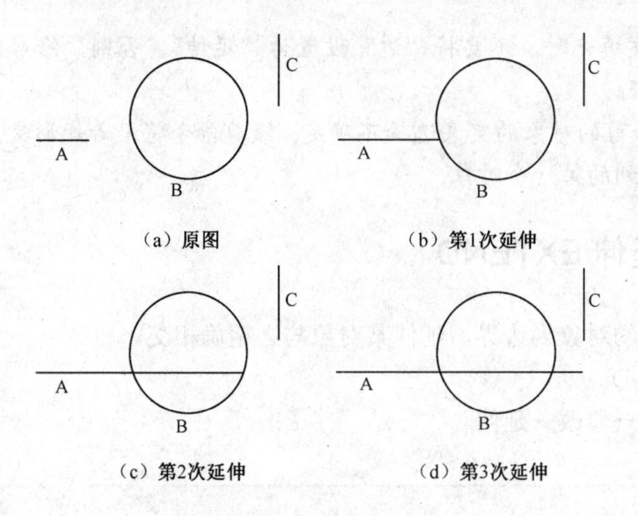

图 4.21　延伸示例

命令: _extend	
当前设置: 投影=无 边=延伸	提示当前设置
选择边界的边…	提示以下选择边界的边
选择对象:**选择圆B和直线C**	也可以全部选中
指定对角点: 找到 2 个	提示选中的数目
选择对象:↵	按【Enter】键结束边界选择
选择要延伸的对象，或按住Shift键选择要修剪的对象，或 [栏选(F)/窗交(C)/投影(P)/边(E)/放弃(U)]: **单击直线A的右侧**	结果如图4.21右上角所示
选择要延伸的对象，或按住Shift键选择要修剪的对象，或 [栏选(F)/窗交(C)/投影(P)/边(E)/放弃(U)]: **单击直线A的右侧**	结果如图4.21左下角所示
选择要延伸的对象，或按住Shift键选择要修剪的对象，或选(F)/窗交(C)/投影(P)/边(E)/放弃(U)]: **单击直线A的右侧**	结果如图4.21右下角所示
选择要延伸的对象，或按住Shift键选择要修剪的对象，或 [栏选(F)/窗交(C)/投影(P)/边(E)/放弃(U)]: ↵	按【Enter】键结束延伸命令

注意:

（1）选择要延伸的对象时的拾取点决定了延伸的方向，延伸发生在拾取点的一侧。

（2）和修剪命令一样，延伸边界对象和被延伸对象可以是同一个对象。

4.3.13 打断 BREAK

打断命令可以将某对象一分为二或去掉其中一段减少其长度。圆可以被打断成圆弧。

命令：BREAK

功能区：常用→修改→打断、打断于点

命令及提示：

```
命令: _break
选择对象:
指定第二个打断点或[第1点 (F) ]:
```

参数如下。

（1）选择对象：选择打断的对象。如果在后面的提示中不输入F来重新定义第1点，则拾取该对象的点为第1点。

（2）指定第二个打断点：拾取打断的第2点。如果输入@指第2点和第1点相同，即将选择对象分成两段而总长度不变。

（3）第1点（F）：输入F重新定义第1点。

如果需要在同一点将一个对象一分为二，可以直接单击“打断于点”按钮。

【例 4.15】参照如图 4.22（a）和图 4.22（c）所示绘制一个圆和一条直线，将圆打断成一段圆弧，将直线从A点向右的部分打断。

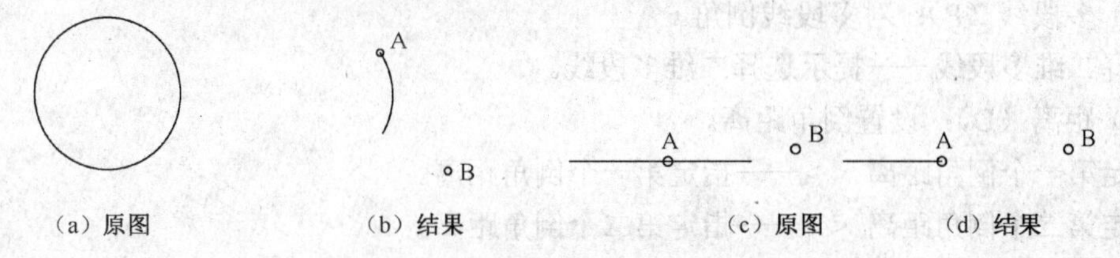

（a）原图 （b）结果 （c）原图 （d）结果

图4.22 打断示例

```
命令: _break
选择对象:单击A点
指定第二个打断点或[第1一点（F）]:单击B点
```

结果如图4.22（b）和图4.22（d）所示。

注意：

（1）打断圆时单击点的顺序很重要，因为打断总是逆时针方向，所以像示例中的圆如果希望保留左侧的圆弧，应先单击B点对应的圆上的位置，再单击A点对应的位置。

（2）一个完整的圆不可以在同一点被打断。

4.3.14 倒角 CHAMFER

倒角是机械零件图上常见的结构。倒角可以通过倒角命令直接产生。

命令：CHAMFER

功能区：常用→修改→倒角

命令及提示：

```
命令: _chamfer
（“修剪”模式）当前倒角距离 1 = xx，距离 2 = xx
选择第一条直线或 [放弃(U)/多段线(P)/距离(D)/角度(A)/修剪(T)/方式(E)/多个(M)]:
选择第二条直线，或按住Shift键选择要应用角点的直线:
选择第一1条直线或 [放弃(U)/多段线(P)/距离(D)/角度(A)/修剪(T)/方式(E)/多个(M)]: p↵
选择二维多段线:
选择第一条直线或 [放弃(U)/多段线(P)/距离(D)/角度(A)/修剪(T)/方式(E)/多个(M)]: d↵
指定第一个倒角距离 < >:
指定第二个倒角距离 < >:
选择第一条直线或 [放弃(U)/多段线(P)/距离(D)/角度(A)/修剪(T)/方式(E)/多个(M)]:a↵
指定第一条直线的倒角长度 < >:
指定第一条直线的倒角角度 < >:
选择第一条直线或 [放弃(U)/多段线(P)/距离(D)/角度(A)/修剪(T)/方式(E)/多个(M)]: m↵
```

输入修剪方法 [距离(D)/角度(A)] < >:

选择第一条直线或 [放弃(U)/多段线(P)/距离(D)/角度(A)/修剪(T)/方式(E)/多个(M)]:t↵

输入修剪模式选项 [修剪(T)/不修剪(N)] < >:

参数如下。

（1）选择第一条直线：选择倒角的第一条直线。

（2）选择第二条直线，或按住【Shift】键选择要应用角点的直线：选择倒角的第二条直线。选择对象时可以按住【Shift】键，用 0 值替代当前的倒角距离。

（3）放弃（U）：恢复在命令中执行的上一个操作。

（4）多段线（P）：对多段线倒角。

选择二维多段线——提示选择二维多段线。

（5）距离（D）：设置倒角距离。

指定第一个倒角距离 < >——指定第一个倒角距离。

指定第二个倒角距离 < >——指定第二个倒角距离。

（6）角度（A）：通过距离和角度来设置倒角大小。

指定第一条直线的倒角长度 < >——设定第一条直线的倒角长度。

指定第一条直线的倒角角度 < >——设定第一条直线的倒角角度。

（7）修剪（T）：设定修剪模式。

输入修剪模式选项 [修剪（T）/不修剪（N）] < >——选择修剪或不修剪。如果为修剪方式，则倒角时自动将不足的补齐，超出的剪掉。如果为不修剪方式，则仅仅增加一倒角，原有图线不变。

（8）方式（M）：设定修剪方法为距离或角度。

输入修剪方法 [距离（D）/角度（A）] < >——选择修剪方法是用距离或角度来确定倒角大小。

（9）多个（M）：为多组对象的边倒角。将重复显示主提示和“选择第二个对象”的提示，直到用户按【Enter】键结束。

【例 4.16】倒角练习。

（1）首先参照如图 4.23（a）所示绘制两条直线 A 和 B，长度为 100 左右。用距离为 10，角度为 45° 的倒角将直线 A 和 B 连接起来。

命令: _chamfer

(“修剪”模式) 当前倒角距离 1 = 10.0000，距离 2 = 10.0000　　　　提示当前倒角设置

选择第一条直线或 [放弃(U)/多段线(P)/距离(D)/角度(A)/修剪(T)/方式(E)/多个(M)]:**选择直线A，单击点偏A点**

选择第二条直线，或按住Shift键选择要应用角点的直线：**选择直线B**

结果如图 4.23（b）所示。

命令: _chamfer

(“修剪”模式) 当前倒角距离 1 = 10.0000，距离 2 = 10.0000

选择第一条直线或 [放弃(U)/多段线(P)/距离(D)/角度(A)/修剪(T)/方式(E)/多个(M)]:t↵　　　　修改修剪方式

输入修剪模式选项 [修剪(T)/不修剪(N)] 〈修剪〉:n↵　　　　不修剪

选择第一条直线或 [放弃(U)/多段线(P)/距离(D)/角度(A)/修剪(T)/方式(E)/多个(M)]:**选择直线A，单击点偏A点**

选择第二条直线，或按住Shift键选择要应用角点的直线：**选择直线B**

结果如图 4.23（c）所示。

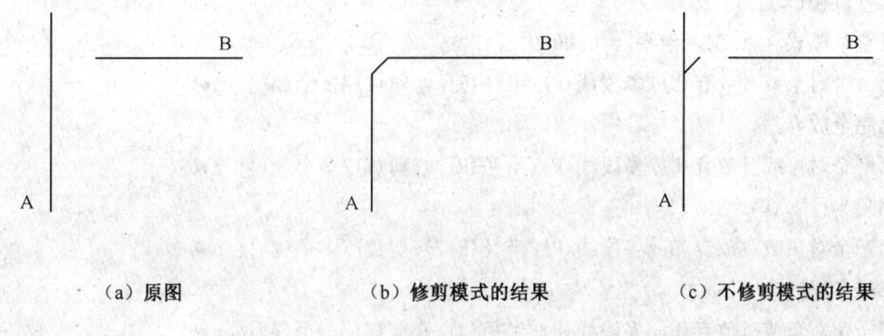

（a）原图　（b）修剪模式的结果　（c）不修剪模式的结果

图 4.23　倒角示例一

（2）如图 4.24（a）所示首先用矩形命令绘制一个 80×70 的矩形。将该多段线用距离为 20 的倒角。

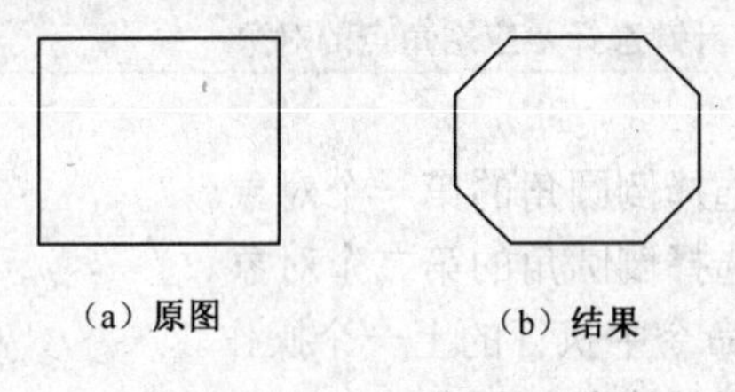

（a）原图　（b）结果

图 4.24　倒角示例二

命令：_chamfer	
（“修剪”模式）当前倒角距离 1 = 20.0000，距离 2 = 20.0000	提示当前倒角模式，如果距离非20，请用D参数改成20
选择第一条直线或 [放弃(U)/多段线(P)/距离(D)/角度(A)/修剪(T)/方式(E)/多个(M)]：p↵	对二维多段线进行倒角
选择二维多段线：**选择示例中的矩形**	
4 条直线已被倒角	

结果如图 4.24（b）所示。

注意：

（1）如果设定两条直线距离为 0 和修剪模式，可以通过倒角命令修齐两直线，而不论这两条不平行直线是否相交或需要延伸才能相交。在提示选第二条直线时按住【Shift】键。

（2）对多段线进行倒角时，该多段线是封闭的，才会出现如图 4.24 所示的结果。如果该多段线最后一条线不是成封闭的，则最后一条线和第一条线之间不会自动形成倒角。

（3）选择直线时的单击点对修剪的位置有影响，倒角发生在单击点一侧。修剪模式下，一般保留单击点的线段，而超过倒角的线段自动被修剪。

4.3.15 圆角 FILLET

圆角和倒角一样，可以直接通过圆角命令产生。

命令：FILLET

功能区：常用→修改→圆角

命令及提示：

命令：_fillet

当前设置：模式 = 修剪，半径 = 0.0000

选择第一个对象或 [放弃(U)/多段线(P)/半径(R)/修剪(T)/多个(M)]：u↵

命令已完全放弃。

选择第一个对象或 [放弃(U)/多段线(P)/半径(R)/修剪(T)/多个(M)]：r↵

指定圆角半径 〈XX〉：

选择第一个对象或 [放弃(U)/多段线(P)/半径(R)/修剪(T)/多个(M)]：p↵

选择二维多段线：

选择第一个对象或 [放弃(U)/多段线(P)/半径(R)/修剪(T)/多个(M)]：t↵

输入修剪模式选项 [修剪(T)/不修剪(N)] 〈当前值〉：

选择第一个对象或 [放弃(U)/多段线(P)/半径(R)/修剪(T)/多个(M)]：m↵

选择第一个对象或 [放弃(U)/多段线(P)/半径(R)/修剪(T)/多个(M)]：

选择第二个对象，或按住Shift键选择要应用角点的对象：

参数如下。

（1）选择第一个对象：选择倒圆角的第一个对象。

（2）选择第二个对象：选择倒圆角的第二个对象。

（3）放弃（U）：恢复在命令中执行的上一个操作。

（4）多段线（P）：对多段线进行倒圆角。

选择二维多段线——拾取二维多段线。

（5）半径（R）：设定圆角半径。

指定圆角半径 <>——输入圆角半径。

（6）修剪（T）：设定修剪模式。

输入修剪模式选项 [修剪（T）/不修剪（N）] <修剪>——选择修剪模式。如果选择成修剪，则不论两个对象是否相交或不足，均自动进行修剪。如果设定成不修剪，则仅仅增加一指定半径的圆弧。

（7）多个（M）：用同样的圆角半径修改多个对象。

给多个对象加圆角。圆角命令将重复显示主提示和“选择第二个对象”提示，直到用户按【Enter】键结束该命令。

（8）按住【Shift】键：自动使用半径为 0 的圆角连接两个对象。即让两个对象自动不带圆角而准确相交，可以去除多余的线条或延伸不足的线条。

【例 4.17】圆角练习。

（1）参照如图 4.25（a）所示的图形，绘制长度为 100 左右的直线 A 和直线 B。用半径为 30 的圆角将直线 A 和直线 B 连接起来。

命令：_fillet

当前设置:模式 = 修剪，半径 = 10.0000

选择第一个对象或 [放弃(U)/多段线(P)/半径(R)/修剪(T)/多个(M)]：r↵　　重新设定圆角半径

指定圆角半径 〈0.0000〉：30↵　　自动退出圆角命令

命令：_fillet

当前设置：模式 = 修剪，半径 = 30.0000

选择第一个对象或 [放弃(U)/多段线(P)/半径(R)/修剪(T)/多个(M)]：单击直线A，

单击点偏A点

选择第二个对象，或按住【Shift】键选择要应用角点的对象：单击直线B

结果如图 4.25（b）所示。

命令：_fillet

当前设置：模式 = 修剪，半径 = 30.0000

选择第一个对象或 [放弃(U)/多段线(P)/半径(R)/修剪(T)/多个(M)]:t↵ 修改修剪模式

输入修剪模式选项 [修剪(T)/不修剪(N)] <修剪>:n↵ 将修剪模式改成不修剪

选择第一个对象或 [放弃(U)/多段线(P)/半径(R)/修剪(T)/多个(M)]:单击直线A，

单击点偏A点

选择第二个对象，或按住【Shift】键选择要应用角点的对象：单击直线B

结果如图 4.25（c）所示。

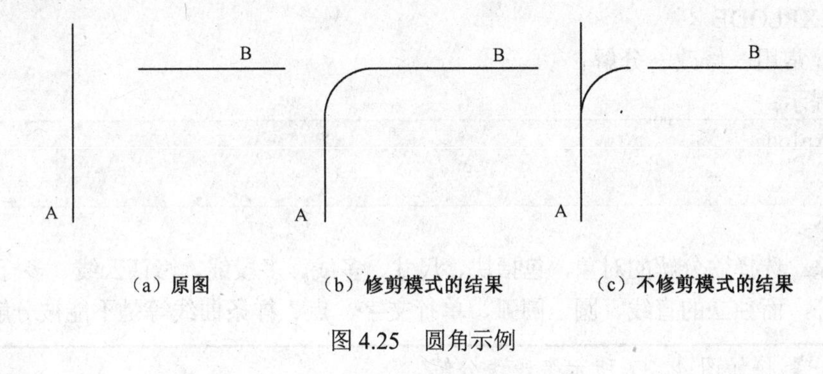

图 4.25　圆角示例

（2）参照如图 4.26（a）所示，首先用矩形命令绘制一个 80×70 左右的矩形，将多段线倒半径为 30 的圆角。

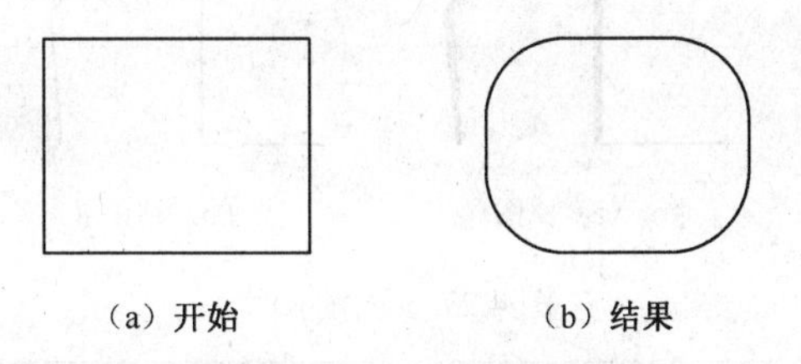

图 4.26　圆角示例二

命令：_fillet

当前设置：模式 = 不修剪，半径 = 30.0000 提示当前圆角模式

选择第一个对象或 [放弃(U)/多段线(P)/半径(R)/修剪(T)/多个(M)]:t↵ 修改修剪模式

输入修剪模式选项 [修剪(T)/不修剪(N)] <不修剪>:t↵ 改成修剪

选择第一个对象或 [放弃(U)/多段线(P)/半径(R)/修剪(T)/多个(M)]:p↵ 对多段线倒圆角

选择二维多段线:单击二维多段线

4 条直线已被圆角 提示被倒圆角的直线数目

结果如图 4.26（b）所示。

注意：

（1）如果将圆角半径设定成 0，则在修剪模式下，不论不平行的两条直线情况如何，都将会自动准确相交。

（2）对多段线倒圆角。如果多段线本身是封闭的，则在每一个顶点处自动倒出圆角。如果该多段线最后一段和开始点仅仅相连而不封闭（如使用端点捕捉而非 CLOSE 选项），则该多段线第一个顶点不会被倒圆角。

（3）如果是修剪模式，则拾取点的位置对结果有影响，一般会保留拾取点所在的部分而将另一段修剪。

（4）不仅在直线间可以倒圆角，在圆和圆弧及直线之间也可以倒圆角。

4.3.16 分解 EXPLODE

多段线、块、尺寸、填充图案、修订云线、多行文字、多线、体、面域、多面网格、引线等是一个整体。如果要对其中单一的对象进行编辑，普通的编辑命令无法完成，通过专用的编辑命令有时也难以满足要求。但如果将这些整体的对象分解，使之变成单独的对象，就可以采用普通的编辑命令进行编辑修改了。

命令：EXPLODE

功能区：常用→修改→分解

命令及提示：

```
命令：_explode
选择对象：
```

参数如下。

选择对象：选择欲分解的对象，包括块、尺寸、多线、多段线、修订云线、多行文字、体、面域、引线等，而独立的直线、圆、圆弧、单行文字、点、样条曲线等是不能被分解的。

【例 4.18】将如图 4.27 所示多段线分解。

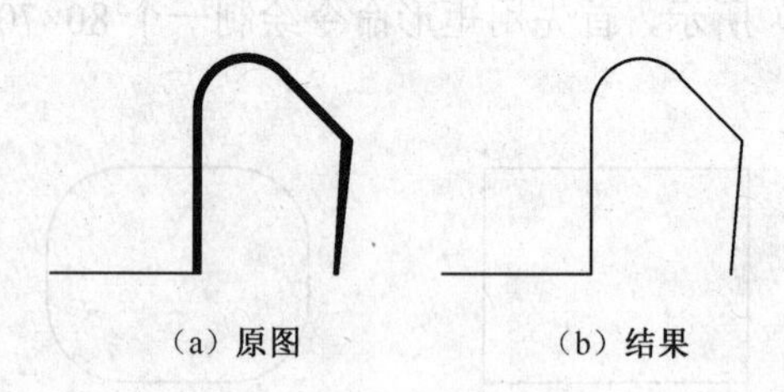

图 4.27　分解示例

命令：_explode	
选择对象：**单击多段线**	其宽度非线宽值
找到 1 个	提示选中的数目
选择对象：↵	按【Enter】键结束对象选择，该多段线被分解成4段直线和1段圆弧，同时失去宽度性质

注意：

（1）XPLODE 同样可以分解大部分对象，同时还可以改变对象的特性。

（2）对于块中的圆、圆弧等，如果非一致比例，分解后成为椭圆或椭圆弧。

4.3.17 编辑阵列 ARRAYEDIT

通过编辑阵列命令可以对阵列的对象进行修改。

命令：ARRAYEDIT

功能区：常用→修改→编辑阵列

命令及提示：

```
命令: _arrayedit
选择阵列:
阵列类型决定接下来的提示。
对于矩形阵列:
输入选项 [来源(S)/替换(REP)/基点(B)/行数(R)/列(C)/层级(L)/重置(RES)/退出(X)] <退出>:
对于路径阵列:
输入选项 [源(S)/替换(REP)/方法(M)/基点(B)/项目(I)/行(R)/层(L)/对齐项目(A)/Z 方向(Z)/重置
(RES)/退出(X)] <退出>:
对于环形阵列:
输入选项 [源(S)/替换(REP)/基点(B)/项目(I)/项目间角度(A)/填充角度(F)/行(R)/层(L)/旋转项目
(ROT)/重置(RES)/退出(X)] <退出>:
输入选项 [源(S)/替换(REP)/基点(B)/行(R)/列(C)/层(L)/重置(RES)/退出(X)] <退出>: rep
选择替换对象:
```

参数如下。

（1）选择阵列：选择欲编辑修改的阵列。

（2）来源（S）：激活编辑状态，在该状态下可以编辑选定项目的源对象（或替换源对象）。所有的修改（包括创建新的对象）将立即应用于参照相同源对象的所有项目。

其他参数同阵列命令。

4.3.18 复制嵌套对象 NCOPY

复制包含在外部参照、块或 DGN 参考底图中的对象。可以将选定对象直接复制到当前图形中，不是分解或绑定外部参照、块或 DGN 参考底图。

命令：NCOPY

功能区：常用→修改→复制嵌套对象

命令及提示：

```
命令: _ncopy
选择要复制的嵌套对象或 [设置(S)]: s
输入用于复制嵌套对象的设置 [插入(I)/绑定(B)] <插入点>:
当前设置: 插入点
选择要复制的嵌套对象或 [设置(S)]:
已复制 X 个对象。
指定基点或 [位移(D)/多个(M)] <位移>:
指定第二个点或 [阵列(A)] <使用第一个点作为位移>:
指定基点或 [位移(D)/多个(M)] <位移>:
指定第二个点或 [阵列(A)] <使用第一个点作为位移>:
指定第二个点或 [布满(F)]:
指定基点或 [位移(D)/多个(M)] <位移>: m↵
指定基点或 [位移(D)] <位移>:
指定第二个点或 [阵列(A)] <使用第一个点作为位移>: a↵
输入要进行阵列的项目数:
指定第二个点或 [布满(F)]: f↵
```

指定第二个点或 [阵列(A)]:
指定第二个点或 [阵列(A)/退出(E)/放弃(U)] <退出>:

参数如下。

(1) 设置（S）：控制与选定对象关联的命名对象是否会添加到图形中。

插入（I）——将选定对象复制当前图层，而不考虑命名对象。此选项与 COPY 命令类似。

绑定（B）——将命名对象包括到图形中。

(2) 位移（D）：使用坐标指定相对距离和方向。

(3) 多个（M）：控制在指定其他位置时是否自动创建多个副本。

(4) 阵列（A）：使用第一个和第二个副本作为间距，在线性阵列中排列指定数量的副本。

输入要进行阵列的项目数：指定阵列中的选定对象集的数量，包括原始选择集。

第二点——确定阵列相对于基点的距离和方向。默认情况下，阵列中的第一个副本将位于指定的位移。其余的副本使用相同的增量位移位于超出该点的线性阵列中。

(5) 调整：使用第一个和最后一个副本作为总间距，在线性阵列中排列指定数量的副本。

第二点——在阵列中指定的位移放置最后一个副本。其他副本则布满第一个和最后一个副本之间的线性阵列。

【例 4.19】如图 4.28 所示，采用复制嵌套对象命令，将块中的 4 个圆复制出来。

(a) 原图　　(b) 结果

图 4.28　复制嵌套对象示例

命令: _ncopy
当前设置: 插入点
选择要复制的嵌套对象或 [设置(S)]: **依次选择要复制的对象**　找到 1 个
选择要复制的嵌套对象或 [设置(S)]: 找到 1 个，共 2 个
选择要复制的嵌套对象或 [设置(S)]: 找到 1 个，共 3 个
选择要复制的嵌套对象或 [设置(S)]: 找到 1 个，共 4 个
选择要复制的嵌套对象或 [设置(S)]: ↵
已复制 4 个对象。
指定基点或 [位移(D)/多个(M)] <位移>:**单击一点作为基点**
指定第二个点或 [阵列(A)] <使用第一个点作为位移>:**移动一段距离单击另一点作为第二点**

4.3.19 删除重复对象 OVERKILL

通过该命令可以将重复的对象删除。重复与否由公差设置值决定其判断精度。

命令：OVERKILL

功能区：常用→修改→删除重复对象

执行该命令要求选择对象。一般通过窗口或窗交方式选择有重叠的对象，不要用单击拾取的方式。然后弹出“删除重复对象”对话框，如图 4.29 所示。

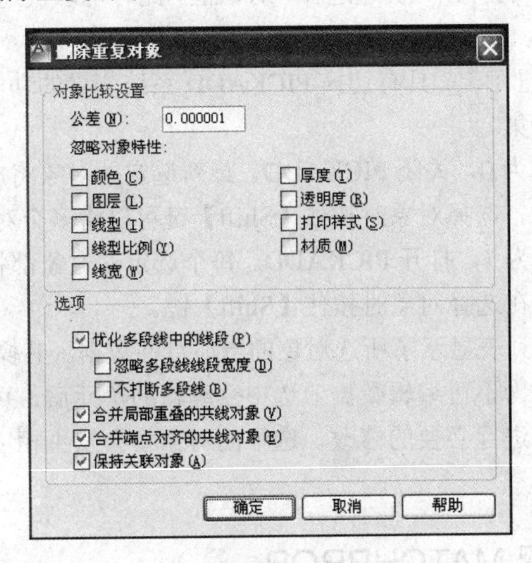

图 4.29 “删除重复对象”对话框

在该对话框中设置对象比较条件和删除重复对象的条件。

执行完毕后会提示删除了多少个重复对象。

4.4 特性编辑

每个对象都有自己的特性，如颜色、图层、线型、线宽、字体、样式、大小、位置、视图、打印样式等。这些特性有些是共有的，有些是某些对象专有的，都可以编辑修改。特性编辑命令主要有 PROPERTIES、CHANGE、MATCHPROP 等。而对于图层、线型、颜色、线宽等特性，也可以先选择对象，再通过“特性”工具栏直接修改。下面介绍通过命令修改特性的方法。

4.4.1 特性 PROPERTIES

特性命令 PROPERTIES 可以在伴随对话框中直观地修改所选对象的特性。

命令：PROPERTIES

DDMODIFY

DDCHPROP

功能区：常用→特性。

选择了对象后单击鼠标右键选择“特性”菜单项。

对大多数图形对象而言，也可以在图线上双击鼠标来打开“特性”面板。如果未选择任何实体，执行修改特性命令将弹出如图 4.30 所示的“特性”面板。

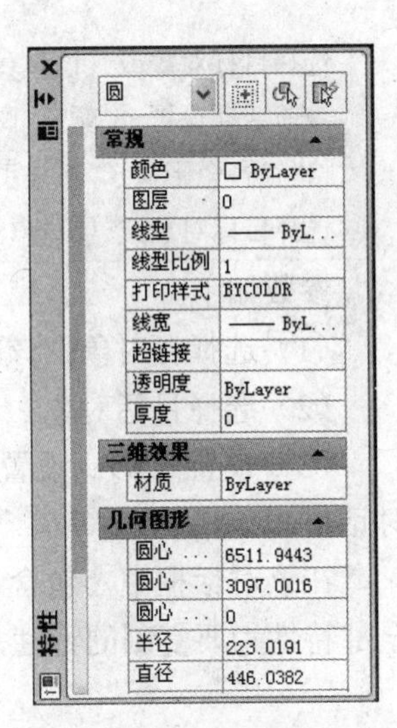

图 4.30 “特性”面板

选择对象实体后，将在面板中立即反映出所选实体的特性。

如果同时选择了多个实体，则在面板中显示这些实体的共同特性，同时在上方的列表框中显示“全部”或数目字样。如果单击列表框的向下小箭头，将弹出所选实体的类型，此时可以单击欲编辑或查看的实体，对应的下方的数据变成该实体的特性数据。

单击右上角的按钮将弹出“快速选择”对话框。此时可以快速选择欲编辑特性的对象。具体使用方式参见4.1节。

“特性”面板中的按钮、具有切换PICKADD系统变量的功能。控制后续选定对象是替换还是添加到当前选择集。

图标显示为时其值为0，关闭PICKADD。最新选定的对象将成为选择集。前一次选定的对象将从选择集中删除。选择对象时按住【Shift】键可以将多个对象添加到选择集。

图标显示为时其值为1，打开PICKADD。每个选定的对象都将添加到当前选择集。要从选择集中删除对象，请在选择对象时按住【Shift】键。

在“特性”面板中，列表显示了所选对象的当前特性数据。其操作方式与Windows的标准操作基本相同，灰色的为不可编辑数据。选中欲编辑的单元后，可以通过对话框或下拉列表框或直接输入新的数据进行必要的修改，选中的对象将会发生相应的变化。该功能类似于参数化绘图的功能。

4.4.2 特性匹配 MATCHPROP

如果要将某对象的特性修改成另一个对象的特性，通过特性匹配命令可以快速实现。此时无须逐个修改该对象的具体特性。

命令：MATCHPROP

功能区：常用→剪贴板→特性匹配

命令及提示：

```
命令: '_matchprop
选择源对象:
当前活动设置:  颜色 图层 线型 线型比例 线宽 透明度 厚度 打印样式 标注 文字 图案填充 多段线 视口 表格材质 阴影显示 多重引线

选择目标对象或 [设置(S)]: s↵
当前活动设置:  颜色 图层 线型 线型比例 线宽 透明度 厚度 标注 文字 图案填充 多段线 视口 表格材质 阴影显示 多重引线
选择目标对象或 [设置(S)]:
```

参数如下。

（1）选择源对象：该对象的全部或部分特性是要被复制的特性。

（2）选择目标对象：该对象的全部或部分特性是要改动的特性。

（3）设置（S）：设置复制的特性，输入该参数后，弹出如图4.31所示的“特性设置”对话框。

在该对话框中，包含了“基本特性”和“特殊特性”选项区域，可以选择其中的部分或全部特性为要复制的特性，其中灰色的是不可选中的特性。

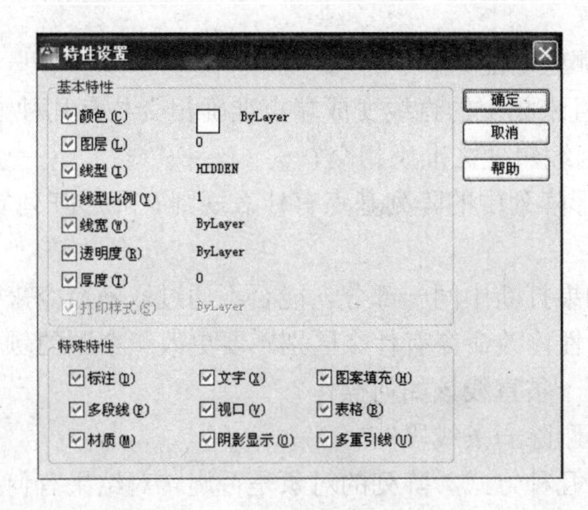

图 4.31 “特性设置”对话框

【例 4.20】参照如图 4.32（a）所示绘制一红色点画线圆和一黑色实线矩形。将圆的特性除颜色外改成矩形的特性。

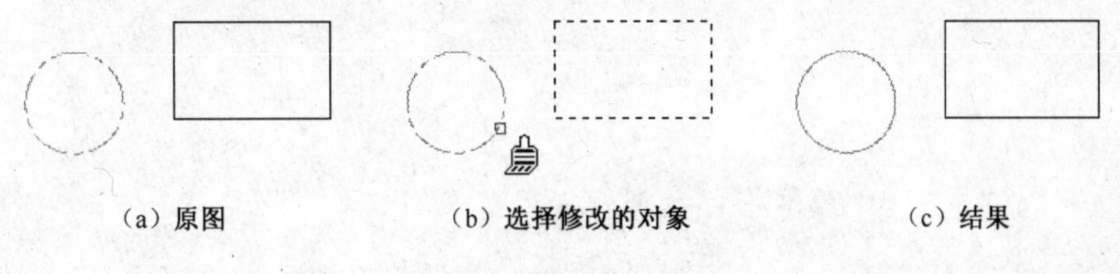

（a）原图　（b）选择修改的对象　（c）结果

图 4.32 特性匹配示例

命令：'_matchprop

选择源对象：**单击图中的矩形**

当前活动设置： 颜色 图层 线型 线型比例 线宽 透明度 厚度 标注 文字 图案填充 多段线 视口 表格材质 阴影显示 多重引线　　　**提示当前有效的设置**

选择目标对象或［设置(S)］：s↵

弹出“特性设置”对话框，**在对话框中取消颜色**

当前活动设置：图层 线型 线型比例 线宽 透明度 厚度 标注 文字 图案填充 多段线 视口 表格材质 阴影显示 多重引线　　　**重新提示当前特性设置**

厚度　文字　标注　图案填充

选择目标对象或［设置(S)］：(光标变成一拾取框附带一刷子)，

单击圆

选择目标对象或［设置(S)］：↵　　　**按【Enter】键结束特性匹配命令**

结果如图 4.32（c）所示。

习题

（1）构造选择集有哪些方法？

（2）选择屏幕上的对象有哪些方法？这些方法有什么区别？

（3）编辑对象有哪两种不同的顺序？是否所有的编辑命令都可以采用不同的操作顺序？

（4）将一条直线由 100 变成 200，有几种不同的方式？由 200 改成 100 有哪些方法？

（5）哪些命令可以复制对象？

（6）修改对象特性有哪些方法？

（7）夹点编辑包括哪些功能？

（8）将两条不平行且未相交的直线变成端点准确相交共有几种方式？如果两条直线已经相交但端点不重合该如何编辑使之准确相交？

（9）环形阵列和矩形阵列中的阵列基点有什么规则？环形阵列复制对象是否旋转？对阵列后的对象有什么影响？

（10）多线编辑时如果打断中间一部分，能否不通过取消命令来恢复该段？

（11）修改命令和特性修改命令有什么区别？要更改一个圆的颜色有多少种途径？

（12）在同一点打断一条直线该如何操作？

（13）延伸命令能否删除一条线段？

（14）沿路径阵列有几种方式？阵列的对象是否旋转对结果有何影响？

（15）如何将剖面线放置到尺寸标注的后面？

（16）如何将重叠的对象删除？拾取的方法有什么要求？

第 5 章

图案填充和渐变色

大量的机械图、建筑图上，需要在剖视图、断面图上绘制填充图案。在其他设计图上，也经常需要将某一区域填充某种图案或渐变色，用 AutoCAD 2012 实现图案或渐变色填充十分方便、灵活。本章介绍图案填充命令 BHATCH 和渐变色命令 GRADIENT 的用法、设置，以及相关的编辑方法。

5.1 图案填充和渐变色的绘制

5.1.1 图案填充 HATCH、BHATCH

BHATCH 为图案填充的对话框执行命令（命令行执行命令为“-HATCH”）。在对话框中设置图案填充所必需的参数。

命令：HATCH、BHARCH

功能区：常用→绘图→图案填充

执行 HATCH 命令后首先出现如下提示：

拾取内部点或 [选择对象(S)/设置(T)]

同时在功能区出现如图 5.1 所示的“填充图案创建”面板。

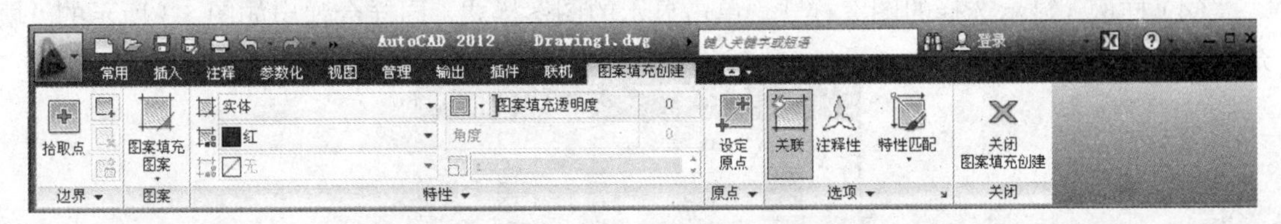

图 5.1 “图案填充创建”面板

参数如下。

（1）拾取内部点：通过拾取欲填充范围的内部任意一点来确定填充范围。

（2）选择对象（S）：通过选择填充范围的边界来确定填充范围。

（3）设置（T）：设置填充模式。执行该选项后弹出如图 5.2 所示的“图案填充和渐变色”对话框。

该对话框包含了“图案填充”和“渐变色”两个选项卡并且和“图案填充创建”面板中功能相同。

在“图案填充”选项卡中，各列表框及按钮的含义如下。

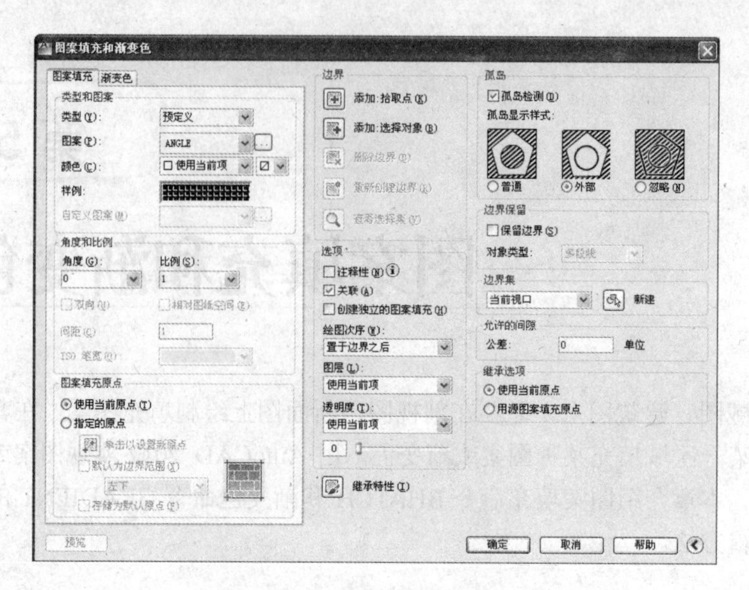

图 5.2 “图案填充和渐变色”对话框

1. “类型和图案”选项区域

以下介绍“类型和图案”选项区域的有关知识。

（1）类型：图案填充类型，包括“预定义”、“用户定义”和“自定义”3 种。“预定义”指该图案已经在 ACAD.PAT 中定义好。“用户定义”指使用当前线型定义的图案。“自定义”指定义在除 ACAD.PAT 外的其他文件中的图案。

（2）图案：图案下拉列表框显示了目前图案名称。单击向下的小箭头会列出图案名称，可以选择一种填充图案，如果希望的图案不在显示出的列表中，可以通过滑块上下搜索。如果单击了图案右侧的按钮 ，则弹出如图 5.3 所示的“填充图案选项板”对话框。各选项卡可以切换到不同类别的图案集中。从中选择一种图案进行填充操作。

（3）颜色：设置填充图案的颜色。后面的小框用于设置填充图案的背景颜色。

（4）样例：显示选择的图案样式。单击显示的图案样式，同样会弹出如图 5.3 所示的“填充图案选项板”对话框。

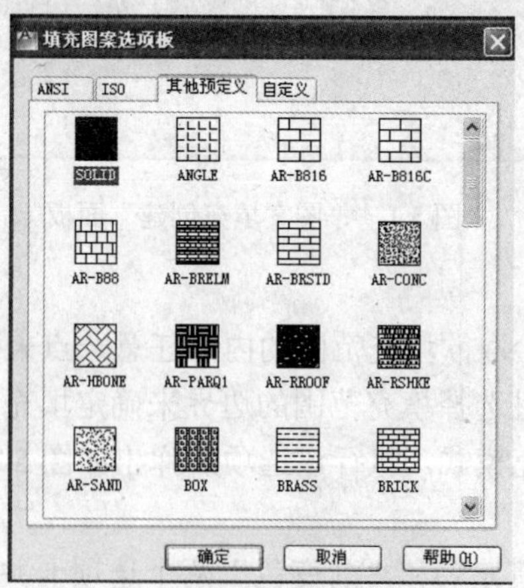

图 5.3 “填充图案选项板”对话框

在该对话框中，不同的页显示相应类型的图案。双击图案或单击图案后单击确定按钮即选中了该图案。

（5）自定义图案：只有在类型中选择了自定义后该项才是可选的。其他同预定义图案。

2. “角度和比例”选项区域

以下介绍关于“角度和比例”选项区域的有关知识。

（1）角度：设置填充图案的角度。可以通过下拉列表选择，也可以直接输入。

（2）比例：设置填充图案的大小比例。

（3）双向：对于用户定义的图案，将绘制第2组直线，这些直线与原来的直线成90°角，构成交叉线。只有“用户定义”的类型才可用此选项。

（4）相对图纸空间：相对图纸空间单位缩放填充图案。使用此选项，很容易地做到以适合于布局的比例显示填充图案。该选项仅适用于布局。

（5）间距：指定用户定义图案中的直线间距。

（6）ISO笔宽：基于选定笔宽缩放ISO预定义图案。只有“类型”是“预定义”，并且“图案”为可用的ISO图案的一种，此选项才可用。

3. “图案填充原点”选项区域

控制填充图案生成的起始位置。某些图案填充（如砖块图案）需要与图案填充边界上的一点对齐。默认情况下，所有图案填充原点都对应于当前的 UCS 原点。

用户可以使用默认原点，或使用新的原点，该原点可以通过绘图屏幕单击一点来确定，也可以设置成由默认的边界范围来确定。包括了左上、右上、左下、右下、正中。拾取的原点可以保存。

4. “边界”选项区域

“边界”选项区域包含以下几项。

（1）添加：拾取点——通过拾取点的方式来自动产生一围绕该拾取点的边界。默认该边界必须是封闭的，可以在“允许的间隙”中设置。单击该按钮时，暂时返回绘图屏幕供拾取点，拾取点完毕后返回该对话框。

（2）添加：选择对象——通过选择对象的方式来产生一封闭的填充边界。单击该按钮时暂时关闭该对话框，选择对象完毕返回。

（3）删除边界——从边界定义中删除以前添加的对象。同样要返回绘图屏幕进行选择。命令行出现以下提示：

```
选择对象或 [添加边界(A)]:
```

此时可以选择删除的对象或输入A来添加边界，如果输入A，出现以下提示：

```
拾取内部点或 [选择对象(S)/删除边界(B)]:
```

此时可以通过拾取内部点或选择对象的方式形成边界，输入B则转回删除边界功能。

（4）重新创建边界——重新产生围绕选定的图案填充或填充对象的多段线或面域，即边界。并可设置该边界是否与图案填充对象相关联。单击该按钮时，对话框暂时关闭，命令行将提示：

```
输入边界对象类型 [面域(R)/多段线(P)] <当前>:
```

输入r创建面域或p创建多段线。

```
是否将图案填充与新边界重新关联？ [是(Y)/否(N)] <当前>:
```

输入y或n来确定是否要关联。

（5）查看选择集——定义了边界后，该按钮才可用。单击该按钮时，暂时关闭该对话框，在绘图屏幕上显示定义的边界。

5. “选项”选项区域

“选项”选项区域有以下几种功能。

（1）关联：控制图案填充和边界是否关联，如果关联，则用户修改边界时，填充图案同时更改。

（2）创建独立的图案填充：当指定的边界是独立的几个时，控制填充图案是各自独立的几个，还是一个整体。

（3）绘图次序：控制图案填充和其他对象的绘图次序。

不指定——使用默认值。

前置——放置在最前。

后置——放置在最后。

置于边界之前——放置在填充边界的前面。

置于边界之后——放置在填充边界后面。

（4）图层：设置填充图案摆放的图层。

使用当前项——使用当前图层，否则可以选择一个图层放置填充图案。

（5）透明度：设置填充图案的透明度。

使用当前项——使用当前默认的透明度。

ByLayer——随层。

ByBlock——随块。

指定值——通过下面的滑块来设置特定的透明度。

6. “继承特性”图标

选择一个现有的图案填充，欲填充的图案将继承该现有的图案的特性。单击“继承特性”时，对话框将暂时关闭，命令行将显示提示选择源对象（填充图案）。在选定图案填充要继承其特性的图案填充对象之后，可以在绘图区中单击鼠标右键，在快捷菜单中“选择对象”和“拾取内部点”之间进行切换以创建边界。

7. “预览”按钮

预览填充图案的最后结果，如果不合适，可以进一步调整。

当单击“更多选项”按钮时，将显示如图 5.2 中右侧部分所示。

8. “孤岛”选项区域

孤岛检测的区别如图 5.4 所示。

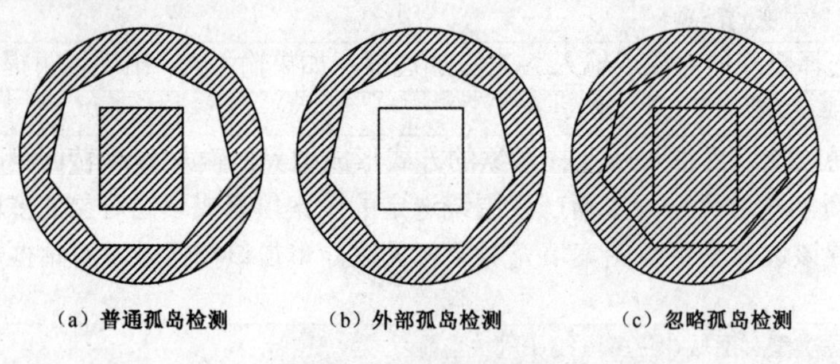

图 5.4　孤岛检测的区别

9. “边界保留”选项区域

边界保留有两种功能。

（1）保留边界：选中则保留边界。该边界是指图案填充的临时边界，并增加到图形中。

（2）对象类型：选择边界的类型。可以是多段线或面域。

10. “边界集”选项区域

定义当使用“指定点”方式定义边界时要分析的对象集。如使用“选择对象”定义边界，选定的边界集无效。

（1）当前视口：根据当前视口范围中的所有对象定义边界集，同时将放弃当前的任何边界集。

（2）现有集合：从使用“新建”选定的对象定义边界集。如果还没有用“新建”创建边界集，则“现有集合”选项不可用。

（3）新建：选择对象以便用来定义边界集。

11.“允许的间隙”选项区域

设置将对象用做图案填充边界时可以忽略的最大间隙。默认值为 0 则指对象必须封闭没有间隙。可以在（0,5000）中设置一个值，小于等于该值的间隙均视为封闭。

12.“继承选项”选项区域

使用“继承特性”创建图案填充时，这些设置将控制图案填充原点的位置。

（1）使用当前原点：使用当前的图案填充原点。

（2）用源图案填充原点：以源图案填充的原点为原点。

【例 5.1】在如图 5.5（a）所示的多边形和圆之间填充图案 ANSI31，比例为 2。预先绘制一圆，半径为 20，用 POLYGON 命令绘制一个七边形，内接于半径为 40 的圆，如图 5.5（b）所示。

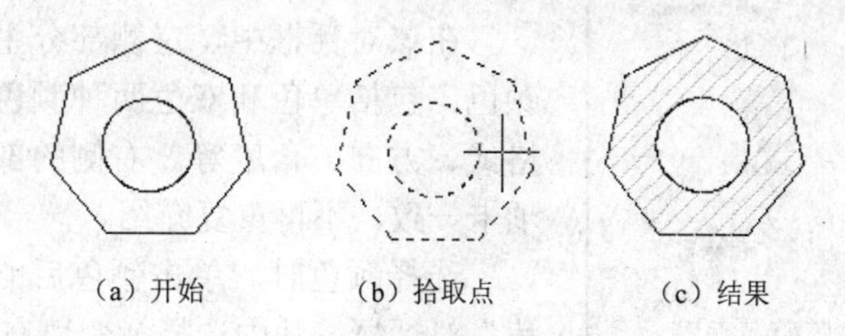

图 5.5　填充图案示例

```
命令: _bhatch
拾取内部点或 [选择对象(S)/设置(T)]:单击需要绘制剖面线的范围内任意点
正在选择所有对象…
正在选择所有可见对象…
正在分析所选数据…
正在分析内部孤岛…
拾取内部点或 [选择对象(S)/设置(T)]:t↵            弹出“图案填充和渐变色”对话框
在对话框中设置图案为ANSI31，将比例改成2，单击确定按钮
```

将剖面线颜色改成 CYAN，结果如图 5.5（c）所示。

5.1.2 渐变色 GRADIENT

图案填充是使用预定义图案进行填充，可以使用当前线型定义简单的线图案，也可以创建更复杂的填充图案。其中有一种图案类型称为实体（SOLID），它使用实体颜色填充区域。还有一种填充，即渐变填充。渐变填充是在一种颜色的不同灰度之间或两种颜色之间使用过渡，可以用来增强演示图形的效果，类似于光源反射到对象上的一种效果。

命令：GRADIENT

功能区：常用→绘图→渐变色

执行 GRADIENT 命令后首先出现如下提示：

```
拾取内部点或 [选择对象(S)/设置(T)]
```

与此同时，在功能区出现如图 5.6 所示的“图案填充创建”面板。

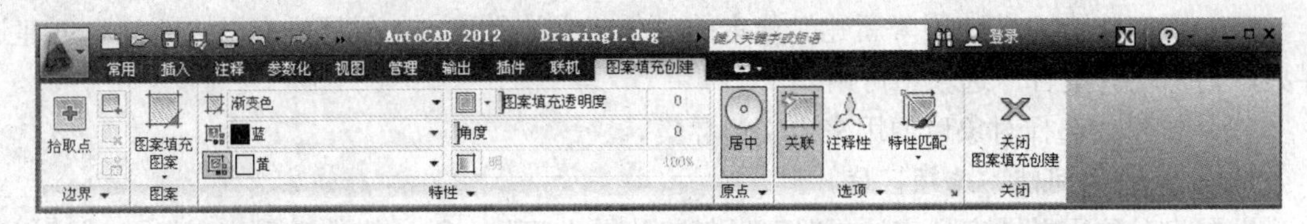

图 5.6 “图案填充创建”面板

参数如下。

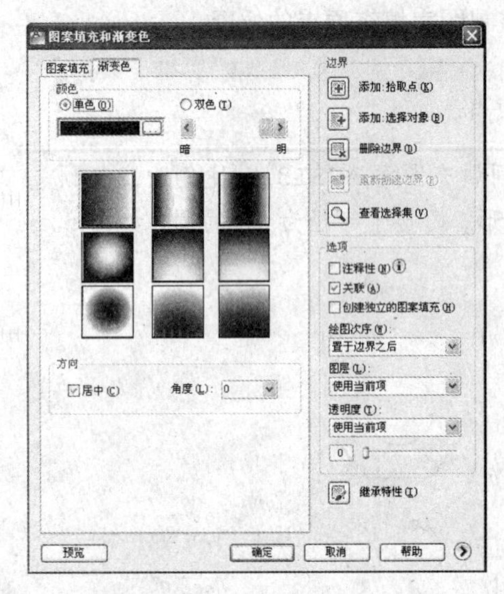

图 5.7 “图案填充和渐变色”对话框

（1）拾取内部点：通过拾取欲填充范围的内部任意一点来确定填充范围。

（2）选择对象（S）：通过选择填充范围的边界来确定填充范围。

（3）设置（T）：设置填充模式。执行该选项后弹出如图 5.7 所示的“图案填充和渐变色”对话框。不过此时直接打开“渐变色”选项卡。

在该对话框中，左侧部分主要用于设置渐变色的颜色，包括单色和双色两种颜色，同时可以设置渐变格式、方向、角度等。右侧的部分和“图案填充”选项卡一致，不再重复介绍。

选择颜色时，单击颜色后的按钮，弹出“选择颜色”对话框，从中选择渐变填充的颜色即可。

在中间的 9 种填充类型中选择一种合适的渐变方式。

在下方的角度中选择一个填充方向，同时可以设置方向是否居中。

【例 5.2】实体填充和渐变色填充练习。

如图 5.8 所示，绘制一个矩形和圆，并复制成 3 组。分别进行实体填充，单色渐变居中填充，和双色渐变不居中的填充。选择 9 种方式的左下角的类型。

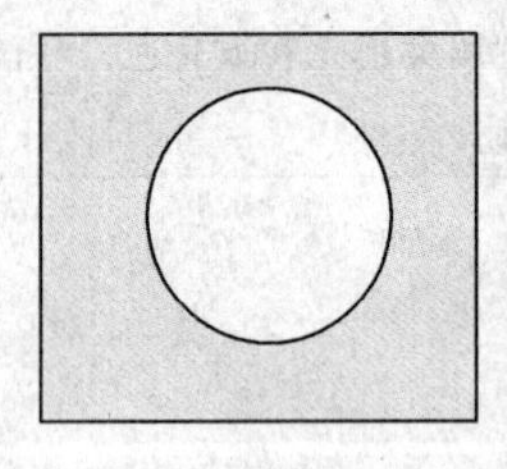 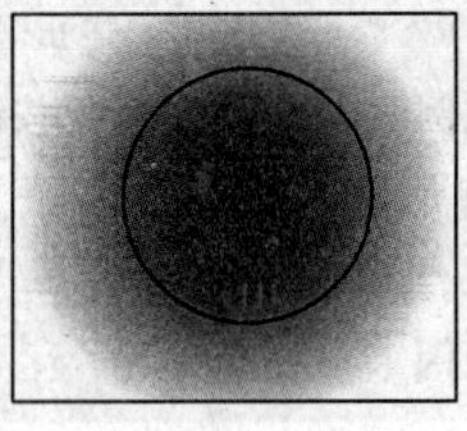 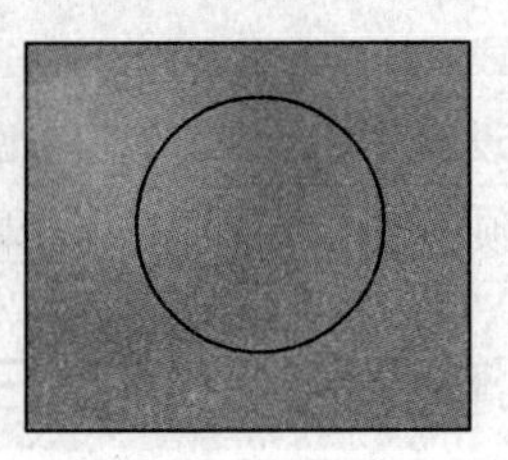

图 5.8 实体填充和渐变色填充

（1）实体填充。

① 绘制一个圆和矩形，如图 5.8 所示。

② 复制成 3 组。

③ 单击“图案填充”按钮，弹出如图 5.9 所示的“图案填充”选项卡。

④ 设置：类型为预定义；图案为 SOLID；样例为青色。

⑤ 单击“拾取点”按钮，在图形上单击矩形和圆之间的任意点。

⑥ 单击“确定”按钮完成实体填充。

（2）渐变单色填充。

① 单击“渐变色”按钮，弹出类似如图 5.7 所示的“渐变色”选项卡。

② 单击“颜色 1”上的选择按钮，弹出“选择颜色”对话框，选择蓝色。单击确定按钮后返回。

③ 单击左下角的圆形填充模式。

④ 单击添加选择对象按钮，在图形屏幕上选择圆和矩形，按【Enter】键返回对话框。

⑤ 单击确定按钮，完成单色渐变色填充。

（3）双色渐变填充。

① 单击渐变色按钮，弹出如图 5.10 所示的“渐变色”选项卡。

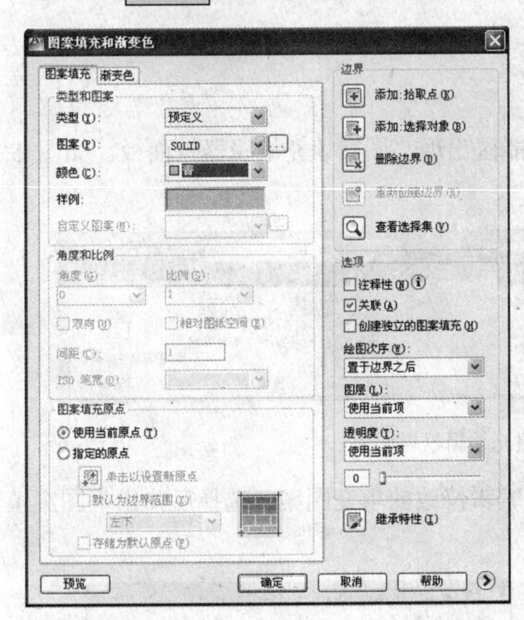

图 5.9　“图案填充”选项卡

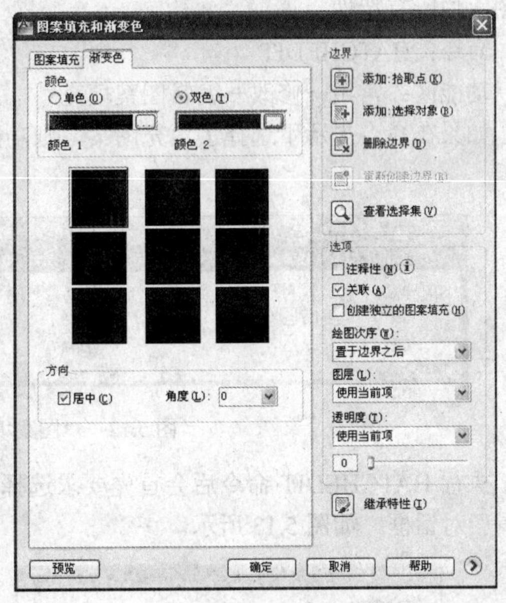

图 5.10　“渐变色”选项卡

② 分别单击“颜色 1”和“颜色 2”上的选择按钮，在“选择颜色”对话框中分别选择两种颜色，单击确定按钮后返回。

③ 选择左下角的填充方式。

④ 取消选中“居中”复选框。

⑤ 单击添加选择对象按钮，在绘图界面上选择圆和矩形，按【Enter】键后返回。

⑥ 单击确定按钮完成双色渐变色填充。

结果如图 5.8 所示。

5.1.3　边界 BOUNDARY

可以通过封闭区域来创建面域或多段线。

命令：BOUNDARY

功能区：常用→边界

执行该命令后弹出如图 5.11 所示的对话框。

参数如下。

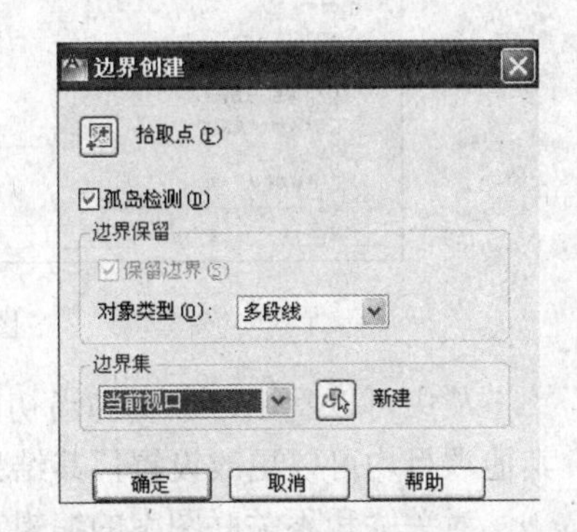

图 5.11　“边界创建”对话框

（1）拾取点：通过拾取点来确定边界。

（2）孤岛检测：设置是否进行孤岛检测。

（3）边界保留：设置是否保留原有边界。如果保留并可以设置边界的类型，在多段线和面域中选择其一。

（4）边界集：当通过定义点方式创建边界是进行边界集的分析。选择对象创建边界时，该边界集无效。

5.2 图案填充和渐变色编辑 HATCHEDIT

绘制完的填充图案可以通过 HATCHEDIT 命令编辑。通过 HATCHEDIT 命令可以修改填充图案的所有特性。

命令：HATCHEDIT

功能区：常用→修改→编辑图案填充

如果在命令提示下选择了填充图案，则功能区出现“图案填充编辑器”面板，如图 5.12 所示。

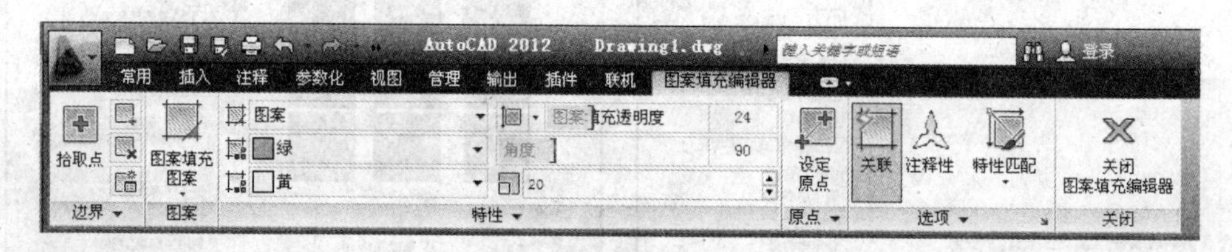

图 5.12 “图案填充编辑器”面板

执行 HATCHEDIT 命令后会首先要求选择编辑修改的填充图案，选择后弹出“图案填充编辑”对话框，如图 5.13 所示。

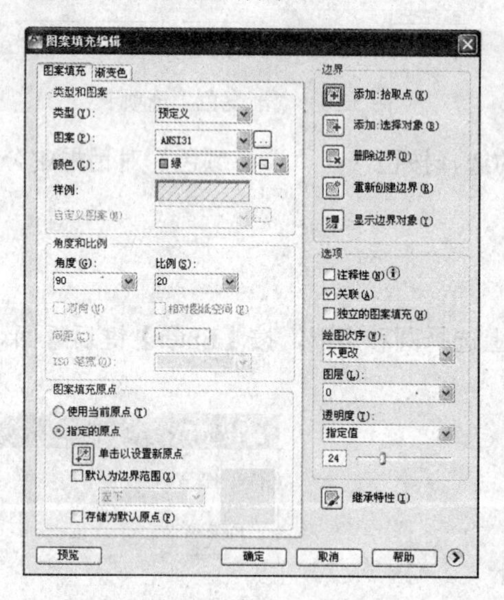
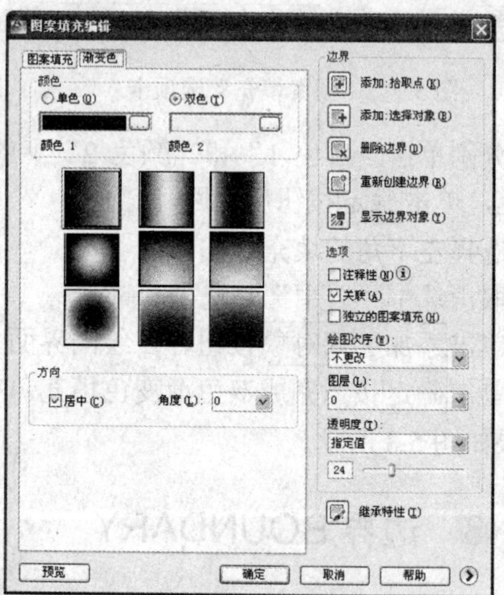

图 5.13 “图案填充编辑”对话框

从中可以看出，编辑和当初的创建对话框基本相同，只是其中有一些选项按钮被禁止，其他项目均可以更改设置，其结果反映在选择的填充图案上。

对关联和不关联图案的编辑，其中一些参数如图案类型、比例、角度等的修改基本一致，如果修改影响到边界，其结果不相同。

下面是将如图 5.14 所示的圆通过夹点更改其半径超过矩形的情况。从图中可以看出，关联填充图案和边界密切相关，而不关联则和边界无关，成为一个独立的对象。

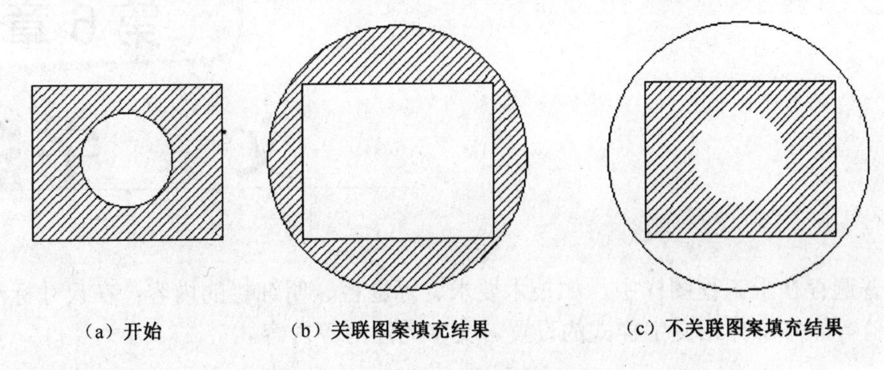

图 5.14　关联和不关联图案填充示例

5.3　图案填充分解

填充图案不论多么复杂，通常情况下都是一个整体，即一个匿名“块”。在一般情况下，不会对其中的图线进行单独的编辑，如果需要编辑，也是采用 HATCHEDIT 命令。但在一些特殊情况下，需要将填充图案分解，然后才能进行相关的操作。

用分解命令 EXPLODE 分解后的填充图案变成了各自独立的实体。如图 5.15 所示为图案填充分解前和分解后的不同夹点。

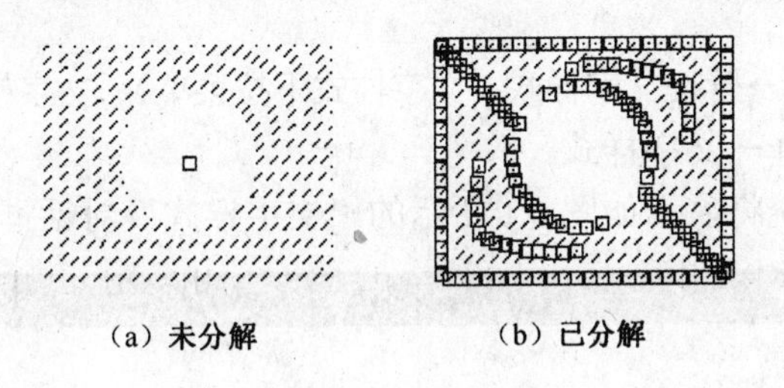

图 5.15　图案填充分解前和分解后的不同夹点

渐变色填充不可以分解。

习题

（1）什么是孤岛？删除孤岛的含义如何？
（2）关联图案和不关联图案的区别是什么？
（3）设定填充边界的方法有哪些？
（4）填充边界的定义有几种方式？
（5）填充边界如果保留下来是什么类型的图线？
（6）渐变色填充和实体填充有什么区别？

第6章

文　字

文字普遍存在于工程图样中，如技术要求、标题栏、明细栏的内容；在尺寸标注时注写的尺寸数值等。本章介绍文字样式的设置、文字的注写等内容。

6.1　文字样式的设置 STYLE

在不同的场合会使用不同的文字样式，可见设置不同的文字样式是文字注写的首要任务。当设置好文字样式后，可以利用该文字样式和相关的文字注写命令 DTEXT、TEXT、MTEXT 注写文字。

要注写文字，首先应该确定文字的样式。如注写的是英文，可以采用某种英文字体；注写的是汉字，必须采用 AutoCAD 支持的某种汉字字体或大字体。否则，在屏幕上出现的可能是问号“？”。

命令：STYLE

功能区：注释→文字→管理文字样式（文字样式下拉菜单）、文字样式（文字面板右侧箭头）

功能区：常用→注释→文字样式

执行该命令后，系统将显示如图 6.1 所示的“文字样式”对话框。

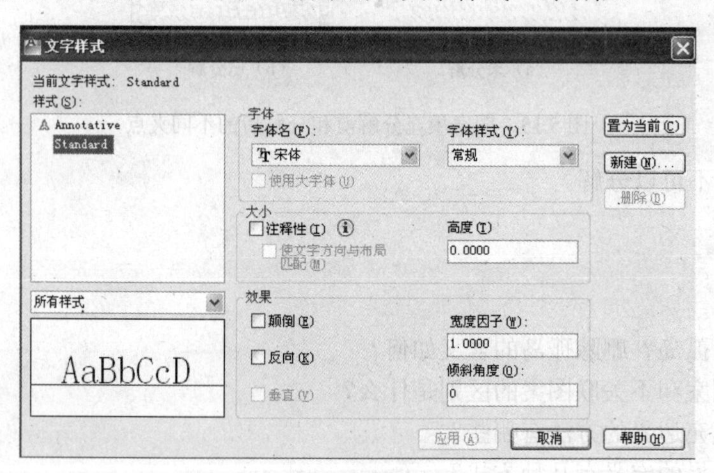

图 6.1　“文字样式”对话框

在该对话框中，可以新建文字样式或修改已有文字样式。该对话框包含了样式区、字体区、大小区、效果区、预览区等。

1. “样式”选项区域

样式名列表框：显示当前文字样式，点取对应的样式后，其他对应的项目相应显示该样式的设置。其中 STANDARD 样式为默认的文字样式，采用的字体为 TXT.SHX，该文字样式不可以删除。

2.“字体”选项区域

（1）字体名”下拉列表：可以在该下拉列表中选择某种字体。必须是已注册的 TrueType 字体和编译过的形文件才会显示在该列表中。

（2）字体样式：指定字体格式，如斜体、粗体或常规。如果选择了使用大字体，则为大字体样式列表。图 6.2 显示了设定“txt.shx”字体后使用大字体的情况。

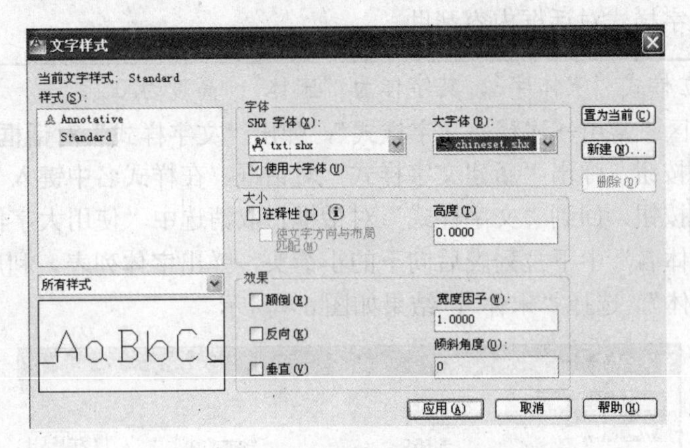

图 6.2　设定大字体示例

（3）“使用大字体”复选框：在选择了相应的字体后，该复选框有效，用于指定某种大字体。

3.“大小”选项区域

（1）注释性：该复选框确定是否设置成注释性特性，即是否根据注释比例设置进行缩放。

（2）使文字方向与布局匹配：如果选择了注释性，则该复选框有效。指定图纸空间视口中的文字方向与布局方向匹配。

（3）高度或图纸文字高度：用于设置字体的高度。如果设定了＞0 的高度，则在使用该种文字样式注写文字时统一使用该高度，不再提示输入高度。如果设定的高度为 0，则在使用该种样式输入文字时将出现高度提示。每使用一次会提示一次，同一种字体可以输入不同高度。

4.“效果”选项区域

（1）颠倒：以水平线作为镜像轴线的垂直镜像效果。

（2）反向：以垂直线作为镜像轴线的水平镜像效果。

（3）垂直：文字垂直书写。

以上三种效果，其中有些效果对一些特殊字体是不可选的。

（1）宽度因子：设定文字的宽和高的比例。

（2）倾斜角度：设定文字的倾斜角度，正值向右斜，负值向左斜，角度范围为-84°～84°。

5. 预览框

直观显示了其中的几个字母的效果。

6. 命令按钮

置为当前：将指定的文字样式设定为当前使用的样式。

新建：新建一文字样式，单击该按钮后，弹出图 6.3 所示的对话框，要求输入样式名。

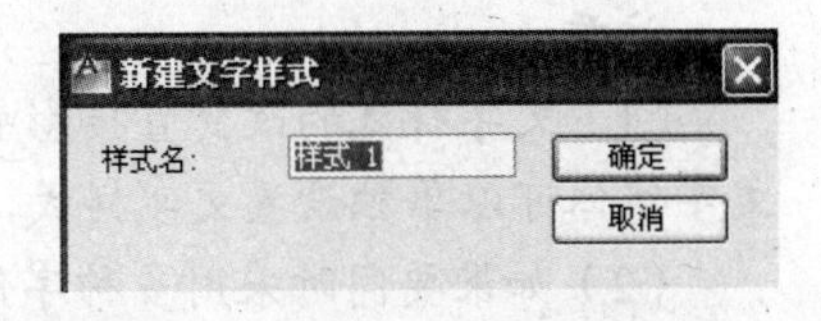

图 6.3　“新建文字样式”对话框

输入文字样式名，该名称最好具有一定的代表意义，与随即选择的字体对应起来或与它的用途对应起来，这样使用时比较方便，不至于混淆。当然也可以使用默认的样式名。单击确定按钮后退回“文字样式”对话框。

删除：删除一文字样式，在图形中已经被使用过的文字样式无法删除，同样 STANDARD 样式是无法删除的。

应用：将设置的样式应用到图形中。单击该按钮后，取消按钮变成关闭。

关闭：结束文字样式对话框，完成文字样式的设置。

取消：在应用之前可以通过该按钮放弃前面的设定。在应用之后，该按钮变成关闭。

帮助：提供文字样式对话框内容帮助。

【例 6.1】建立样式“宋体字”，其字体为“宋体”，高度为 0。

（1）执行功能区“常用→注释→文字样式”，弹出“文字样式”对话框。

（2）单击新建按钮，弹出“新建文字样式”对话框。在样式名中键入“宋体字”。

（3）单击确定按钮，回到“文字样式”对话框。取消选中“使用大字体”复选框。

（4）单击“字体名”中下拉列表后向下的小箭头，弹出字体列表。利用右侧的滑块，向下搜索，找到“宋体”，选择“宋体”，结果如图 6.4 所示。

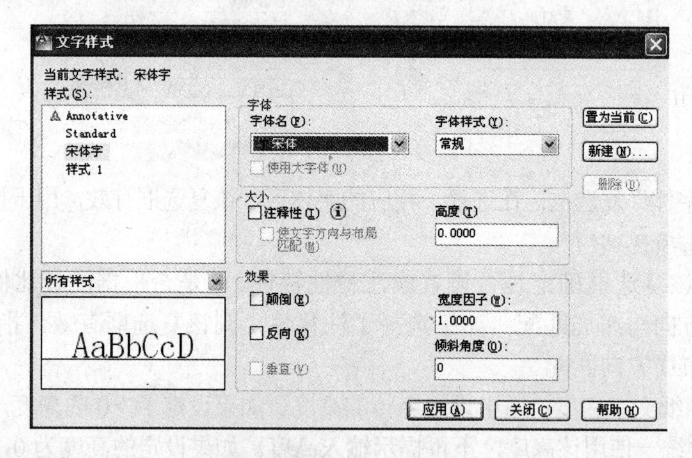

图 6.4　新建字体“宋体字”

（5）先单击应用按钮，再单击关闭按钮，则不仅建立了“宋体字”这一新的文字样式，同时该字体变成当前的字体。

图 6.5 表示了几种不同设置的文字样式效果。

正常字体样式

上下颠倒

左右颠倒

宽度系数0.5

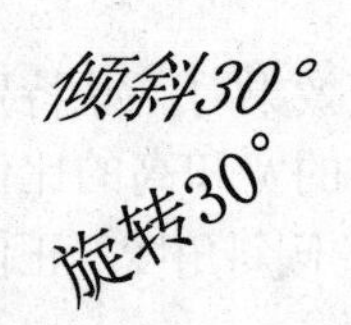

垂直文本

图 6.5　文本样式设置的几种效果

注意：

（1）文字样式的改变直接影响到 TEXT 和 DTEXT 命令注写的文字，而 MTEXT 注写的文字字体可以单独设置文字样式，具体示例参见本章 6.5 节。

（2）如果要同时采用多种字体，中间以逗号（,）分隔。

6.2 文字注写命令

文字注写命令分为单行文本输入 TEXT、DTEXT 命令和多行文本输入 MTEXT 命令。另外还可以将外部文本文件输入到 AutoCAD 中。对文本可以进行拼写检查。

6.2.1 单行文字输入 TEXT 或 DTEXT

在 AutoCAD 2012 中，TEXT 和 DTEXT 命令功能相同，都可以输入单行文本。

命令：TEXT

DTEXT

功能区：常用→注释→单行文字

功能区：注释→文字→单行文字

命令及提示：

```
命令：DTEXT
当前文字样式： “宋体字”  文字高度： 2.5000  注释性： 否
指定文字的起点或 [对正(J)/样式(S)]： s
输入样式名或 [?] <宋体字>:
当前文字样式： “宋体字”  文字高度： 2.5000  注释性： 否
指定文字的起点或 [对正(J)/样式(S)]： j↵
输入选项
[对齐(A)/布满(F)/居中(C)/中间(M)/右对齐(R)/左上(TL)/中上(TC)/右上(TR)/左中(ML)/正中(MC)/
右中(MR)/左下(BL)/中下(BC)/右下(BR)]:
```

参数如下。

（1）起点：定义文本输入的起点，默认情况下对正点为左对齐。如果前面输入过文本，此处按【Enter】键响应起点提示，则跳过随后的高度和旋转角度的提示，直接提示输入文字，此时使用前面设定好的参数，同时起点自动定义为最后绘制的文本的下一行。

（2）对正（J）：输入对正参数，出现以下不同的对正类型供选择。

① 对齐（A）——确定文本的起点和终点，AutoCAD 自动调整文本的高度，使文本放置在两点之间，即保持字体的高和宽之比不变。

② 调整（F）——确定文本的起点和终点，AutoCAD 调整文字的宽度以便将文本放置在两点之间，此时文字的高度不变。

③ 中心（C）——确定文本基线的水平中点。

④ 中间（M）——确定文本基线的水平和垂直中点。

⑤ 右（R）——确定文本基线的右侧终点。

⑥ 左上（TL）——文本以第 1 个字符的左上角为对齐点。

⑦ 中上（TC）——文本以字串的顶部中间为对齐点。

⑧ 右上（TR）——文本以最后一个字符的右上角为对齐点。

⑨ 左中（ML）——文本以第 1 个字符的左侧垂直中点为对齐点。

⑩ 正中（MC）——文本以字串的水平和垂直中点为对齐点。

⑪ 右中（MR）——文本以最后一个字符的右侧中点为对齐点。

⑫ 左下（BL）——文本以第 1 个字符的左下角为对齐点。

⑬ 中下（BC）——文本以字串的底部中间为对齐点。

⑭ 右下（BR）——文本以最后一个字符的右下角为对齐点。

（3）样式（S）：选择该选项，出现以下提示。

输入样式名——输入随后书写文字的样式名称。

？——如果不清楚已经设定的样式，输入“？”，则在命令窗口列表显示已经设定的样式。

如图 6.6 所示为对齐和调整比较，如图 6.7 所示为不同的对正类型比较。

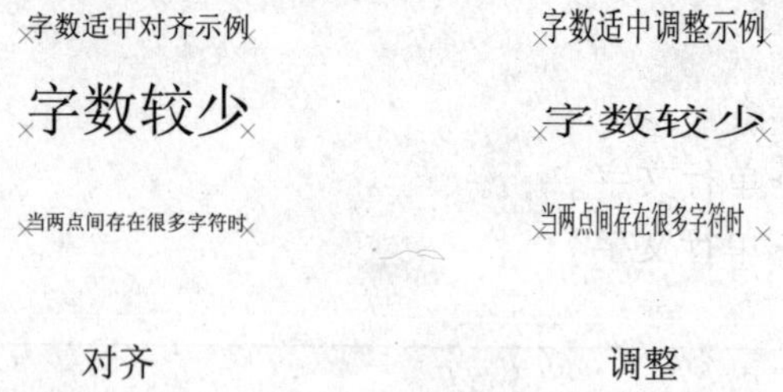

字数适中对齐示例
字数较少
当两点间存在很多字符时
字数适中调整示例
字数较少
当两点间存在很多字符时
对齐
调整

图 6.6　对齐和调整比较

MC（正中）
TC（中上）
TL（左上）
ML（左中）
（默认设置，左）
BL（左下）
（中心）
BC（中下）
（中间）
TR（右上）
MR（右中）
（右）
BR（右下）

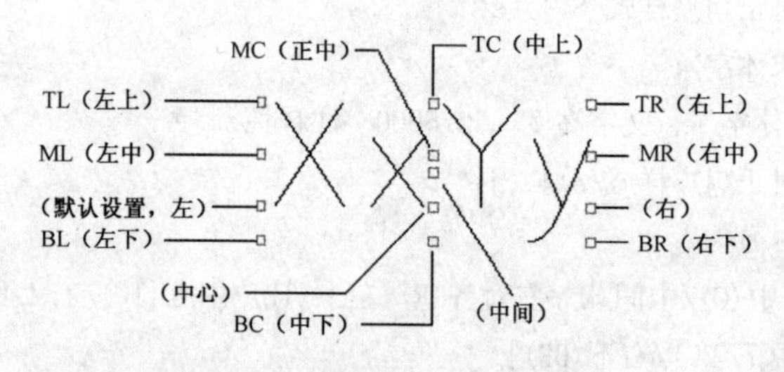

图 6.7　不同的对正类型比较

【例 6.2】文字注写练习。

（1）注写如图 6.8 所示的文字。

命令:TEXT↵
当前文字样式: 宋体字 当前文字高度: 2.5000注释性: 否　提示当前文字样式
指定文字的起点或 [对正(J)/样式(S)]:**单击文字左下角**　指定文字的左对齐点
指定高度 <2.5000>:↵　按【Enter】键使用默认值
指定文字的旋转角度 <0>:↵　按【Enter】键定义角度为0
表面渗碳0.2mm↵　通过键盘输入文字并按【Enter】键结束本行
进行正火处理↵　按【Enter】键结束本行文字输入
↵　按【Enter】键结束文字注写命令，此处不可以按空格键结束

结果如图 6.8 所示。

（2）接着上例注写“未注圆角 R5”。

命令:DTEXT↵
当前文字样式: 宋体字 当前文字高度: 2.5000注释性: 否　提示当前文字样式
指定文字的起点或 [对正(J)/样式(S)]: ↵　按【Enter】键，起点定义为上一次文本的下一行
未注圆角R5↵　通过键盘输入文字并按【Enter】键结束本行
↵　按【Enter】键结束文字输入，此处不可以按空格键结束

结果如图 6.9 所示。

表面渗碳0.2mm
进行正火处理

图 6.8　TEXT 文本示例

表面渗碳0.2mm
进行正火处理
未注圆角R5

图 6.9　以按【Enter】键响应起点示例

6.2.2　多行文字输入 MTEXT

在 AutoCAD 中可以一次输入多行文本，而且可以设定其中的不同文字具有不同的字体或样式、颜色、高度等特性。可以输入一些特殊字符，并可以输入堆叠式分数，设置不同的行距，进行文本的查找与替换，导入外部文件等。

命令：MTEXT

功能区：常用→注释→多行文字

功能区：注释→文字→多行文字

命令及提示：

```
命令: _mtext 当前文字样式: "宋体字" 文字高度: 360.8612 注释性: 否
指定第一角点:
指定对角点或 [高度(H)/对正(J)/行距(L)/旋转(R)/样式(S)/宽度(W)/栏(C)]: h↵
指定高度 <>:
指定对角点或 [高度(H)/对正(J)/行距(L)/旋转(R)/样式(S)/宽度(W)/栏(C)]:  j↵
输入对正方式 [左上(TL)/中上(TC)/右上(TR)/左中(ML)/正中(MC)/右中(MR)/左下(BL)/中下(BC)/右下(BR)] <左上(TL)>:
指定对角点或 [高度(H)/对正(J)/行距(L)/旋转(R)/样式(S)/宽度(W)/栏(C)]:l↵
输入行距类型 [至少(A)/精确(E)] <至少(A)>:
输入行距比例或行距 <1x>:
指定对角点或 [高度(H)/对正(J)/行距(L)/旋转(R)/样式(S)/宽度(W)/栏(C)]:r↵
指定旋转角度 <0>:
指定对角点或 [高度(H)/对正(J)/行距(L)/旋转(R)/样式(S)/宽度(W)/栏(C)]:s↵
输入样式名或 [?] <>:
指定对角点或 [高度(H)/对正(J)/行距(L)/旋转(R)/样式(S)/宽度(W)/栏(C)]: w↵
指定宽度:
指定对角点或 [高度(H)/对正(J)/行距(L)/旋转(R)/样式(S)/宽度(W)/栏(C)]:c↵
输入栏类型 [动态(D)/静态(S)/不分栏(N)] <动态(D)>:
指定栏宽: <XXX>:
指定栏间距宽度: <XX>:
指定栏高: <X>:
```

参数如下。

（1）指定第 1 角点: 定义多行文本输入范围的一个角点。

（2）指定对角点：定义多行文本输入范围的另一个角点。

（3）高度（H）：用于设定矩形范围的高度。随即出现以下提示。

指定高度 <>——定义高度。

（4）对正（J）：设置对正方式。对正方式提示如下。

① 左上（TL）——左上角对齐。

② 中上（TC）——中上对齐。
③ 右上（TR）——右上角对齐。
④ 左中（ML）——左侧中间对齐。
⑤ 正中（MC）——正中对齐。
⑥ 右中（MR）——右侧中间对齐。
⑦ 左下（BL）——左下角对齐。
⑧ 中下（BC）——中间下方对齐。
⑨ 右下（BR）——右下角对齐。
（5）行距（L）：设置行距类型，出现以下提示。
① 至少（A）——确定行间距的最小值。按【Enter】键出现输入行距比例或间距提示。
② 输入行距比例或行距——输入行距或比例。
③ 精确（E）——精确确定行距。
（6）旋转（R）：指定旋转角度。
指定旋转角度——输入旋转角度。
（7）样式（S）：指定文字样式。
输入样式名或 [?] <>——输入已定义的文字样式名，“?”则列表显示已定义的文字样式。
（8）宽度(W)：定义矩形宽度。
指定宽度——输入宽度或直接单击一点来确定宽度。
（9）栏（C）：显示用于设置栏的选项，如类型、列数、高度、宽度及栏间距大小。
在设定了矩形的两个顶点后，弹出如图 6.10 所示的“文字编辑器”面板。

图 6.10 “文字格式”和“文字编辑”对话框

该对话框包含了样式、格式、段落、插入、拼写检查、工具、选项、关闭等面板。和一般的文字排版编辑功能基本相同。可以通过其上的各个下拉列表框、文本输入框以及按钮完成文本的编辑排版工作。限于篇幅，本书不在文本的编辑上做过多的介绍。

注意：

一个具有多行字串的多行文本经分解后变成多个单行文本。

6.3 特殊文字输入

在 AutoCAD 中有些字符是不方便通过标准键盘直接输入的，这些字符为特殊字符。特殊字符主要包括上画线、下画线、度符号“°”、直径符号“Ø”、正负号“±”等。在多行文本输入文字时可以通过符号按钮或选项中的符号菜单来输入常用的符号。在单行文字输入中，必须采用特定的编码来进行。即通过输入控制代码或 Unicode 字符串可以输入一些特殊字符或符号。

表 6.1 列出了以上几种特殊字符的代码，其大、小写通用。

表 6.1　特殊字符代码

代　码	对应字符
%%o	上画线
%%u	下画线
%%d	度“°”
%%c	直径“Ø”
%%p	正负号“±”
%%%	%
%%nnn	ASCIInnn 码对应的字符

在 DTEXT 或 TEXT 命令中，如在“输入文本”提示后输入“%%u 特殊字符 %%O 输入示例%%U%%O：角度%%D，直径%%c，公差%%p0.020，通过率 98%%%”，结果在屏幕上出现：

特殊字符输入示例：角度°，直径Ø，公差±0.020，通过率98%

单击@按钮或在选项菜单中选择“符号”，弹出如图 6.11 所示的符号列表。从中可以选择需要的特殊符号。

单击符号列表最下方的“其他”，弹出如图 6.12 所示的“字符映射表”对话框，从中可以选择特殊符号插入。

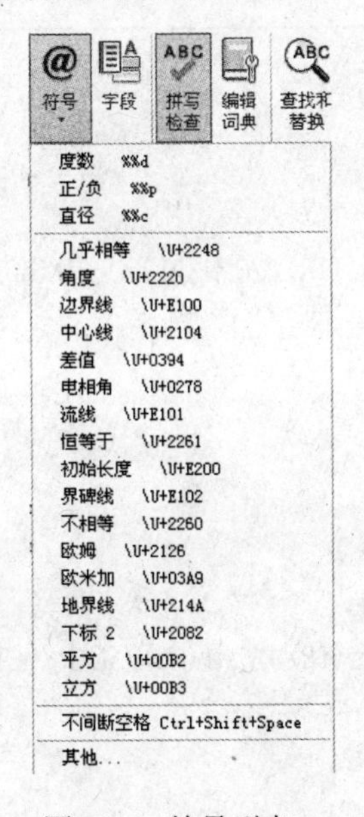

图 6.11　符号列表

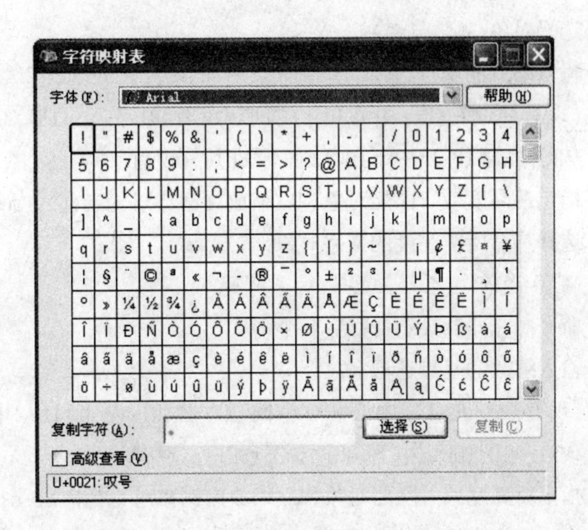

图 6.12　“字符映射表”对话框

特殊符号不支持在垂直文字中使用，而且一般只支持部分 TrueType（TTF）字体和 SHX 字体。包括 Simplex、RomanS、Isocp、Isocp2、Isocp3、Isoct、Isoct2 、Isoct3、Isocpeur（仅 TTF 字体）、Isocpeur italic（仅 TTF 字体）、Isocteur（仅 TTF 字体）、Isocteur italic（仅 TTF 字体）。

注意：

应该注意字体和特殊字符的兼容。如果一些特殊字符（包括汉字），使用的字体无法辨认时，则会显示若干“？”来替代输入的字符，更改字体可以恢复正确的结果。

6.4 文字编辑 DDEDIT

在 AutoCAD 中同样可以对已经输入的文字进行编辑修改。根据选择的文字对象是单行文本还是多行文本的不同，弹出相应的对话框来修改文字。如果采用特性编辑器，还可以同时修改文字的其他特性，如样式、位置、图层、颜色等。

命令：DDEDIT

执行文字编辑命令后，首先要求选择欲修改编辑的文字（如果一次只修改一个文本对象，用户也可以通过双击文本来执行该命令，如果同时选择了多个对象，一般会弹出“特性”对话框），如果选择的对象为单行文字，单击后将和输入单行文字类似，直接修改即可。

如果选择的对象为多行文字，操作和输入多行文字相同。

用户也可以通过“对象特性”伴随对话框来编辑修改文字及属性。在“对象特性”伴随对话框中，用户不仅可以修改文本的内容，而且可以重新选择该文本的文字样式、设定新的对正类型、定义新的高度、旋转角度、宽度比例、倾斜角度、文本位置，以及颜色等该文本的所有特性。

6.5 缩放文字 SCALETEXT

在 AutoCAD 2012 中可以在绘制文字后再修改文字的大小比例。

命令：scaletext

功能区：注释→文字→缩放

命令及提示：

```
命令：scaletext
选择对象：找到 X 个
选择对象：
输入缩放的基点选项
[现有(E)/左(L)/中心(C)/中间(M)/右(R)/左上(TL)/中上(TC)/右上(TR)/左中(ML)/正中(MC)/右中(MR)/左下(BL)/中下(BC)/右下(BR)] <现有>:
指定新高度或 [匹配对象(M)/缩放比例(S)] <当前>: m↵
选择具有所需高度的文字对象：
高度=当前
命令：_scaletext 找到 X 个
输入缩放的基点选项
[现有(E)/左(L)/中心(C)/中间(M)/右(R)/左上(TL)/中上(TC)/右上(TR)/左中(ML)/正中(MC)/右中(MR)/左下(BL)/中下(BC)/右下(BR)] <现有>:
指定新高度或 [匹配对象(M)/缩放比例(S)] <当前>: s↵
指定缩放比例或 [参照(R)] <2>:
指定新高度或 [匹配对象(M)/缩放比例(S)] <当前>: s↵
指定缩放比例或 [参照(R)] <2>: r↵
指定参照长度 <1>:
指定新长度：
```

参数如下。

提示中有关缩放基点的选项和绘制文字时基本相同，相当于 SCALE 中指定的缩放基准点。不同的是以下几点。

（1）现有（E）：保持原有的绘制基准点不变。

（2）指定新高度：输入新的高度替代原先绘制时指定的文字高度。

（3）匹配对象（M）：选择一个已有的文本对象，使用该对象的高度来替代原先的高度。

（4）选择具有所需高度的文字对象：选择欲修改成的文本高度的文字对象。

（5）缩放比例（S）：定义一个比例系数来修改文本的高度。

（6）指定缩放比例：输入比例系数，文本高度变成该系数和原先高度的乘积。

（7）参照（R）：通过定义参照长度来修改文本的高度。

（8）指定参照长度：输入参照的长度。

（9）指定新长度：输入新的长度，通过和参照长度相比得到新的高度。

6.6 对正文字 JUSTIFYTEXT

在 AutoCAD 2012 中可以在绘制文字后再修改文字的对正基准。

命令：justifytext

功能区：注释→文字→对正

命令及提示：

```
命令：_justifytext
选择对象：找到 1 个
选择对象：
输入对正选项
[左(L)/对齐(A)/调整(F)/中心(C)/中间(M)/右(R)/左上(TL)/中上(TC)/右上(TR)/左中(ML)/正中(MC)/右中(MR)/左下(BL)/中下(BC)/右下(BR)] <左>:
```

该命令的作用是调整原先绘制文字的基准点。如原先绘制的文字是采用的左对齐方式，采用该命令并输入 R 后，将该文本的对齐点调整为右对齐，而文本本身的位置不变。用户可以通过该命令后查看夹点的变化来体会该命令的效果。

习题

（1）单行文本输入和多行文本输入有哪些主要区别？各适用于什么场合？

（2）特殊字符如何输入？

（3）文字样式中的倾斜和旋转的含义是什么？

（4）是否可以设定一种文字样式包含多种字体？

（5）修改已经使用的文字样式对原图有何影响？这种情况对单行文本和多行文本的影响是否相同？

（6）绘制“图习题 6.1.dwg”所示表格。

表格样本	
第一行，第一列，左对齐	
第二行，第一列，右对齐	
	居中
南京师范大学	
宋体字，加粗	宽度比例2

图习题 6.1.dwg

第7章

块

块指一个或多个对象的集合，是一个整体即单一的对象。利用块可以简化绘图过程并可以系统地组织任务。如一张装配图，可以分成若干个块，由不同的人员分别绘制，最后再通过块的插入及更新形成装配图。

在图形中插入块是对块的引用，不论该块多么复杂，在图形中只保留块的引用信息和该块的定义，所以使用块可以减小图形的存储空间，尤其在一张图中多次引用同一块时十分明显。一幅图形本身可以作为一个块被引用。

块可以减少不必要的重复劳动，如每张图上都有的标题栏，可以制成一个块，在输出时插入。可以通过块的方式建立标准件图库。块可以附加属性，可以通过外部程序和指定的格式抽取图形中的数据。

外部参照是一幅图形对另一幅图形的引用，功能类似于块。

本章介绍块的建立、插入、编辑修改的方法，以及外部参照的知识。

7.1 创建块 BLOCK

要使用块，必须首先创建块。可以通过以下方法创建块。

命令：BLOCK

功能区：常用→块→创建块；插入→块定义→创建块

命令及提示：

```
命令: block
输入块名或 [?]:
指定插入基点或 [注释性(A)]: a↵
创建注释性块 [是(Y)/否(N)] <Y>:
相对于图纸空间视口中图纸的方向 [是(Y)/否(N)] <N>:
选择对象:
```

参数如下。

（1）块名：块的名称，在使用块时要求输入块名。

（2）？：列出图形中已经定义的块名。

（3）指定插入基点：指定插入块时控制块的位置的基点。

（4）注释性（A）：设置成注释性的块。

（5）相对于图纸空间视口中图纸的方向：设置是否和图纸空间视口中图纸方向一致。

（6）选择对象：定义块中包含的对象。

执行创建块命令后，弹出如图 7.1 所示的“块定义”对话框。该对话框中包含块名称、基点区、对象区、预览图标区，以及插入单位、说明等。各项含义如下。

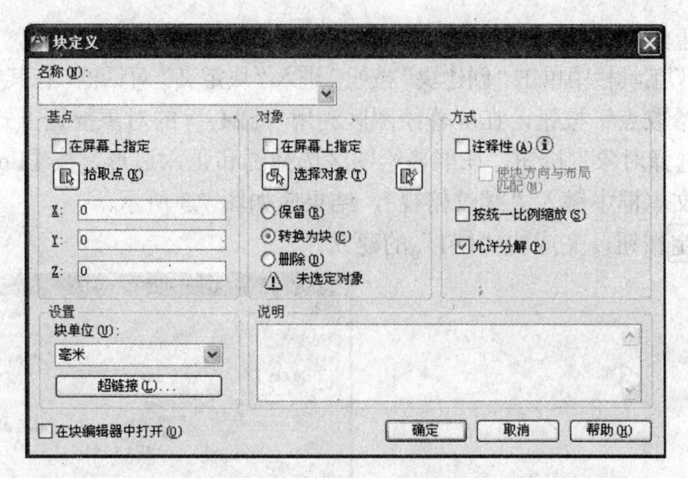

图 7.1 “块定义”对话框

1. 名称

新建块可以通过键盘直接键入名称。单击向下的小箭头可以弹出该图形中已定义的块名称列表。

2. “基点”选项区域

定义块的基点，该基点在插入时作为基准点使用。

（1）在屏幕上指定：通过指点设备在屏幕上指定一个点作为基点。

（2）拾取点：返回绘图屏幕，要求单击某点作为基点，此时 AutoCAD 自动获取拾取点的坐标并分别填入下面的 X、Y、Z 文本框中。

（3）X、Y、Z：在文本框中分别键入 X、Y、Z 坐标。默认基点是原点。

3. “对象”选项区域

定义块中包含的对象。

（1）在屏幕上指定：关闭对话框时将提示选择对象。

（2）选择对象：返回绘图屏幕要求用户选择屏幕上的图形作为块中包含的对象。

（3）快速选择：弹出“快速选择”对话框。用户可以通过“快速选择”对话框来设定块中包含的对象。

（4）保留：在选择了组成块的对象后，保留被选择的对象不变。

（5）转换为块：在选择了组成块的对象后，将被选择的对象转换成块。

（6）删除：在选择了组成块的对象后，将被选择的对象删除。

4. “设置”选项区域

（1）块单位：在下拉列表中可以选择块的单位。

（2）超链接：将块和某个超链接对应。

5. “方式”选项区域

（1）注释性：是否作为注释性定义块。如果是，则还要定义方向。

（2）按统一比例缩放：确定是否按统一比例缩放块。

（3）允许分解：指定块是否可以分解。

6. 在块编辑器中打开

允许在块编辑器中打开该块的定义。

【例 7.1】通过对话框将图 7.2 所示的图形创建成块，名称为“lw1”。请首先绘制一个圆及其外切正六边形。

首先在屏幕上绘制一圆及与之外切的正六边形，如图 7.2 所示。

（1）在“绘图”工具栏中单击“创建块”按钮。进入“块定义”对话框，在其中输入名称“lw1”。

（2）单击“拾取点”按钮，在屏幕绘图区利用“圆心”的对象捕捉方式单击圆心。

（3）单击“选择对象”按钮，在屏幕绘图区选择圆和正六边形，按【Enter】键结束选择。

（4）在说明文本框中键入“螺纹俯视”，结果应如图 7.3 所示。

（5）单击确定按钮，完成块“lw1”的建立。

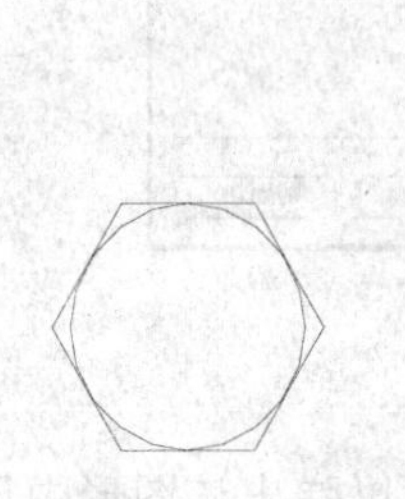

图 7.2　块中组成对象

图 7.3　创建块示例

注意： *采用 BLOCK 命令创建的块只属于该图形文件。*

7.2　插入块 INSERT

块的建立是为了引用。引用一个块可以通过对话框进行，也可以通过命令行在命令提示下进行，同时也可以阵列插入块，还可以作为尺寸终端或等分标记被引用。

命令：INSERT

功能区：常用→块→插入；插入→块→插入

执行该命令后，将弹出如图 7.4 所示的“插入”对话框。

该对话框中包含有名称、路径、插入点区、比例区、旋转区、块单位以及“分解”复选框等内容。各项含义如下。

1. 名称

在下拉列表中选择插入的块名。

2. 浏览工具栏

单击该按钮后，弹出图 7.5 所示的“选择图形文件”对话框。

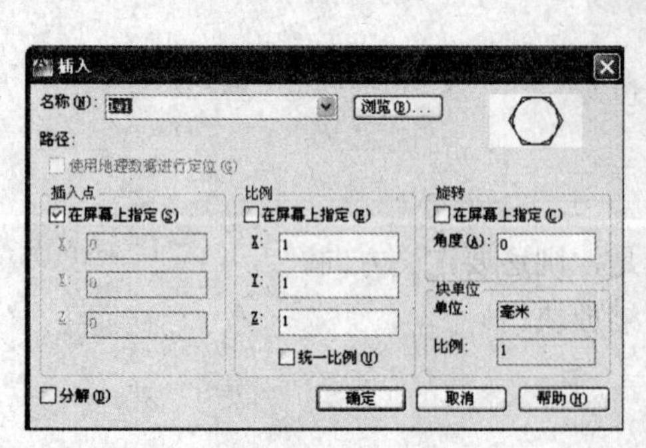

图 7.4　“插入”对话框

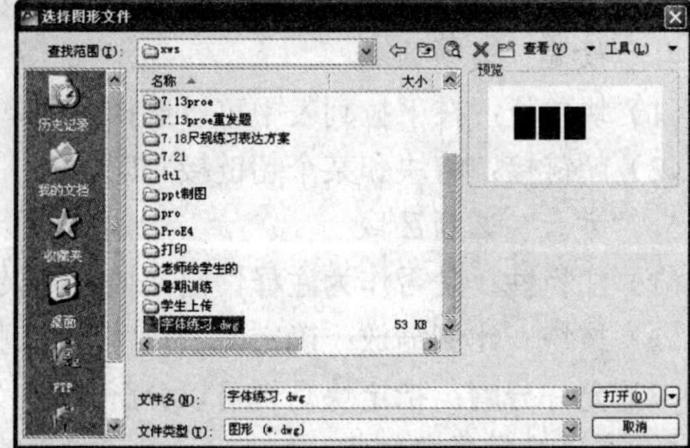

图 7.5　“选择图形文件”对话框

在该对话框中，用户可以选择某图形文件作为一个块插入到当前文件中，具体的用法和其他选择文件对话框相同。

3. “插入点”选项区域

（1）在屏幕上指定：单击确定按钮后，在屏幕上单击插入点，相应会有命令行提示。

（2）X、Y、Z：分别输入插入点的X、Y、Z坐标。

4. “比例”选项区域

（1）在屏幕上指定：在随后的操作中将会提示缩放比例，用户可以在屏幕上指定缩放比例。

（2）X、Y、Z：分别在对应的位置中键入三个方向的比例，默认值为1。

（3）统一比例：三个方向的缩放比例均相同。

5. “旋转”选项区域

（1）在屏幕上指定：在随后的提示中会要求输入旋转角度。

（2）角度：键入旋转角度值，默认值为0°。

6. “块单位”选项区域

（1）单位：指定块的单位。

（2）比例：指定显示单位比例因子。

7. “分解”复选框

如果选择了该复选框，则块在插入时自动分解成独立的对象，不再是一个整体。默认情况下不选择该复选框。以后需要编辑块中的对象时，可以采用分解命令将其分解。

8. 按钮

确定：单击该按钮，按照对话框中的设定插入块。如果有需要在屏幕上指定的参数，则在绘图屏幕上会提示单击必要的点来确定。

取消：放弃插入。

帮助：有关插入的联机帮助。

【例7.2】通过对话框插入图7.6所示的块“lw1”，X方向比例为2，Y方向比例为1，角度为30°。

（1）单击“插入块”按钮，弹出图7.7所示的“插入”对话框。

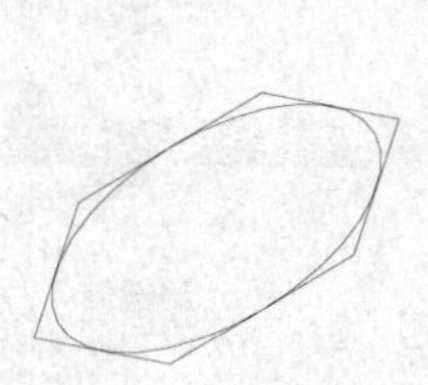

图7.6 插入“lw1”示例

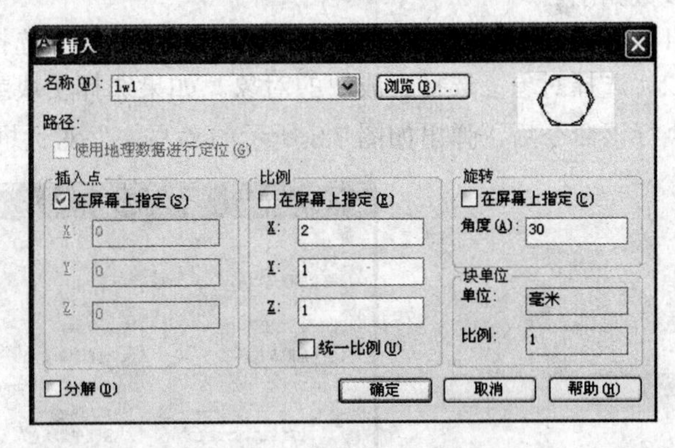

图7.7 “插入”对话框

（2）单击名称后的向下小箭头，在名称列表中选择“lw1”。

（3）在“插入点”区中选中“在屏幕上指定”复选框。

（4）在“比例”区设定成X方向2，Y方向1。

（5）在“旋转”区设定旋转角度为30°，如图7.7所示。

（6）单击确定按钮，在“指定插入点或 [比例(S)/X/Y/Z/旋转(R)/预览比例(PS)/PX/PY/PZ/预览旋转(PR)]：”的提示下单击屏幕上的某一点，结果如图7.6所示。

注意：

（1）输入块名时，如果键入“~”，则系统将显示“选择图形文件”对话框。

（2）如果在块名前加“*”，在插入该块时自动将其分解。

（3）如果要用外部文件替换当前文件中的块定义，提示输入块名时在块名和替换的文件名之间加“=”。

（4）如果想在不重新插入块的情况下更新块的定义，提示输入块名时请在块名后加“=”。

（5）如果输入的块名不带有路径，则 AutoCAD 首先在当前文件中查找块定义，如果当前文件中不存在该名称的块定义，则自动转到库搜索路径中搜索同名文件。

（6）同样可以通过 DIVIDE 和 MEASURE 命令插入块，在尺寸标注中的终端形式也可以设定成自定义的块。

7.3 写块 WBLOCK

通过 BLOCK 命令创建的块只能存在于定义该块的图形中。如果要在其他的图形文件中使用该块，最简单的方法即采用 WBLOCK 建立块。

WBLOCK 命令和 BLOCK 命令一样可以定义块，只是该块的定义作为一个图形文件单独存储在磁盘等媒介上。事实上，WBLOCK 命令更类似于赋名存盘，同时可以选择保存的对象。WBLOCK 命令建立的块本身即是一个图形文件，可以被其他的图形引用，也可以单独被打开。

命令：WBLOCK

命令及提示：

```
命令: WBLOCK
指定插入基点:
选择对象:
选择对象: ↵
```

参数如下。

（1）指定插入基点：定义插入块时的基点。如果选择了块或整个图形，则该区变灰。

（2）选择对象：选择组成块的对象。如果选择了块或整个图形，则该区变灰。

执行该命令后，弹出如图 7.8 所示的“写块”对话框 。

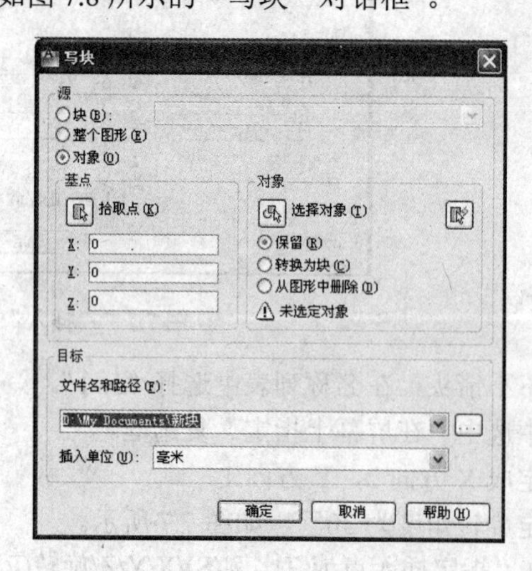

图 7.8 “写块”对话框

该对话框中包含了“源”和“目标” 两个大区。“源”区还包含“基点”、“对象”区。

各项含义如下。

1. “源”选项区域

（1）块：可以从右侧的下拉列表框中选择已经定义的块作为写块时的源。

（2）整个图形：以整个图形作为写块的源。以上两种情况都将使基点区和对象区不可用。

（3）对象：可以在随后的操作中设定基点并选择对象。

2. “基点”选项区域

定义写块的基点。该基点在插入时作为基准点使用。

（1）拾取点：返回绘图屏幕，要求单击某点作为基点，此时 AutoCAD 自动获取拾取点的坐标并分别填入下面的 X、Y、Z 文本框中。

（2）X、Y、Z：文本框中键入基点坐标。默认基点是原点。

3. “对象”选项区域

定义块中包含的对象。

（1）选择对象：返回绘图屏幕，要求用户选择对象作为块中包含的对象。

（2）快速选择：弹出“快速选择”对话框，用户可以通过“快速选择”对话框来设定块中包含的对象。如果还没有选择任何对象，在下面出现“⚠未选定对象”的警告提示信息。

（3）保留：在选择了组成块的对象后，保留被选择的对象不变。

（4）转换为块：在选择了组成块的对象后，将被选择的对象转换成块。

（5）从图形中删除：在选择了组成块的对象后，将被选择的对象删除。

4. “目标”选项区域

（1）文件名和路径：用于键入写块的文件名和选择该块文件存储的位置。同样可以直接通过键盘键入。

（2）▣：弹出“浏览图形文件”对话框，在该对话框中可以选择目标位置，如图 7.9 所示。

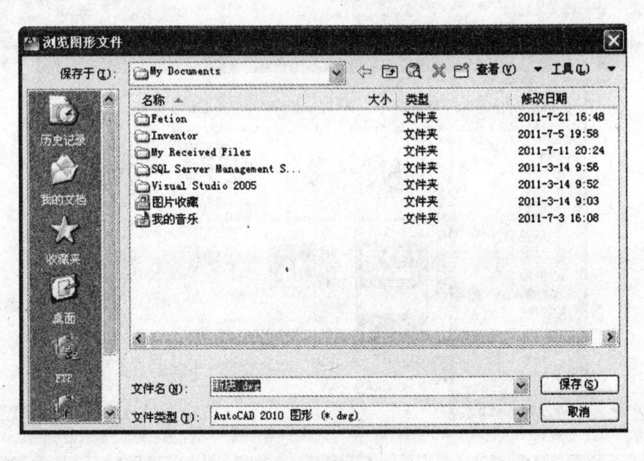

图 7.9　“浏览图形文件”对话框

（3）插入单位：用于指定新文件插入时所使用的单位。

【例 7.3】通过“写块”对话框将前面定义成“lw1”块的图形写成块“lw2”，位置“C:\AutoCAD 2012”。

（1）在“命令:”提示后键入“WBLOCK”，弹出“写块”对话框。

（2）在“源”选项区域选中“对象”单选框。

（3）在“基点”选项区域单击“拾取点”按钮，在屏幕绘图区点取欲选图形的中心点，此时返回“写块”对话框，X、Y、Z 坐标自动填入相应的文本框。

（4）单击“对象”选项区域“选择对象”按钮，在屏幕绘图区选择圆和正六边形，按 Enter 键返回“写块”对话框。

（5）在“对象”选项区域设定“保留”单选框。

（6）在“目标”选项区域的“文件名”文本框中键入“lw2”。

（7）在“目标”选项区域的“位置”中键入“C:\AutoCAD 2012”。

（8）在“目标”选项区域的“插入单位”文本框中单击下拉箭头▼，选择“毫米”。

（9）单击确定按钮，结束写块操作。

经过以上操作，将会在“C:\ AutoCAD 2012”目录下产生文件“lw2.dwg”。本例中的目标位置可以更改。

7.4 在图形文件中引用另一图形文件

要在一图形文件中引用另一图形文件，有两种方法：一是采用插入命令，二是采用外部参照的方法。对于插入一图形文件，有两种不同的操作方法：一是下达 INSERT 命令，如图 7.7 所示，在对话框中“浏览”时选择需要插入的图形即可，二是通过多文档拖动的方法。

拖动图形文件到绘图区，其本质也是插入。

【例 7.4】拖动插入图形文件“X:\Program Files\AutoCAD 2012\ Sample\Mechanical Sample\ Mechanical - Multileaders.dwg”。

（1）同时打开“资源管理器”和 AutoCAD2012，并使活动的“资源管理器”不要将 AutoCAD 2012 全部遮挡住，如图 7.10 所示。

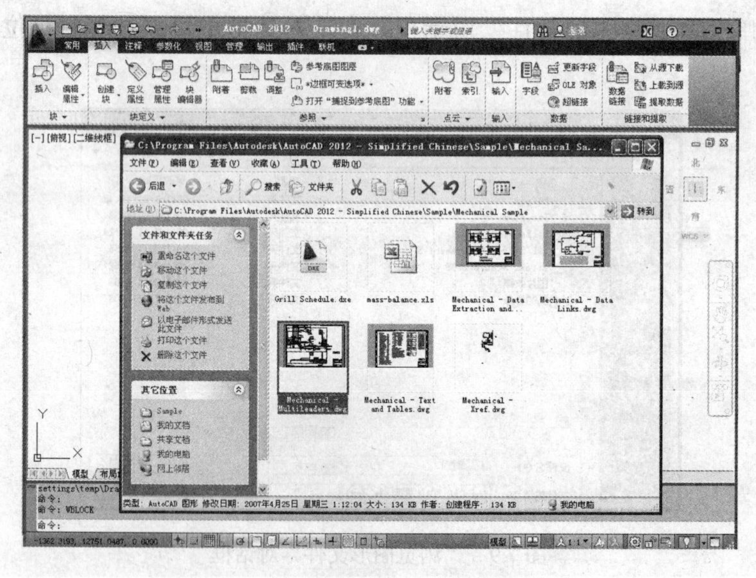

图 7.10 拖动插入示例—找到插入文件

（2）在“资源管理器”中找寻欲插入的文件，单击选定的文件。不要松开鼠标，拖动该文件图标到 AutoCAD 2012 绘图区，再松开鼠标。

（3）在命令提示行出现以下提示：

```
命令: _-INSERT 输入块名或 [?]: "C:\Program Files\Autodesk\AutoCAD 2012 - Simplified
Chinese\Sample\Mechanical Sample\Mechanical - Multileaders.dwg"
融入 外部参照 "Mechanical - Xref": C:\Program Files\Autodesk\AutoCAD 2012 -
```

Simplified Chinese\Sample\Mechanical Sample\Mechanical - Xref.dwg

"Mechanical - Xref"已加载。

"Mechanical - Xref" 参照文件在宿主图形最近一次保存之后已被更改。

单位: 无单位　转换:　1.0000

指定插入点或 [基点(B)/比例(S)/X/Y/Z/旋转(R)]: 拾取插入点

输入 X 比例因子，指定对角点，或 [角点(C)/XYZ(XYZ)] <1>:

输入 Y 比例因子或 <使用 X 比例因子>:

指定旋转角度 <0>:

（4）与回答“插入”命令时一样回答以上各参数。

（5）结果如图 7.11 所示，在绘图区插入了所选的图形文件。

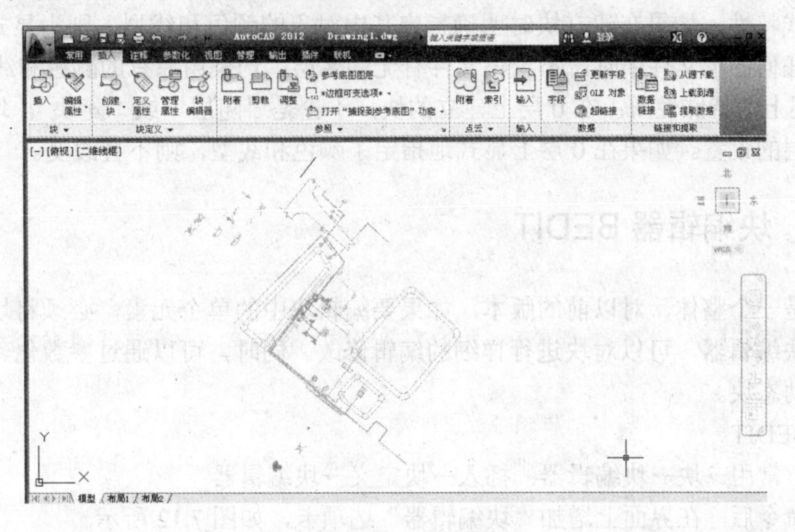

图 7.11　拖动插入后结果

注意:

以图形文件作为插入对象时，不像插入块那样预先定义了插入基点，为此，AutoCAD 提供了 BASE 命令用来为图形文件设定基点。BASE 可以通过菜单或命令执行。

【例 7.5】重新定义基点为 (100,400)。

点取“绘图→块→基点”菜单	下达 BASE 命令
命令: _base	
输入基点<0.0000,0.0000,0.0000>:100,400↵	重新输入坐标（100,400）作为基点，存盘后，该图形文件的基点即变成（100,400,0）

注意:

AutoCAD 本身所带的符号库，其实是存放在相应的图形文件中的块。如本例中调用的“室内设计”，其实是文件“HOUSE DESIGENER.DWG”中的图块。因此，我们可以很方便地将平时需要的组件或部件，以及常用的元器件按比例绘制好，保存在特定的文件中，以后需要时直接通过拖放插入的方式来调用。

7.5 块编辑

要编辑块，首先应该了解块的一些特性。

7.5.1 块中对象的特性

块中对象的特性不论采用何种方式设置，有以下几种结果。

（1）随层：块在建立时颜色和线型被设置为“随层”。如果插入块的图形中有同名层，则块中对象的颜色和线型均被该图形中的同名图层设置的颜色和线型替代；如果插入块的图形中没有同名层，则块中的对象保持原有的颜色和线型，并且为当前的图形增加相应的图层定义。

（2）随块：如果块在建立时颜色和线型被设置为“随块”，则它们在插入前没有明确的颜色和线型。当它们插入后，如果图形中没有同名层，则块中的对象采用当前层的颜色和线型；如果图形中有同名层存在，则块中的对象采用当前图形文件中的同名层的颜色和线型设置。

（3）显式特性：如果在建立块时明确指定其中对象的颜色和线型，则为显式设置。该块插入到其他任何图形文件中时，不论该文件有无同名层，均采用原有的颜色和线型。

（4）0 层上的特殊性质：在 0 层上建立的块，不论是“随层”或“随块”，均在插入时自动使用当前层的设置。如果在 0 层上显式地指定了颜色和线型，则不会改变。

7.5.2 块编辑器 BEDIT

块本身是一个整体，对以前的版本，如果要编辑块中的单个元素，必须将块分解。新的版本提供了块编辑器，可以对块进行详细的编辑修改。同时，可以通过参数化、添加约束、动作等建立动态块。

命令：BEDIT

功能区：常用→块→块编辑器；插入→块定义→块编辑器

执行该命令后，在界面上增加“块编辑器”选项卡，如图 7.12 所示。

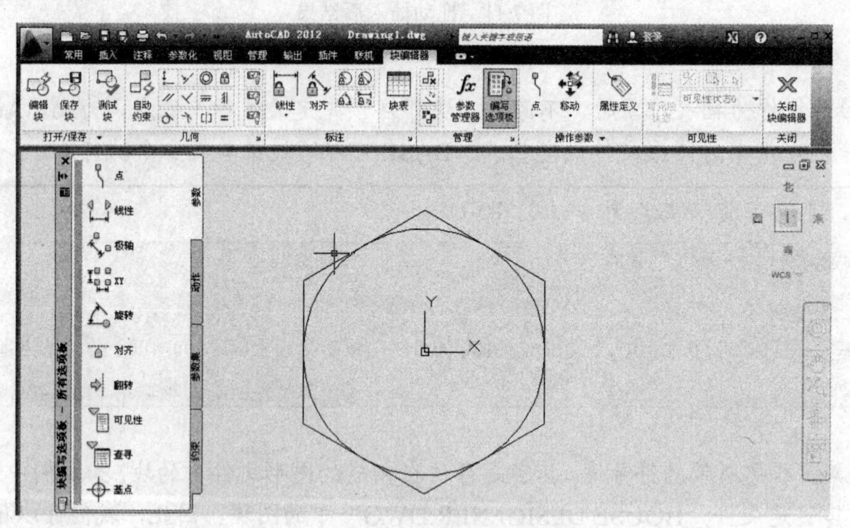

图 7.12 “块编辑器”选项卡

下面通过一示例说明建立动态块的过程。

【例 7.6】建立一螺钉头部图形的动态块，其尺寸在 20，40，60，80，100，120 中进行选择。插入时图形大小根据尺寸表自动换算。

1. 启动块编辑器

单击功能区“常用→块→块编辑器”，启动块编辑器，弹出如图 7.13 所示的“编辑块定义”对话框。在其中输入“lwt”，单击“确定”按钮退出。

2. 绘制几何图形

绘制一直径为 100 的圆，并绘制和圆相外切的正六边形，如图 7.14 所示。

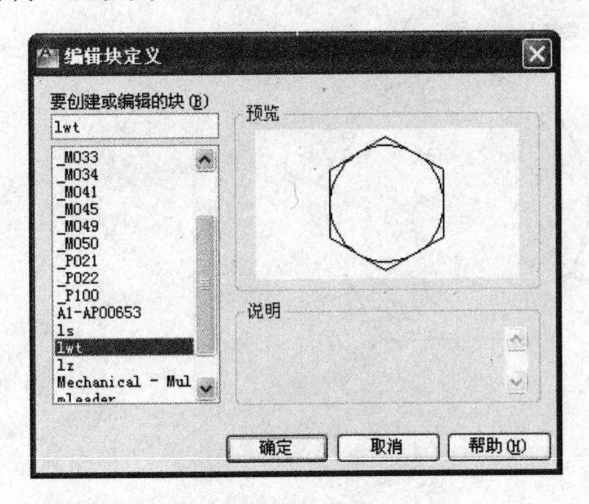

图 7.13　“编辑块定义”对话框

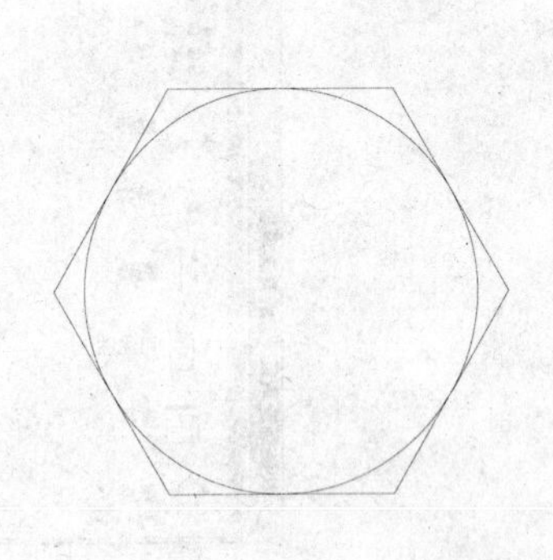

图 7.14　绘制几何图形

3. 添加参数

如图 7.15 所示，在“块编写选项板”中选择“参数”选项卡，单击“线性”，采用“交点”捕捉方式，在图上标上线性尺寸“距离 1”。

4. 添加动作

如图 7.16 所示，选择“动作”选项卡后单击“缩放”，然后选择刚标注的“距离 1”，并在选择对象的提示下，选择图中的六边形和圆。

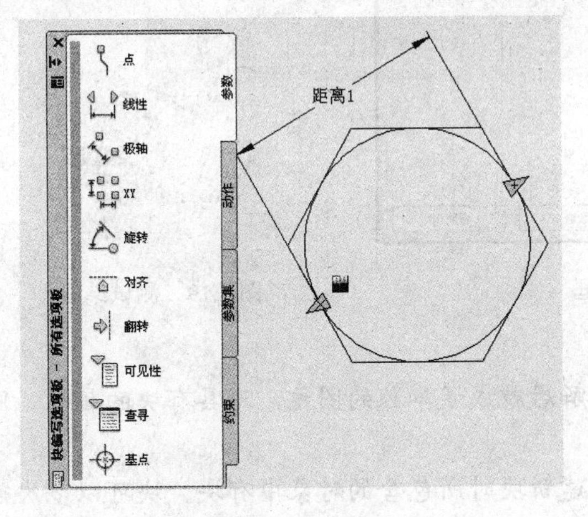

图 7.15　添加参数

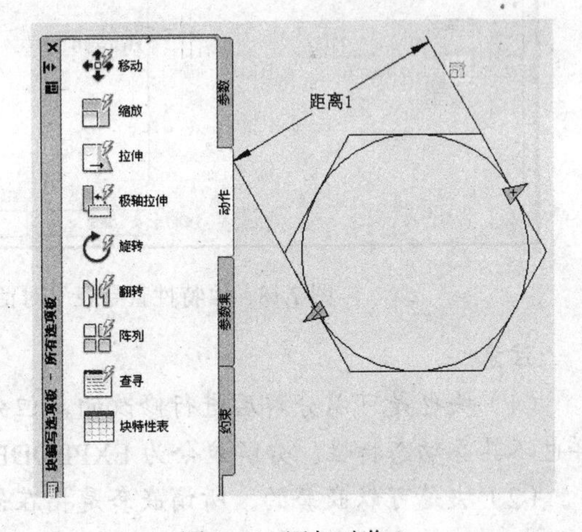

图 7.16　添加动作

5. 添加查寻表

选择“参数”选项卡，单击“查寻”，在提示“指定参数位置”时，在图形的右上方单击。在输入夹点数的提示下，直接按【Enter】键。

单击“动作”选项卡中的“查寻”，在提示“选择查寻参数”时单击图 7.17 中的“查寻 1”。此时弹出如图 7.18 所示的“特性查寻表”对话框。在图中添加特性。单击“确定”按钮退出。

6. 保存并测试

单击“保存块”。单击“测试块”。结果如图 7.19 所示。单击动态块的选项，显示一列表，选择其中的任一数据，插入的块的直径将变成所选择的数据大小。

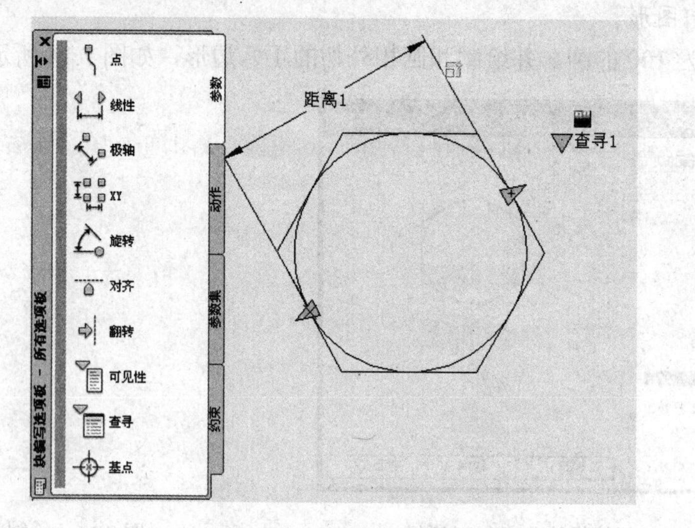

图 7.17　添加查寻参数

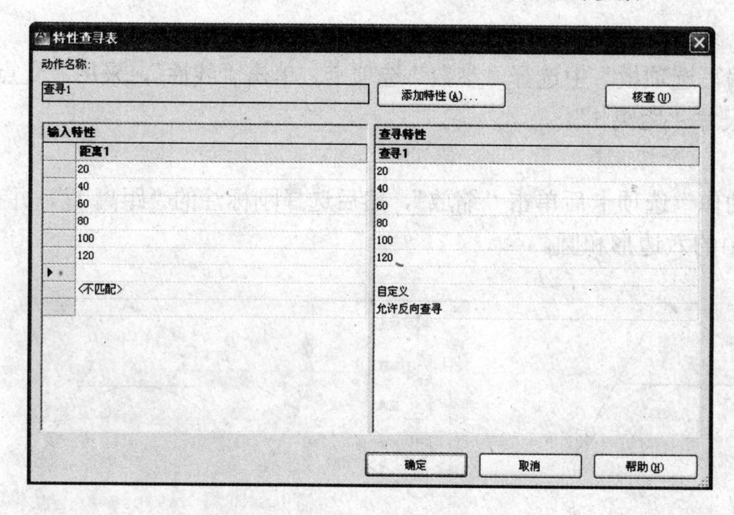

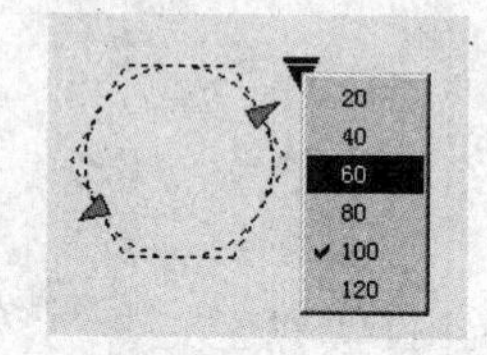

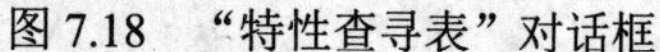

图 7.18　“特性查寻表”对话框　　　　图 7.19　测试结果

注意：

（1）块也是可以分解后进行修改的，但分解后就成了单独的图元，不具有块的属性，同样也不具备动态特性。分解命令为 EXPLODE。

（2）块是可以嵌套的。所谓嵌套是指在创建新块时所包含的对象中有块。块可以多次嵌套，但不可以自包含。要分解一个嵌套的块到原始的对象，必须进行若干次的分解。每次分解只会取消最后一次块定义。

（3）分解带有属性的块时，任何原定的属性值都将失去并且重新显示属性定义。

习题

（1）若 X、Y、Z 方向比例不同，插入的块能否分解？

（2）写块和块存盘有哪些区别？图形文件是否可以理解为块？

（3）阵列插入块和插入块后再阵列有什么区别？

（4）0 层上的块有哪些特殊性？如何控制在 0 层建立的块的颜色和线型等性质？

（5）如何识别外部参照进来的图层和图形自身建立的图层？

（6）建立块时为什么要设置基点？

（7）块中能否包含块？嵌入块能否分解？

（8）块中的对象能否单独进行编辑？

（9）定义块时如果图形消失，可以通过什么命令来恢复而不取消块定义？

（10）建立一螺栓轴向视图的动态块。可变参数为头部尺寸、直径、长度。

第 8 章

尺寸、公差及注释

尺寸、公差和必要的注释在图样中的作用甚至比图形本身更加重要。不论是机械图还是建筑图，这些要素都是不可缺少的组成部分。本章介绍尺寸的组成要素、标注规则、尺寸样式设置的方法、各种尺寸标注的方法，以及尺寸公差和形位公差的标注方法和注释的添加编辑方式。

8.1 尺寸组成及尺寸标注规则

要了解尺寸的标注方法，首先应该了解尺寸的组成要素，尤其在设置尺寸样式时，必须了解尺寸的各部分定义。

8.1.1 尺寸组成

一个完整的尺寸应该包含 4 个组成要素：尺寸线、尺寸界线、终端、尺寸数值，如图 8.1 所示。

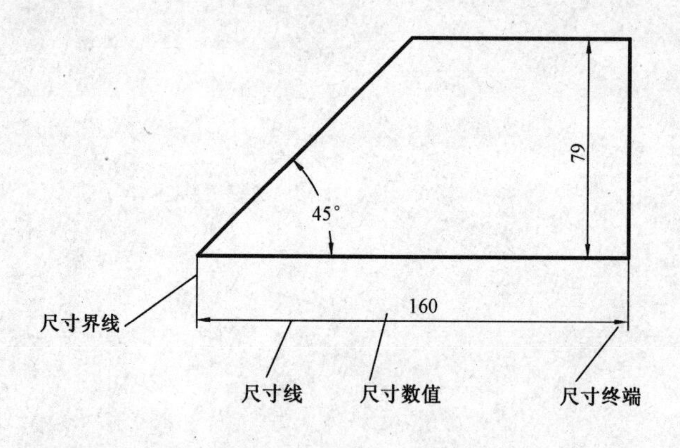

图 8.1 尺寸组成的要素

一般情况下，存在两条尺寸界线和两个尺寸终端，但在某些场合，尺寸界线可以用图中的轮廓线替代。尺寸界线可能只有一条，但尺寸线不可替代。

8.1.2 尺寸标注规则

尺寸标注必须满足相应的技术标准。

1. 尺寸标注的基本规则

尺寸标注要注意以下基本规则。

（1）图形对象的大小以尺寸数值所表示的大小为准，与图线绘制的精度和输出时的精度无关。

（2）一般情况下，采用毫米（mm）为单位时不需注写单位，否则应明确注写尺寸所用单位。

（3）尺寸标注所用字符的大小和格式必须满足国家标准。在同一图形中，同一类终端应相同，尺寸数字大小应相同，尺寸线间隔应相同。

（4）尺寸数字和图线重合时，必须将图线断开。如果图线不便于断开来表达对象时，应调整尺寸标注的位置。

2. AutoCAD 中尺寸标注的其他规则

一般情况下，为了便于尺寸标注的统一和绘图的方便，在 AutoCAD 中标注尺寸时应遵守以下规则。

（1）为尺寸标注建立专用的图层。建立专用的图层，可以控制尺寸的显示和隐藏，和其他图线可以迅速分开，便于修改、浏览。

（2）为尺寸文本建立专门的文字样式。对照国家标准，应设定好字符的高度、宽度系数、倾斜角度等。

（3）设定好尺寸标注样式。按照我国的国家标准，创建系列尺寸标注样式，内容包括直线和终端、文字样式、调整对齐特性、单位、尺寸精度、公差格式和比例因子等。

（4）保存尺寸格式及其格式簇，必要时使用替代标注样式。

（5）采用 1:1 的比例绘图。由于尺寸标注时可以让 AutoCAD 自动测量尺寸大小，所以采用 1:1 的比例绘图，绘图时无须换算，在标注尺寸时也无须再输入尺寸大小。如果最后统一修改了绘图比例，应相应地修改尺寸标注的全局比例因子。

（6）标注尺寸时应充分利用对象捕捉功能标注尺寸，从而获得正确的尺寸数值。尺寸标注为了便于修改，应设定成关联的。

（7）在标注尺寸时，为了减小其他图线的干扰，应将不必要的层关闭，如剖面线层等。

8.2 尺寸样式设定 DIMSTYLE

一般情况下，尺寸标注的流程如下。

（1）设置尺寸标注图层。

（2）设置供尺寸标注用的文字样式。

（3）设置尺寸标注样式。

（4）标注尺寸。

（5）设置尺寸公差样式。

（6）标注带公差尺寸。

（7）设置形位公差样式。

（8）标注形位公差。

（9）修改调整尺寸标注。

首先应设定好符合国家标准的尺寸标注格式，然后再进行尺寸标注。进入尺寸样式设定的方法有以下几种。

命令：DIMSTYLE，DDIM

功能区：常用→注释→标注样式

以上方法均可以执行“标注样式管理器”对话框，如图 8.2 所示。“标注样式管理器”对话框中各项含义如下。

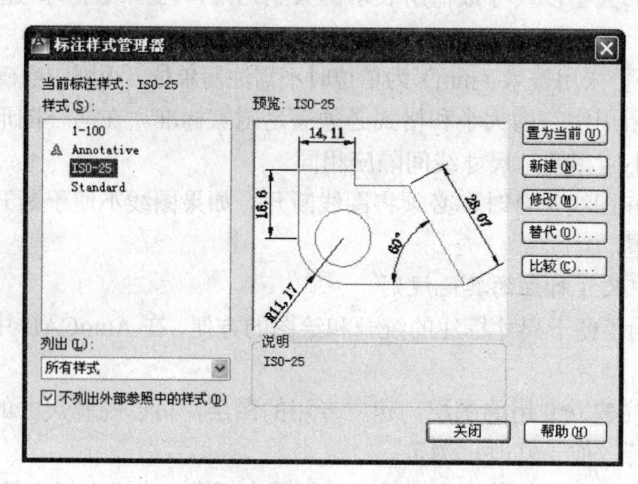

图 8.2 “标注样式管理器”对话框

（1）样式：列表显示了目前图形中定义的标注样式。

（2）预览：图形显示设置的结果。

（3）列出：可以选择列出“所有样式”或只列出“正在使用的样式”。

（4）置为当前：将所选的样式置成当前的样式，在随后的标注中，将采用该样式标注尺寸。

（5）新建：新建一种标注样式。单击该按钮，将弹出如图 8.3 所示的“创建标注样式”对话框。

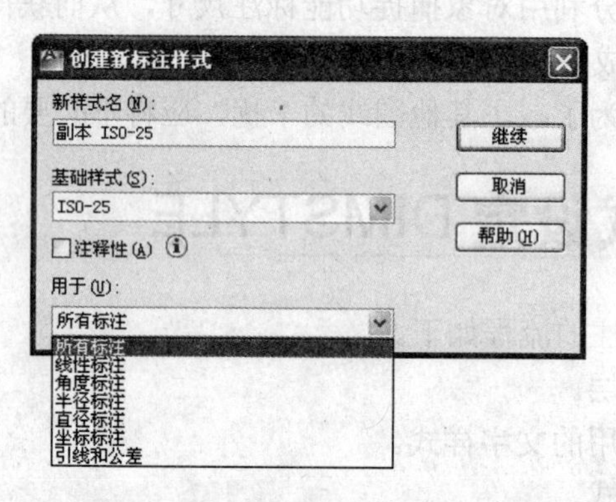

图 8.3 “创建新标注样式”对话框

其中可以在“新样式名”后输入创建标注的名称；在“基础样式”后的下拉列表框中可以选择一种已有的样式作为该新样式的基础样式；单击“用于”后的下拉列表框，可以选择该新样式适用于的标注类型。

单击“创建新标注样式”对话框中的继续按钮，将弹出如图 8.4 所示的“新建标注样式”对话框。

（6）修改：修改选择的标注样式。单击该按钮后，将弹出类似图 8.4 但标题为“修改标注样式”对话框。

（7）替代：为当前标注样式定义“替代标注样式”。在特殊的场合需要对某个细小的地方进行修改，而又不想创建一种新的样式，可以为该标注定义一替代样式。单击该按钮后，将弹出类似图 8.4 但标题为“替代当前样式”的对话框。

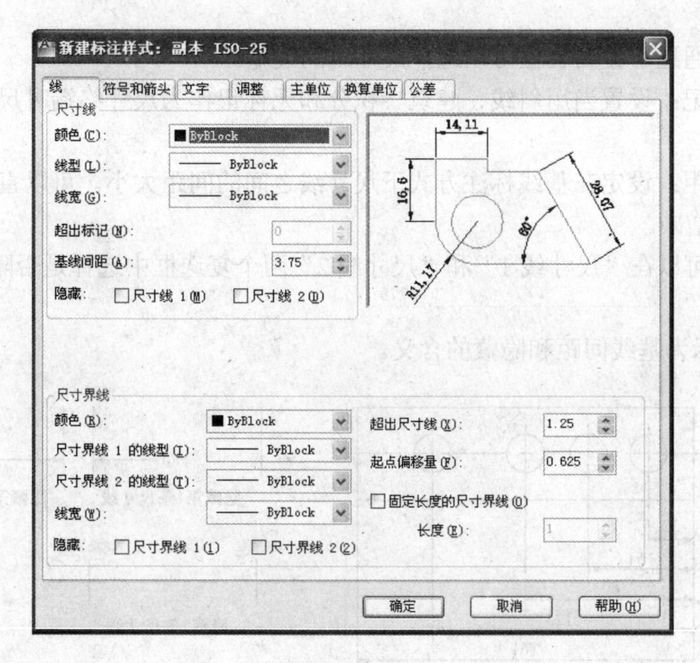

图 8.4 “新建标注样式”对话框

（8）比较：列表显示两种样式设定的区别。如果没有区别，则显示尺寸变量值，否则显示两个样式之间变量的区别，如图 8.5 所示。

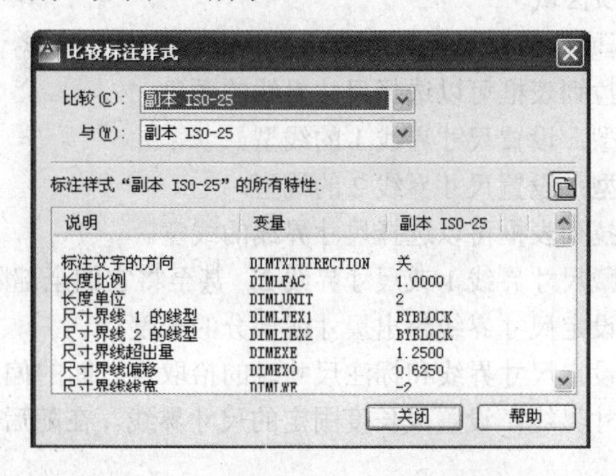

图 8.5 “比较标注样式”对话框

虽然有新建、替代、修改等不同的设定形式，但对话框形式基本相同，操作方式也相同，下面具体介绍各项卡片的设定方法对它们都适用。

8.2.1 线设定

直线是尺寸中的重要组成部分，对它的设置可以在“线”选项卡中进行。“线”选项卡如图 8.4 所示。

该选项卡有“尺寸线”、“尺寸界线”选项区域。各项含义如下。

1. “尺寸线”选项区域

“尺寸线”选项区域包括以下各项功能。

（1）颜色：通过下拉列表框可以选择尺寸线的颜色。

（2）线型：设置尺寸线的线型。

（3）线宽：通过下拉列表框可以选择尺寸线的线宽。

（4）超出标记：设置当用斜线、建筑、积分和无标记作为尺寸终端时尺寸线超出尺寸界线的大小。

（5）基线间距：设定在基线标注方式下尺寸线之间的间距大小。可以直接输入，也可以通过上下箭头来增减。

（6）隐藏：可以在“尺寸线 1”和“尺寸线 2”两个复选框中选择是否隐藏尺寸线 1、尺寸线 2。

如图 8.6 所示为基线间距和隐藏的含义。

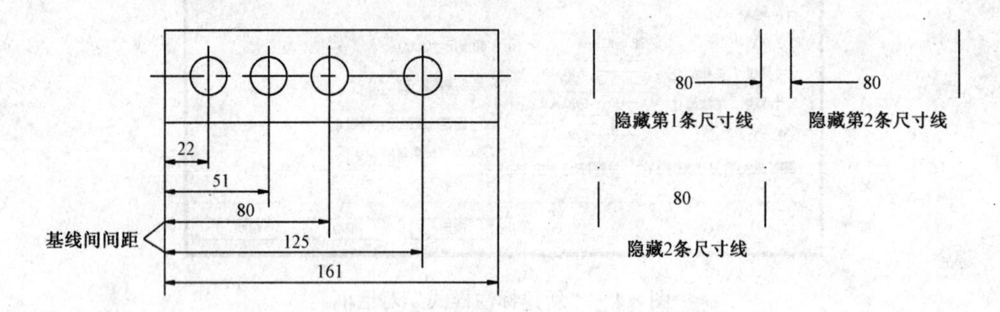

图 8.6　基线间距和隐藏的含义

2. “尺寸界线”选项区域

“尺寸界线”选项区域包括以下各项功能。

（1）颜色：通过下拉列表框可以选择尺寸界线的颜色。

（2）尺寸界线 1 线型：设置尺寸界线 1 的线型。

（3）尺寸界线 2 线型：设置尺寸界线 2 的线型。

（4）线宽：通过下拉列表框可以选择尺寸界线的线宽。

（5）隐藏：设定隐藏尺寸界线 1 或尺寸界线 2，甚至将它们全部隐藏。

（6）超出尺寸线：设定尺寸界线超出尺寸线部分的长度。

（7）起点偏移量：设定尺寸界线和标注尺寸时的拾取点之间的偏移量。

（8）固定长度的尺寸界线：设置成长度固定的尺寸界线。在随后的长度编辑框中输入设定的长度值。

“尺寸界线”选项区域的部分设定如图 8.7 所示。

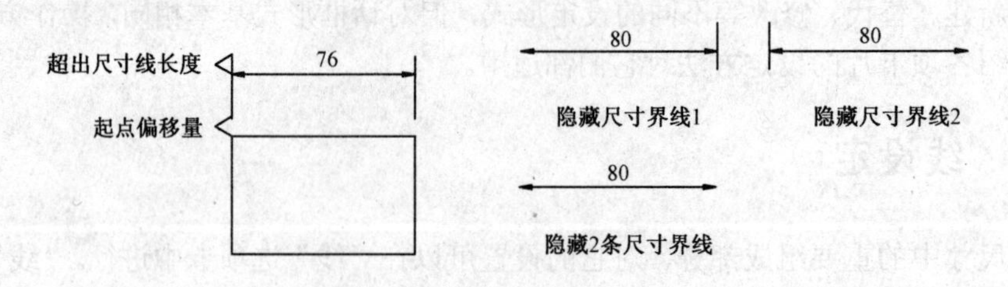

图 8.7　尺寸界线区的部分设定

8.2.2 符号和箭头设定

“符号和箭头”选项卡如图 8.8 所示，包括箭头区、圆心标记区、弧长符号区，以及半径标注折弯区。

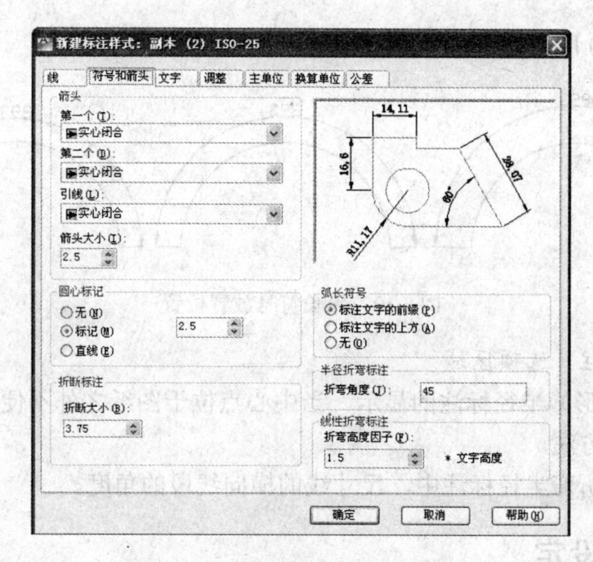

图 8.8 “符号和箭头”选项卡

1. “箭头”选项区域

“箭头”选项区域包括以下内容。

（1）第一个：设定第一个终端的形式。

（2）第二个：设定第二个终端的形式。

（3）引线：设定指引线终端的形式。

（4）箭头大小：设定终端符号的大小。

在 AutoCAD 中有 20 种不同的终端形式可供选择。一般情况下以箭头、短斜线和小圆点使用居多。用户可以设定其他形式，以块的方式调用。绘制该终端时应注意以一个单位的大小来绘制，这样再设置箭头大小时可以直接控制其大小。

2. “圆心标记”选项区域

“圆心标记”选项区域包括以下内容。

（1）控制圆心标记的类型为“无”、“标记”或“直线”。

（2）大小：设定圆心标记的大小。如果类型为标记，则指标记的长度大小；如果类型为直线，则指中间的标记长度及直线超出圆或圆弧轮廓线的长度。

圆心标记的两种不同类型如图 8.9 所示。

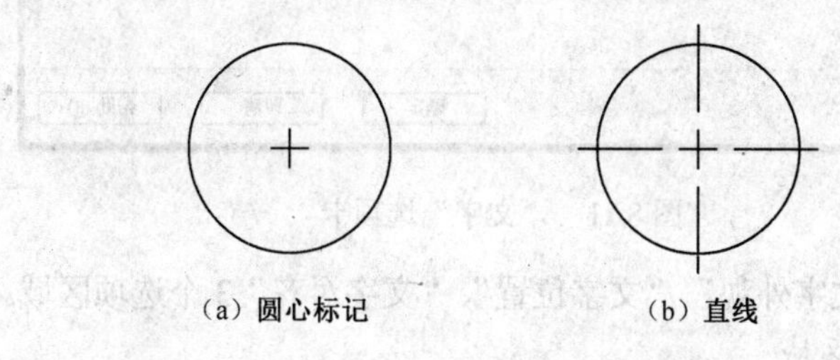

（a）圆心标记　　（b）直线

图 8.9 圆心标记的两种不同类型

3. “弧长符号”选项区域

控制弧长标注中圆弧符号的显示。

（1）标注文字的前缀：将弧长符号放置在标注文字之前。

（2）标注文字的上方：将弧长符号放置在标注文字的上方。

（3）无：不显示弧长符号。

各种效果如图 8.10 所示。

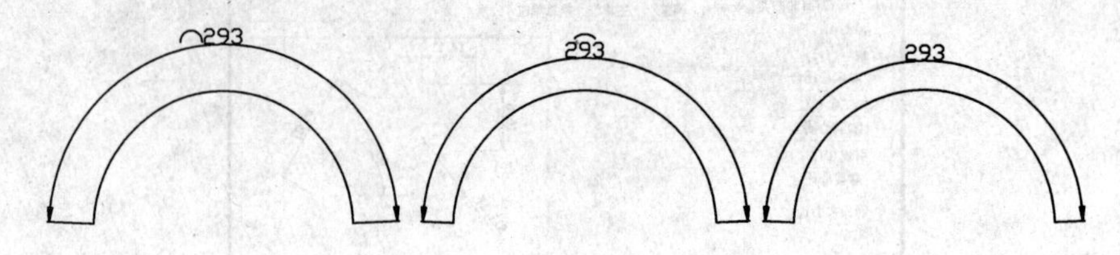

图 8.10　弧长符号放置位置

4. “半径折弯标注”选项区域

控制折弯（Z 字形）半径标注的显示。当中心点位于图纸之外不便于直接标注时，往往采用折弯半径标注的方法。

折弯角度：确定折弯半径标注中，尺寸线的横向线段的角度。

8.2.3　文字设定

文字设定决定了尺寸标注中尺寸数值的形式，可以在“文字”选项卡中进行设置。“文字”选项卡如图 8.11 所示。

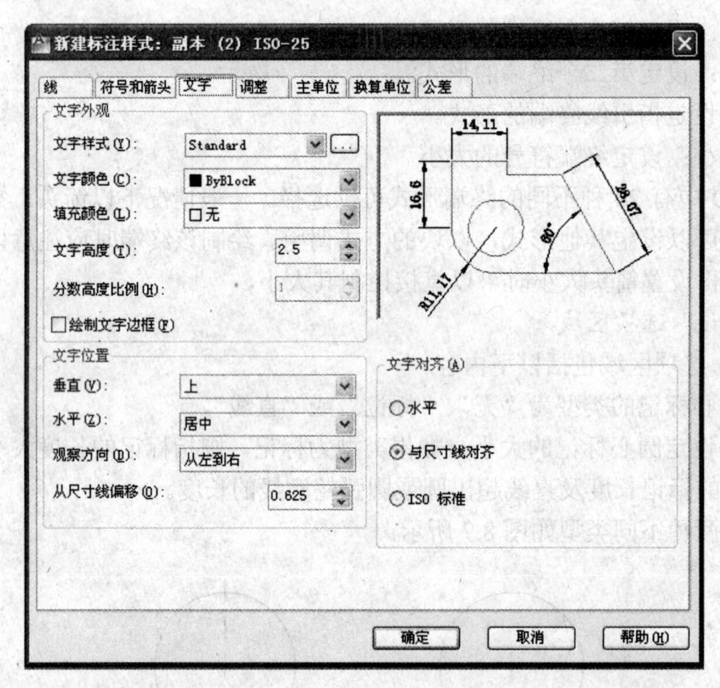

图 8.11　“文字”选项卡

该选项卡中包含了“文字外观”、“文字位置”、“文字对齐”3 个选项区域。各项含义如下。

1. “文字外观”选项区域

“文字外观”选项区域包括以下内容。

（1）文字样式：设定注写尺寸时使用的文字样式。该样式必须是通过文字样式设定命令设定好的才会出现在下拉列表框中。一般情况下，由于尺寸标注的特殊性，往往需要专门为尺寸标注设定专用的文字样式。如果未预先设定好文字样式，可以单击随后的按钮▭，弹出“文字样式”对话框进行设定。详细的文字样式设定方法参见第 6 章。

（2）文字颜色：设定文字的颜色。

（3）填充颜色：设置文字背景的颜色。

（4）文字高度：设定文字的高度。该高度值仅在选择的文字样式中文字高度设定为 0 才起作用。如果所选文字样式的高度不为 0，则尺寸标注中的文字高度即是文字样式中设定的固定高度。

（5）分数高度比例：用来设定分数和公差标注中分数和公差部分文字的高度。该值为一系数，具体的高度等于该系数和文字高度的乘积。

（6）绘制文字边框：该复选框控制是否在绘制文字时增加边框。

“文字外观”选项区域各种设定的含义如图 8.12 所示。

（a）高度比例为1　（b）高度比例为1.5　（c）绘制文字外框

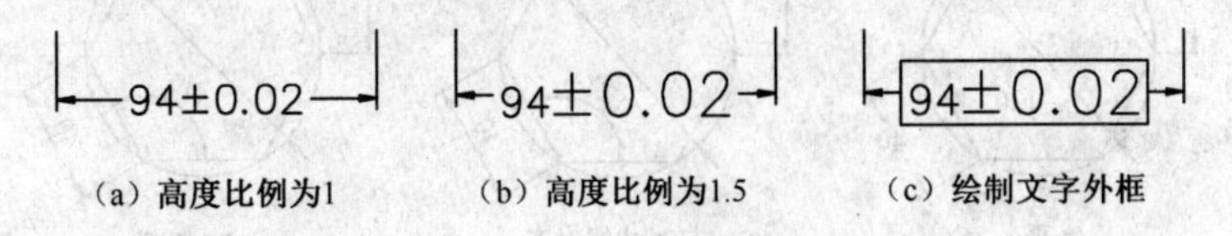

图 8.12　文字外观区各种设定的含义

2. “文字位置”选项区域

“文字位置”选项区域包括以下内容。

（1）垂直：设置文字在垂直方向上的位置。可以选择置中、上方、外部或 JIS 位置。如图 8.13 所示为垂直文字的不同位置。

（2）水平：设置文字在水平方向上的位置。可以选择置中、第 1 条尺寸界线、第 2 条尺寸界线、第 1 条尺寸线上方、第 2 条尺寸线上方等位置。如图 8.14 所示为水平文字的不同位置。

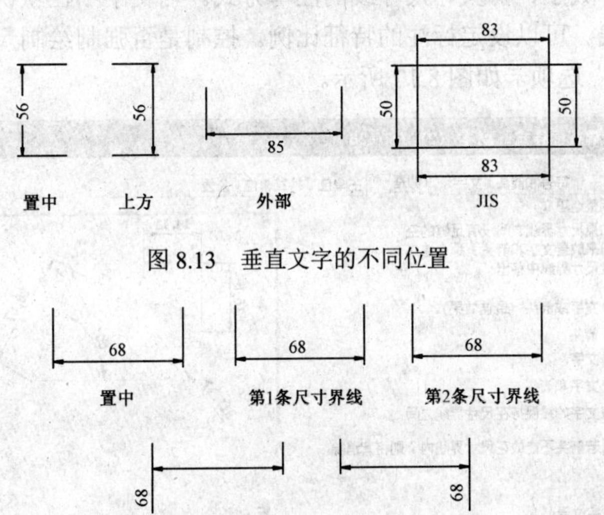

图 8.13　垂直文字的不同位置

图 8.14　水平文字的不同位置

（3）从尺寸线偏移：设置文字和尺寸线之间的间隔。如图 8.15 所示为从尺寸线偏移的含义。

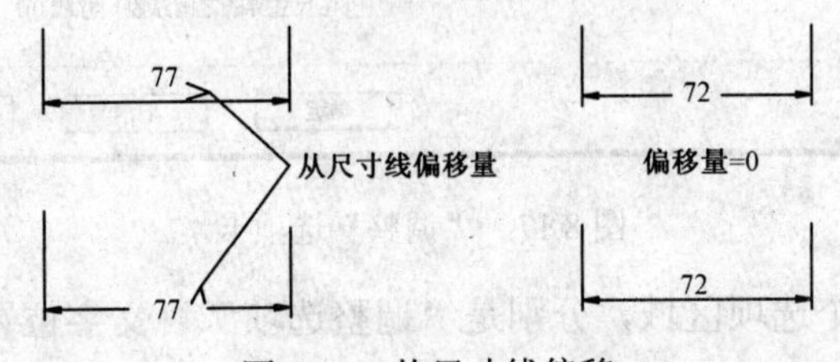

图 8.15　从尺寸线偏移

3. “文字对齐”选项区域

“文字对齐”选项区域包括以下内容。

（1）水平：文字一律水平放置。

（2）与尺寸线对齐：文字方向与尺寸线平行。

（3）ISO 标准：当文字在尺寸界线内时，文字与尺寸线对齐；当文字在尺寸线外时，文字成水平放置。文字对齐效果如图 8.16 所示。

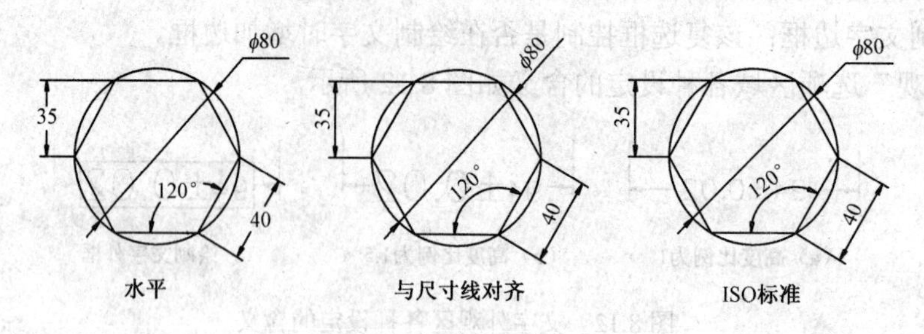

图 8.16　文字对齐效果

8.2.4　调整设定

标注尺寸时，由于尺寸线间的距离、文字大小、箭头大小的不同，因此标注尺寸的形式要适应各种情况，势必要进行适当的调整。利用“调整”选项卡，可以确定在尺寸线间距较小时，对文字、尺寸数字、箭头、尺寸线的注写方式。当文字不在默认位置时，注写在什么位置，是否要指引线。可以设定标注的特征比例。控制是否强制绘制尺寸线，是否可以手动放置文字等。“调整”选项卡如图 8.17 所示。

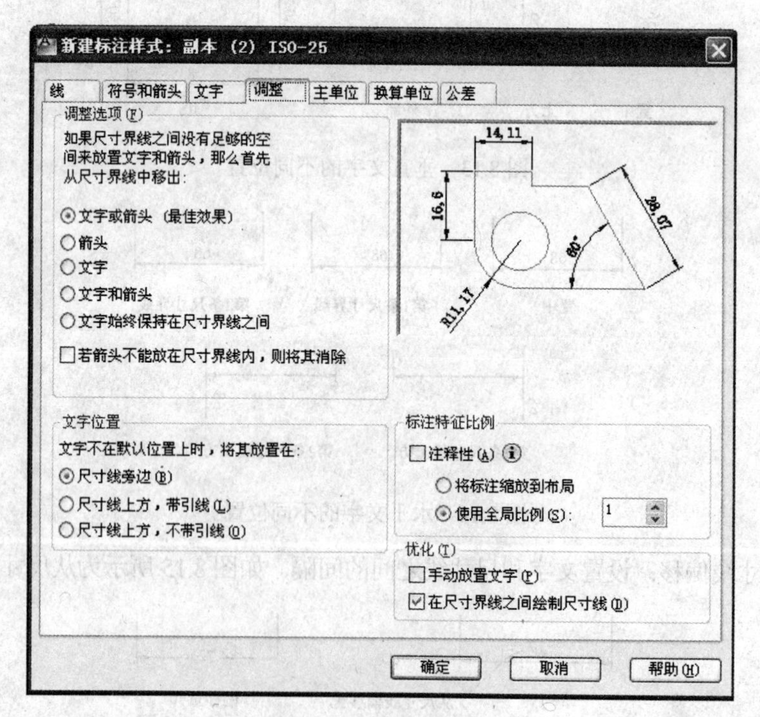

图 8.17　“调整”选项卡

该选项卡包含了 4 个选项区域，分别是“调整选项”、“文字位置”、“标注特征比例”和

“优化”。该选项卡的各项含义如下。

1. “调整选项”选项区域

“调整选项”选项区域包括以下内容。

（1）文字或箭头（最佳效果）：当尺寸界线之间空间不够放置文字和箭头时，AutoCAD自动选择最佳放置效果。该项为默认设置。

（2）箭头：当尺寸界线之间空间不够放置文字和箭头时，首先将箭头从尺寸线间移出去。

（3）文字：当尺寸界线之间空间不够放置文字和箭头时，首先将文字从尺寸线间移出去。

（4）文字和箭头：当尺寸界线之间空间不够放置文字和箭头时，首先将文字和箭头从尺寸线间移出去。

（5）文字始终保持在尺寸线之间：不论尺寸界线之间空间是否足够放置文字和箭头，将文字始终保持在尺寸线之间。

（6）若箭头不能放在尺寸界线内，则将其消除：该复选框设定了当尺寸界线之间空间不够放置文字和箭头时，将箭头消除。

如图 8.18 所示为调整选项的不同设置效果。

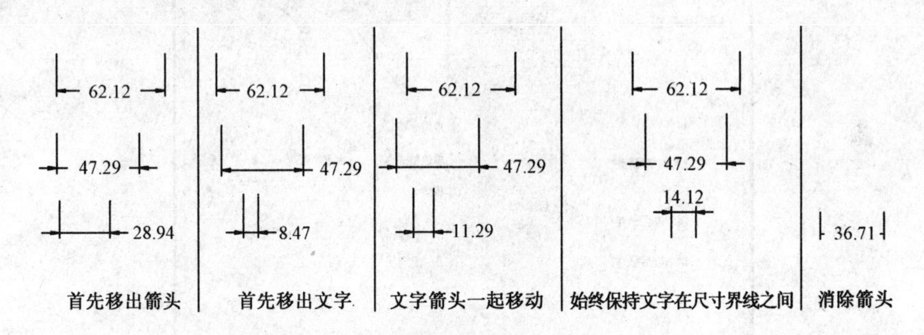

图 8.18　调整选项的不同设置效果

2. “文字位置”选项区域

“文字位置”选项区域包括以下内容。

（1）尺寸线旁：当文字不在默认位置时，将文字放置在尺寸线旁。

（2）尺寸线上方，带引线：当文字不在默认位置时，将文字放置在尺寸线上方，加引线。

（3）尺寸线上方，不带引线：当文字不在默认位置时，将文字放置在尺寸线上方，不加引线。

文字位置不同设置的效果如图 8.19 所示。

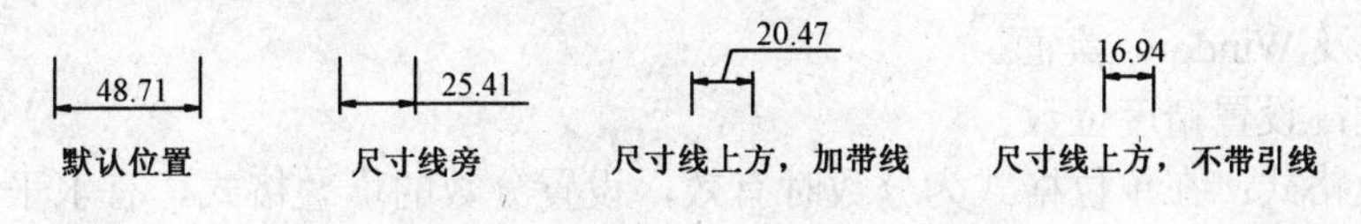

图 8.19　文字位置不同设置的效果

3. “标注特征比例”选项区域

“标注特征比例”选项区域包括以下内容。

（1）使用全局比例：设置尺寸元素的比例因子，使之与当前图形的比例因子相符。例如：绘图时设定了文字、箭头的高度为 5，要求输出时也严格等于 5，而输出的比例为 1:2，则全局比例因子应设置成 2。

（2）将标注缩放到布局（图纸空间）：让 AutoCAD 按照当前模型空间和图纸空间的比例设置比例因子。

4. “优化”选项区域

“优化”选项区域包括以下内容。

（1）手动放置文字：根据需要，标注时手动放置文字。

（2）在尺寸界线之间绘制尺寸线：不论尺寸界线之间空间如何，强制在尺寸界线之间绘制尺寸线。

8.2.5 主单位设定

标注尺寸时，可以选择不同的单位格式，设置不同的精度位数，控制前缀、后缀，设置角度单位格式等，这些均可通过“主单位”选项卡进行，如图 8.20 所示。

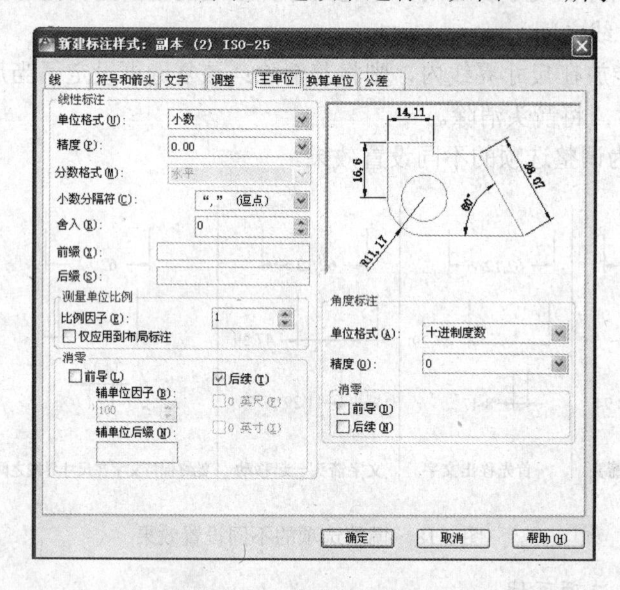

图 8.20 “主单位”选项卡

“主单位”选项卡包括两种标注的设置：“线性标注”和“角度标注”选项区域。各项含义如下。

1. “线性标注”选项区域

“线性标注”选项区域包括以下内容。

（1）单位格式：设置除角度外标注类型的单位格式。可供选项为：科学、小数、工程、建筑、分数以及 Windows 桌面。

（2）精度：设置精度位数。

（3）分数格式：在单位格式为分数时有效，设置分数的堆叠格式，有水平、对角和非堆叠等供选择。

（4）小数分隔符：设置小数部分和整数部分的分隔符，有句点（.）、逗点（,）、空格（ ）等供选择。如 18.888，对应这 3 种不同的分隔符下的结果分别为 18.888、18,888、18 888。

（5）舍入：设定小数精确位数，将超出长度的小数舍去。如 2.3333，当设定舍入为 0.01 时，标注结果为 2.33。

（6）前缀：用于设置增加在数字前的字符。如设定前缀为“4×”，则可以表示该结构有 4 个。一般在多处使用时设置，否则，可以在标注时手工输入。

（7）后缀：用于设置增加在数字后的字符。如设定后缀为“m”，则在标注的单位为“m”而非“mm”时，直接增加单位符号。如设定后缀为“K6”，则可以在标注尺寸时直接注写尺寸公差代号，不必手工输入。一般多处使用时设置，否则，可以在标注时手工输入。

（8）测量单位比例：设置单位比例并可以控制该比例是否仅应用到布局标注中。“比例因子”设定了除角度外的所有标注测量值的比例因子。如设定比例因子为 0.5，则 AutoCAD 在标注尺寸时，自动将测量的值乘上 0.5 标注。“仅应用到布局标注”设定了该比例因子仅在布局中创建的标注有效。

（9）消零：控制前导和后续零及英尺和英寸中的零是否显示。设定了“前导”，则使得输出数值没有前导零。如 0.25，结果为.25。设定了“后续”，则使得输出数值中没有后续零。如 2.500，结果为 2.5。

2. “角度标注”选项区域

“角度标注”选项区域包括以下内容。

（1）单位格式：设置角度的单位格式。可供选择项有十进制角度、度/分/秒、百分度角度和弧度。

（2）精度：设置角度精度位数。

（3）消零：设置是否显示前导和后续零。

如图 8.21 所示为“主单位”选项卡的部分设定效果。

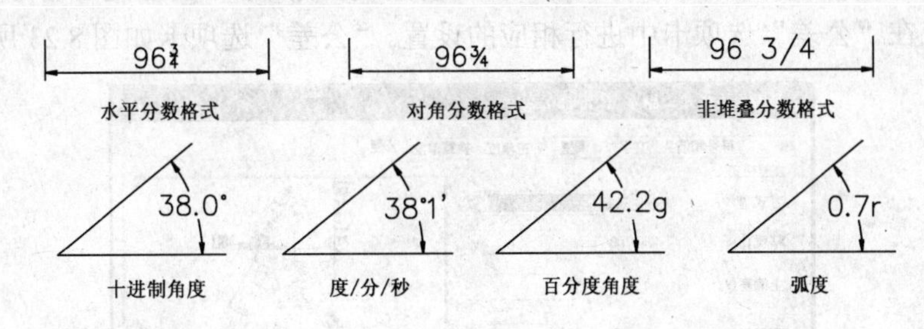

图 8.21　“主单位”选项卡的部分设定效果

8.2.6 换算单位设定

由于有不同的单位（如公制和英制等），常常需要进行换算。如果需要换算，对技术人员而言是比较麻烦的。AutoCAD 提供了在标注尺寸时同时提供不同单位的标注方式，可以同时适合使用公制和英制的用户。“换算单位”选项卡如图 8.22 所示。

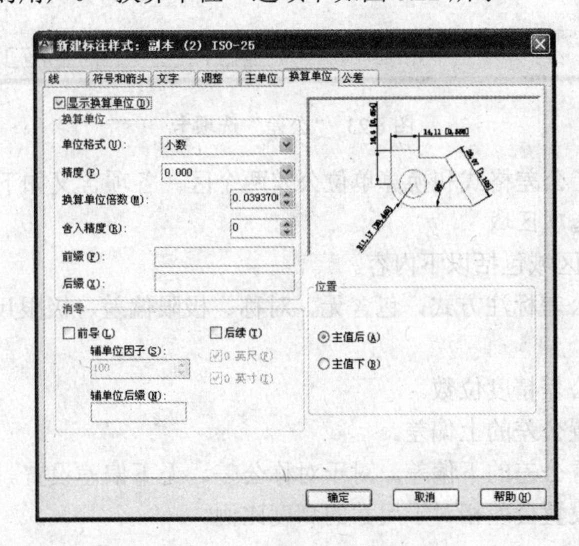

图 8.22　“换算单位”选项卡

该对话框包含了“显示换算单位”复选框和“换算单位”选项区域、“消零”选项区域、“位置”选项区域。各项含义如下。

（1）显示换算单位：控制是否显示经换算后标注文字的值。只有选中了该复选框，以下各项设置才有效。

（2）“换算单位”选项区域：通过和其他选项卡相近的设置来控制换算单位的格式、精度、舍入精度、前缀、后缀，并可以设置换算单位乘法器。该乘法器即主单位和换算单位之间的比例因子。如主单位为公制的毫米，换算单位为英制，则其间的换算乘法器应该是（1/25.4），即 0.03937007874016。标注尺寸为 100，精度为 0.1 时，结果为 100[3.9]。

（3）“消零”选项区域：和其他选项卡中的含义相同，控制前导和后续零以及英尺和英寸零的显示与否。

（4）“位置”选项区域：设定换算后的数值放置在主值的后面或前面。

8.2.7 公差设定

尺寸公差是经常碰到的需要标注的内容，尤其在机械图中，公差是必不可少的。要标注公差，首先应在“公差”选项卡中进行相应的设置。“公差”选项卡如图 8.23 所示。

图 8.23 “公差”选项卡

该选项卡中包含了公差格式和换算单位公差两个区。各项含义如下。

1. “公差格式”选项区域

“公差格式”选项区域包括以下内容。

（1）方式：设定公差标注方式，包含无、对称、极限偏差、极限尺寸和基本尺寸等标注方式。

（2）精度：设置公差精度位数。

（3）上偏差：设置公差的上偏差。

（4）下偏差：设置公差的下偏差。对于对称公差，无下偏差设置。

（5）高度比例：设置公差相对于尺寸的高度比例。

（6）垂直位置：控制公差在垂直位置上和尺寸的对齐方式。

（7）消零：设置是否显示前导和后续零以及英尺和英寸零。

“公差”选项卡中的部分设定效果如图 8.24 所示。

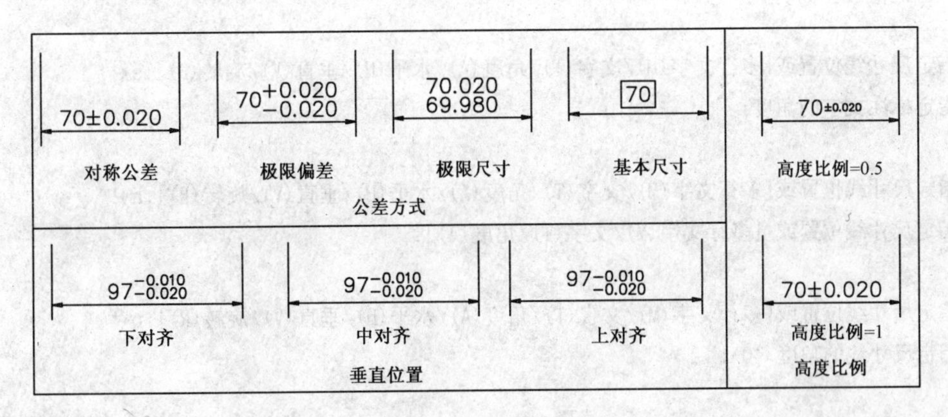

图 8.24 “公差”选项卡的部分设定效果

2. “换算单位公差”选项区域

“换算单位公差”选项区域包括以下内容。

（1）精度：设置换算单位公差精度位数。

（2）消零：设置是否显示换算单位公差的前导和后续零。

8.3 尺寸标注 DIM

在设定好尺寸样式后，即可以采用设定好的尺寸样式进行尺寸标注。按照所标对象的不同，可以将尺寸分成长度尺寸、半径、直径、坐标、指引线、圆心标记等，按照尺寸形式的不同，可以将尺寸分成水平、垂直、对齐、连续、基线等。下面按照不同的标注方法介绍尺寸标注命令。

8.3.1 线性尺寸标注 DIMLINEAR

线性尺寸指两点之间的水平或垂直距离尺寸，也可以是旋转一定角度的直线尺寸。定义两点可以通过指定两点、选择一直线或圆弧等能够识别两个端点的对象来确定。

```
命令: _dimlinear
指定第一条尺寸界线原点或 <选择对象>:
指定第二条尺寸界线原点:
指定尺寸线位置或[多行文字(M)/文字(T)/角度(A)/水平(H)/垂直(V)/旋转(R)]:


命令: _dimlinear
指定第一条尺寸界线原点或 <选择对象>:↵
选择标注对象:
指定尺寸线位置或[多行文字(M)/文字(T)/角度(A)/水平(H)/垂直(V)/旋转(R)]:m↵


指定第一条尺寸界线原点或 <选择对象>:↵
```

```
选择标注对象:
指定尺寸线位置或[多行文字(M)/文字(T)/角度(A)/水平(H)/垂直(V)/旋转(R)]:t↵
输入标注文字 < >:

指定尺寸线位置或[多行文字(M)/文字(T)/角度(A)/水平(H)/垂直(V)/旋转(R)]:a↵
指定标注文字的角度:

指定尺寸线位置或[多行文字(M)/文字(T)/角度(A)/水平(H)/垂直(V)/旋转(R)]:h↵
指定尺寸线位置或 [多行文字(M)/文字(T)/角度(A)]:

指定尺寸线位置或[多行文字(M)/文字(T)/角度(A)/水平(H)/垂直(V)/旋转(R)]:r↵
指定尺寸线的角度 <0>:

指定尺寸线位置或[多行文字(M)/文字(T)/角度(A)/水平(H)/垂直(V)/旋转(R)]:v↵
指定尺寸线位置或 [多行文字(M)/文字(T)/角度(A)]:
```

参数如下。

（1）指定第一条尺寸界线原点：定义第一条尺寸界线的位置，如果直接按【Enter】键，则出现选择对象的提示。

（2）指定第二条尺寸界线原点：在定义了第一条尺寸界线原点后，定义第二条尺寸界线的位置。

（3）选择对象：定义线性尺寸的大小。

（4）指定尺寸线位置：定义尺寸线的位置。

（5）多行文字（M）：打开多行文字编辑器，用户可以通过多行文字编辑器来编辑注写的文字。测量的数值用“<>”来表示，用户可以将其删除，也可以在其前后增加其他文字。

（6）文字（T）：单行文字输入。测量值同样在“<>”中。

（7）角度（A）：设定文字的倾斜角度。

（8）水平（H）：强制标注两点间的水平尺寸。否则，AutoCAD通过尺寸线的位置来决定标注水平尺寸或垂直尺寸。

（9）垂直（V）：强制标注两点间的垂直尺寸。否则，由AutoCAD根据尺寸线的位置来决定标注水平尺寸或垂直尺寸。

（10）旋转（R）：设定一旋转角度来标注该方向的尺寸。

【例8.1】对如图8.25所示的图形标注尺寸。

```
命令: _dimlinear
指定第一条尺寸界线原点或 <选择对象>:单击A点
指定第二条尺寸界线原点: 单击B点
指定尺寸线位置或[多行文字(M)/文字(T)/角度(A)/水平(H)/垂直(V)/旋转(R)]: 单击C点
标注文字=177                                                        标注尺寸177

命令: DIMLINEAR
指定第一条尺寸界线原点或 <选择对象>:↵                                选择对象
选择标注对象: 单击直线D
```

```
指定尺寸线位置或[多行文字(M)/文字(T)/角度(A)/水平(H)/垂直(V)/旋转(R)]: 单击E点
标注文字=79

命令: DIMLINEAR
指定第一条尺寸界线原点或 <选择对象>:↵
选择标注对象: 单击直线F
指定尺寸线位置或[多行文字(M)/文字(T)/角度(A)/水平(H)/垂直(V)/旋转(R)]:r↵    选择旋转选项
指定尺寸线的角度 <0>:24↵
指定尺寸线位置或[多行文字(M)/文字(T)/角度(A)/水平(H)/垂直(V)/旋转(R)]:单击G点
标注文字=194
```

结果如图 8.25 所示。

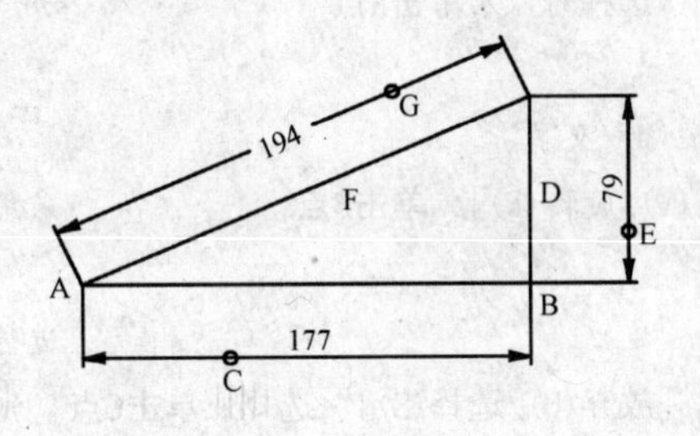

图 8.25　线性标注示例

8.3.2　连续尺寸标注 DIMCONTINUE

对于首尾相连排成一排的连续尺寸，可以进行连续标注，无须手动单击其基点位置。

命令：DIMCONTINUE

功能区：注释→标注→连续

命令及提示：

```
命令: _dimcontinue
选择连续标注:需要线性、坐标或角度关联标注。
指定第二条尺寸界线原点或 [放弃(U)/选择(S)] <选择>:
指定点坐标或 [放弃(U)/选择(S)] <选择>:
```

参数如下。

（1）选择连续标注：选择以线性标注、坐标标注或角度标注为连续标注的基准标注。如上一个标注为以上几种标注，则不出现该提示，自动以上一个标注为基准标注。否则，应先进行一次符合要求的标注。

（2）指定第二条尺寸界线原点：定义连续标注中第二条尺寸界线，第一条尺寸界线由标注基准确定。

（3）放弃（U）：放弃上一个连续标注。

（4）选择（S）：重新选择一线性尺寸或角度标注为连续标注的基准。

（5）指定点坐标：如果选择了坐标标注，则出现该提示，要求指定点坐标。该选项效果相当于连续输入坐标标注命令 DIMORDINATE。

【例 8.2】对如图 8.26 (a) 所示的图形进行线性尺寸连续标注；对如图 8.26 (b) 所示的图形进行角度尺寸连续标注。

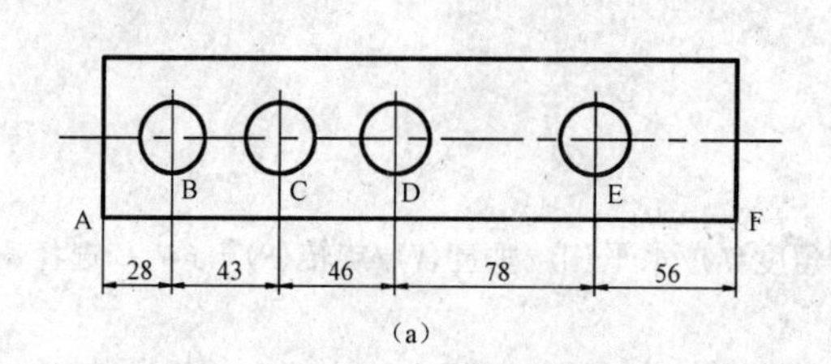

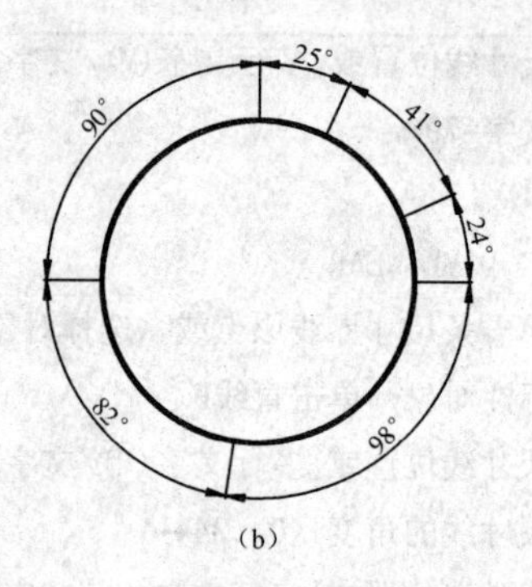

图 8.26　连续尺寸标注示例

```
命令: _dimlinear                                          标注线性尺寸，作为连续标注的基准
指定第一条尺寸界线原点或〈选择对象〉:单击A点              采用对象捕捉方式捕捉A点
指定第二条尺寸界线原点:
指定尺寸线位置或[多行文字(M)/文字
(T)/角度(A)/水平(H)/垂直(V)/旋转(R)]: 单击B点              采用对象捕捉方式捕捉B点，下同
标注文字 =28
命令: _dimcontinue                                        进行连续尺寸标注
指定第二条尺寸界线原点或 [放弃(U)/选择(S)] 〈选择〉:单击C点
标注文字=43
指定第二条尺寸界线原点或 [放弃(U)/选择(S)] 〈选择〉:单击D点
标注文字=46
指定第二条尺寸界线原点或 [放弃(U)/选择(S)] 〈选择〉:单击E点
标注文字=78
指定第二条尺寸界线原点或 [放弃(U)/选择(S)] 〈选择〉:单击F点
标注文字=56
指定第二条尺寸界线原点或 [放弃(U)/选择(S)] 〈选择〉:↵
选择连续标注:↵                                            结束连续标注
```

如图 8.26（a）所示为连续标注线性尺寸的示例。如图 8.26（b）所示为连续标注角度的示例。

8.3.3　基线尺寸标注 DIMBASELINE

对于从一条尺寸界线出发的基线尺寸标注，可以快速进行标注，无须手动设置两条尺寸线之间的间隔。

命令：DIMBASELINE

功能区：注释→标注→基线

命令及提示：

```
命令: _dimbaseline
选择基准标注: 需要线性、坐标或角度关联标注。
指定第二条尺寸界线原点或 [放弃(U)/选择(S)] 〈选择〉:
指定点坐标或 [放弃(U)/选择(S)] 〈选择〉:
```

参数如下。

（1）选择基准标注：选择基线标注的基准标注，后面的尺寸以此为基准进行标注。如果上一个命令进行了线性尺寸或角度标注，则不出现该提示，除非在随后的参数中输入了“选择”项。

（2）指定第二条尺寸界线原点：定义第二条尺寸界线的位置，第一条尺寸界线由基准确定。

（3）放弃（U）：放弃上一个基线尺寸标注。

（4）选择（S）：选择基线标注基准。

（5）点坐标：如果选择了坐标标注，则出现该提示，要求指定点坐标。该选项同样相当于连续输入坐标标注命令 DIMORDINATE。

【例 8.3】采用基线标注方式标注如图 8.27 所示的尺寸。其中图 8.27（a）为线性基线标注；图 8.27（b）为角度基线标注。

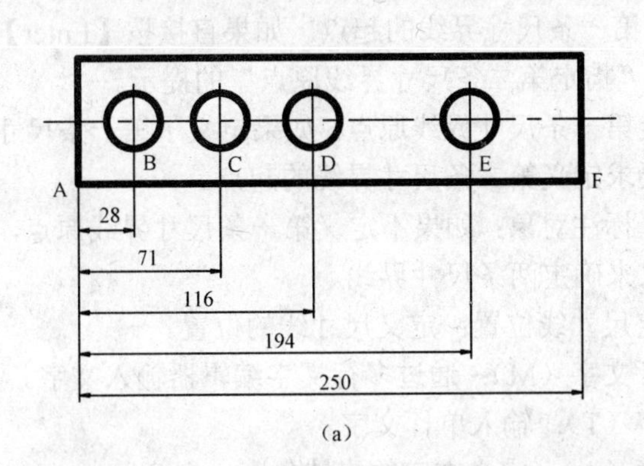

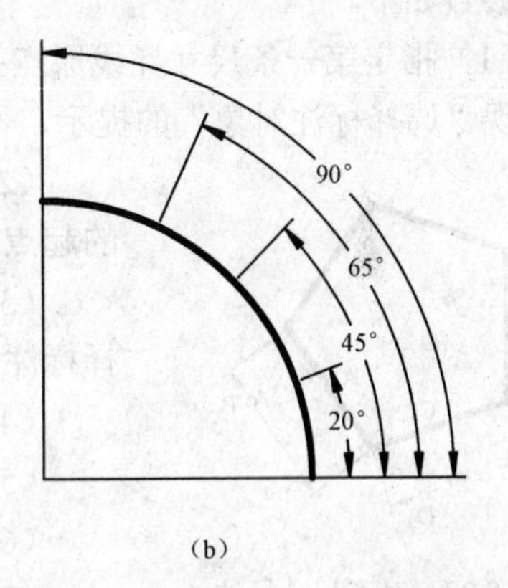

图 8.27　基线标注示例

```
命令: _dimlinear                                            进行线性尺寸标注，作为基线标注的基准
指定第一条尺寸界线原点或 <选择对象>:单击A点
指定第二条尺寸界线原点:指定尺寸线位置或[多行文字(M)/文字(T)
/角度(A)/水平(H)/垂直(V)/旋转(R)]: 单击B点
标注文字 =28
命令: _dimbaseline
指定第二条尺寸界线原点或 [放弃(U)/选择(S)] <选择>:单击C点
标注文字 =71
指定第二条尺寸界线原点或 [放弃(U)/选择(S)] <选择>:单击D点
标注文字 =116
指定第二条尺寸界线原点或 [放弃(U)/选择(S)] <选择>:单击E点
标注文字 =194
指定第二条尺寸界线原点或 [放弃(U)/选择(S)] <选择>:单击F点
标注文字 =250
指定第二条尺寸界线原点或 [放弃(U)/选择(S)] <选择>:↵
选择基线标注:↵                                              退出基线标注
```

如图 8.27（a）所示为线性基线标注的示例。如图 8.27（b）所示为角度基线标注的示例。

8.3.4 对齐尺寸标注 DIMALIGNED

对于倾斜的线性尺寸，可以通过对齐尺寸标注自动获取其大小进行平行标注。

命令：DIMALIGNED

功能区：注释→标注→对齐

命令及提示：

```
命令：_dimaligned
指定第一条尺寸界线原点或〈选择对象〉:↵
选择标注对象:
指定尺寸线位置或[多行文字(M)/文字(T)/角度(A)]:
```

参数如下。

（1）指定第一条尺寸界线原点：定义第一条尺寸界线的起点。如果直接按【Enter】键，则出现“选择标注对象”的提示，不出现“指定第二条尺寸界线原点”的提示。

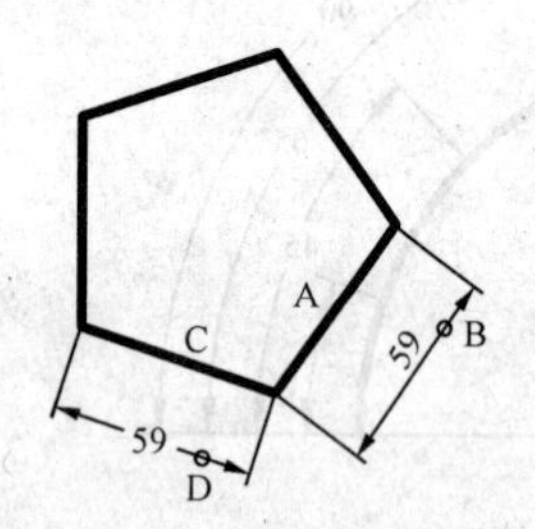

图 8.28　对齐尺寸标注

（2）指定第一条尺寸界线原点：如果定义了第一条尺寸界线的起点，则要求定义第二条尺寸界线的起点。

（3）选择标注对象：如果不定义第一条尺寸界线原点，则选择标注的对象来确定两条尺寸界线。

（4）指定尺寸线位置：定义尺寸线的位置。

（5）多行文字（M）：通过多行文字编辑器输入文字。

（6）文字（T）：输入单行文字。

（7）角度（A）：定义文字的旋转角度。

【例 8.4】采用对齐尺寸标注方式标注如图 8.28 所示的边长。

```
命令：_dimaligned
指定第一条尺寸界线原点或〈选择对象〉:↵
选择标注对象:单击直线A
指定尺寸线位置或[多行文字(M)/文字(T)/角度(A)]: 单击B点
标注文字 =59
指定第一条尺寸界线原点或〈选择对象〉:↵
选择标注对象: 单击直线C
指定尺寸线位置或[多行文字(M)/文字(T)/角度(A)]:a↵
指定标注文字的角度:30↵
指定尺寸线位置或[多行文字(M)/文字(T)/角度(A)]: 单击D点
标注文字 =59
```

结果如图 8.28 所示。

8.3.5 直径尺寸标注 DIMDIAMETER

对于直径尺寸，可以通过直径尺寸标注命令直接进行标注，AutoCAD 自动增加直径符号

"Ø"。

命令：DIMDIAMETER

功能区：注释→标注→直径

命令及提示：

```
命令: _dimdiameter
选择圆弧或圆:
标注文字=XX
指定尺寸线位置或 [多行文字(M)/文字(T)/角度(A)]:
```

参数如下。

（1）选择圆弧或圆：选择标注直径的对象。

（2）指定尺寸线位置：定义尺寸线的位置，尺寸线通过圆心。确定尺寸线的位置的拾取点对文字的位置有影响，和尺寸样式对话框中文字、直线、箭头的设置有关。

（3）多行文字（M）：通过多行文字编辑器输入标注文字。

（4）文字（T）：输入单行文字。

（5）角度（A）：定义文字旋转角度。

【例 8.5】标注如图 8.29 所示的圆和圆弧的直径。

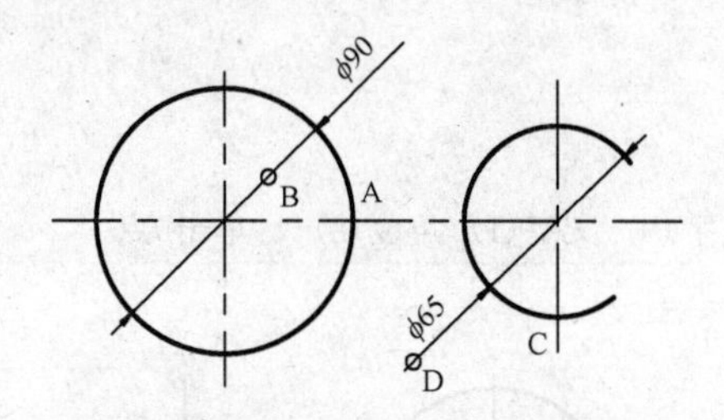

图 8.29　直径标注示例

```
命令: _dimdiameter
选择圆弧或圆: 单击圆A
标注文字=90
指定尺寸线位置或 [多行文字(M)/文字(T)/角度(A)]: 单击B点
命令:  DIMDIAMETER
选择圆弧或圆: 单击圆弧C
标注文字 =65
指定尺寸线位置或 [多行文字(M)/文字(T)/角度(A)]: 单击D点
```

结果如图 8.29 所示。

8.3.6　半径尺寸标注 DIMRADIUS

对于半径尺寸，AutoCAD 可以自动获取其半径大小进行标注，并且自动增加半径符号"R"。

命令：DIMRADIUS

功能区：注释→标注→半径

命令及提示：

```
命令: _dimradius
选择圆弧或圆:
标注文字 =XX
指定尺寸线位置或 [多行文字(M)/文字(T)/角度(A)]:
```

参数如下。

（1）选择圆弧或圆：选择标注半径的对象。

（2）指定尺寸线位置：定义尺寸线的位置，尺寸线通过圆心。确定尺寸线的位置的拾取点对文字的位置有影响，和尺寸样式对话框中文字、直线、箭头的设置有关。

（3）多行文字（M）：通过多行文字编辑器输入标注文字。

（4）文字（T）：输入单行文字。

（5）角度（A）：定义文字旋转角度。

【例 8.6】标注如图 8.30 所示的圆及圆弧的半径。

```
命令: _dimradius
选择圆弧或圆:单击圆A
标注文字 =45
指定尺寸线位置或 [多行文字(M)/文字(T)/角度(A)]: 单击B点
命令:  DIMRADIUS↵
选择圆弧或圆: 单击圆弧C
标注文字 =32
指定尺寸线位置或 [多行文字(M)/文字(T)/角度(A)]: 单击D点
```

结果如图 8.30 所示。

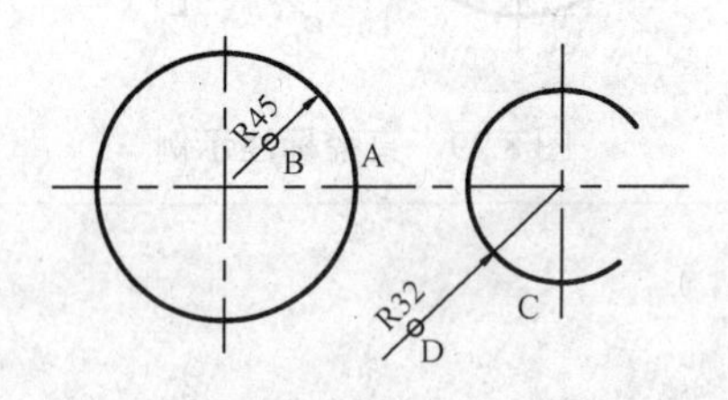

图 8.30　半径标注示例

8.3.7　圆心标记 DIMCENTER

一般情况下是先定圆和圆弧的圆心位置再绘制圆或圆弧，但有时却是先有圆或圆弧再标记其圆心，如用 TTR 或 TTT 方式绘制的圆等。AutoCAD 可以在选择了圆或圆弧后，自动找到圆心并进行指定的标记。

命令：DIMCENTER

功能区：注释→标注→圆心标记

命令及提示：

```
命令: _dimcenter
选择圆弧或圆:
```

参数如下。

选择圆弧或圆：选择欲加标记的圆或圆弧。

【例 8.7】在如图 8.31 所示的圆及圆弧中间增加圆心标记，分别为“标记”和“直线”。

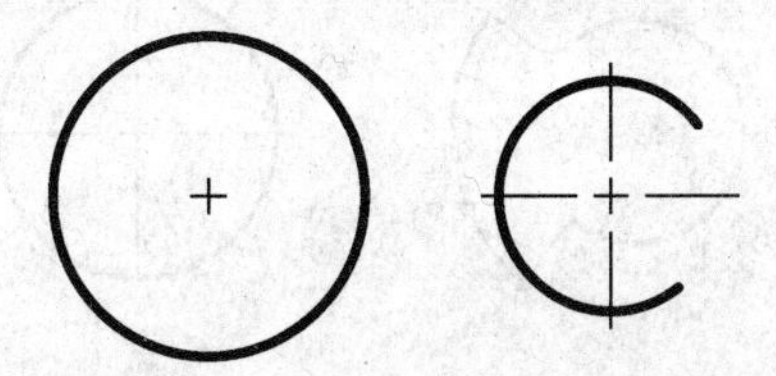

图 8.31　圆心标记示例

```
设定圆心标记为“标记”
命令: _dimcenter
选择圆弧或圆: 单击圆
设定圆心标记为“直线”
命令: _dimcenter
选择圆弧或圆: 单击圆弧
```

结果如图 8.31 所示。

8.3.8　角度标注 DIMANGULAR

对于不平行的两条直线、圆弧或圆以及指定的 3 个点，AutoCAD 可以自动测量它们的角度并进行角度标注。

命令：DIMANGULAR

功能区：注释→标注→角度

命令及提示：

```
命令: _dimangular
选择圆弧、圆、直线或 <指定顶点>:
指定角的顶点:
指定角的第一个端点:
指定角的第二个端点:
选择第二条直线:
指定标注弧线位置或 [多行文字(M)/文字(T)/角度(A)]:
```

参数如下。

（1）选择圆弧、圆、直线：选择角度标注的对象。如果直接按【Enter】键，则为指定顶点确定标注角度。

（2）指定角的顶点：指定角度的顶点和两个端点来确定角度。

（3）指定角的第二个端点：如果选择了圆，则出现该提示。角度以圆心为顶点，以选择圆弧时的拾取点为第一个端点，此时指定第二个端点即自动标注处大小。

（4）指定标注弧线位置：定义圆弧尺寸线摆放位置。

（5）多行文字（M）：打开多行文字编辑器，用户可以通过多行文字编辑器来编辑注写的文字。测量的数值用“<>”来表示，用户可以将其删除，也可以在其前后增加其他文字。

（6）文字（T）：进行单行文字输入。测量值同样在“<>”中。

（7）角度（A）：设定文字的倾斜角度。

【例 8.8】标注如图 8.32 所示的角度。

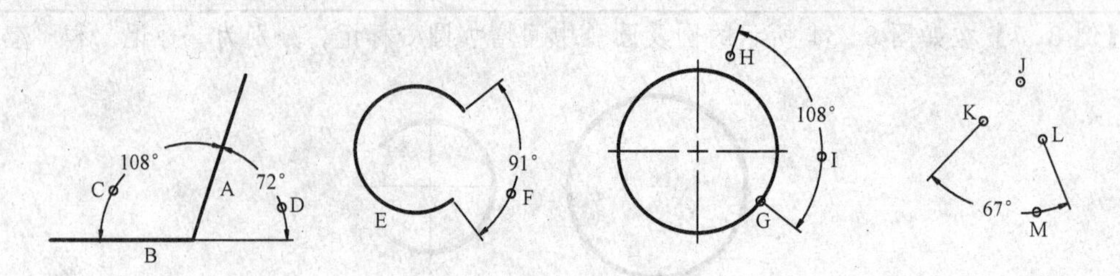

图 8.32　角度标注示例

```
命令: _dimangular
选择圆弧、圆、直线或 <指定顶点>:单击直线A
选择第二条直线: 单击直线B
指定标注弧线位置或 [多行文字(M)/文字(T)/角度(A)]: 单击C点
标注文字 =108
命令:  DIMANGULAR
选择圆弧、圆、直线或 <指定顶点>:单击直线A
选择第二条直线: 单击直线B
指定标注弧线位置或 [多行文字(M)/文字(T)/角度(A)]: 单击D点
标注文字 =72
命令:  DIMANGULAR
选择圆弧、圆、直线或 <指定顶点>:单击圆弧E
指定标注弧线位置或 [多行文字(M)/文字(T)/角度(A)]: 单击F点
标注文字 =91
命令:  DIMANGULAR
选择圆弧、圆、直线或 <指定顶点>:单击圆上G点
指定角的第二个端点:点取H点
指定标注弧线位置或 [多行文字(M)/文字(T)/角度(A)]: 单击I点
标注文字 =108
选择圆弧、圆、直线或 <指定顶点>:↵
指定角的顶点: 单击J点
指定角的第一个端点: 单击K点
指定角的第二个端点: 单击L点
指定标注弧线位置或 [多行文字(M)/文字(T)/角度(A)]: 单击M点
标注文字 =67
```

结果如图 8.32 所示。

8.3.9　坐标尺寸标注 DIMORDINATE

坐标标注是从一个公共基点出发，标注指定点相对于基点的偏移量的标注方法。坐标标注不带尺寸线，有一条尺寸界线和文字引线。

进行坐标标注时其基点即当前 UCS 的坐标原点。可见在进行坐标标注之前，应该设定基点为坐标原点。

命令：DIMORDINATE

功能区：注释→标注→坐标

命令及提示：

```
命令：_dimordinate
指定点坐标：
指定引线端点或 [X 基准(X)/Y 基准(Y)/多行文字(M)/文字(T)/角度(A)]：
标注文字=XX
```

参数如下。

（1）指定点坐标：指定需要标注坐标的点。

（2）指定引线端点：指定坐标标注中引线的端点。

（3）X 基准（X）：强制标注 X 坐标。

（4）Y 基准（Y）：强制标注 Y 坐标。

（5）多行文字（M）：通过多行文字编辑器输入文字。

（6）文字（T）：输入单行文字。

（7）角度（A）：指定文字旋转角度。

【例 8.9】用坐标标注如图 8.33 所示的圆孔位置，采用 base 命令将左下角设定为坐标原点。

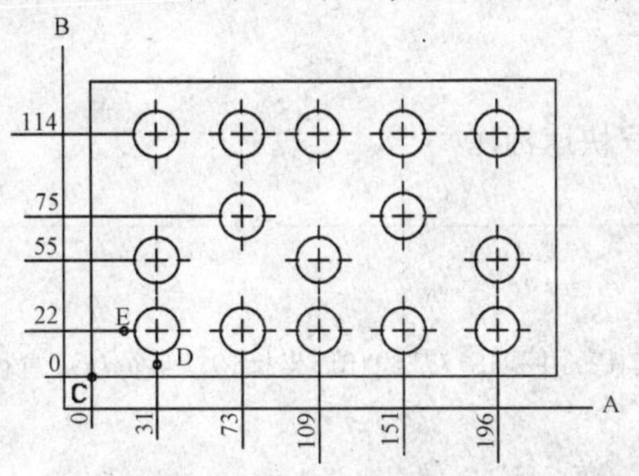

图 8.33　坐标标注示例

（1）为了使最终的坐标对齐在一条直线上，绘制对齐坐标用的辅助直线 A 和 B。

（2）坐标标注必须相对于本身的某点测量坐标大小，通过 UCS 命令将坐标原点设定在 C 点。

（3）标注坐标时为了快速捕捉到指定点和辅助线上的垂足，打开对象捕捉，设定端点、垂足捕捉方式。

（4）进行坐标标注如下。

```
命令：_dimordinate
指定点坐标：单击C点
指定引线端点或 [X基准(X)/Y基准(Y)/多行文字(M)/文字(T)/角度(A)]：移动光标到C点下方直线A上，出现“垂足”提示时单击鼠标左键
标注文字 =0
命令：DIMORDINATE
指定点坐标：单击D点
```

用同样的方法标注其他坐标 73、109、151、196。

```
……
命令：DIMORDINATE
指定点坐标：单击C点
```

指定引线端点或 [X 坐标(X)/Y 坐标(Y)/多行文字(M)/文字(T)/角度(A)]:**移动光标到C点左侧直线B上，出现“垂足”提示时单击鼠标左键**

标注文字 =0

命令: DIMORDINATE

指定点坐标: **单击E点**

指定引线端点或 [X 坐标(X)/Y 坐标(Y)/多行文字(M)/文字(T)/角度(A)]:**移动光标到E点左侧直线B上，出现“垂足”提示时单击鼠标左键**

标注文字 =22

用同样的方法标注其他坐标 55、75、114。结果如图 8.33 所示。

（5）删除辅助线 A、B。

8.3.10 快速尺寸标注 QDIM

快速尺寸标注是 AutoCAD 2012 最新提供的标注方法。快速尺寸标注可以在一个命令下对多个同样的尺寸（如直径、半径、基线、连续、坐标等）进行标注，而且像坐标标注，自动对齐坐标位置。

命令：QDIM

功能区：注释→标注→快速标注

命令及提示：

命令: _qdim

选择要标注的几何图形:

指定尺寸线位置或 [连续(C)/并列(S)/基线(B)/坐标(O)/半径(R)/直径(D)/基准点(P)/编辑(E)/设置(T)] 〈半径〉:t↵

关联标注优先级 [端点(E)/交点(I)] 〈端点〉:

指定尺寸线位置或 [连续(C)/并列(S)/基线(B)/坐标(O)/半径(R)/直径(D)/基准点(P)/编辑(E)/设置(T)] 〈半径〉:e↵

指定要删除的标注点或 [添加(A)/退出(X)] 〈退出〉:

参数如下。

（1）选择要标注的几何图形：选择对象用于快速标注尺寸。如果选择的对象不单一，在标注某种尺寸时，将忽略不可标注的对象。例如同时选择了直线和圆，标注直径时，将忽略直线对象。

（2）指定尺寸线位置：定义尺寸线的位置。

（3）连续（C）：采用连续方式标注所选图形。

（4）并列（S）：采用并列方式标注所选图形。

（5）基线（B）：采用基线方式标注所选图形。

（6）坐标（O）：采用坐标方式标注所选图形。

（7）半径（R）：对所选圆或圆弧标注半径。

（8）直径（D）：对所选圆或圆弧标注直径。

（9）基准点（P）：设定坐标标注或基线标注的基准点。

（10）编辑（E）：对标注点进行编辑。

① 指定要删除的标注点——删除标注点，否则由 AutoCAD 自动设定标注点。

② 添加（A）——添加标注点，否则由 AutoCAD 自动设定标注点。

③ 退出（X）——退出编辑提示，返回上一级提示。

（11）设置（T）：为指定尺寸界线原点设置默认对象捕捉。

① 端点（E）——将关联标注优先级设置为端点。

② 交点（I）——将关联标注优先级设置为交点。

【例 8.10】快速尺寸标注练习。

（1）采用快速标注方式标注如图 8.34 所示的尺寸。

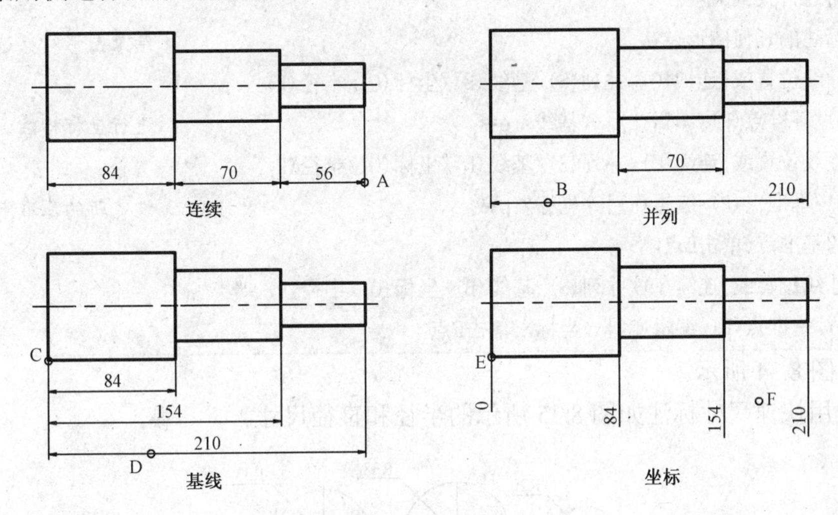

图 8.34　快速标注示例一

命令：_qdim

选择要标注的几何图形：**窗口方式选择3条水平线**

定义对角点：找到3个

选择要标注的几何图形：↵　　　　结束图形对象选择

指定尺寸线位置或[连续(C)/并列(S)/基线(B)/坐标(O)/半径(R)/直径(D)

/基准点(P)/编辑(E)]〈坐标〉:c↵　　　　进行连续标注

指定尺寸线位置或[连续(C)/并列(S)/基线(B)/坐标(O)/半径(R)/直径(D)

/基准点(P)/编辑(E)]〈连续〉:**单击A点**

命令：　QDIM

选择要标注的几何图形：**窗口方式选择3条水平线**

定义对角点：找到3个

选择要标注的几何图形：↵　　　　结束图形对象选择

指定尺寸线位置或[连续(C)/并列(S)/基线(B)/坐标(O)/半径(R)

/直径(D)/基准点(P)/编辑(E)]〈并列〉:**单击B点**　　　　进行并列标注

命令：　QDIM

选择要标注的几何图形：**窗口方式选择3条水平线**

定义对角点：找到3个

选择要标注的几何图形：↵　　　　结束图形对象选择

指定尺寸线位置或[连续(C)/并列(S)/基线(B)/坐标(O)/半径(R)

/直径(D)/基准点(P)/编辑(E)]〈并列〉:b↵　　　　进行基线标注

指定尺寸线位置或[连续(C)/并列(S)/基线(B)/坐标(O)/半径(R)

/直径(D)/基准点(P)/编辑(E)]〈基线〉:p↵　　　　设定基准点

```
选择新的基准点:单击C点
指定尺寸线位置或[连续(C)/并列(S)/基线(B)/坐标(O)/半径(R)
/直径(D)/基准点(P)/编辑(E)] <基线>:单击D点

命令: QDIM
选择要标注的几何图形:窗口方式选择3条水平线
定义对角点: 找到3个
选择要标注的几何图形: ↵                                    结束图形对象选择
指定尺寸线位置或[连续(C)/并列(S)/基线(B)/坐标(O)/半径(R)
/直径(D)/基准点(P)/编辑(E)] <基线>:o↵                      进行坐标标注
指定尺寸线位置或[连续(C)/并列(S)/基线(B)/坐标(O)/半径(R)
/直径(D)/基准点(P)/编辑(E)] <坐标>:p↵                      设定新的基准点
选择新的基准点:单击E点
指定尺寸线位置或[连续(C)/并列(S)/基线(B)/坐标(O)/半径(R)
/直径(D)/基准点(P)/编辑(E)] <坐标>:单击F点
```

结果如图 8.34 所示。

（2）采用快速尺寸标注如图 8.35 所示的半径和直径尺寸。

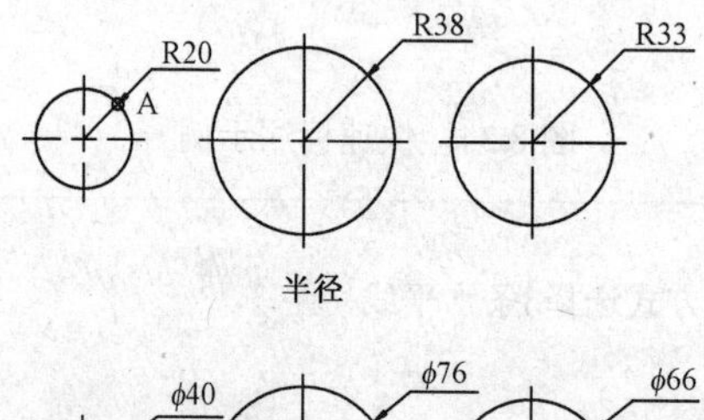

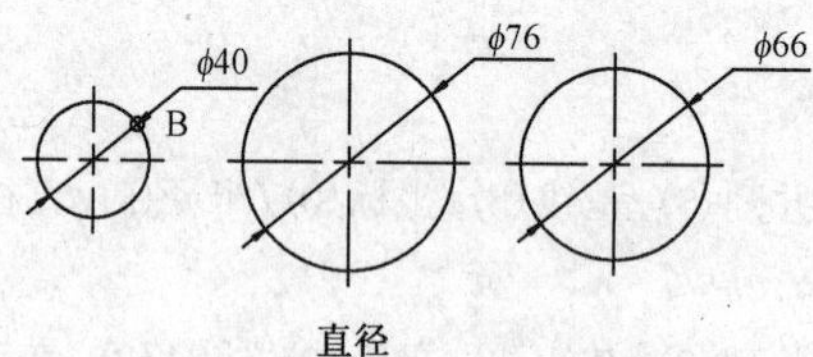

图 8.35　快速标注示例二

```
命令: _qdim
选择要标注的几何图形: 单击圆  找到1个
选择要标注的几何图形: 单击圆  找到1个，总共2个
选择要标注的几何图形: 单击圆  找到1个，总共3个
选择要标注的几何图形:↵
指定尺寸线位置或[连续(C)/并列(S)/基线(B)/坐标(O)/半径(R)/直径(D)/基准点(P)/编辑(E)] <连续>:r↵
指定尺寸线位置或[连续(C)/并列(S)/基线(B)/坐标(O)/半径(R)/直径(D)/基准点(P)/编辑(E)] <半径>:
单击A点
```

```
命令: _qdim
选择要标注的几何图形: 单击圆  找到1个
选择要标注的几何图形: 单击圆  找到1个，总共2个
```

```
选择要标注的几何图形：单击圆　找到1个，总共3个
选择要标注的几何图形：↵
指定尺寸线位置或[连续(C)/并列(S)/基线(B)/坐标(O)/半径(R)/直径(D)/基准点(P)/编辑(E)] <连续>:d↵
指定尺寸线位置或[连续(C)/并列(S)/基线(B)/坐标(O)/半径(R)/直径(D)/基准点(P)/编辑(E)] <直径>:
单击B点
```

结果如图 8.35 所示。

8.3.11 弧长标注 DIMARC

AutoCAD 2012 可以自动测量弧的长度并进行标注。

命令: _dimarc

功能区：注释→标注→弧长

命令及提示：

```
命令: _dimarc
选择弧线段或多段线弧线段:
指定弧长标注位置或 [多行文字(M)/文字(T)/角度(A)/部分(P)/]:p↵
指定弧长标注的第一个点:
指定弧长标注的第二个点:
标注文字 = XX
```

参数如下。

（1）选择弧线段或多段线弧线段：选择要标注的弧线段。

（2）指定弧长标注位置：拾取标注的弧长数字位置。

（3）多行文字（M）：打开在位文字编辑器，输入多行文本。

（4）文字（T）：在命令行输入标注的单行文本。

（5）角度（A）：设置标注文字的角度。

（6）部分（P）：缩短弧长标注的长度，即只标注圆弧中的部分弧线的长度。

① 指定弧长标注的第一个点——设定标注圆弧的起点。

② 指定弧长标注的第二个点——设定标注圆弧的终点。

【例 8.11】对如图 8.36 所示的弧进行标注，其中有部分弧长需要单独进行标注。

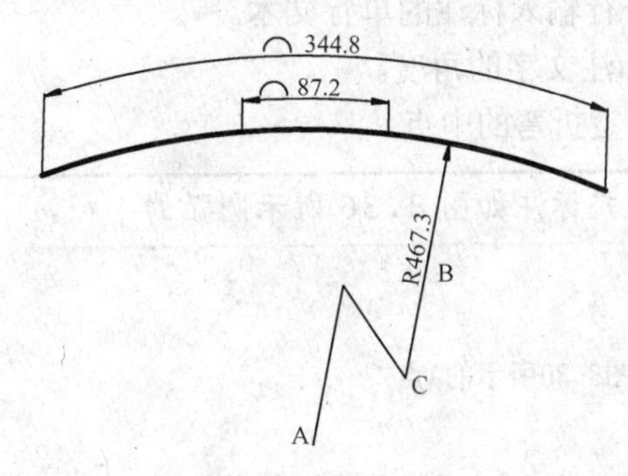

图 8.36　弧长标注

```
命令: _dimarc
选择弧线段或多段线弧线段: 单击圆弧
指定弧长标注位置或 [多行文字(M)/文字(T)/角度(A)/部分(P)/]:单击文本摆放位置
标注文字 =344.8
命令: ↵
命令: _dimarc
指定弧长标注位置或 [多行文字(M)/文字(T)/角度(A)/部分(P)/]: p↵                进行部分标注
指定圆弧长度标注的第一个点: 单击弧上的一个点
指定圆弧长度标注的第二个点: 单击弧上的另一个点
指定弧长标注位置或 [多行文字(M)/文字(T)/角度(A)/部分(P)/]:单击文本摆放位置
标注文字 = 87.2
```

结果如图 8.36 所示的弧长标注。

8.3.12 折弯标注 DIMJOGGED

在图形中经常碰到有些弧或圆半径很大，圆心超出了图纸范围。此时进行半径标注时，往往要采用折弯标注的方法。AutoCAD 2012 提供了折弯标注的简便方法。

命令：DIMJOGGED

功能区：注释→标注→折弯

命令及提示：

```
命令: _dimjogged
选择圆弧或圆:
指定中心位置替代:
标注文字 = xx
指定尺寸线位置或 [多行文字(M)/文字(T)/角度(A)]:
指定折弯位置:
```

参数如下。

（1）选择圆弧或圆：选择需要标注的圆或圆弧。

（2）指定中心位置替代：指定一个点以便取代正常半径标注的圆心。

（3）指定尺寸线位置：指定尺寸线摆放的位置。

（4）多行文字（M）：打开在位文字编辑器，输入多行文本。

（5）文字（T）：在命令行输入标注的单行文本。

（6）角度（A）：设置标注文字的角度。

（7）指定折弯位置：指定折弯的中点。

【例 8.12】采用折弯方式标注如图 8.36 所示圆弧的半径。

```
命令: _dimjogged
选择圆弧或圆: 单击圆弧
指定中心位置替代:单击如图8.36所示的A点
标注文字 = 467.3
指定尺寸线位置或 [多行文字(M)/文字(T)/角度(A)]:单击B点
指定折弯位置:单击C点
```

结果如图 8.36 所示的折弯半径标注。

8.4 尺寸编辑

对已经标注的尺寸可以进行编辑修改。尺寸编辑命令主要有：DIMSTYLE、DDIM、DIMOVERRIDE、DIMTEDIT、DIMEDIT、DDEDIT 等，同时还可以通过 EXPLODE 命令将尺寸分解成文本、箭头、直线等单一的对象。

8.4.1 尺寸变量替换 DIMOVERRIDE

尺寸变量替换命令可以在不影响当前尺寸类型的前提下，覆盖某一尺寸变量。要正确使用该命令，应知道欲修改的尺寸变量名。

命令：DIMOVERRIDE

功能区：注释→标注→替代

命令及提示：

```
命令: DIMOVERRIDE
输入要替代的标注变量名或 [清除替代(C)]:
输入标注变量的新值 <XX1>:XX2
输入要替代的标注变量名或 [清除替代(C)]:c
选择对象:
```

参数如下。

（1）输入要替代的标注变量名：输入欲替代的尺寸变量名。

（2）清除替代（C）：清除替代，恢复原来的变量值。

（3）选择对象：选择修改的尺寸对象。

【例 8.13】采用尺寸变量覆盖的方式将如图 8.37 所示的尺寸 84 字高由 10 改为 15。

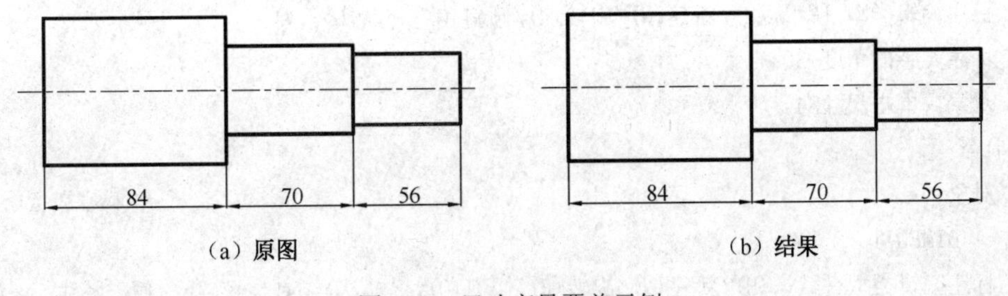

图 8.37　尺寸变量覆盖示例

```
命令: dimoverride
输入要替代的标注变量名或 [清除替代(C)]:dimtxt↵        覆盖变量DIMTXT
输入标注变量的新值 <10.0000>:15↵                      输入15替代10
输入要替代的标注变量名:↵                              结束，不修改其他变量
选择对象: 单击尺寸84
```

结果如图 8.37 所示。

8.4.2 尺寸编辑 DIMEDIT

尺寸编辑命令可以指定新文本、调整文本到默认或指定位置、旋转文本和倾斜尺寸界线。

命令：DIMEDIT

功能区：注释→标注→倾斜，相当于命令行中的"倾斜"选项。

命令及提示：

```
命令: _dimedit
输入标注编辑类型 [默认(H)/新建(N)/旋转(R)/倾斜(O)] <默认>:
```

参数如下。

（1）默认（H）：修改指定的尺寸文字到默认位置，即回到原始点。

（2）新建（N）：通过在位文字编辑器输入新的文本。

（3）旋转（R）：按指定的角度旋转文字。

（4）倾斜（O）：将尺寸界线倾斜指定的角度。

（5）选择对象：选择欲修改的尺寸对象。

【例 8.14】将如图 8.38 所示的左侧尺寸标注修改成右侧尺寸标注形式。

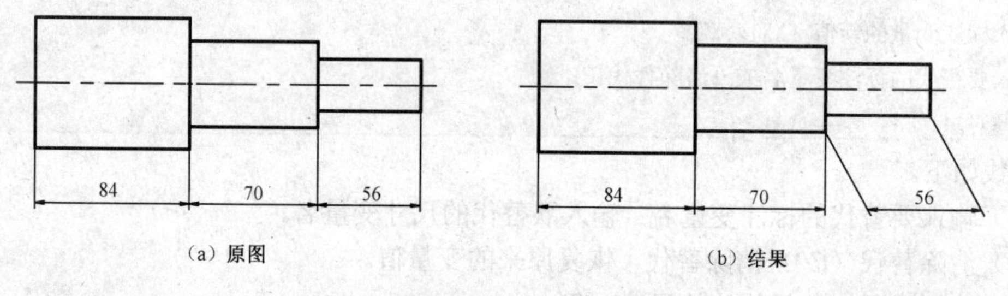

（a）原图　　（b）结果

图 8.38　尺寸编辑

```
命令: _dimedit
输入标注编辑类型 [默认(H)/新建(N)/旋转(R)/倾斜(O)] <默认>:r↵          旋转尺寸
指定标注文字的角度:30↵
选择对象: 单击尺寸84
找到1个
选择对象: ↵                                                        结束对象选择
命令:  DIMEDIT      ↵
输入标注编辑类型 [默认(H)/新建(N)/旋转(R)/倾斜(O)] <默认>:o↵          倾斜尺寸
选择对象: 单击尺寸56
找到1个
输入倾斜角度 (按 ENTER 表示无):-60↵
```

结果如图 8.38 所示。

8.4.3 尺寸文本修改 TDEDIT、TEXTEDIT

尺寸文本内容可以通过 TDEDIT、TEXTEDIT 命令修改，和修改其他多行文本的方式一样。

命令：TDEDIT、TEXTEDIT

选中欲修改的尺寸文本，双击后可以修改。

【例 8.15】通过尺寸文本修改命令修改尺寸文本。

弹出如图 8.39 所示的文字格式编辑器。

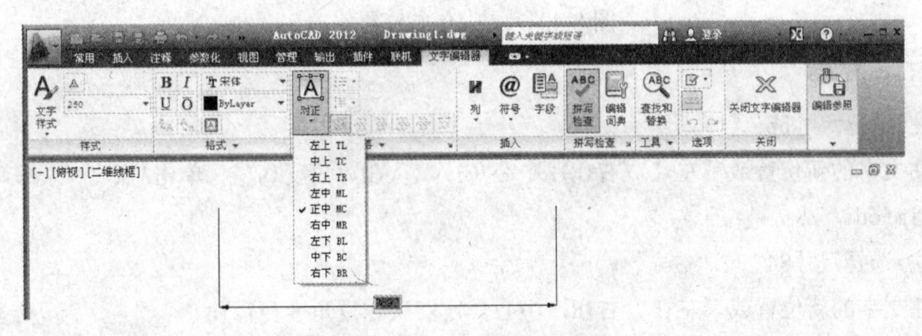

图 8.39　文字格式编辑器

反选的内容为选取尺寸的原始文本，用户可以在该文本前后增加其他文本，也可以将原始文本删除，输入新的文本。可以调整对齐方式等。

8.4.4　尺寸文本位置修改 DIMTEDIT

尺寸文本位置有时会根据图形具体情况的不同进行适当调整，如覆盖了图线或尺寸文本相互重叠等。

对尺寸文本位置的修改，不仅可以通过夹点直观修改，而且可以使用 DIMTEDIT 命令进行精确修改。

命令：DIMTEDIT

功能区：注释→标注→左对正

功能区：注释→标注→居中对正

功能区：注释→标注→右对正

功能区：注释→标注→角度

命令及提示：

```
命令: dimtedit
选择标注:
指定标注文字的新位置或 [左(L)/右(R)/中心(C)/默认(H)/角度(A)]:
```

参数如下。

（1）选择标注：选择标注的尺寸进行修改。

（2）指定标注文字的新位置：在屏幕上指定文字的新位置。

（3）左（L）：沿尺寸线左对齐文本（对线性尺寸、半径、直径尺寸适用）。

（4）右（R）：沿尺寸线右对齐文本（对线性尺寸、半径、直径尺寸适用）

（5）中心（C）：将尺寸文本放置在尺寸线的中间。

（6）默认（H）：放置尺寸文本在默认位置。

（7）角度（A）：将尺寸文本旋转指定的角度。该选项和 dimedit 中的旋转效果相同。

【例 8.16】按照如图 8.40 (b) 所示调整如图 8.40 (a) 所示的尺寸位置。首先在图样上进行尺寸标注，提示文字摆放位置时参照如图 8.40 (a) 所示的放置，然后进行下面的练习。

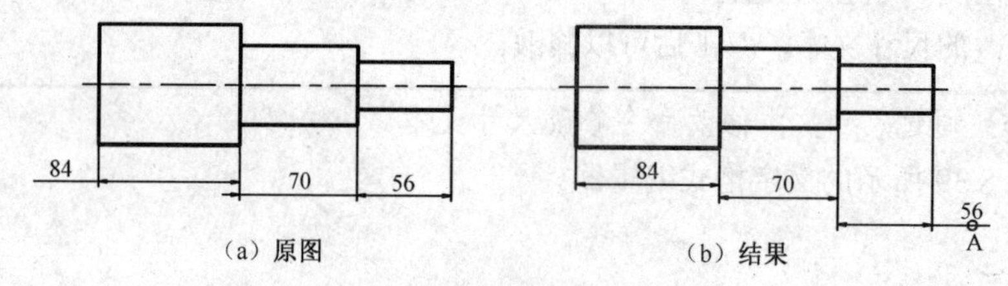

图 8.40　尺寸文本位置修改

```
命令: dimtedit↵
选择标注:选择尺寸56
指定标注文字的新位置或 [左(L)/右(R)/中心(C)/默认(H)/角度(A)]: 单击A点        移到新的位置
命令: dimtedit      ↵
选择标注:选择尺寸84
指定标注文字的新位置或 [左(L)/右(R)/中心(C)/默认(H)/角度(A)]:h↵             放置到默认位置
命令: dimtedit      ↵
选择标注:选择尺寸70
指定标注文字的新位置或 [左(L)/右(R)/中心(C)/默认(H)/角度(A)]:l↵             沿尺寸线左对齐
```

结果如图 8.40（b）所示。

8.4.5　重新关联标注 DIMREASSOCIATE

标注的尺寸应是和几何图形对象相关联的，否则在图形改变时尺寸却没有得到更新。AutoCAD 2012 允许在标注的尺寸和图形对象之间补充关联关系或修改关联关系。

命令：DIMREASSOCIATE

功能区：注释→标注→重新关联

命令及提示：

```
命令: dimreassociate
选择要重新关联的标注…
选择对象:
……（以下提示和具体的标注类型相关，限于篇幅，不一一列举。）
```

依次亮显每个选定的标注，并显示适于选定标注的关联点的提示。每个关联点提示都显示一个标记。如果当前标注的定义点与几何对象没有关联，标记将显示为 X，但是如果定义点与其相关联，标记将显示为包含在框内的 X。

注意：

如果使用鼠标进行平移或缩放，标记将消失。

参数如下。

（1）选择对象：选择标注的尺寸进行关联操作，可以连续选择多个，在随后的关联中将依次进行。按【Enter】键结束尺寸标注对象的选择。

（2）其他参数和具体的标注类型相关：线性尺寸需要指定图形对象的两个点分别和尺寸的两个端点对应；角度尺寸需要指定两条直线或 3 个点；直径需要指定圆或弧……与在图线上进行尺寸标注类似，在此不一一描述。

8.4.6 标注更新 DIMSTYLE

AutoCAD 2012 允许使用一种尺寸样式来更新另一种尺寸样式。

命令：DIMSTYLE

功能区：注释→标注→更新

命令及提示：

```
命令:dimstyle
当前标注样式:XXXXXX
输入标注样式选项
[保存(S)/恢复(R)/状态(ST)/变量(V)/应用(A)/?] <恢复>:s↵
输入新标注样式名或 [?]:
[保存(S)/恢复(R)/状态(ST)/变量(V)/应用(A)/?] <恢复>:r↵
输入标注样式名，[?] 或 <选择标注>:
[保存(S)/恢复(R)/状态(ST)/变量(V)/应用(A)/?] <恢复>:v↵
输入标注样式名，[?] 或 <选择标注>:
[保存(S)/恢复(R)/状态(ST)/变量(V)/应用(A)/?] <恢复>: _apply
选择对象: 找到 1 个
选择对象:
[保存(S)/恢复(R)/状态(ST)/变量(V)/应用(A)/?] <恢复>:st↵
```

参数如下。

（1）当前标注样式：提示当前的标注样式，该样式可取代随后选择的标注尺寸样式。

（2）保存（S）：将标注系统变量的当前设置保存到标注样式。

（3）恢复（R）：将标注系统变量设置恢复为选定标注样式的设置。

（4）状态（ST）：显示所有标注系统变量的当前值。

（5）变量（V）：列出某个标注样式或选定标注的标注系统变量设置，但不改变当前设置。

（6）应用（A）：是该命令的选项。自动使用当前的样式取代随后选择的尺寸样式。

【例 8.17】设置两个不同的标注样式，并用其中一个样式更新另一个样式。如图 8.41 所示的尺寸标注，分别设置两个样式 ISO-25 和 NEWISO-25。ISO-25 采用默认的设置，NEWISO-25 中将字高改为 5。采用 NEWISO-25 更新 ISO-25 标注的尺寸。

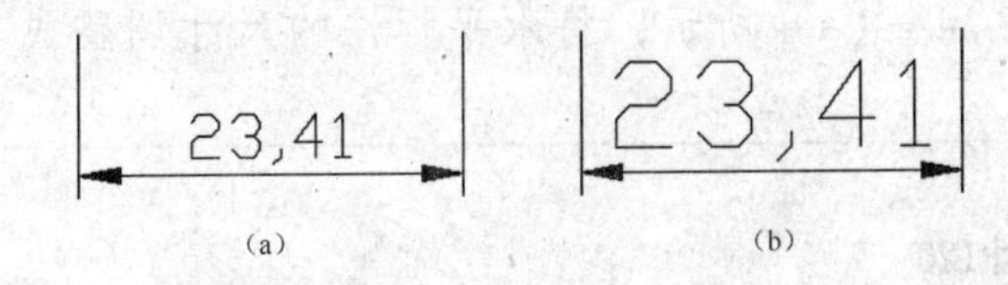

图 8.41 标注样式更新

（1）输入 dimstyle 命令，弹出“创建新标注样式”对话框，新建标注样式“NEWISO-25”，如图 8.42 所示。

（2）单击继续按钮，在随后的“文字”选项卡中，将字体高度改为 5。

（3）退出“创建新标注样式”对话框。

（4）如图 8.41（a）所示，标注一尺寸。

（5）如图 8.43 所示，选择标注样式“NEWISO-25”;

（6）单击“标注更新”按钮，选择标注的尺寸，结果如图 8.41（b）所示。

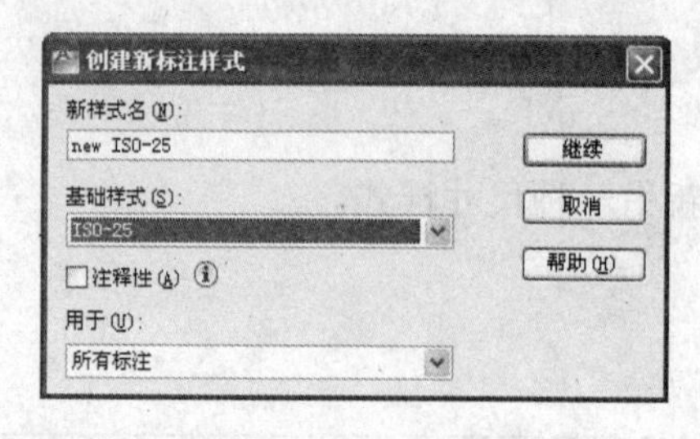

图 8.42　新建标注样式

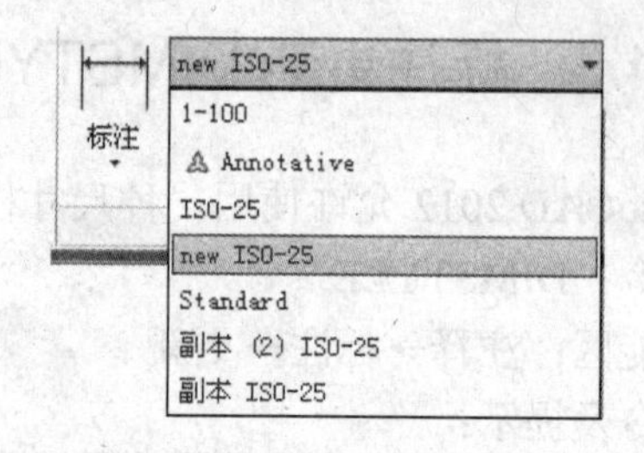

图 8.43　选择标注样式

8.4.7 尺寸分解

关联尺寸其实是一种无名块，尺寸中的 4 个要素是一个整体。如果要对尺寸中的某个对象进行单独的修改，必须通过分解命令将其分解。分解后的尺寸不再具有关联性。

分解命令为 EXPLODE 或 XPLODE。

8.4.8 调整间距 DIMSPACE

标注好的尺寸，需要调整线性标注或角度标注之间的间距时可以采用该命令实现。

命令：DIMSPACE

功能区：注释→标注→调整间距

命令及提示：

```
命令: _DIMSPACE
选择基准标注:
选择要产生间距的标注:  找到X 个
选择要产生间距的标注: ↵
输入值或 [自动(A)] <自动>:
```

参数如下。

（1）选择基准标注：选择作为调整间距的基准尺寸。

（2）选择要产生间距的标注：选择要修改间距的尺寸，多个应用交叉窗口同时选择。

（3）输入值：输入间距值。

（4）自动（A）：使用自动间距值，一般是文字高度的 2 倍。

【例 8.18】如图 8.44（a）所示，将水平标注的尺寸调整成自动间距，垂直标注的尺寸对齐。

```
命令: _DIMSPACE
选择基准标注:选择尺寸126
选择要产生间距的标注:采用窗交方式同时选中263和377的尺寸 指定对角点: 找到 2 个
选择要产生间距的标注: ↵
输入值或 [自动(A)] <自动>:↵
命令: ↵
DIMSPACE
选择基准标注:选择尺寸93
选择要产生间距的标注:选择尺寸100 找到 1 个
选择要产生间距的标注: ↵
输入值或 [自动(A)] <自动>: 0↵
```

结果如图 8.44（b）所示。

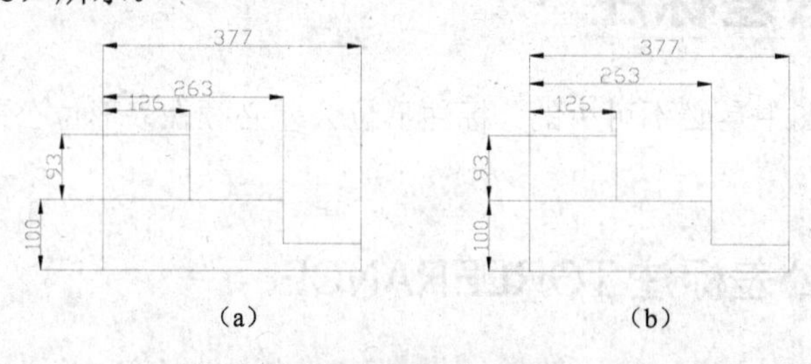

图 8.44　调整尺寸间距

8.4.9　折断标注 DIMBREAK

标注好的尺寸，如果和图形中的其他对象重叠，需要打断时可以采用该命令实现。

命令：DIMBREAK

功能区：注释→标注→打断

命令及提示：

```
命令：DIMBREAK
选择要添加/删除折断的标注或 [多个(M)]: m↵
选择标注:  找到 X 个
选择标注: ↵
选择要折断标注的对象或 [自动(A)/手动(M)/删除(R)] <自动>:
```

参数如下。

（1）选择要添加/删除折断的标注：选择需要修改的标注。

（2）多个（M）：如果同时更改多个，则输入 m。随后的提示中没有手动选项。

（3）选择要折断标注的对象：选择和尺寸相交的并且需要断开的对象。

（4）自动（A）：自动放置折断标注。

（5）删除（R）：删除选中的折断标注。

（6）手动（M）：手工设置折断位置。

【例 8.19】如图 8.45（a）所示，将两尺寸在和图形相交处断开。

```
命令: _DIMBREAK
选择要添加/删除折断的标注或 [多个(M)]: m↵
选择标注: 采用窗交方式选择两个尺寸标注 指定对角点: 找到 2 个
选择标注: ↵
选择要折断标注的对象或 [自动(A)/删除(R)] <自动>:↵
2 个对象已修改
```

结果如图 8.45（b）所示。

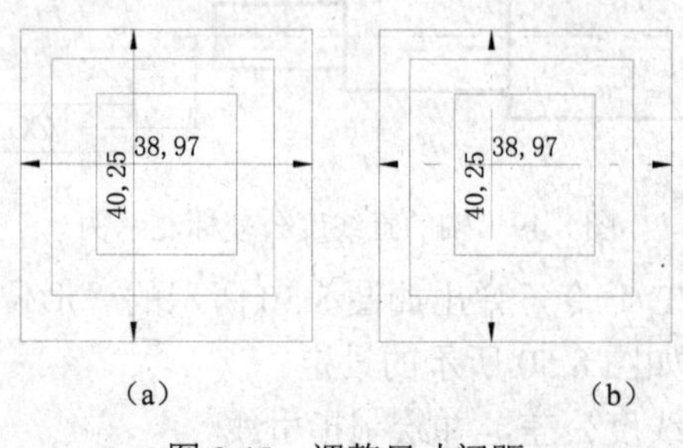

图 8.45　调整尺寸间距

8.5 形位公差标注

形位公差在机械图中是必不可少的。标注形位公差必须在“形位公差”对话框中设定后，才可以标注。

8.5.1 形位公差标注 TORLERANCE

标注形位公差，可以通过引线标注中的公差参数进行，也可以通过公差命令进行。

命令：TORLERANCE

功能区：注释→标注→公差

执行公差命令后，首先弹出如图 8.46 所示的“形位公差”对话框。

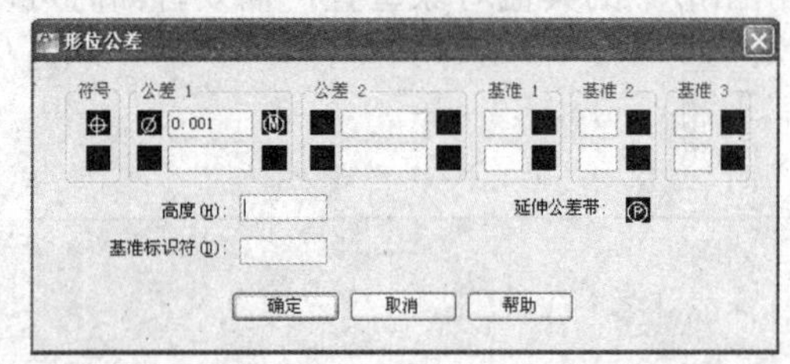

图 8.46 “形位公差”对话框

该对话框中各项含义如下。

（1）“符号”选项区域：单击符号下的小黑框，弹出“符号”对话框，如图 8.47 所示。

（2）“公差”选项区域：公差区左侧的小黑框为直径符号“Ø”是否打开的开关。单击右侧的小黑框，弹出“附加符号”对话框，用于设置被测要素的包容条件，如图 8.48 所示。

图 8.47 “特征符号”对话框

图 8.48 “附加符号”对话框

（3）“基准”选项区域：单击基准下的小黑框，弹出包容条件，用于设置基准的包容条件。

（4）高度：用于设置最小的投影公差带。

（5）延伸公差带：单击其后的小黑框，除指定位置公差外，可以设定投影公差。

（6）基准标识符：设置该公差的基准符号。

【例 8.20】标注如图 8.49 所示轴的直线度公差。

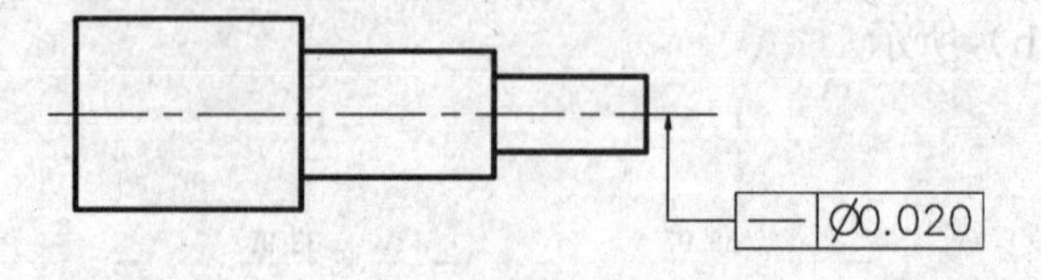

图 8.49 轴的直线度公差标注示例

（1）下达 TORLERANCE 命令，弹出如图 8.50 所示的“形位公差”对话框。

（2）在该对话框中进行如图 8.50 所示的设定。

（3）在图样中标注该直线度公差，并绘制指引线。

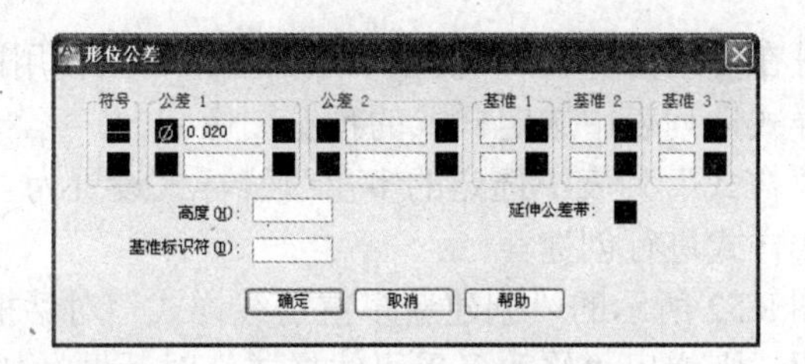

图 8.50 “形位公差”对话框

注意：

由于直接使用公差命令标注形位公差只有方框没有指引线，所以应该补绘指引线。最好使用引线命令来标注形位公差。可以同时绘制引线，并可以在“形位公差”对话框中进行设置。

8.5.2 形位公差编辑 DDEDIT

对形位公差的编辑修改，可以通过 DDEDIT 命令来执行。执行 DDEDIT 命令并选择了形位公差后，弹出“形位公差”对话框，用户可以进行相应的编辑修改。同样也可以通过“特性”对话框来修改，在“特性”对话框中，单击“文字替代”后的小按钮…，同样可以打开“形位公差”对话框。

8.6 引线标注

引线在图样中使用比较频繁，如注释、零件序号等均需要绘制引线。AutoCAD2010 中使增加了新的功能强大的多重引线（MLEADER）命令，旧版本的引线（LEADER）命令不推荐使用。

8.6.1 多重引线样式 MLEADERSTYLE

使用多重引线标注，首先应该设置多重引线样式。

命令：MLEADERSTYLE

功能区：注释→引线→多重引线样式

执行该命令后，弹出如图 8.51 所示的“多重引线样式管理器”对话框。

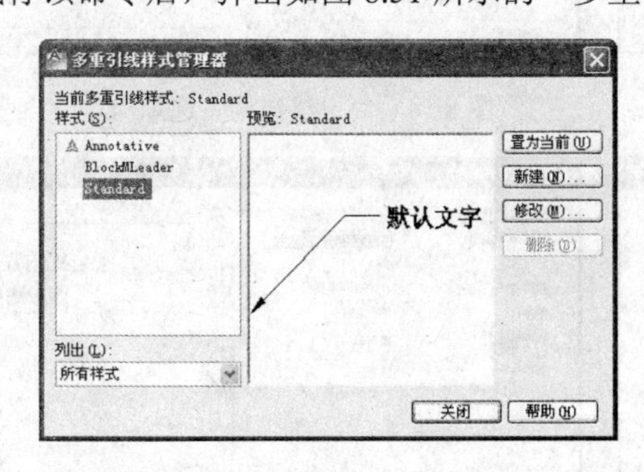

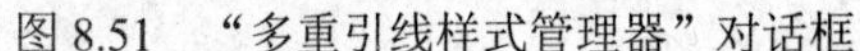

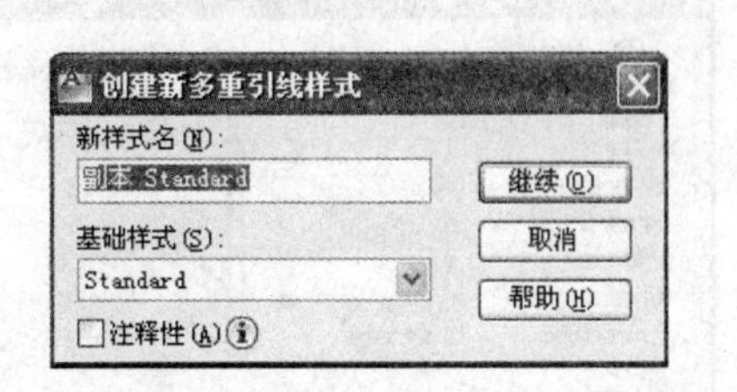

图 8.51 “多重引线样式管理器”对话框　　图 8.52 “创建新多重引线样式”对话框

该对话框中包括样式、预览、置为当前、新建、修改、删除等内容。

（1）当前多重引线样式：显示应用于所创建的多重引线的多重引线样式的名称。

（2）样式：显示多重引线样式列表。高亮显示当前样式。

（3）列出：过滤“样式”列表的内容。如选择“所有样式”，则显示图形中可用的所有多重引线样式。如选择“正在使用的样式”，仅显示当前图形中正使用的多重引线样式。

（4）预览：显示“样式”列表中选定样式的预览图像。

（5）置为当前：将“样式”列表中选定的多重引线样式设置为当前样式。随后新的多重引线都将使用此多重引线样式进行创建。

（6）新建：弹出如图 8.52 所示的“创建新多重引线样式”对话框，可以定义新多重引线样式。单击“继续”按钮，则弹出“修改多重引线样式”对话框，如图 8.53 所示。该对话框包括了“引线格式”、“引线结构”、“内容”3 个选项卡。

① 引线格式——在引线格式中，可设置引线的类型（直线、样条曲线、无）、引线的颜色、引线的线型、线的宽度等属性。还可以设置箭头的形式、大小，以及控制将折断标注添加到多重引线时使用的大小设置。

② 引线结构——控制多重引线的约束，包括引线中最大点数、两点的角度，自包含基线、基线间距，并通过比例控制多重引线的缩放，如图 8.54 所示。

③ 内容——设置多重引线的内容。多重引线的类型包括多行文字、块、无。

如果选择了“多行文字”，如图 8.55 所示，则下方可以设置文字的各种属性，如默认文字的内容、文字样式、文字角度、文字颜色、文字高度、文字对正方式、是否文字加框，以及设置引线连接的特性，包括水平连接或垂直连接、连接位置、基线间隙等。如选择了“块”，如图 8.56 所示。提示设置块源，包括提供的 5 种，也可以选择用户定义的块。同时设置附着的位置、颜色、比例等特性。

（7）修改：弹出如图 8.53 所示的“修改多重引线样式”对话框，供修改多重引线样式。同上。

（8）删除：删除“样式”列表中选定的多重引线样式。不能删除图形中正在使用的样式。

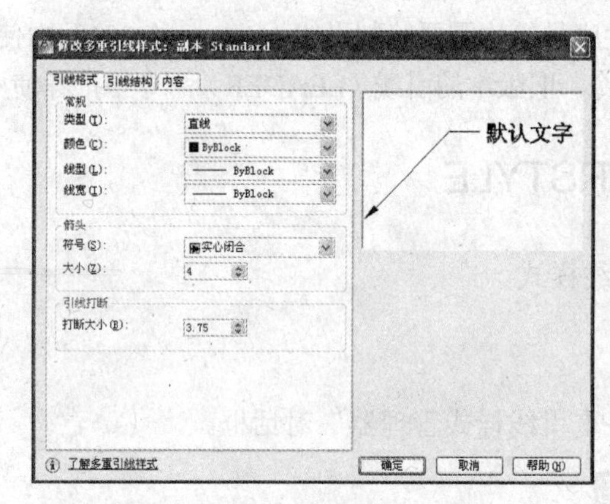

图 8.53 “引线格式”选项卡

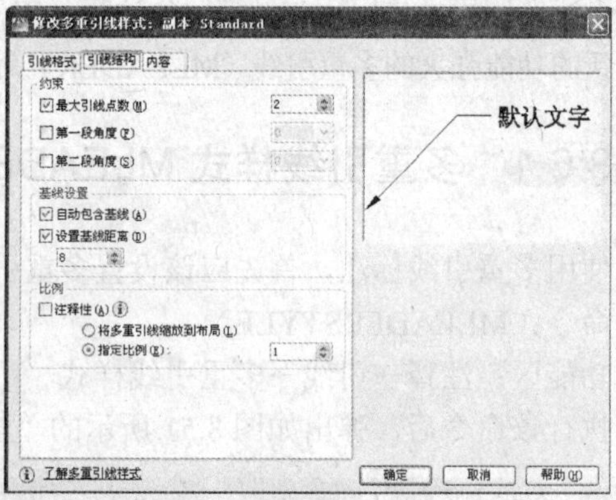

图 8.54 “引线结构”选项卡

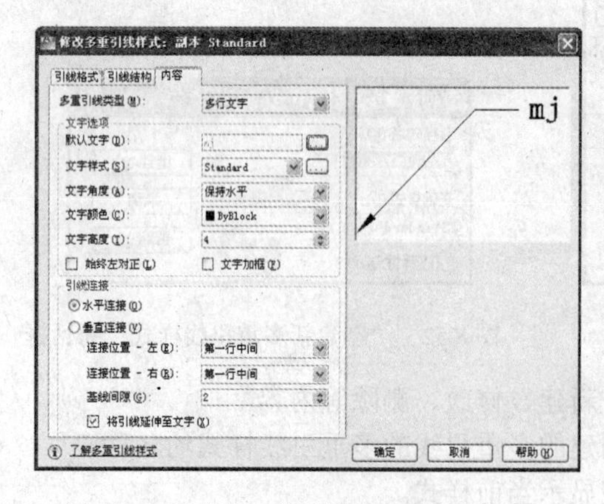

图 8.55 “内容（类型文字）”选项卡

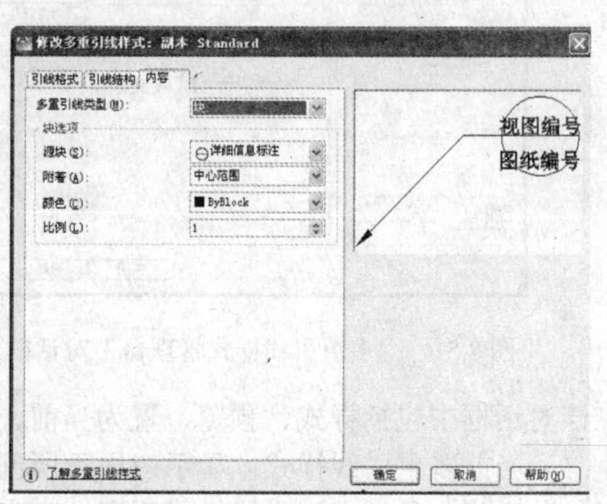

图 8.56 “内容（块）”选项卡

8.6.2 多重引线 MLEADER

有了多重引线的式样后，便可以进行多重引线的标注了。

命令：MLEADER

功能区：注释→引线→多重引线

命令及提示：

```
指定引线箭头的位置或［引线基线优先(L)/内容优先(C)/选项(O)］〈选项〉:
输入选项［引线类型(L)/引线基线(A)/内容类型(C)/最大节点数(M)/第一个角度(F)/第二个角度(S)/退出选项(X)］〈退出选项〉:
指定引线箭头的位置或［引线基线优先(L)/内容优先(C)/选项(O)］〈选项〉:
指定引线基线的位置:〈正交 关〉
覆盖默认文字［是(Y)/否(N)］〈否〉: y↵
定引线箭头的位置或［引线基线优先(L)/内容优先(C)/选项(O)］〈选项〉: 1↵
指定引线基线的位置或［引线箭头优先(H)/内容优先(C)/选项(O)］〈选项〉:
指定引线箭头的位置:
指定引线基线的位置或［引线箭头优先(H)/内容优先(C)/选项(O)］〈选项〉: c↵
指定文字的插入点或［覆盖(OV)/引线箭头优先(H)/引线基线优先(L)/选项(O)］〈选项〉:
指定引线箭头的位置:
```

参数如下。

（1）指定引线箭头的位置：在图形上定义箭头的起始点。

（2）引线箭头优先（H）：首先确定箭头。

（3）引线基线优先（L）：首先确定基线。

（4）内容优先（C）：首先绘制内容

（5）选项（O）：设置多重引线格式。

（6）[引线类型（L）/引线基线（A）/内容类型（C）/最大节点数（M）/第一个角度（F）/第二个角度（S）/退出选项（X）]：同上小节对话框解释。

（7）指定引线基线的位置：确定引线基线的位置。

（8）指定引线箭头的位置：确定箭头的位置。

（9）指定文字的插入点：确定文字的插入点。

（10）是否覆盖默认文字：如选择“是”，则用新的输入的文字作为引线内容。如选择了“否”，则引线提示内容为默认的文字。

【例 8.21】在图 8.57 所示的图形上标注多重引线，内容分别为 1、2 和不覆盖（即默认文字）。

```
命令: _mleader
指定引线箭头的位置或［引线基线优先(L)/内容优先(C)/选项(O)］〈引线基线优先〉:单击1所指的圆心
指定引线基线的位置:单击文字 1 位置附近
覆盖默认文字［是(Y)/否(N)］〈否〉: y↵    并输入1
```

重复，输入 2。

重复，在提示是否覆盖默认文字时，回答<否>。结果如图 8.58 所示。

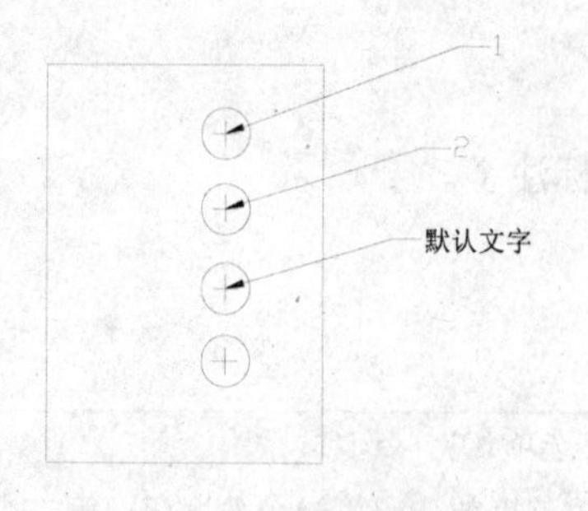

图 8.57　多重引线标注

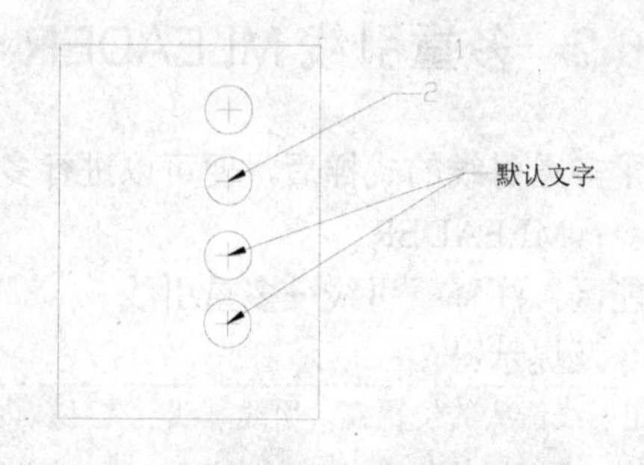

图 8.58　添加/删除多重引线

8.6.3　添加/删除引线 MLEADEREDIT

在引线标注完成后，还可以通过 MLEADEREDIT 命令对多重引线进行添加或删除操作。

命令：MLEADEREDIT

功能区：常用→注释→添加引线/删除引线；注释→引线→添加引线/删除引线

命令及提示：

```
命令：mleaderedit
选择多重引线:
指定引线箭头位置或 [删除引线(R)]:R↵
指定要删除的引线或 [添加引线(A)]:
```

参数如下。

（1）选择多重引线：选择要编辑修改的多重引线。

（2）指定引线箭头位置：指定箭头指向位置。

（3）删除引线（R）：选择 R 选项后，指定删除的引线则将该引线删除。

（4）添加引线（A）：添加引线到多重引线中，随后要指定箭头位置。

【例 8.22】在图 8.57 所示的图形上将多重引线中的 1 删除，将添加一引线到默认文字标注上。

```
命令:单击“注释→引线→删除”按钮
选择多重引线: 单击多重引线1　找到 1 个
指定要删除的引线或 [添加引线(A)]:单击多重引线中引线部分
指定要删除的引线或 [添加引线(A)]: ↵
不存在要删除的引线。
命令: 单击“注释”选项卡→引线→添加引线按钮
选择多重引线: 单击多重引线“默认文字” 找到 1 个
指定引线箭头位置或 [删除引线(R)]:单击最下方的圆的圆心
指定引线箭头位置或 [删除引线(R)]: ↵
```

结果如图 8.58 所示。

8.6.4　对齐引线 MLEADERALIGN

在多个引线存在时，应该将它们排列整齐，此时可以通过对齐引线命令排列整齐，符合图样标准。

命令：MLEADERALIGN

功能区：常用→注释→对齐引线；注释→引线→对齐引线

命令及提示：

```
命令：_mleaderalign
选择多重引线：指定对角点：找到 X 个，总计 X 个
选择多重引线：
当前模式：使用当前间距
选择要对齐到的多重引线或 [选项(O)]:o↵
输入选项 [分布(D)/使引线线段平行(P)/指定间距(S)/使用当前间距(U)] <使用当前间距>: s↵
指定间距 <0.000000>:
输入选项 [分布(D)/使引线线段平行(P)/指定间距(S)/使用当前间距(U)] <指定间距>: d↵
指定第一点或 [选项(O)]:
指定第二点：
输入选项 [分布(D)/使引线线段平行(P)/指定间距(S)/使用当前间距(U)] <使段平行>: p↵
选择要对齐到的多重引线或 [选项(O)]:o↵
```

参数如下。

（1）选择多重引线：选择要编辑修改的多重引线。

（2）选择要对齐到的多重引线：选择对齐到的目标多重引线。

（3）选项（O）：指定用于对齐并分隔选定的多重引线的选项。

（4）分布（D）：等距离隔开两个选定点之间的内容。

（5）使引线线段平行（P）：调整内容位置，从而使选定多重引线中的每条最后的引线线段均平行。

（6）指定间距（S）：指定选定的多重引线内容范围之间的间距。

（7）使用当前间距（U）：使用多重引线内容之间的当前间距。

【例 8.23】在图 8.59 所示的图形上将多重引线“默认文字”对齐到文字“2”所示的引线上。

```
命令：_mleaderalign
选择多重引线： 选择“默认文字”的多重引线 找到 1 个
选择多重引线：↵
当前模式：使用当前间距
选择要对齐到的多重引线或 [选项(O)]：选择“2”的多重引线
指定方向:在下方任一点单击
```

结果如图 8.60 所示。

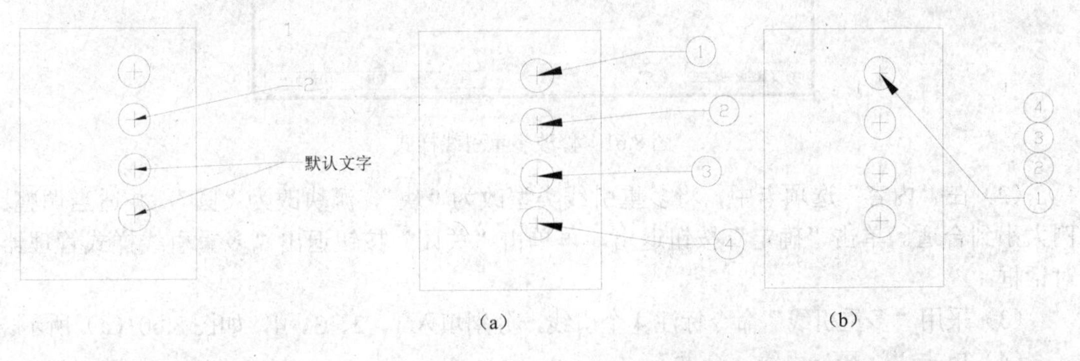

图 8.59　对齐多重引线

图 8.60　多重引线合并

8.6.5 合并引线 MLEADERCOLLECT

在图样中经常有同一规格尺寸的图形或零部件存在，标注时需要统一指向一个标注，此时可以采用合并引线功能，将它们统一进行标注。

命令：MLEADERCOLLECT

功能区：常用→注释→合并；注释→引线→合并

命令及提示：

```
命令: _mleadercollect
选择多重引线: 指定对角点: 找到 X 个
选择多重引线:
指定收集的多重引线位置或 [垂直(V)/水平(H)/缠绕(W)] <水平>:
```

参数如下。

（1）选择多重引线：选择要合并的多重引线。

（2）指定收集的多重引线位置：将放置多重引线集合的点指定在集合的左上角。

（3）垂直（V）：将多重引线集合放置在一列或多列中。

（4）水平（H）：将多重引线集合放置在一行或多行中。

（5）缠绕（W）：指定缠绕的多重引线集合的宽度。

① 指定缠绕宽度——指定缠绕的多重引线集合的宽度。

② 数目——指定多重引线集合的每行中块的最大数目。

【例 8.24】如图 8.60（a）所示，在图中首先分别标注 4 个以块为多重引线类型的标注，然后将它们合并到一列上。

（1）单击“注释→引线→多重引线样式”按钮，弹出“多重引线样式管理器”对话框，再单击“修改”按钮，弹出图 8.61 所示的“修改多重引线样式”对话框。

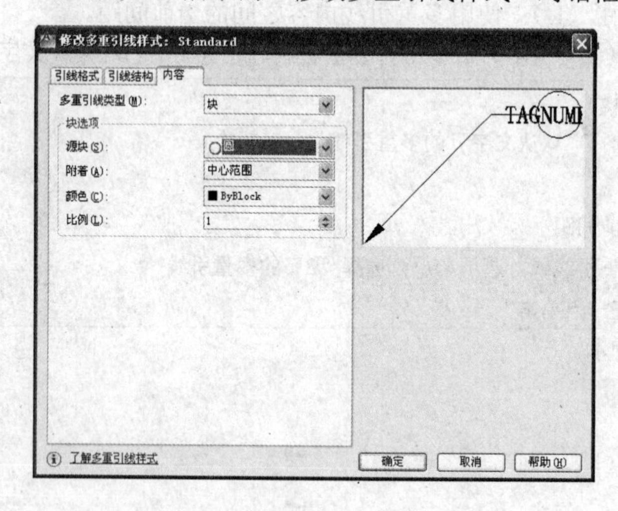

图 8.61 修改多重引线样式

（2）在“内容”选项卡中，将多重引线类型改为“块”，源块改为“圆”，并适当调整比例大小到合适。单击“确定”按钮退出，再单击“关闭”按钮退出“多重引线样式管理器”对话框。

（3）采用“多重引线”命令标注 4 个引线，分别填入 1、2、3、4，如图 8.60（a）所示。

（4）单击“注释→引线→合并”。

命令：_mleadercollect

选择多重引线： **采用窗交方式选择 4 个引线** 指定对角点：找到 4 个

选择多重引线：↵

指定收集的多重引线位置或 [垂直(V)/水平(H)/缠绕(W)] <水平>：**v↵**

指定收集的多重引线位置或 [垂直(V)/水平(H)/缠绕(W)] <垂直>:**在合适的位置单击**

结果如图 8.60（b）所示。

习题

（1）标注尺寸时采用的字体和文字样式是否有关？

（2）关联尺寸和非关联尺寸有无区别？如果改变了关联线性尺寸的一个端点，其自动测量的尺寸数值是否相应发生变化？

（3）尺寸公差的上、下偏差，其符号是如何控制的？如何避免标注出上负、下正的公差格式？

（4）尺寸样式替代和尺寸样式修改有什么区别？

（5）如何设置一种尺寸标注样式，角度数值始终水平，其他尺寸数值和尺寸线方向相同？

（6）标注形位公差的方法有哪些？

（7）线性标注和对齐标注有什么区别？

（8）尺寸线、尺寸界线倾斜的标注方式和尺寸数字的倾斜方式应如何操作？

（9）在线性标注中如何标注直径？

（10）指引线标注中的文本和尺寸线能否分别调整位置？

（11）如何使调整后的尺寸变量只影响随后标注的尺寸，而不影响已经采用该类型的尺寸样式标注的尺寸？反之又该如何操作？

（12）在标注装配图的零件序号时，应该采用什么标注方式？

第 9 章

显示控制

在使用 AutoCAD 绘图时，显示控制命令使用十分频繁。通过显示控制命令，可以观察绘制图形的任何细小的结构和任意复杂的整体图形，如观察大到整栋楼房建筑的全貌或整个飞机的外形，小到观察楼房中的每扇窗户或飞机中的一枚螺钉上的倒角，同时通过显示控制命令，可以保存和恢复命名视图，设置多个视口，观察整体效果和细节。本章介绍显示控制命令的使用方法。

9.1 重画 REDRAW 或 REDRAWALL

在绘图过程中，有时会在屏幕上留下一些“痕迹”。为了消除这些“痕迹”，不影响图形的正常观察，可以执行重画。

命令：REDRAW

　　　REDRAWALL

重画一般情况下是自动执行的。重画是 AutoCAD 利用最后一次重生成或最后一次计算的图形数据重新绘制图形，速度较快。

REDRAW 命令只刷新当前视口，REDRAWALL 命令刷新所有视口。

9.2 重生成 REGEN 和 REGENALL

重生成同样可以刷新视口，但和重画的区别在于刷新的速度不同。重生成是 AutoCAD 重新计算图形数据后在屏幕上显示结果，速度较慢。

命令：REGEN

　　　REGENALL

AutoCAD 在可能的情况下会执行重画而不执行重生成来刷新视口。有些命令执行时会引起重生成，如果执行重画无法清除屏幕上的“痕迹”，也只能重生成。

REGEN 命令重新生成当前视口。REGENALL 命令对所有的视口都执行重生成。

9.3 显示缩放 ZOOM

AutoCAD 提供了 ZOOM 命令来完成显示缩放和移动观察功能。由于显示缩放使用频繁，故在 AutoCAD 中有多种途径可以实现该功能。

（1）鼠标滚轮上下滚动可以控制视图以鼠标位置为中心放大或缩小显示。按住鼠标滚轮则可以平移。

（2）在绘图区右侧有全导航控制盘，其中有二维控制盘、平移和缩放等按钮。

（3）功能区的视图选项卡下有二维导航面板，其中有齐全的视图控制按钮。

（4）在绘图区右击鼠标，可以选择有个平移和缩放的快捷菜单。

（5）命令行输入相应的命令可以控制视图显示。

（6）视图菜单中包含了视图的显示控制选项。

（7）缩放工具栏、三维导航工具栏包含了视图的显示控制按钮。

命令：ZOOM

命令及提示：

```
命令: '_zoom
指定窗口角点，输入比例因子 (nX 或 nXP)，或
[全部(A)/中心 (C)/动态(D)/范围(E)/上一个(P)/比例(S)/窗口(W) /对象(O)] <实时>:
按  Esc  键或  Enter  键退出，或单击鼠标右键显示快捷菜单
```

参数如下。

（1）指定窗口角点：通过定义一个窗口来确定放大范围，在视口中单击一点，即确定该窗口的一个角点，随即提示输入另一个角点。执行结果同窗口参数。

（2）输入比例因子（nX 或 nXP）：按照一定的比例来进行缩放。大于 1 为放大，小于 1 为缩小。X 指相对于模型空间缩放，XP 指相对于图纸空间缩放。

（3）全部（A）：在当前视口中显示整个图形。其范围取决于图形所占范围和绘图界限中较大的一个。

（4）中心（C）：指定一个中心点，将该点作为视口中图形显示的中心。在随后的提示中，要求指定缩放系数或高度，AutoCAD 根据给定的缩放系数（nX）或欲显示的高度进行缩放。如果不想改变中心点，在中心点提示后直接按【Enter】键即可。

（5）动态（D）：动态显示图形。该选项集成了平移（PAN）命令和显示缩放（ZOOM）命令中的“全部（A）”和“窗口（W）”功能。当使用该选项时，系统显示一平移观察框，可以拖动它到适当的位置并单击，此时出现一个向右的箭头，可以调整观察框的大小。如果再单击鼠标左键，还可以移动观察框。如果按【Enter】键或单击鼠标右键，在当前视口中将显示观察框中的部分内容。

（6）范围（E）：将图形在当前视口中最大限度地显示。

（7）上一个（P）：恢复上一个视口内显示的图形，最多可以恢复 10 个图形显示。

（8）比例（S）：根据输入的比例显示图形，对于模型空间，比例系数后加一（X），对于图纸空间，比例系数后加上（XP）。显示的中心为当前视口中图形的显示中心。

（9）窗口（W）：缩放由两点定义的窗口范围内的图形到整个视口范围。

（10）对象(O)：缩放以便尽可能大地显示一个或多个选定的对象并使其位于绘图区域的中心。

（11）<实时>：在提示后直接按【Enter】键，进入实时缩放状态。按住鼠标向上或向左放大图形显示，按住鼠标向下或向右为缩小图形显示。

【例 9.1】演示各种视图显示用法及效果。请打开图形“练习 2-卡圈.dwg”，设初始显示图形如图 9.1 所示。

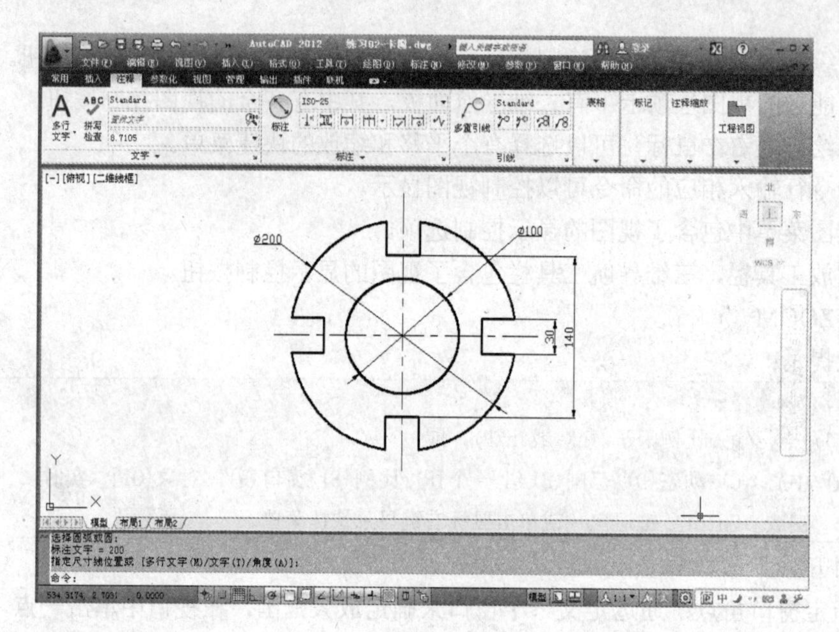

图 9.1　初始显示图形

（1）显示窗口（ZOOM W）。采用缩放窗口放大显示如图 9.1 所示垫圈下方的缺口。

命令：'_zoom
指定窗口角点，输入比例因子（nX 或 nXP），或
[全部(A)/中心点(C)/动态(D)/范围(E)/上一个(P)/比例(S)/窗口(W) /对象(O)]〈实时〉：_w
指定第一个角点：单击如图9.2所示缺口左上角点
指定对角点：单击如图9.2所示缺口右下角点

结果如图 9.2 所示。

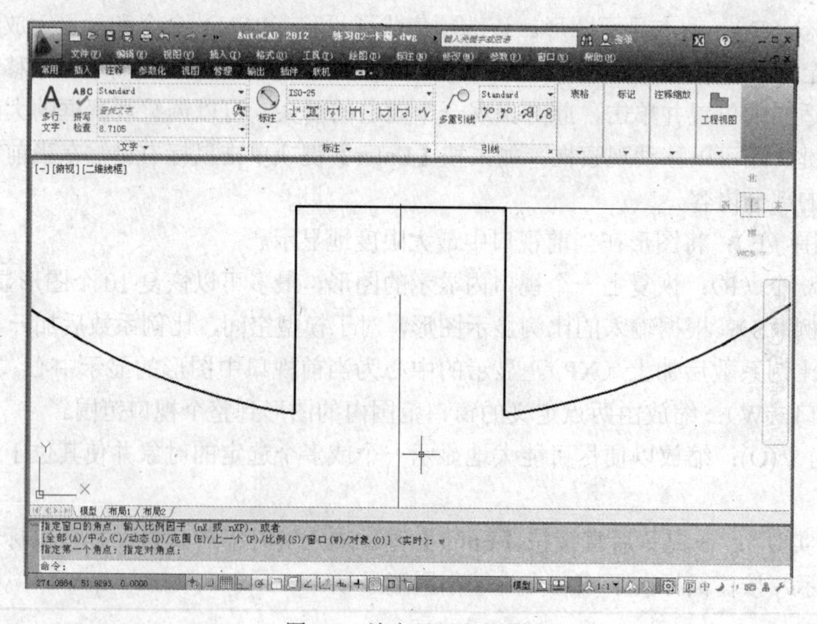

图 9.2　放大显示主视图

（2）显示全部（ZOOM A），如图 9.3 所示。

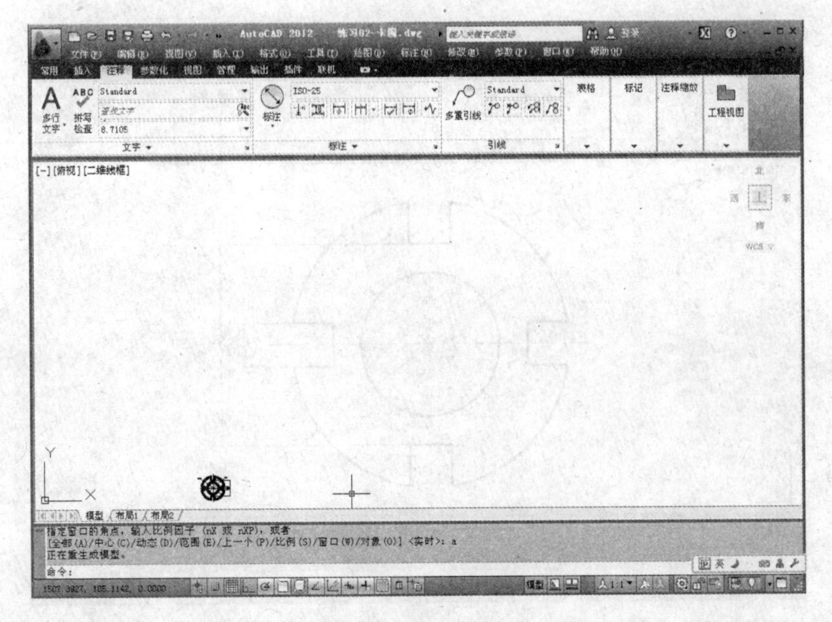

图 9.3　显示全部

```
命令: '_zoom
指定窗口角点，输入比例因子 (nX 或 nXP)，或
[全部(A)/中心点(C)/动态(D)/范围(E)/上一个(P)/比例(S)/窗口(W) /对象(O)] <实时>: _all
```

结果如图 9.3 所示（此时图纸界限设定成 4200×2970，图形绘制的尺寸为 1:1）。如果图纸界限较大而图形较小，则执行该命令会显示图纸界限范围。相对而言，图形未必能看清楚，极端情况是图形可能全部看不到。如不论什么样的图纸界限均能最大限度地显示图形，应使用下面的操作方式。

（3）显示范围（ZOOM E）。将图形部分充满整个视口。

```
命令: '_zoom
指定窗口角点，输入比例因子 (nX 或 nXP)，或
[全部(A)/中心点(C)/动态(D)/范围(E)/上一个(P)/比例(S)/窗口(W) /对象(O)] <实时>: _e
```

结果如图 9.4 所示。

（4）比例缩放（ZOOM S）。将如图 9.4 所示的显示范围按照 0.5x 倍的比例显示。

```
命令: '_zoom
指定窗口角点，输入比例因子 (nX 或 nXP)，或
[全部(A)/中心点(C)/动态(D)/范围(E)/上一个(P)/比例(S)/窗口(W) /对象(O)] <实时>: _s
输入比例因子 (nX 或 nXP):0.5X↵
```

结果如图 9.5 所示。

（5）显示上一个图形（ZOOM P）。恢复显示上一个图形。

```
命令: '_zoom
指定窗口角点，输入比例因子 (nX 或 nXP)，或
[全部(A)/中心点(C)/动态(D)/范围(E)/上一个(P)/比例(S)/窗口(W) /对象(O)] <实时>: _p
```

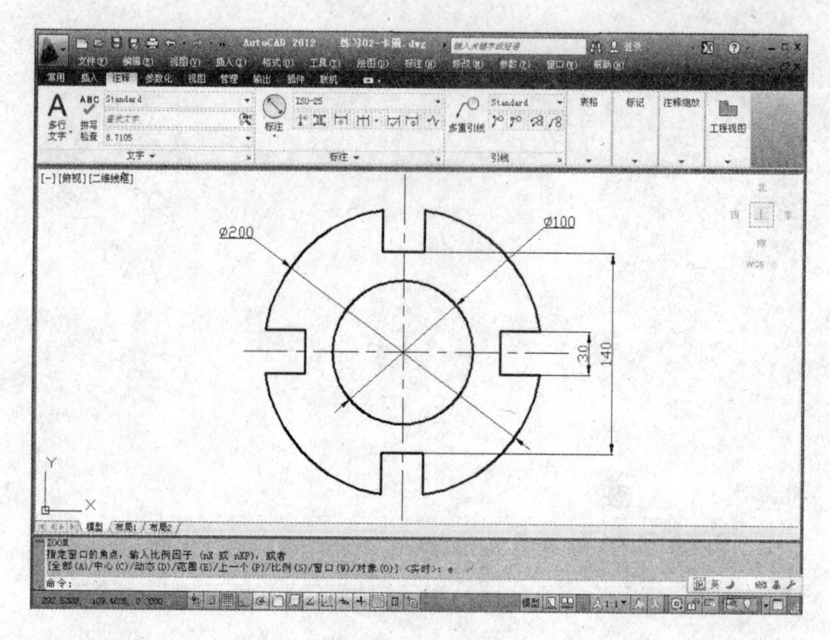

图 9.4　显示范围

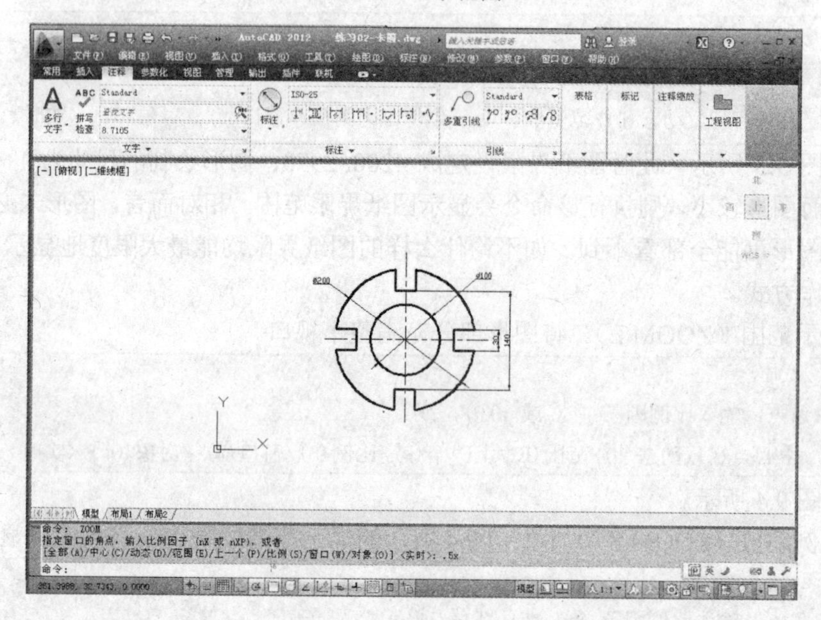

图 9.5　比例缩放—0.5x

结果显示上一个图形，如图 9.4 所示。连续执行可以依次显示前面的图形。

（6）将如图 9.4 所示的显示图形按照 0.5 倍的比例显示。

```
命令: '_zoom
指定窗口角点，输入比例因子 (nX 或 nXP)，或
[全部(A)/中心点(C)/动态(D)/范围(E)/上一个(P)/比例(S)/窗口(W) /对象(O)] <实时>: _s
输入比例因子 (nX 或 nXP):0.5↵
```

结果如图 9.6 所示。

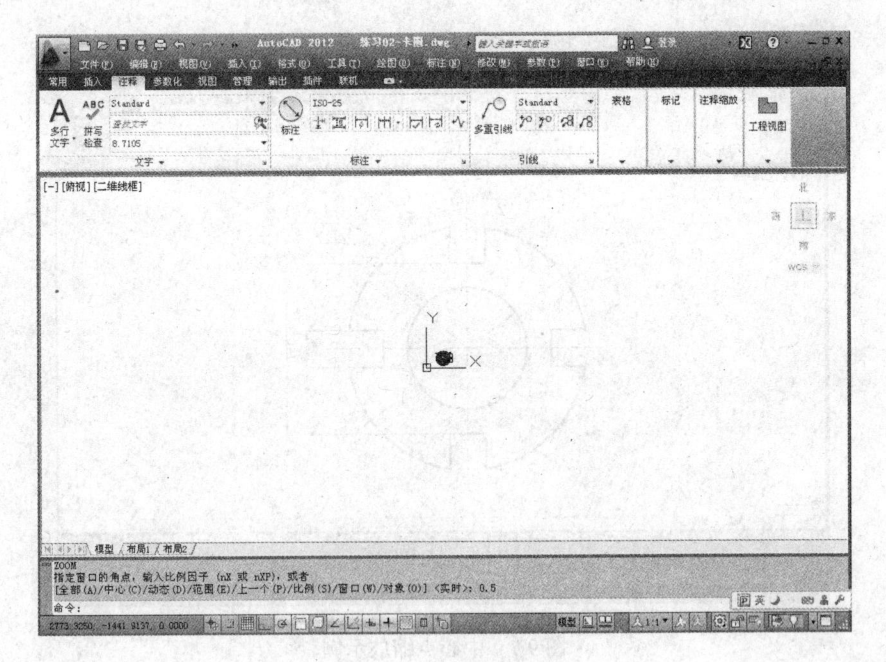

图 9.6　比例缩放—0.5

注意：

从该示例中可以发现，将如图 9.4 所示的显示图形按照 0.5 倍的比例缩放时，并未变成如图 9.4 所示显示的一半大小，如果读者使用的比例系数是 0.5X，结果会变成如图 9.4 所示的一半大小显示出来（图 9.5）。其间的区别在于 *n*X、*n*XP 指相对于当前显示在视口中的图形屏幕大小缩放 *n* 倍，而 *n*（不带 X、XP）指相对于图形数据的 *n* 倍显示图形。也就是说，不论当前该图形显示在屏幕上的大小如何，执行 *n* 倍后显示的结果是一样的。

（7）中心点缩放（ZOOM C）。将如图 9.6 所示的图形在不改变显示中心的情况下，按高度为 200 显示。

```
命令：'_zoom
指定窗口角点，输入比例因子 (nX 或 nXP)，或
[全部(A)/中心点(C)/动态(D)/范围(E)/上一个(P)/比例(S)/窗口(W) /对象(O)] <实时>: _c
指定中心点：↵
输入比例或高度 <601.9175>:200↵
```

结果如图 9.7 所示。

（8）实时显示图形（ZOOM R）。实时显示图形，可以放大或缩小。

```
命令：'_zoom
指定窗口角点，输入比例因子 (nX 或 nXP)，或
[全部(A)/中心点(C)/动态(D)/范围(E)/上一个(P)/比例(S)/窗口(W) /对象(O)] <实时>:在出现光标变为 时，按住鼠标左键向上移动，图形渐渐放大，向下移动，图形渐渐缩小。
按Esc键或Enter键退出，或单击鼠标右键显示快捷菜单。↵　　　　　　退出实时缩放
```

（9）动态显示图形（ZOOM D）。动态显示图形中指定的范围及其缩放的大小。将示例图形的上半部分放大显示。

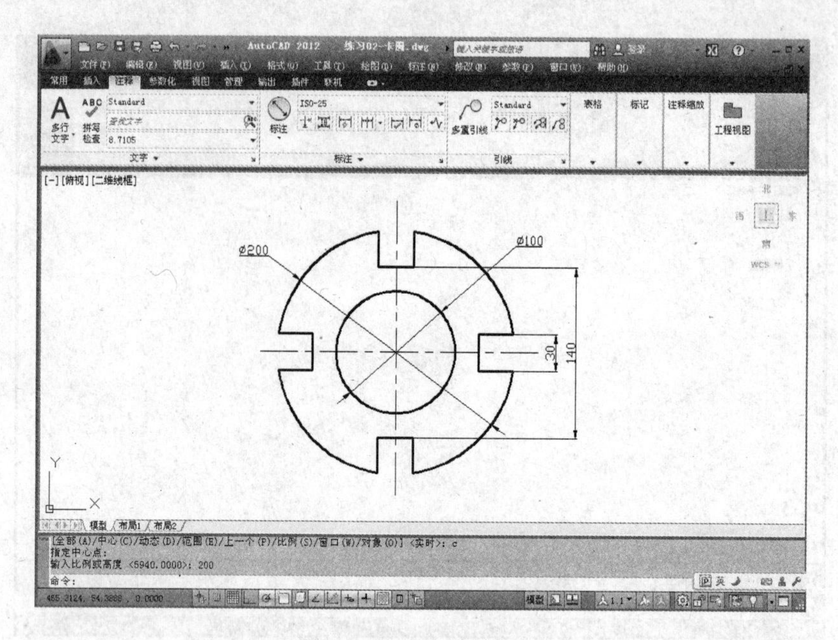

图 9.7　中心点缩放示例

命令：'_zoom

指定窗口角点，输入比例因子 (nX 或 nXP)，或

[全部(A)/中心点(C)/动态(D)/范围(E)/上一个(P)/比例(S)/窗口(W) /对象(O)] 〈实时〉: _d

下达该命令后，首先在屏幕上出现如图 9.8 所示的动态缩放初始画面。

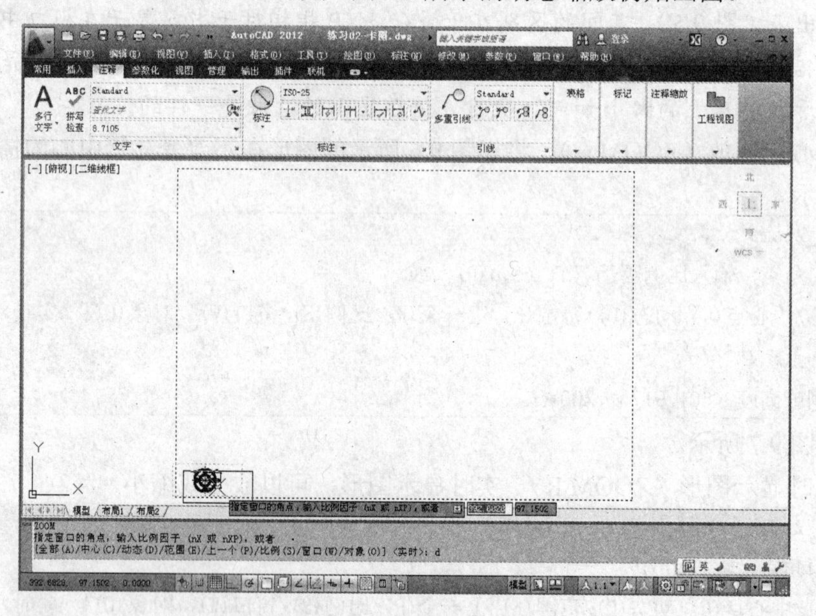

图 9.8　动态缩放初始画面

该画面中，绿色虚线框中是当前显示的图形，蓝色虚线框中是图形界限范围，中间带 X 的黑色线框是即将显示的范围，其初始大小和绿色线框相同。

移动鼠标，中间带 X 的矩形随之移动，在如图 9.9 所示的位置单击鼠标左键，此时中间的 X 消失，在右侧出现一个箭头，左右移动鼠标会改变矩形的大小，上下移动会改变矩形的位置。如图 9.9 所示，将方框控制在图示位置和大小内。

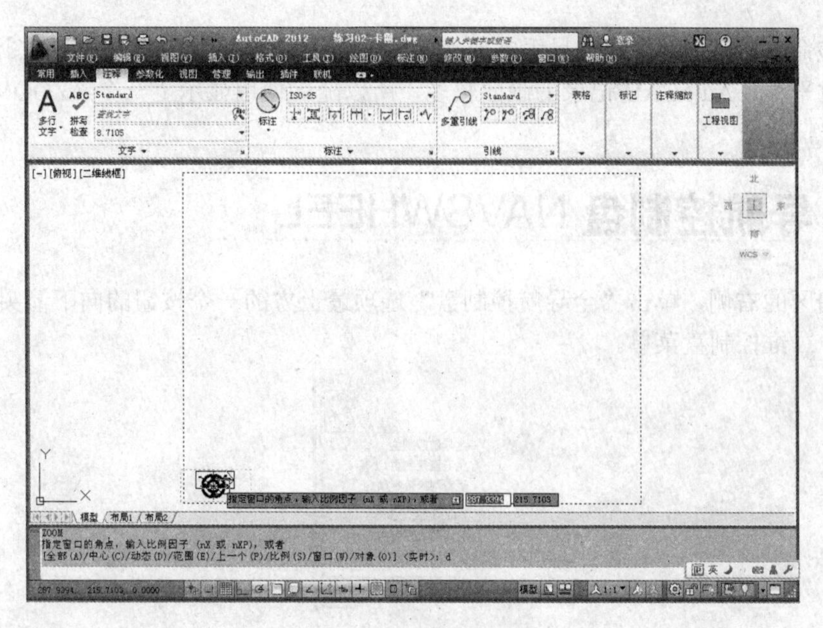

图 9.9　动态缩放控制画面

单击鼠标右键，结果如图 9.10 所示，在方框中的图形被放大至充满当前视口。

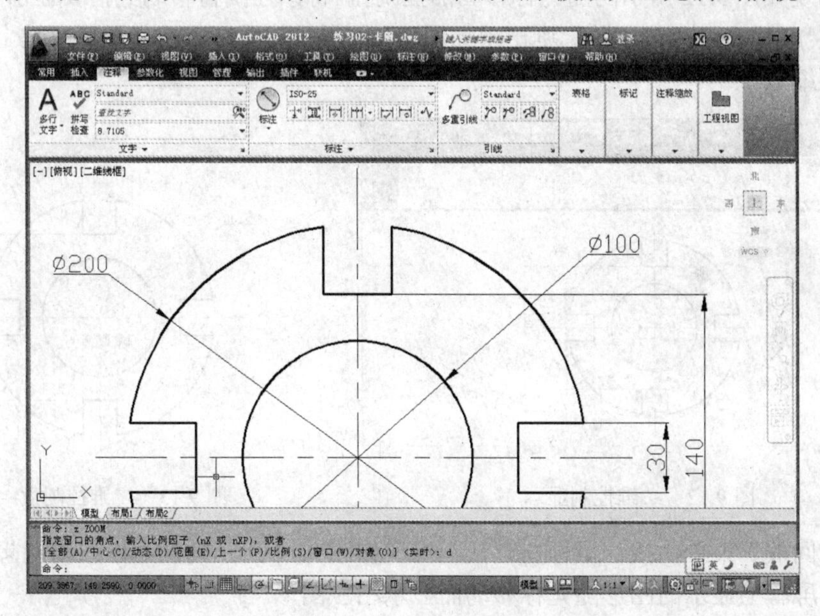

图 9.10　放大显示轴测图

9.4　实时平移 PAN

实时平移可以在不改变显示比例的情况下，观察图形的不同部分，相当于移动图纸。

命令及提示：

命令：'_pan

按住鼠标左键移动

按【Esc】键或【Enter】键退出，或单击鼠标右键显示快捷菜单。

执行该命令后，光标变成一只手的形状（），按住鼠标左键移动，可以使图形一起移动。由于是实时平移，AutoCAD 记录的画面较多，所以随后使用显示上一个（ZOOM P）命令意义不大。

9.5 导航控制盘 NAVSWHEEL

在绘图区的右侧，单击“全导航控制盘”选项最上方的一个按钮的向下箭头，如图 9.11 所示，选中二维控制盘菜单。

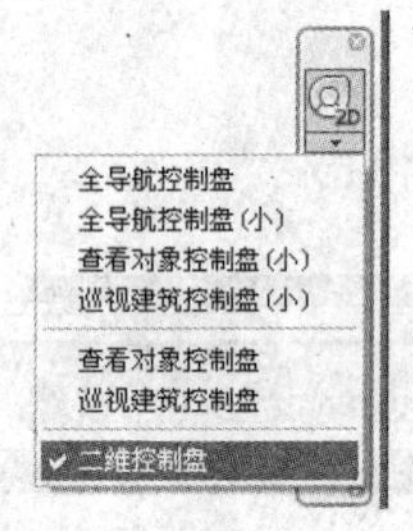

图 9.11　二维控制盘菜单

此时出现如图 9.12 所示的随光标移动的控制盘。将该控制盘移动到需要显示的中心附近，选择“缩放”（呈粉红色）菜单，则出现如图 9.13 所示的图标。按住鼠标左键上下或左右移动即可实现缩放。

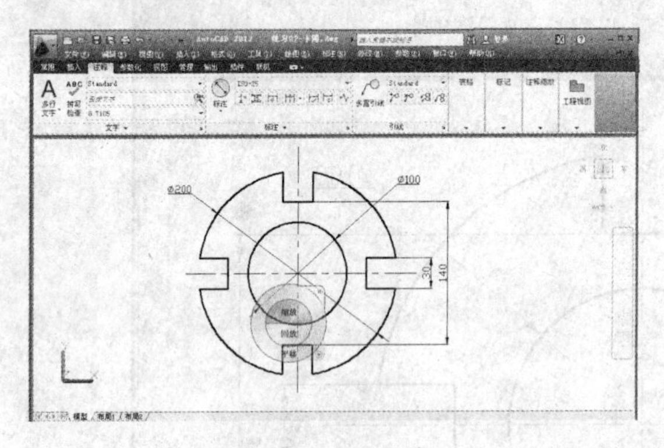

图 9.12　二维控制显示

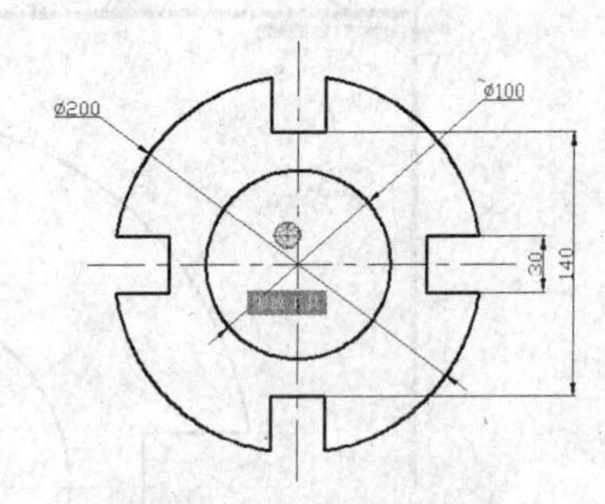

图 9.13　二维控制盘—缩放

选择“回放”菜单，按住鼠标左键，则出现如图 9.14 所示的画面，移动到想回看的视图即可。此时屏幕上显示的图形随光标移动而显示相应图形。

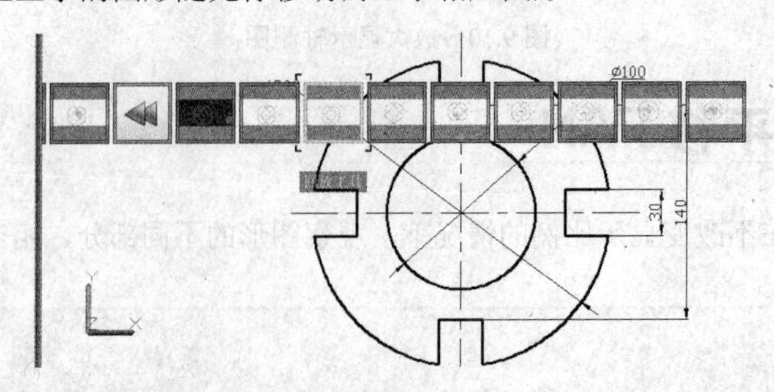

图 9.14　二维控制盘—回放

在二维控制盘上选择“平移”菜单，则出现如图 9.15 所示的画面。按住左键不放移动鼠标实现平移功能。

单击二维控制盘右上角的×退出。单击右下角向下的箭头可以选择“设置”或“关闭控制盘”。

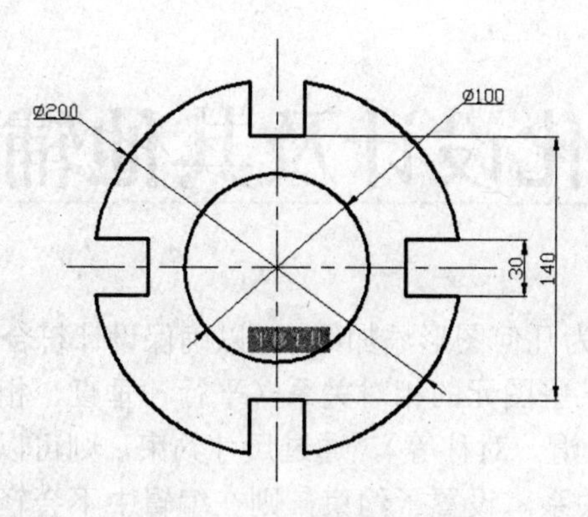

图 9.15　二维控制盘—平移

习题

（1）重生成和重画有什么区别？

（2）视图缩放中通过缩放系数来改变屏幕显示结果，n 和 nX 以及 nXP 之间有什么区别？

（3）ZOOM ALL 命令 和 ZOOM E 命令有什么区别？

（4）要显示前面显示过的画面有哪些方法？

（5）执行视图平移有多少种不同的方法？

（6）熟悉鼠标滚轮改变视图显示的操作。

第 10 章

参数化设计及其他辅助功能

对于参数化图形，可以为几何图形添加约束，以确保设计符合特定要求。如利用几何约束，可以在绘制的图形中保证某些图元的相对关系（平行、垂直、相切、重合、水平、竖直、共线、同心、锁定、相等、平滑、对称等），通过尺寸约束，则可以保证某些图元的尺寸大小或者和其他图元的尺寸对应关系。设置了约束，则在编辑中不会轻易被修改，除非用户删除或替代了该约束。

参数化绘图是目前图形绘制的发展方向。大部分的三维设计软件均实现了在绘制二维草图中的参数化工作。AutoCAD 2010 也支持参数化绘图，并提供了几何、尺寸约束。通过约束可以保证在进行设计、修改时能保证特定要求的满足。此类功能使得用户可以在保留指定关系和距离的情况下尝试各种创意，高效率地对设计进行修改。

查询包括对象的大小、位置、特性的查询，时间、状态查询，等分线段或定距分线段等。通过适当的查询命令，可以了解两点之间的距离，某直线的长度，某区域的面积，识别点的坐标，图形编辑的时间等。

变量是 AutoCAD 的重要工具。事实上，变量影响到整个系统的工作方式和工作环境。很多的命令执行后会修改系统变量，同时，使用本章介绍的 SETVAR 命令可以直接查询或修改系统变量。直接输入系统变量名也可以显示该变量的值并可以修改。

同时 AutoCAD 2012 中文版还提供了诸如测量、列表显示图元信息、快速计算器、清除图形不用的块、层、文字样式、尺寸样式等等辅助工具。

本章简要介绍参数化设计的功能、用法，以及查询命令和部分辅助功能。

10.1 参数化设计

参数化设计主要包括几何约束、标注约束、参数表达式功能。

10.1.1 几何约束 GEOMCONSTRAINT

用户可指定二维对象或对象上的点之间的几何约束。之后编辑受约束的几何图形时，将保留约束。几何面板中显示了几何约束的主要类型，如图 10.1 所示。

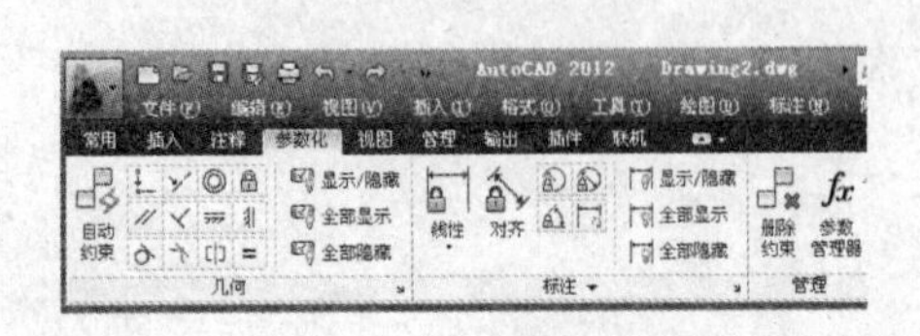

图 10.1 几何约束类型

（1）重合：约束两个点重合，或者约束某个点使其位于某对象或其延长线上。

（2）共线：约束两条或多条直线在同一个方向上。

（3）同心：约束选定的圆、圆弧或椭圆，使其具有同一个圆心。

（4）固定：约束某点或曲线在世界坐标系统特定

的方向和位置上。

（5）平行：约束两条直线平行。

（6）垂直：约束两条直线或多段线相互垂直。

（7）水平：约束某直线或两点，与当前的 UCS 的 X 轴平行。

（8）竖直：约束某直线或两点，与当前的 UCS 的 Y 轴平行。

（9）相切：约束两曲线或曲线与直线，使其相切或延长线相切。

（10）平滑：约束一条样条曲线，使其与其他的样条曲线、直线、圆弧、多段线彼此相连并保持 G2 连续性。

（11）对称：约束对象上两点或两曲线，使其相对于选定的直线对称。

（12）相等：约束两对象具有相同的大小，如直线的长度，圆弧的半径等。

（13）自动约束（AUTOCONSTRAINT）：将多个几何约束应用于选定的对象。

（14）显示（CONSTRAINTBAR）：显示选定对象相关的几何约束。

（15）全部显示：显示所有对象的几何约束。

（16）全部隐藏：隐藏所有对象的几何约束。

10.1.2 标注约束 DIMCONSTRAINT

标注约束控制设计的大小和比例。如图 10.1 所示的标注面板中显示了标注约束的几种类型，包括线性（水平、竖直）、角度、半径、直径等。

（1）线性：控制两点之间的水平或竖直距离，包括水平和竖直两个方向。

（2）水平：控制两点之间的 X 方向的距离，可以是同一个对象上的两点，也可以是不同对象上的两点。

（3）竖直：控制两点之间的 Y 方向的距离，可以是同一个对象上的两点，也可以是不同对象上的两点。

（4）角度：控制两条直线段之间、两条多段线线段之间或圆弧的角度。

（5）半径：控制圆、圆弧或多段线圆弧段的半径。

（6）直径：控制圆、圆弧或多段线圆弧段的直径。

（7）转换：将标注转换为标注约束。

（8）显示动态约束（DYNCONSTRAINTDISPLAY）：显示或隐藏动态约束。

10.1.3 约束设计示例

1. 添加约束设计图形

如图 10.2（a）所示，任意绘制四条边，通过几何约束使之成为矩形。

（1）通过 line 命令，绘制如图 10.2（a）所示的图形。

（2）通过“参数化→几何”面板中的几何约束功能，如图 10.2（b）所示，添加 8 个端点的“重合”约束。

（3）添加“垂直”约束。

（4）添加“平行”约束。

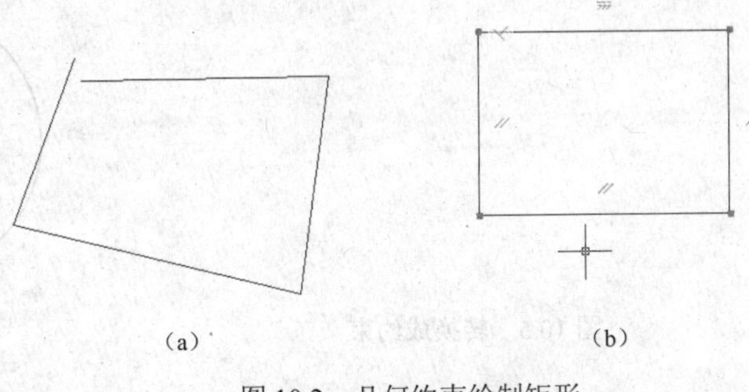

图 10.2　几何约束绘制矩形

（5）添加“水平”约束。

结果如图 10.2（b）所示。

2. 夹点编辑观察图形变化

通过拖动夹点或拉伸等操作，观察图形的变化。该图形中的约束不会变化。如拖动一个角点移动，矩形的结构不会发生变化，只是大小发生改变。

3. 添加标注约束

通过标注约束“水平”、“竖直”分别添加标注约束，如图 10.3（a）所示。

4. 修改标注约束

双击标注的约束，修改大小为 1000 和 500，结果如图 10.3（b）所示。图形结构不变，大小变更。

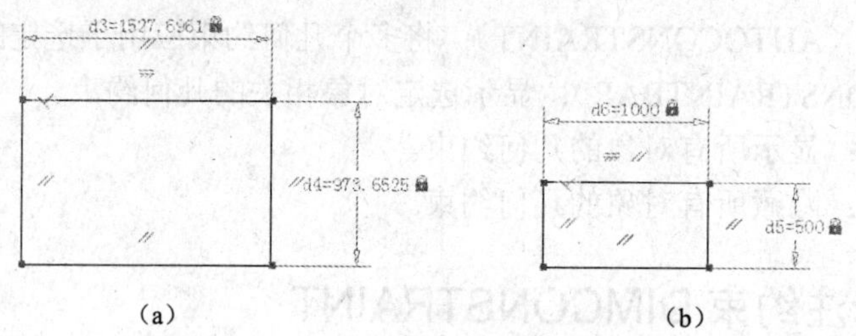

图 10.3 标注约束

5. 尺寸驱动设计

在矩形的右侧绘制一圆，并标注半径尺寸，如图 10.4 所示。

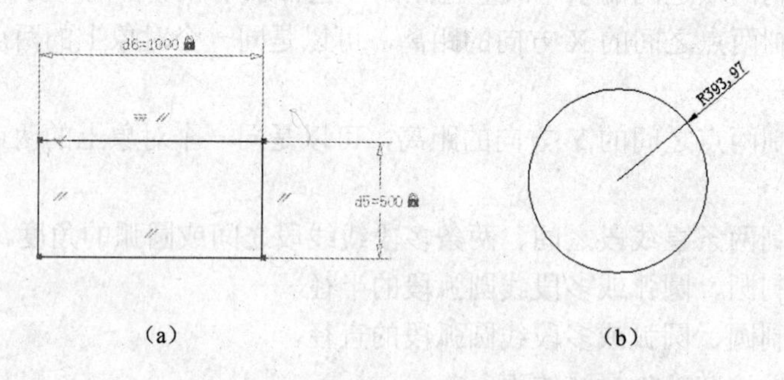

图 10.4 绘制圆

单击“参数化标注转换”，选择标注的半径尺寸，将标注的尺寸转换为标注约束，如图 10.5 所示。

修改半径，使圆的面积和前面绘制的矩形的面积相等。R2=SQRT（D5*D6/Pi）。结果如图 10.6 所示。

图 10.5 转换成约束

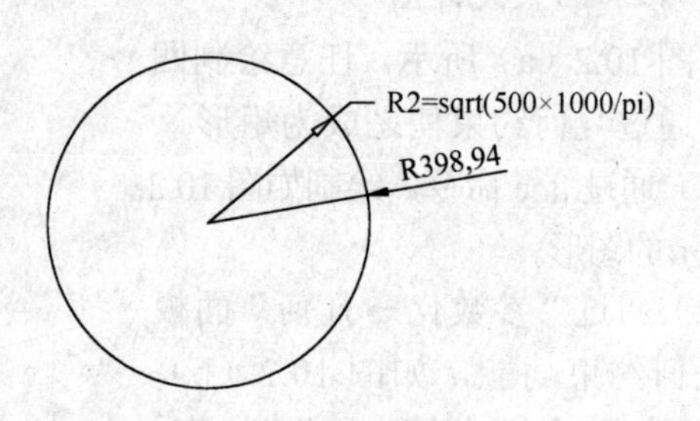

图 10.6 面积相等约束

注意：

（1）约束可以通过删除约束（DELCONSTRAINT）命令删除。

（2）参数管理器，如图 10.7 所示。可以显示标注约束（动态约束和注释性约束）、参照约束和用户变量。可以利用参数管理器轻松创建、修改和删除参数。

（3）参数管理器支持 8 种常规运算符和 29 种函数。在图 10.7 中，双击表达式数值，反选后右击弹出快捷菜单。可选择表达式中列出的函数书写表达式。图中将圆的直径改为表达式 PI*20。

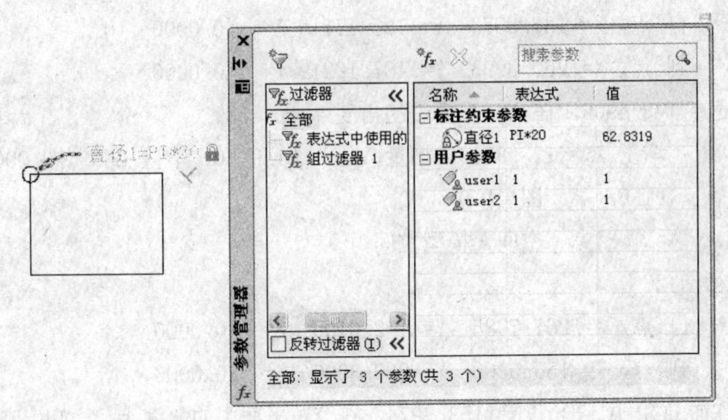

图 10.7　参数管理器

10.2　实用工具

AutoCAD 提供了部分实用工具，如测量距离、点坐标、半径、角度、面积、体积、列表显示快速计算等。

10.2.1　列表显示 LIST

列表显示可以将选择的图形对象的类型、所在空间、图层、大小、位置等特性在文本窗口中显示。

命令：LIST

功能区：常用→特性→列表

命令及提示：

```
命令：_list
选择对象：
```

参数如下。

选择对象：选择欲查询的对象。

【例 10.1】查询如图 10.8 所示的两直线是否相交。

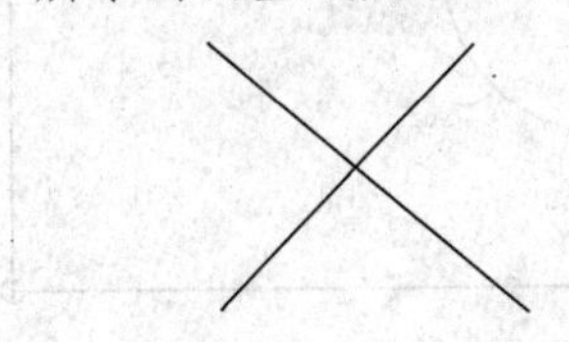

图 10.8　查询两直线是否相交

```
命令: _list
选择对象: 单击直线 找到 1 个
选择对象: 单击另一条直线 找到 1 个，总计 2 个
选择对象:↵
                  LINE       图层: 0
                             空间: 模型空间
                   句柄 = 2B
                自 点，X= 136.8573  Y= 105.1711  Z=   0.0000
                到 点，X= 260.6993  Y= 187.1021  Z=   0.0000
          长度 = 148.4909，在 XY 平面中的角度 =    33
                  增量 X = 123.8420，增量 Y =   81.9310，增量 Z =   0.0000
                  LINE       图层: 0
                             空间: 模型空间
           句柄 = 2C
                自 点，X= 267.7985  Y= 102.0199  Z=   0.0000
                到 点，X= 150.0200  Y= 200.3000  Z=  20.0000
          在当前 UCS 中。 长度 = 153.3974，在 XY 平面中的角度 =    140
                  三维长度  = 154.6957，与 XY 平面的角度 =      7
                 增量 X =-117.7785，增量 Y =   98.2801，增量 Z =  20.0000
```

结果显示两直线不在同一个平面上，在空间上并不相交。

10.2.2 点坐标 ID

屏幕上某点的坐标可以通过 ID 命令查询。

命令：ID

功能区：常用→实用工具→点坐标

命令及提示：

```
命令: '_id
指定点:
```

参数如下。

指定点：单击欲查其坐标的点。

【例 10.2】查询如图 10.9 所示的圆和矩形的交点 A 的坐标。

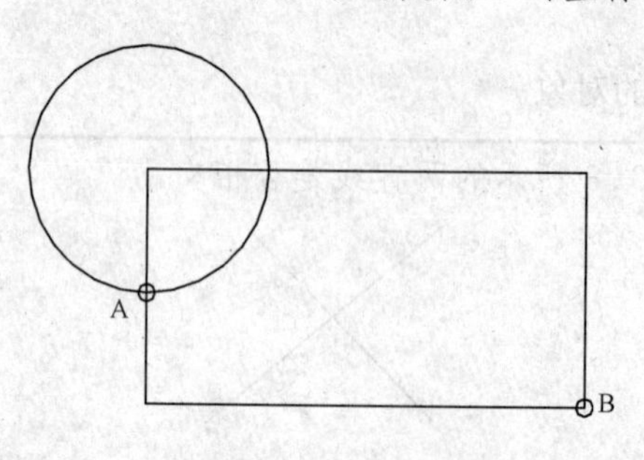

图 10.9　查询点坐标

```
命令: '_id
指定点:采用交点捕捉模式单击A点
X = 128.5      Y = 137.0      Z = 0.0000
```

10.2.3 测量 MEASUREGEOM

通过 MEASUREGEOM 命令可以直接测量距离、半径、角度、面积、体积。

命令：MEASUREGEOM

功能区：常用→实用工具→测量（距离、半径、角度、面积）

```
命令: MEASUREGEOM
输入选项 [距离(D)/半径(R)/角度(A)/面积(AR)/体积(V)] <距离>:
随后按照测量的项目提示选择不同的对象。
```

1. 测量距离

对测量距离而言，提示两个点。

```
指定第一点:
指定第二个点或 [多个点(M)]:
```

【例 10.3】查询如图 10.8 所示的 A 点到 B 点之间的距离。

```
命令: MEASUREGEOM
输入选项 [距离(D)/半径(R)/角度(A)/面积(AR)/体积(V)] <距离>:
指定第一点: 单击A点
指定第二点: 单击B点
距离 = 193.3023，XY 平面中倾角 = 346，   与 XY 平面的夹角 = 0
X 增量 = 187.7350，   Y 增量 =-46.0580，   Z 增量 = 0.0000
```

2. 测量面积

命令及提示：

```
命令: MEASUREGEOM
输入选项 [距离(D)/半径(R)/角度(A)/面积(AR)/体积(V)/退出(X)] <角度>: AR↵
指定第一个角点或 [对象(O)/增加面积(A)/减少面积(S)/退出(X)] <对象(O)>:
指定下一个点或 [圆弧(A)/长度(L)/放弃(U)]:
指定下一个点或 [圆弧(A)/长度(L)/放弃(U)]:
指定下一个点或 [圆弧(A)/长度(L)/放弃(U)/总计(T)] <总计>:
指定下一个点或 [圆弧(A)/长度(L)/放弃(U)/总计(T)] <总计>:
区域 =XXX，周长 =XX
指定第一个角点或 [对象(O)/增加面积(A)/减少面积(S)/退出(X)] <对象(O)>: o↵
选择对象:
指定第一个角点或 [对象(O)/减(S)]:a↵
("加"模式) 选择对象:
指定第一个角点或 [对象(O)/减(S)]:s↵
("减"模式) 选择对象:
```

参数如下。

（1）指定第一个角点：指定欲计算面积的一个角点，随后要指定其他角点，按【Enter】

键后结束角点输入，自动封闭指定的角点并计算面积和周长。

（2）对象（O）：选择一对象来计算它的面积和周长，该对象应该是封闭的。

（3）加（A）：选择两个以上的对象，将其面积相加。

（4）减（S）：选择两个以上的对象，将其面积相减。

【例 10.4】计算如图 10.9 所示的矩形和圆的总面积。

```
命令: MEASUREGEOM
输入选项 [距离(D)/半径(R)/角度(A)/面积(AR)/体积(V)] <距离>: AR↵
指定第一个角点或 [对象(O)/增加面积(A)/减少面积(S)/退出(X)] <对象(O)>: ↵
选择对象:拾取圆
区域 = 3100.6277，圆周长 = 197.3921
输入选项 [距离(D)/半径(R)/角度(A)/面积(AR)/体积(V)/退出(X)] <面积>: AR↵
指定第一个角点或 [对象(O)/增加面积(A)/减少面积(S)/退出(X)] <对象(O)>: a↵
指定第一个角点或 [对象(O)/减少面积(S)/退出(X)]: o↵
（"加"模式）选择对象:
区域 = 208806.9183，周长 = 1847.7376
总面积 = 208806.9183
（"加"模式）选择对象:
区域 = 208806.9183，周长 = 1847.7376
总面积 = 208806.9183
指定第一个角点或 [对象(O)/减少面积(S)/退出(X)]:
总面积 = 208806.9183
输入选项 [距离(D)/半径(R)/角度(A)/面积(AR)/体积(V)/退出(X)] <面积>: x↵
```

3. 测量角度

命令及提示：

```
命令: _MEASUREGEOM
输入选项 [距离(D)/半径(R)/角度(A)/面积(AR)/体积(V)] <距离>: _angle
选择圆弧、圆、直线或 <指定顶点>:
指定角的第二个端点:
角度 = 33°
```

参数如下。

选择圆弧、圆、直线或<指定顶点>：通过拾取圆弧、圆、直线或指定顶点来确定测量的角度。不同的对象提示略有不同。

4. 测量半径

命令及提示：

```
命令: _MEASUREGEOM
输入选项 [距离(D)/半径(R)/角度(A)/面积(AR)/体积(V)] <距离>: _radius
选择圆弧或圆:
半径 = 203.7318
直径 = 407.4636
```

参数如下。

选择圆弧或圆：拾取圆弧或圆，测量该对象的半径。

10.2.4 参数设置 SETVAR

变量在 AutoCAD 中扮演着十分重要的角色。变量值的不同直接影响着系统的运行方式和结果。熟悉系统变量是精通使用 AutoCAD 的前提。显示或修改系统变量可以通过 SETVAR 命令进行，也可以直接在命令提示后输入变量名称。在命令的执行过程中输入的参数或在对话框中设定的结果，都直接修改了相应的系统变量。

命令：SETVAR

命令及提示：

```
命令：'_setvar
输入变量名或 [?]:?
输入要列出的变量 <*>:
```

参数如下。

（1）输入变量名：输入变量名即可以查询该变量的设定值。

（2）?：输入问号“?”，则出现“输入要列出的变量 <*>”的提示。直接按【Enter】键后，将分页列表显示所有变量及其设定值。

10.2.5 快速计算器 QUICKCALC

在 AutoCAD 中可以直接通过计算器计算表达式的值。

命令：QUICKCALC

功能区：常用→实用工具→快速计算器

功能区：视图→选项板→快速计算器

执行该命令后，弹出“快速计算器”选项板，如图 10.10 所示。其中包括数字键、科学、单位转换、变量等功能。另外还可以在图形中直接获取点的坐标、两点距离、角度、交点坐标等。

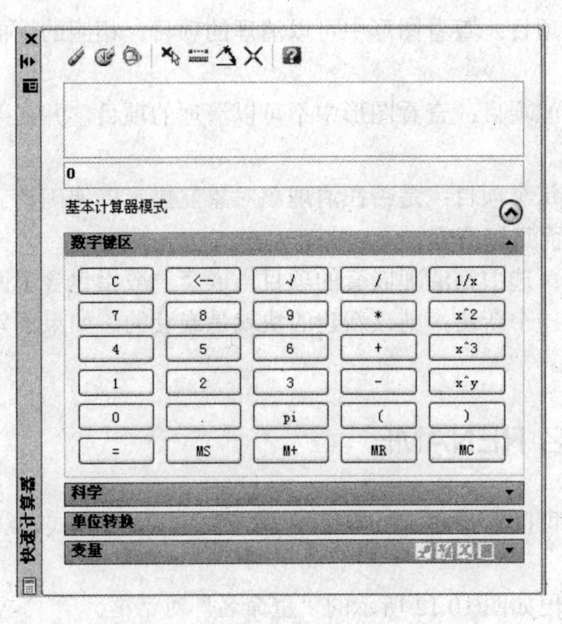

图 10.10 “快速计算器”选项板

10.2.6 清除图形中的不用对象 PURGE

对图形中不用的块、层、线型、文字样式、标注样式、形、多线样式等对象，可以通过PURGE 命令进行清理，以便减小图形占用空间。

命令：PURGE

功能区：图形实用程序→清理

执行该命令后，弹出“清理”对话框，如图 10.11 所示，说明如下。

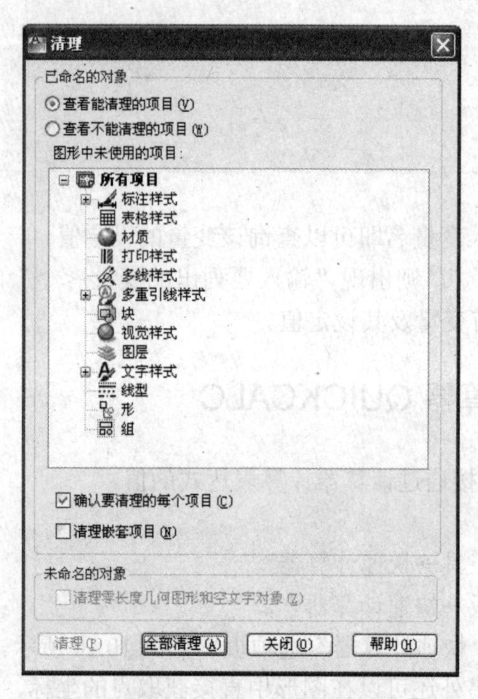

图 10.11 “清理”对话框

（1）查看能清理的项目：查看图形中可以清理的项目。相应的下面列出图形中未使用的项目。

（2）查看不能清理的项目：查看图形中不可以清理的项目，并在下面显示图形中正在使用的项目。

（3）确认要清理的每个项目：是否在清理该对象前提示以便确认。如果选中了，将要求确认，否则不要求确认而直接清理。

（4）清理嵌套项目：选中则清理嵌套的项目。嵌套一般指包含了两层以上的项目，如将一个块包含进来建立了一个新块，则该新建的块就是嵌套的。如果不勾选此项，则嵌套的项目不能被清理。

10.2.7 重命名 RENAME

图形中的很多对象可以重新命名，如尺寸标注样式、文字样式、线型、UCS、视口等。

命令：RENAME

执行该命令后，弹出如图 10.12 所示的“重命名”对话框。

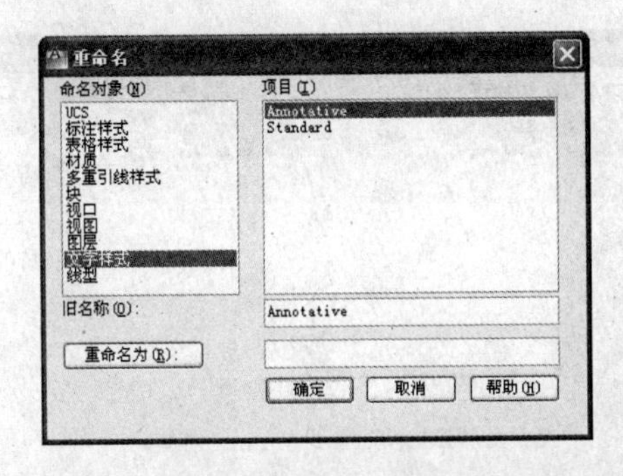

图 10.12 “重命名”对话框

在该对话框中可以选择命名对象，选择原有名称并输入新的名称，单击确定按钮即可完成重命名操作。

10.3 CAD 标准

对于一个企业或公司而言，制图标准应该统一，否则就谈不上图纸的管理，对于图纸的审核也会存在很大的障碍。如果设置标准来增强一致性，则可以较容易地理解图形。可以为图层名、标注样式和其他元素设置标准，检查不符合指定标准的图形，然后修改不一致的特性。

10.3.1 标准配置 STANDARDS

将当前图形与标准文件关联并列出用于检查标准的插入模块。

命令：STANDARDS

功能区：管理→CAD 标准→配置

执行该命令将弹出如图 10.13 所示的“配置标准”对话框。该对话框显示与当前图形相关联的标准文件的相关信息。该对话框包含两个选项卡：“标准”和“插入”。

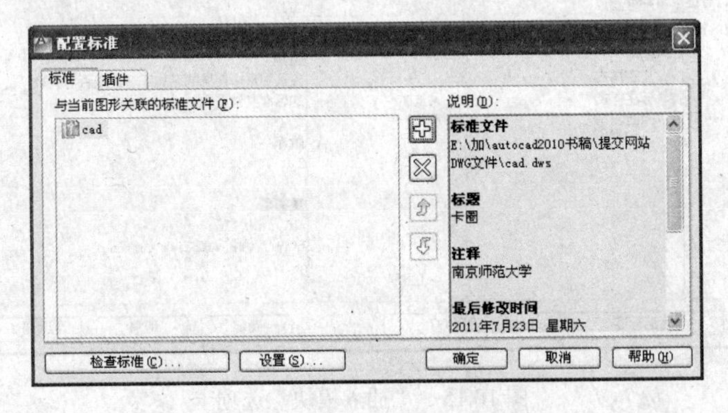

图 10.13 “配置标准”对话框

1. “标准”选项卡

“标准”选项卡包括以下内容。

（1）与当前图形相关联的标准文件：列出与当前图形相关联的所有标准（DWS）文件。

（2）[+]：添加标准文件，按【F3】键，弹出如图 10.14 所示的“选择标准文件”对话框，从中选择要添加的标准文件。

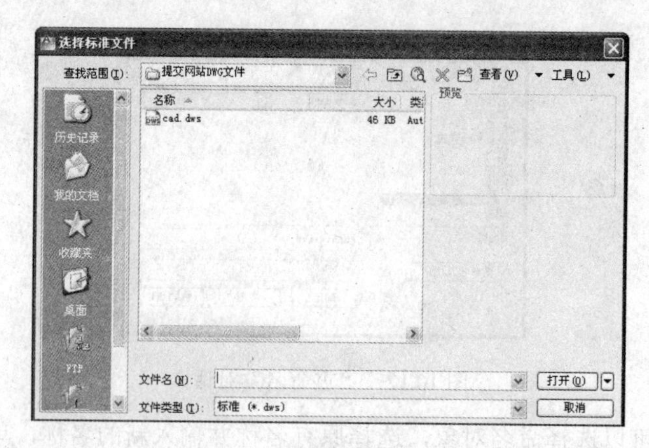

图 10.14 “选择标准文件”对话框

（3）：从列表中删除某个标准文件。删除某个标准文件并不是实际删除它，而只是取消它与当前图形的关联性。

（4）：将列表中选定的标准文件上移一个位置。如果此列表中的多个标准之间发生冲突（例如，如果两个标准指定了名称相同但特性不同的图层），该列表中首先显示的标准文件优先。要在列表中改变某标准文件的位置，则应该使用上移或下移功能。

（5）：将列表中的某个标准文件下移一个位置。

（6）说明：提供列表中当前选定的标准文件的概要信息。通过打开 DWS 文件然后使用 DWGPROPS 命令，可以将注释和标题添加到说明。在“图形特性”对话框中，选择“概要”选项卡。

也可以使用快捷菜单添加、删除或重新排列文件。

2. “插入模块”选项卡

“插入模块”选项卡如图 10.15 所示。

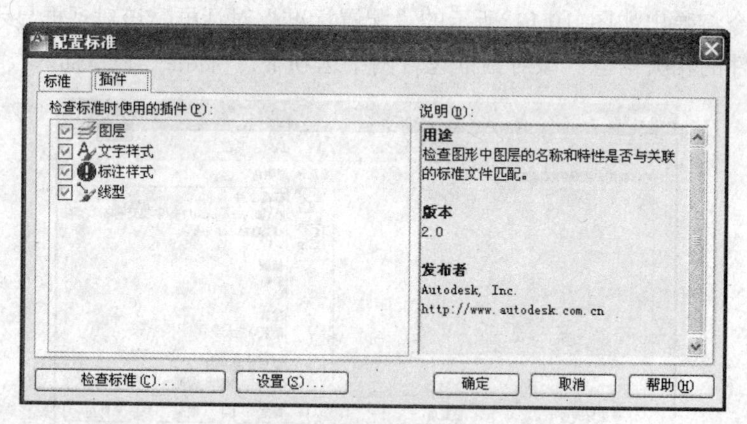

图 10.15 “插入模块”选项卡

该页面列出并描述当前系统上安装的标准插入模块。安装的标准插入模块将用于每一个命名对象，利用它即可定义标准（图层、标注样式、线型和文字样式）。

说明：提供列表中当前选定的标准插入模块的概要信息。

3. 检查标准

执行“检查标准”将弹出如图 10.16 所示的对话框。单击“修复”（多次）按钮后弹出如图 10.17 所示的“检查标准—检查完成”对话框。

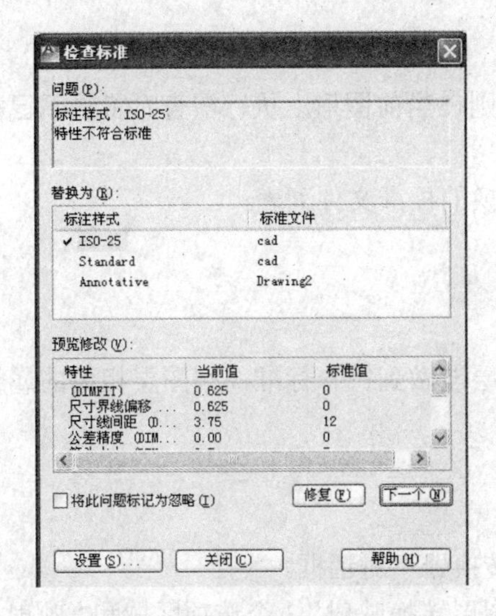

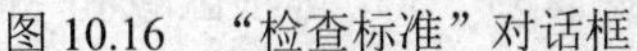
图 10.16 “检查标准”对话框

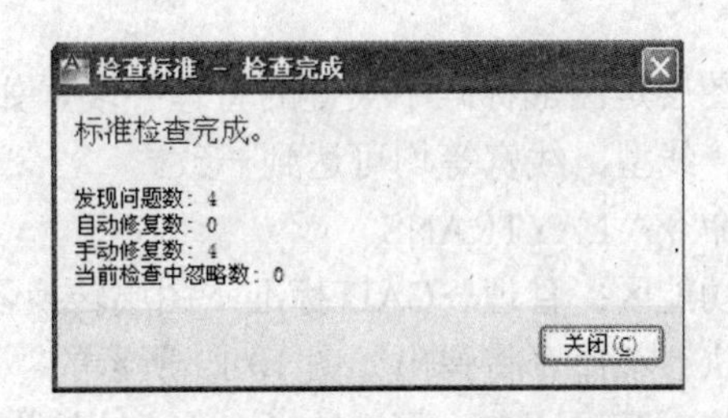

图 10.17 “检查标准—检查完成”对话框

（1）问题：显示当前图形中非标准对象的说明。如果要修复问题，需要从“替换为”列表中选择一个替换项目选项，再执行“修复”命令。

（2）替换为：列出当前标准冲突的可能替换选项。如果有推荐的修复方案，其前面则带有一个复选标记。

（3）预览修改：如果应用了“替换为”列表中当前选定的修复选项，则列出将被修改的非标准对象的结果特性。

（4）修复：使用“替换为”列表中当前选定的项目修复非标准对象，自动进入下一个。

（5）下一个：前进到当前图形中的下一个非标准对象而不应用修复。

（6）将此问题标记为忽略：将当前问题标记为忽略。

（7）设置：显示“CAD 标准设置”对话框。

（8）关闭：关闭该对话框而不进行“问题”中当前显示的标准冲突的修复。

4. 设置按钮

执行“设置”按钮命令，弹出如图 10.18 所示的“CAD 标准设置”对话框。

该对话框中包含两个选项区域：“通知设置”和“检查标准设置”。

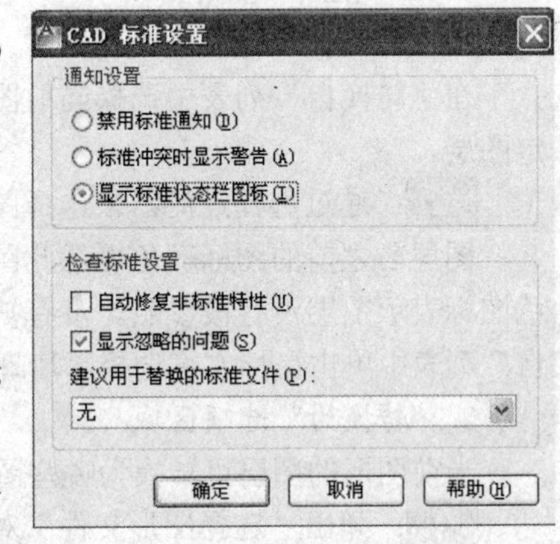

图 10.18 “CAD 标准设置”对话框

5. “通知设置”选项区域

设置发生标准冲突时的通知选项。

（1）禁用标准通知：不发送有关标准冲突和丢失标准文件的通知。

（2）标准冲突时显示警告：当出现标准冲突时会显示一个警告。警告显示后，用户可以选择修复或不修复标准违例。

（3）显示标准状态栏图标：当打开与标准文件关联的文件、创建或修改非标准对象时，状态栏上显示图标。

6. “检查标准设置”选项区域

为修复标准冲突和忽略已标记的问题设置选项。

（1）自动修复非标准特性：当非标准对象的名称与标准对象的名称匹配，但特性不相同时，标准对象的特性将应用到非标准对象。

（2）显示忽略的问题：如果选中了此选项，则在当前图形上执行核查时将显示已标记为忽略的标准冲突情况，否则不显示。

（3）建议用于替换的标准文件：提供用于替换的标准文件列表。

10.3.2 图层转换器 LAYTRANS

图层是图形标准中关键的管理手段。如果图层能做到符合标准，则图层相关的属性，如颜色、线型、线宽等均可达到一致。

命令：LAYTRANS

功能区：管理→CAD 标准→图层转换器

执行该命令将弹出如图 10.19 所示的“图层转换器”对话框。

该对话框中包含了“转换自”、“转换为”、“图层转换映射”3 个选项区域和“映射”、“映射相同”、“设置”、“转换”等按钮。

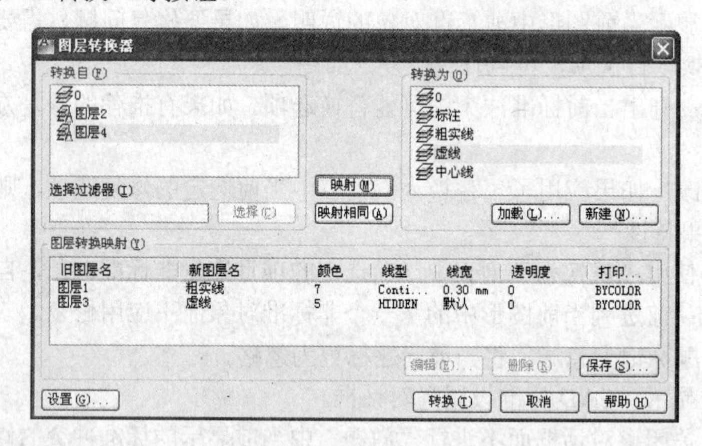

图 10.19 “图层转换器”对话框

1. “转换自”选项区域

在“转换自”列表中选择当前图形中要转换的图层。也可通过提供的“选择过滤器”指定图层。

选择：通过选择过滤器来选择图层。

图层名之前的图标颜色表示此图层在图形中是否被参照。黑色图标表示图层被参照；白色图标表示图层没有被参照。没有被参照的图层可通过“清理图层”删除，方法是在“转换自”列表中单击鼠标右键选择“清理图层”。

2. “转换为”选项区域

当前图形的图层可转换为哪些图层在这里列出。

加载：弹出“选择图形文件”对话框，从中选择加载的图形、标准或样板文件，并将选择的文件中的图层列出。

新建：新建转换为图层，弹出如图 10.20 所示的“新图层”对话框。不能使用与现有图层相同的名称创建新图层。

3. “图层转换映射”选项区域

列出要转换的所有图层以及图层转换后所具有的特性。

编辑：可以在其中选择图层，单击该按钮弹出如图 10.21 所示的“编辑图层”对话框修改图层特性。可以修改图层的线型、颜色和线宽。

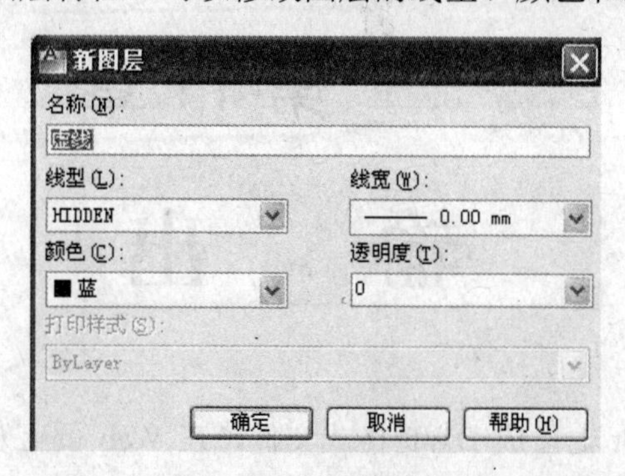

图 10.20 “新图层”对话框

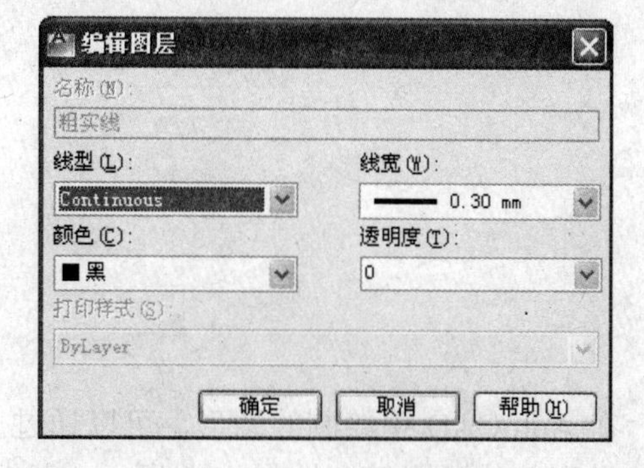

图 10.21 “编辑图层”对话框

删除：从“图层转换映射”列表中删除选定的转换映射。

保存：将当前图层转换映射保存为一个文件以便日后使用。

4. 设置

自定义转换过程。单击“设置”按钮后弹出“设置”对话框，如图 10.22 所示。

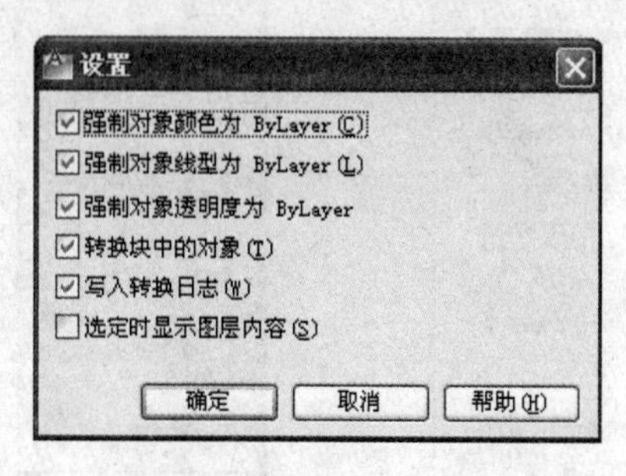

图 10.22 “设置”对话框

5. 转换

执行对已映射图层的转换。

习题

（1）参数化绘图中的约束包括几种？标注约束和尺寸标注有何区别？

（2）要查询某图线的图层、位置、大小，应该采用什么命令？

（3）通过计算器计算表达式（300+20）/（20.5−30）×199 应如何操作？

（4）清理图形中的线型、图层、文字样式、标注样式等有什么条件？是否所有的图层、文字样式、标注样式都可以清理？

（5）绘制点有哪些方法？

（6）在使用 pedit 命令将两根屏幕上看上去相连的直线和圆弧连接起来时发现无法完成，原因有哪些？如何找出准确原因？

（7）如何将两个图形文件的标准统一？

（8）保证图形标准统一的方法有哪些？

（9）如何在快速计算器中进行直线长度的参数计算？

（10）查询一个圆的半径有几种方式？两个交叉重叠的圆总面积如何计算？

（11）如何将一个原有设计好的图形图层应用于一个新建的图形文件中？

第 11 章

输　出

在 AutoCAD 中绘制的图形，可以通过 ePlot 输出成 DWF 格式文件，在 Web 页上发布或输送到其他站点等，如图 11.1 所示。但对绝大多数用户而言，一般要形成硬复制，即通过打印机或绘图机输出，如图 11.2 所示。

图 11.1　输出功能

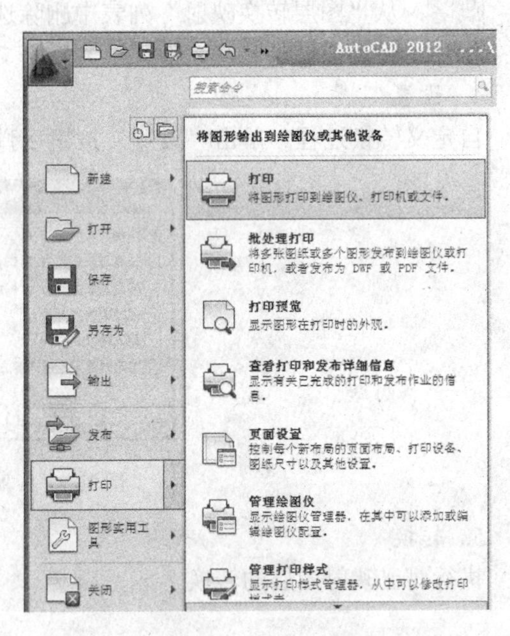

图 11.2　打印功能

在 AutoCAD 2012 中，输出功能得到较大的增强，变得更加直观、简洁。输出图形可以在模型空间中进行。如果要输出多个视图，添加标题栏等，则应在布局（图纸空间）中进行。

本章介绍输出图形必备的基本知识。

注意：

以下描述中“功能区 1”指三维基础界面中的功能区。“功能区 2”指三维建模界面中的功能区。

11.1　模型空间输出图形 PLOT

在模型空间中，不仅可以完成图形的绘制、编辑，同样可以直接输出图形。通过“打印”对话框可以设置打印设备、设置页面、设置输出范围等。

命令：PLOT

功能区：应用程序菜单栏→打印→打印

在模型空间中执行该命令后，弹出如图 11.3 所示的“打印－模型”对话框。

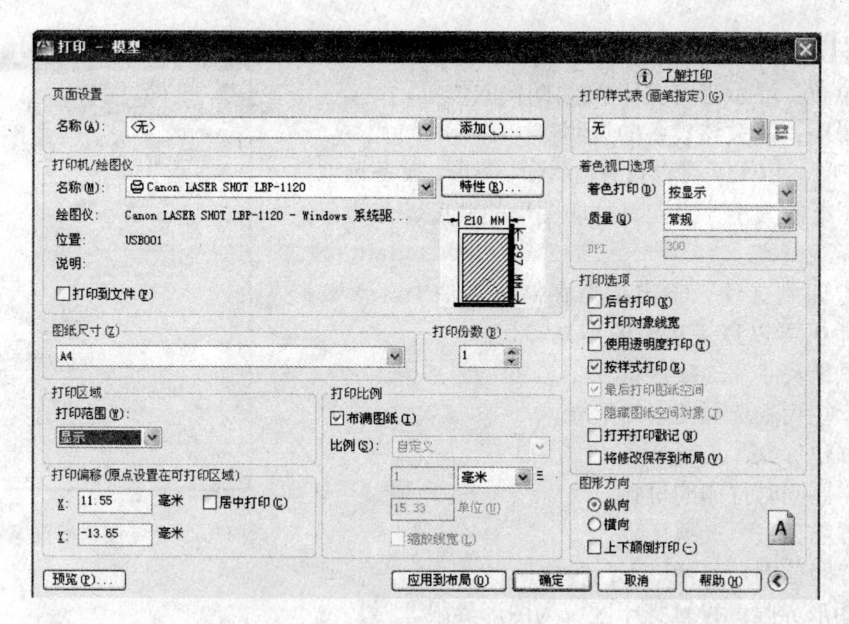

图 11.3 “打印—模型”对话框

在该对话框中，包含了“页面设置”选项区域、“打印机/绘图仪”选项区域、“图纸尺寸”选项区域、“打印区域、打印偏移（原点设置在可打印区域）”选项区域、“打印比例”选项区域、“打印份数”选项区域、“打印样式表”选项区域、“着色视口选项”选项区域、“打印选项”选项区域、“图形方向”选项区域以及“预览”、“应用到布局”等按钮。

1. “页面设置”选项区域

“页面设置”选项区域包括以下内容。

（1）下拉列表：选择已有的页面设置。如果单击“输入……”，则弹出如图 11.4 所示的“从文件选择页面设置”对话框。在该对话框中选择相应的 dwg、dxf 或 dwt 文件。

（2）添加：弹出如图 11.5 所示的“添加页面设置”对话框，用户可以新建页面设置。

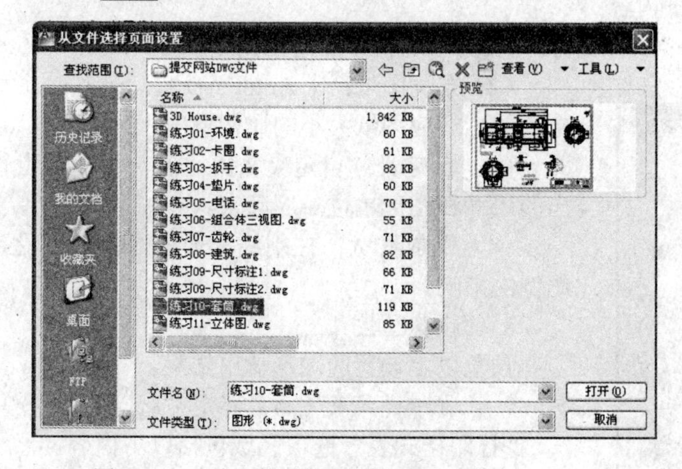

图 11.4 “从文件选择页面设置”对话框

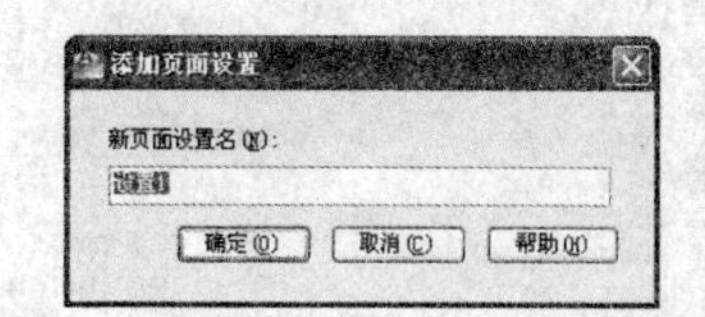

图 11.5 “添加页面设置”对话框

2. “打印机/绘图仪”选项区域

“打印机/绘图仪”选项区域包括以下内容。

（1）名称：可以通过下拉列表框选择已经安装的打印设备。

（2）特性：设置该打印机/绘图仪的特性。单击该按钮后弹出如图 11.6 所示的“绘图仪配置编辑器”对话框。

（3）绘图仪：显示当前打印机/绘图仪驱动信息。

（4）位置：显示当前打印机/绘图仪的位置。

（5）说明：有关该设备的说明。

其中的特性按钮，可以设置“纸张、图形、设备选项”。其中包括图纸的大小、方向、打印图形的精度、分辨率、速度等内容。

（6）打印到文件：输出数据存储在文件中。该数据格式即打印机可以直接接受的格式。

3. “图纸尺寸”选项区域

通过下拉列表选择图纸的尺寸。

4. “打印份数”选项区域

输入需要同时打印的份数。

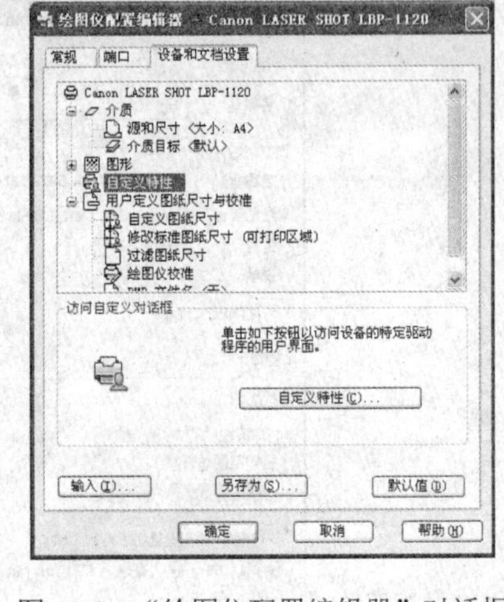

图 11.6 “绘图仪配置编辑器”对话框

5. “打印区域”选项区域

设置打印范围，包括以下几种。

（1）图形界限：设置打印区域为图形界限。

（2）范围：设置打印区域为图形最大范围。

（3）显示：设置打印区域为屏幕显示结果。

（4）视图：设置某视图为打印范围。

（5）窗口：重新定义一窗口来确定输出范围。此时暂时关闭“打印”对话框，回到绘图界面。定义好矩形窗口后再返回“打印”对话框。

6. “打印偏移”选项区域

“打印偏移”选项区域包括以下内容。

（1）X、Y：设定在 X 和 Y 方向上的打印偏移量打印偏移。

（2）居中打印：居中打印图形。

7. “打印比例”选项区域

“打印比例”选项区域包括以下内容。

（1）比例：设置打印的比例。可以在下拉列表框中选择一固定比例。

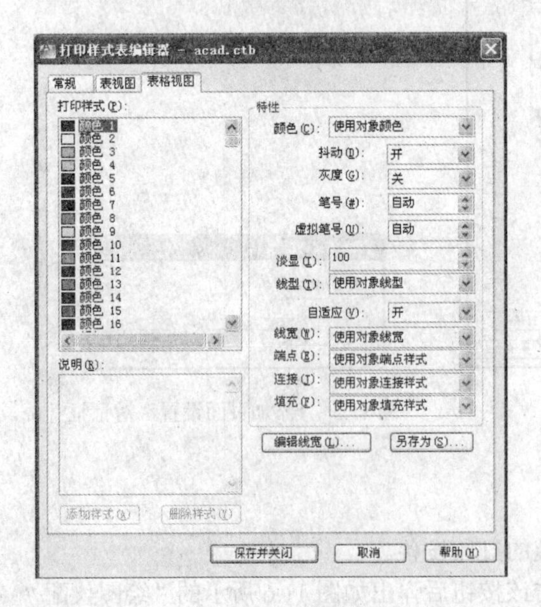

图 11.7 “打印样式表编辑器”对话框

（2）布满图纸：让 AutoCAD 自动计算一个最合适的，适应图纸大小的比例输出。

（3）自定义：自定义输出比例，将图纸上输出的尺寸和图形单位对应起来。

（4）缩放线宽：控制线宽输出形式是否受到比例的影响。

8. “预览”按钮

预览以上设置的图形输出结果。

9. “打印样式表（画笔指定）”选项区域

“打印样式表”选项区域包括以下内容。

（1）通过下拉列表选择现有的打印样式表，也可用新建打印样式。

（2）![]：单击此按钮，可弹出“打印样式表编辑器”对话框，如图 11.7 所示。

“打印样式表编辑器”对话框虽然包含了 3 个选项卡，但本质的内容是设定打印样式的特性。

特性包括颜色、抖动、灰度、笔号、淡显、线型、线宽、填充、端点、连续等性质。同时可以编辑线宽，也可以将设置保存起来。

10. “着色视口选项”选项区域

“着色视口选项”选项区域设定着色视口的参数。

（1）着色打印：设置视图打印的方式。

① 按显示——按对象在屏幕上的显示方式打印。

② 线框——按线框模式打印对象，不考虑其在屏幕上的显示方式。

③ 消隐——打印对象时消除隐藏线，不考虑其在屏幕上的显示方式。

④ 三维隐藏——打印“三维隐藏”视觉样式，不考虑其在屏幕上的显示方式。

⑤ 三维线框——打印“三维线框”视觉样式，不考虑其在屏幕上的显示方式。

⑥ 概念——打印“概念”视觉样式，不考虑其在屏幕上的显示方式。

⑦ 真实——打印“真实”视觉样式，不考虑其在屏幕上的显示方式。

⑧ 渲染——按渲染的方式打印对象，不考虑其在屏幕上的显示方式。

（2）质量：指定着色和渲染视口的打印分辨率。

（3）DPI：指定渲染和着色视图的每英寸点数，最大可为当前打印设备的最大分辨率。

11. “打印选项”选项区域

“打印选项”选项区域包括以下内容。

（1）后台打印：指定在后台处理打印。

（2）打印对象线宽：指定是否打印指定给对象和图层的线宽。

（3）按样式打印：按应用于对象和图层的打印样式打印。

（4）最后打印图纸空间：首先打印模型空间几何图形。通常先打印图纸空间几何图形，然后再打印模型空间几何图形。

（5）隐藏图纸空间对象：指定隐藏操作是否应用于图纸空间视口中的对象。仅在布局选项卡中有效。此设置的效果在打印预览中反映，而不反映在布局中。

（6）打开打印戳记：打开打印戳记。在每个图形的指定角点处放置打印戳记并将戳记记录到文件中。选中该选项，其后的按钮将显示出来。

（7）![]：单击该按钮，弹出“打印戳记”对话框，如图 11.8 所示。

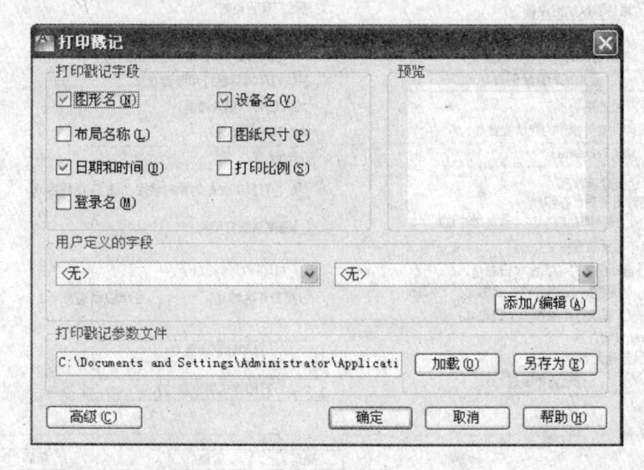

图 11.8 “打印戳记”对话框

可以从该对话框中指定要应用于打印戳记的信息，如图形名称、日期和时间、打印比例等。

（8）将修改保存到布局：将在“打印”对话框中所作的修改保存到布局。

12. “图形方向”选项区域

“图形方向”选项区域包括以下内容。

（1）纵向：设置图形为纵向打印。

（2）横向：设置图形为横向打印。

（3）反向打印：设置图形反向打印。

13. “应用到布局”按钮

将当前设置保存到当前布局。

11.2 打印管理

AutoCAD 2012 提供了图形输出的打印管理，包括打印选项设置、打印机管理和打印样式管理。

11.2.1 打印选项

如果要修改默认的打印环境设置，可通过“打印”选项卡进行。“打印”选项卡包括默认打印设置、默认打印样式、基本打印选项等必要的设定，用于控制在不进行任何设定的情况下默认的打印输出环境。

命令：OPTIONS

执行该命令后，选择“打印和发布”选项卡，如图 11.9 所示。该对话框设定默认的打印环境。如果单击添加或配置绘图仪按钮，将弹出如图 11.10 所示的打印机管理器窗口。如果单击打印样式表设置按钮，将弹出如图 11.11 所示的打印样式管理器窗口。

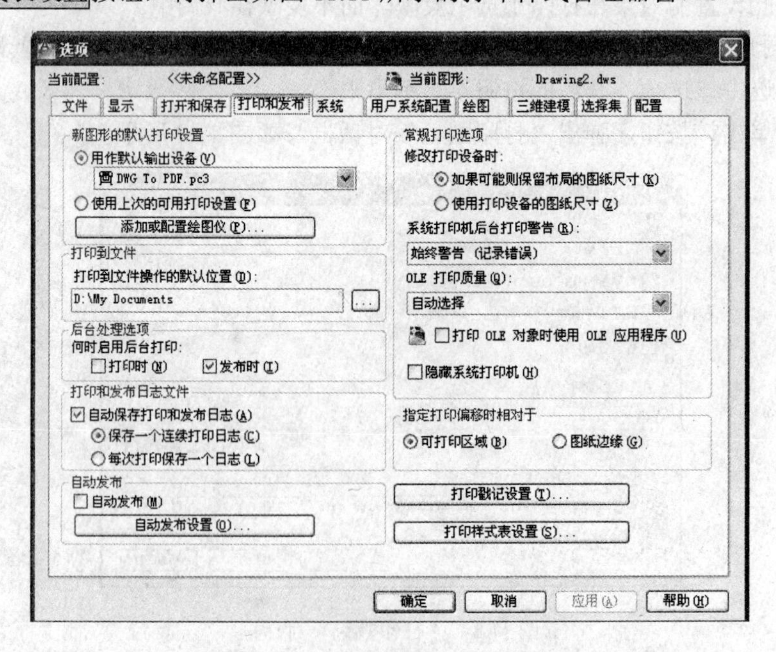

图 11.9 “打印和发布”选项卡

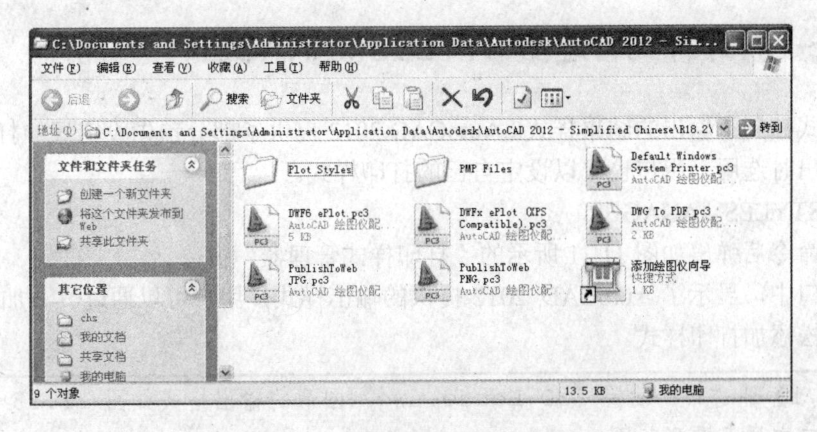

图 11.10 “打印机管理器”窗口

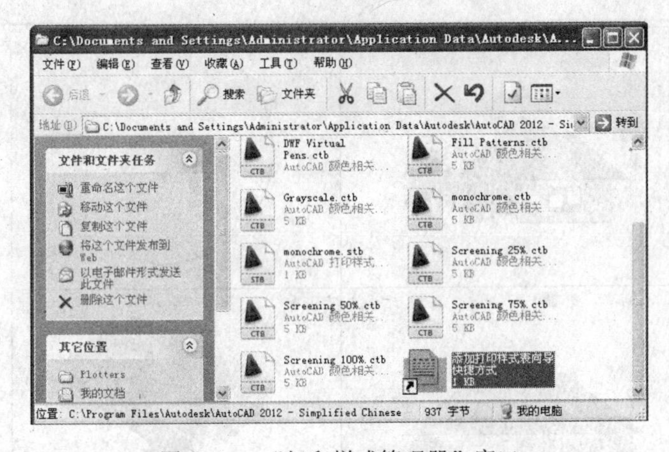

图 11.11 “打印样式管理器”窗口

11.2.2 绘图仪管理器 PLOTTERMANAGER

对打印机的管理可以在 AutoCAD 内部进行，也可以在控制面板中进行。采用 Windows 系统默认的打印机，其提示图标为一打印机形状。另外也可以在 AutoCAD 中直接指定输出设备。

命令：PLOTTERMANAGER

功能区：输出→打印→绘图仪管理器

执行该命令后弹出如图 11.10 所示的“打印机管理器”窗口。在该窗口中，用户可以通过“添加绘图仪向导”来轻松添加打印机。添加绘图仪向导如图 11.12 所示。用户按照向导提示，如同安装打印机一样操作。

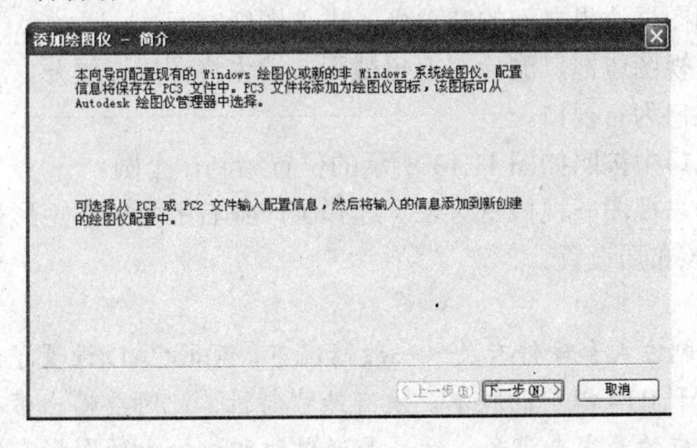

图 11.12 添加绘图仪向导

11.2.3 打印样式管理器 STYLESMANAGER

打印样式控制了输出的结果样式。AutoCAD 2012 提供了部分预先设定好的打印样式，可以直接在输出时选用。用户也可以设定自己的打印样式。

命令：STYLESMANAGER

执行该命令后弹出如图 11.11 所示的“打印样式管理器”窗口。

在该窗口中，显示了 AutoCAD 2012 提供的输出样式，用户可以通过“添加打印样式表向导”来轻松添加打印样式。

【例 11.1】通过布局设置“3D House.dwg”图形的输出格式如图 11.13 所示，其中右上角的视口中显示圆形范围。

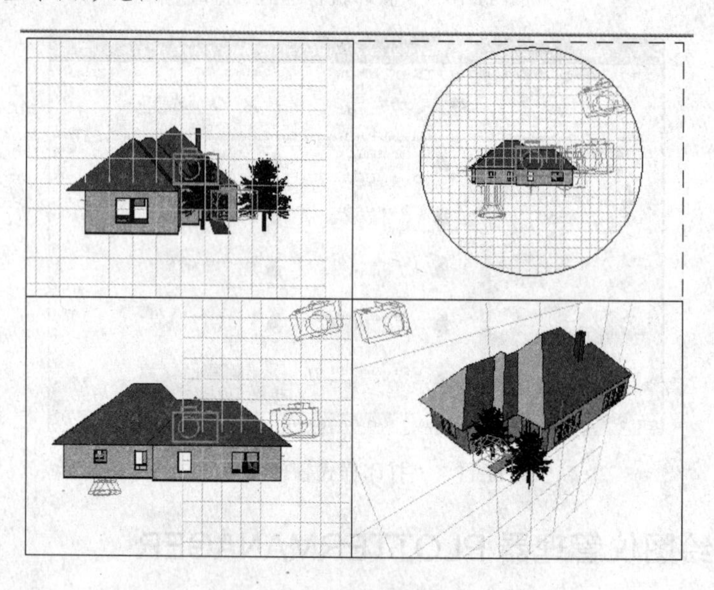

图 11.13　布局设置示例

（1）在 AutoCAD 2012 安装目录的 SAMPLE 子目录下找到“3D House.dwg”并打开。

（2）在模型空间完成如图 11.13 所示的 4 个视图定义。

（3）进入布局空间，删除默认的视口。通过菜单“视图→视口→4 个视口”，采用“FIT”参数产生图示的 4 个视口。

（4）选择其中一个视口，双击进入浮动模型空间。调整 4 个视图分别显示主视、右视、左视和西南轴测显示视图。

（5）双击视图和图框边界之间的空白处，进入图纸空间。

（6）单击右上角视图边框，删除右上角视图。请先将图层锁解开。

（7）设置当前视口为右视口。

（8）在右上角视口中按照如图 11.13 所示的位置绘制一个圆。

（9）通过功能区“视图→视口→对象”选择圆产生右上角的非矩形视口。

（10）打印输出该布局设置。

注意：

（1）输出线宽控制方式和硬件有关。一般情况下，AutoCAD 设置了线宽后，可以不再进行硬件设置。尤其对于 R14 以前的版本，没有线宽特性，此时要输出带有宽度的线，一般通过输出时调整颜色对应的笔宽来满足。结果是通过打印机输出的图形有线宽，在屏幕上显示的线条没有宽度。

（2）页面设置可以通过“文件→页面设置”菜单项进行，也可以在“打印”对话框中进行设置。它们的区别在于“页面设置”中进行的设置保存并反映在布局中，而“打印”中进行的设置仅对该次打印有效，除非选择了“将修改保存到布局”。

（3）在“工具-向导”菜单中包含了针对布局的向导，可以按照向导的提示完成添加打印机、添加打印样式表、添加颜色相关打印样式表、创建布局、输入 R14 打印设置等工作。

习题

（1）图纸空间和模型空间有哪些主要区别？

（2）在图纸空间能否直接标注所有的尺寸？

（3）如何通过设置“打印”对话框使输出的轮廓线宽度为 0.7mm？

（4）在 AutoCAD 2012 中设置输出线宽为 0.7mm 的方法有几种？

（5）图纸的大小、边框、可打印区域、打印区域有什么区别？

（6）输出界限（LIMITS）和范围（EXTENTS）有什么区别？哪一种方式输出的图形最大？

（7）输出比例的作用是什么？

（8）不论图形多大均输出在 A4 纸上的打印设置如何操作？

第12章

轴 测 图

轴测图是模拟三维立体的二维图形。在本质上，轴测图属于平面图形。由于轴测图创建比较简单，无须三维作图知识，同时也比较直观，在工程中应用较广。

12.1 轴测作图模式 ISOPLANE

轴测图应在执行轴测投影模式后进行绘制。AutoCAD 提供了 ISOPLANE 空间用于轴测作图。使用轴测投影模式的方法如下。

（1）通过“工具→草图设置”菜单的“捕捉和栅格”选项卡，设置“捕捉类型”区的“等轴测捕捉”为当前模式。

（2）通过捕捉（SNAP）命令的类型（STYLE）选项，设置成“等轴测”的捕捉栅格类型。

设置成等轴测作图模式后，屏幕上的“十”字光标看上去处于等轴测平面上。等轴测平面有 3 个，分别为左（LEFT）、右（RIGHT）和上（TOP），如图 12.1 所示。

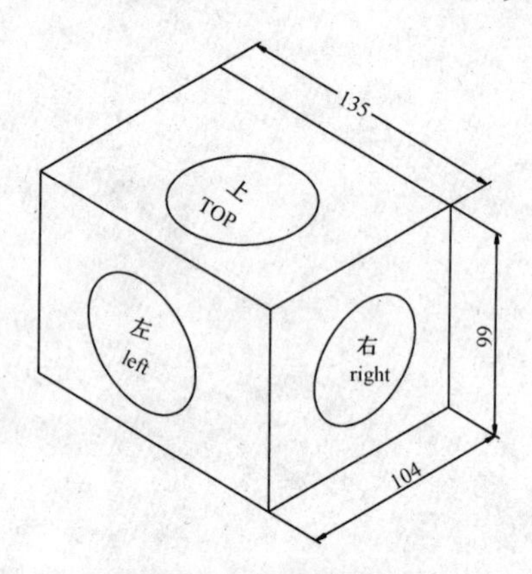

图 12.1　等轴测平面

在不同的等轴测平面间转换，可以通过 ISOPLANE 命令（可以透明执行）或按【Ctrl+E】组合键来进行。执行该命令提示及过程如下：

```
命令:isoplane↵（或 'isoplane 透明执行）
当前等轴测平面: xx
输入等轴测平面设置 [左(L)/上(T)/右(R)] <上>: 选择等轴测平面
```

12.2 在等轴测模式下绘图

在等轴测模式下同样可以绘制一般的图形，如直线、圆、圆弧、文本、尺寸等。但要绘制处于等轴测平面上的图形时，应使用正交模式绘制直线并使用圆和椭圆中的等轴测选项来绘制圆和椭圆，也可以通过指定极轴角度的方式绘制直线。

绘制圆和椭圆时，只有在等轴测模式下才会出现相应的等轴测选项。绘制等轴测圆和圆弧以及椭圆的命令都是“椭圆（ELLIPSE）”。

命令：ELLIPSE

命令及提示：

```
命令:_ellipse
指定椭圆轴的端点或 [圆弧(A)/中心点(C)/等轴测圆(I)] :
指定等轴测圆的圆心:
指定等轴测圆的半径或[直径(D)] :
命令: _ellipse
指定椭圆轴的端点或 [圆弧(A)/中心点(C)/等轴测圆(I)]: a↵
指定椭圆弧的轴端点或 [中心点(C)/等轴测圆(I)]: i
指定等轴测圆的圆心:
指定等轴测圆的半径或 [直径(D)]:
指定起始角度或 [参数(P)]:
指定终止角度或 [参数(P)/包含角度(I)]:
```

参数如下。

（1）等轴测圆（I）：绘制等轴测圆即椭圆，如在预先设定为圆弧时，绘制等轴测圆弧。

（2）指定等轴测圆的圆心：指定等轴测圆的圆心。

（3）圆的半径：用指定的半径创建一个圆。

（4）圆的直径（D）：用指定的直径创建一个圆。

（5）指定起始角度或 [参数（P）]：指定圆弧的起始角或通过参数绘制该圆弧。

（6）指定终止角度或 [参数（P）/包含角度（I）]：通过指定圆弧的终止角或参数或包含角度绘制该圆弧。

不同等轴测面上绘制的圆如图 12.1 所示。

【例 12.1】绘制如图 12.2 所示的轴测图（字母用于标识，不需注写）。

（1）启动等轴测作图模式。单击“草图设置”菜单，弹出如图 12.3 所示的“草图设置”对话框。选择“捕捉和栅格”选项卡，在捕捉类型区选中“等轴测捕捉”单选按钮。单击确定按钮退出“草图设置”对话框。

（2）在“草图设置”对话框中，选择“对象捕捉”选项卡，设置成“端点”、“中点”和“交点”捕捉模式，并启用对象捕捉。单击确定按钮，退出“草图设置”对话框。

（3）通过“LAYER”命令，进入“图层管理器”对话框，新建“粗实线”、“点画线”和“尺寸线”层，其中“粗实线”层的线宽设定成 0.3mm。“点画线”层使用“CENTER”线型。

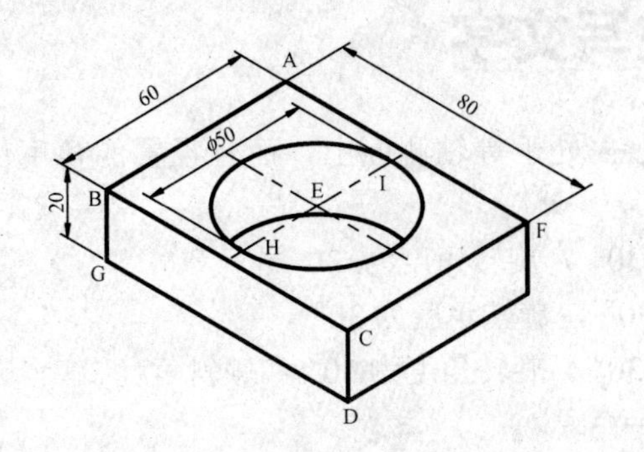

图 12.2　轴测图

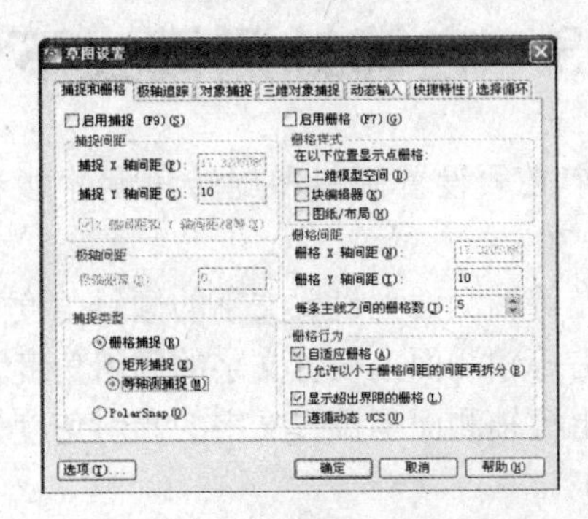

图 12.3　“草图设置”对话框

（4）在“粗实线”层上进行如下操作。

首先按【Ctrl+E】组合键将等轴测平面调整成<等轴测平面上>。

```
命令：_line
指定第一点：单击A点，并将光标向B点方向移动
指定下一点或 [放弃(U)]:60↵ 将光标向C点方向移动
指定下一点或 [放弃(U)]:80↵ 按【Ctrl+E】组合键 <等轴测平面右> 将光标向D点方向移动
指定下一点或 [闭合(C)/放弃(U)]:20↵
指定下一点或 [闭合(C)/放弃(U)]:↵
命令：_copy
选择对象：单击直线AB找到 1 个
选择对象：↵
指定基点或 [位移(D)] <位移>：单击B点
指定第二个点或 <使用第一个点作为位移>：单击C点
```

同样按照如图 12.2 所示将直线 AB、BC、CD 进行复制。

（5）在“点画线”层绘制 2 条中心线。

（6）在“粗实线”层绘制椭圆。

```
命令：_ellipse
指定椭圆轴的端点或 [圆弧(A)/中心点(C)/等轴测圆(I)]:i↵
指定等轴测圆的圆心：单击E点
指定等轴测圆的半径或 [直径(D)]:25↵
```

按照基点为 B，位移第 2 点为 G，将该椭圆向下复制一个。

（7）将底面圆孔不可见部分剪去。

```
命令：_trim
当前设置:投影=UCS，边=延伸
选择剪切边…
选择对象或 <全部选择>：单击上方的椭圆 找到 1 个
选择对象：↵
选择要修剪的对象，或按住Shift键选择要延伸的对象，或
[栏选(F)/窗交(C)/投影(P)/边(E)/删除(R)/放弃(U)]：单击下方椭圆需要剪切掉的部分
选择要修剪的对象，或按住Shift键选择要延伸的对象，或
[栏选(F)/窗交(C)/投影(P)/边(E)/删除(R)/放弃(U)]：↵
```

结果如图 12.2 所示。

12.3 在等轴测模式下注写文字

文字必须设置倾斜和旋转角度才能看上去处于等轴测面上。而且设置的角度应该是 30° 和-30° 。

在左等轴测面上设置文字的倾斜角度为-30°，旋转角度为-30°。

在右等轴测面上设置文字的倾斜角度为 30°，旋转角度为 30°。

在上等轴测面上设置文字的倾斜角度为-30°，旋转角度为 30° 和倾斜角度 30°，旋转角度为-30°。

设置后绘制的图形尺寸标注如图 12.4 所示。

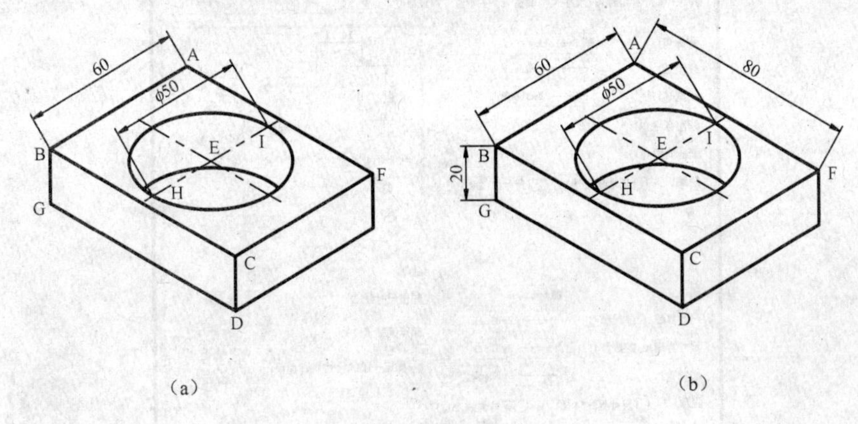

图 12.4　尺寸标注

12.4　在轴测模式下标注尺寸

要让轴测图上标注的尺寸位于轴测平面上，可以遵循以下的操作。

（1）设置专用的轴测图标注文字样式，分别倾斜 30°和−30°。

（2）使用 DIMALIGN 或 DIMLINEAR 命令标注尺寸。

（3）使用 DIMEDIT 命令的 OBLIQUE 选项改变尺寸标注的角度，使尺寸位于等轴测平面上。设置角度时可以通过端点捕捉，也可以直接输入角度。

【例 12.2】标注如图 12.2 所示的轴测图尺寸。

（1）设置标注轴测图尺寸的文字样式。单击"格式→文字样式"菜单，弹出如图 12.5 所示的"文字样式"对话框。单击新建按钮，弹出如图 12.6 所示的"新建文字样式"对话框，输入"isoleftv"，其倾斜角为 30°。同样地再新建文字样式"ISOLEFTH"，其倾斜角为−30°，不改变其他设定。

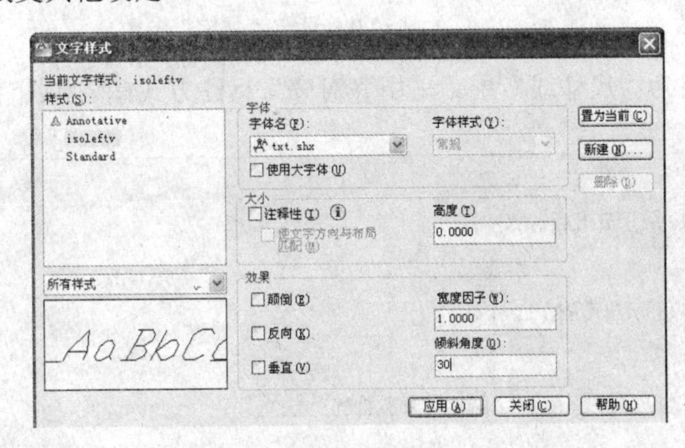

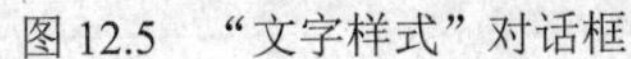

图 12.5　"文字样式"对话框　　　　图 12.6　"新建文字样式"对话框

（2）设置尺寸标注样式。单击"格式→标注样式"菜单，弹出"修改标注样式"对话框，如图 12.7 所示。

按照如图 12.7 所示设定该样式的"线"参数，按照如图 12.8 所示设定"符号和箭头"参数，按照如图 12.9 所示设定"文字"参数。

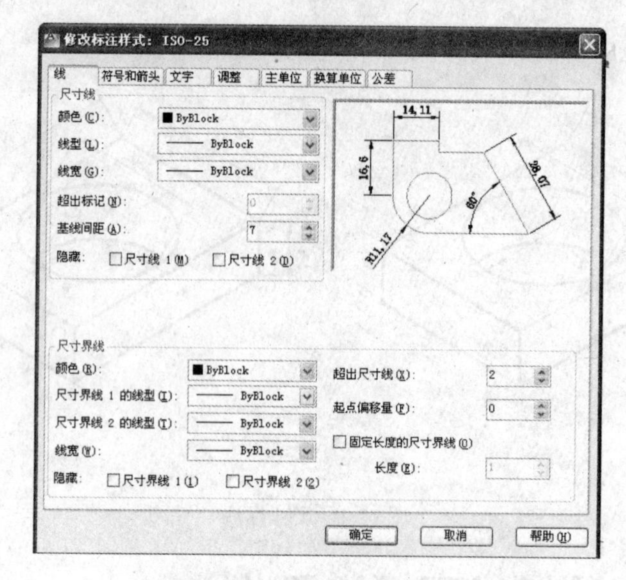

图 12.7　设定“线”参数

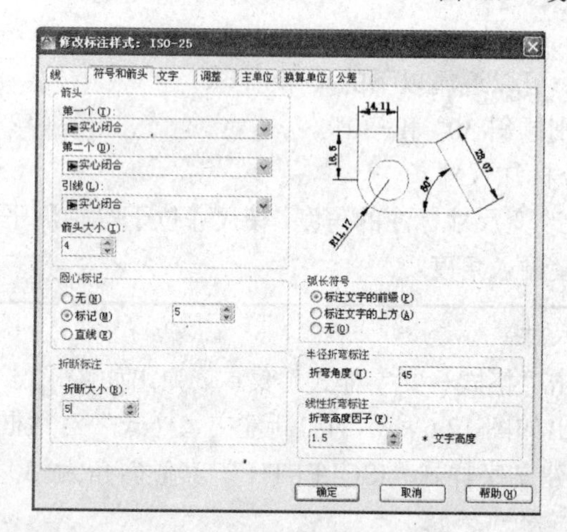

图 12.8　设定“符号和箭头”参数

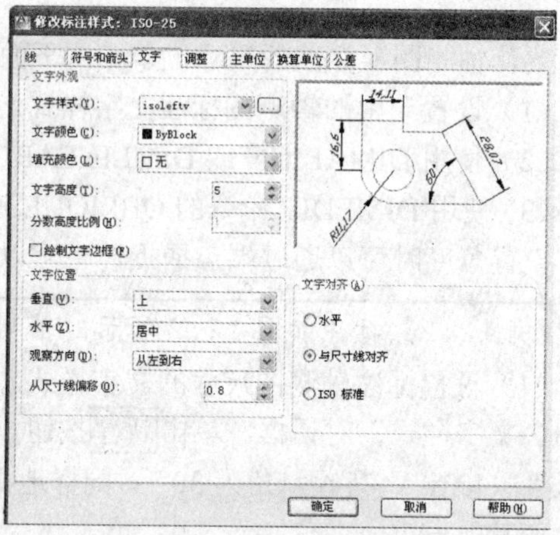

图 12.9　设定“文字”参数

（3）标注尺寸。首先设定当前层为“尺寸线”层。采用“对齐”标注方式标注如图 12.2 所示尺寸 60 和ϕ50。

命令：_dimaligned

指定第1条尺寸界线原点或〈选择对象〉：**单击H点**

指定第2条尺寸界线原点：**单击I点**

指定尺寸线位置或[多行文字(M)/文字(T)/角度(A)]：t↵

输入标注文字〈50〉:%%c<>↵

指定尺寸线位置或[多行文字(M)/文字(T)/角度(A)]：**单击尺寸摆放位置**

标注文字 =50

同样标注尺寸 60，结果如图 12.4（a）所示。

重新进入“修改标注样式”对话框，设定替代样式，仅改变“文字”选项卡中的文字样式为“ISOLEFTH”。采用该种替代样式标注尺寸 20、80，如图 12.4（b）所示。

（4）调整尺寸方向。标注的尺寸应位于对应的轴测平面内。采用尺寸标注中“倾斜”命令，调整尺寸的方向。

```
单击“标注→倾斜”菜单
命令: _dimedit
输入标注编辑类型 [默认(H)/新建(N)/旋转(R)/倾斜(O)] 〈默认〉:_o
选择对象: 单击尺寸ϕ50 找到 1 个
选择对象: ↵
输入倾斜角度（按【Enter】键表示无）: 单击C点
定义第2点: 单击B点
```

用同样的方法调整其他尺寸的方向，其结果如图 12.2 所示。

习题

（1）绘制轴测图的注意点有哪些？

（2）轴测投影中如何标注左轴测平面上的尺寸？如何设置文字样式并进行尺寸标注？

第二部分　上机操作指导

实验 1

熟悉操作环境

目的和要求

（1）熟悉 AutoCAD 2012 中文版绘图界面。

（2）掌握利用鼠标、键盘操作按钮、按钮以及输入命令、选项、参数的方法。

（3）掌握不同按钮及子按钮的显示形式及其含义。

（4）掌握工具条的打开/关闭以及设定成“固定工具条”和“浮动工具条”的方法。

（5）掌握部分功能键的用法。

（6）掌握文件操作、使用向导的方法；掌握撤销、重做、恢复、透明命令的用法。

（7）掌握相对坐标和绝对坐标的不同输入方法。

（8）掌握状态行各项按钮的含义及设置方法。

（9）了解利用中介文件和其他应用程序交换数据的格式和方法。

上机准备

（1）阅读教材第 1 章。

（2）熟悉 Windows 的基本操作。

（3）进入 AutoCAD 2012 中文版并练习键盘、鼠标配合按钮、选项板、快速访问工具栏、快捷按钮等的使用方法。

上机操作

1. 启动 AutoCAD 2012 中文版

双击桌面上“AutoCAD 2012 中文版”图标。系统进入 AutoCAD 2012 中文版，屏幕界面如图 T1.1 所示。

2. 设置图形界限和单位

```
命令: '_limits
重新设置模型空间界限:
指定左下角点或 [开(ON)/关(OFF)] <0.0000,0.0000>:↵
指定右上角点 <420.0000,297.0000>:297,210↵
```

单击浏览器快捷按钮“图形实用工具→单位”按钮，弹出如图 T1.2 所示的“图形单位”对话框。参照如图 T1.2 设置长度单位的类型和精度，设置角度的类型和单位。

单击方向按钮，弹出如图 T1.3 所示的“方向控制”对话框。

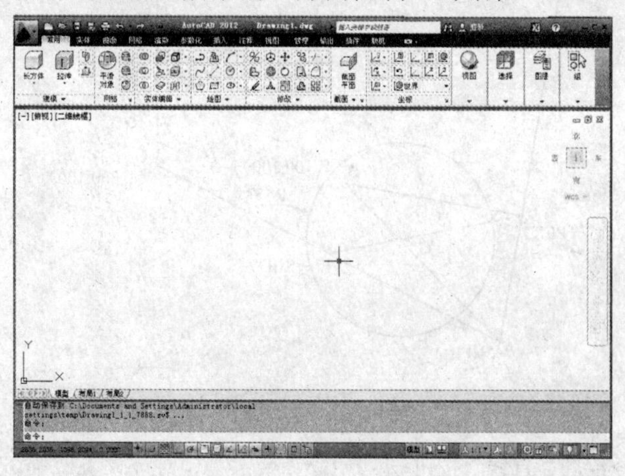

图 T1.1　屏幕界面

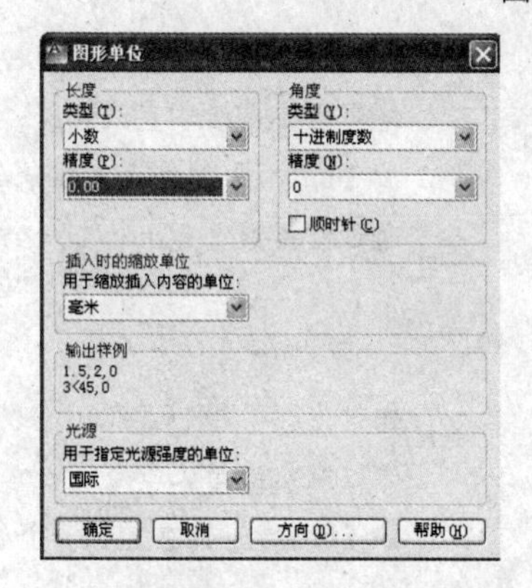

图 T1.2　“图形单位”对话框

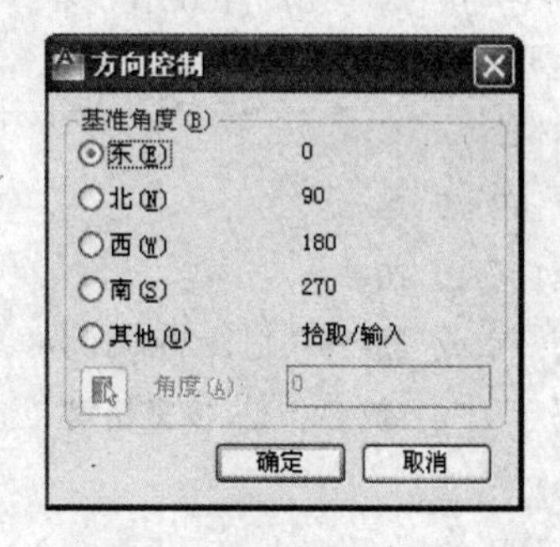

图 T1.3　“方向控制”对话框

3. 设置辅助功能

移动鼠标到状态栏“对象捕捉”上单击鼠标右键，弹出快捷按钮后选择“设置”，弹出如图 T1.4 所示的“草图设置”对话框，在该对话框中设置成端点模式并启用对象捕捉。

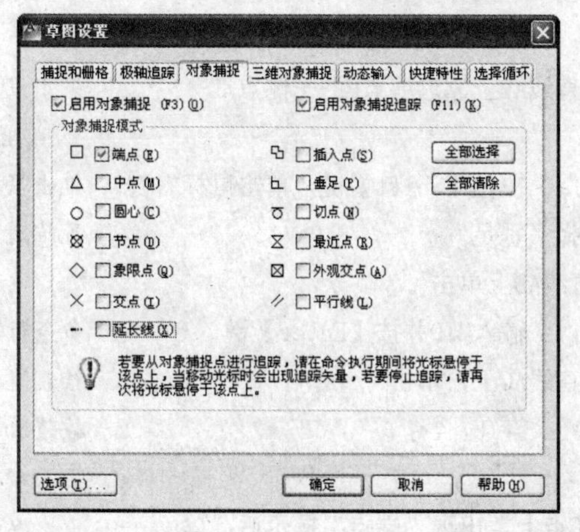

图 T1.4　启用对象捕捉

4. 操作练习

通过绘制如图 T1.5 所示的图形来熟悉按钮、按钮、功能键、鼠标的用法，以及绝对坐标、相对坐标、极坐标的输入方式。

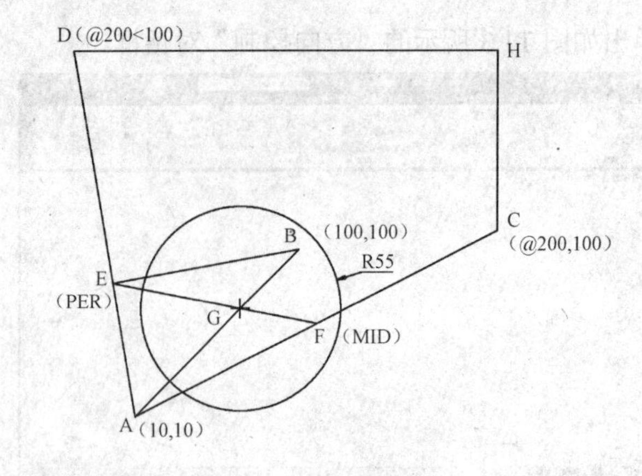

图 T1.5　练习图例

操作	说明
单击功能区“常用→绘图”直线”按钮	下达直线命令
命令: _line	
指定第1点:10,10 ↵	
指定下一点或[放弃(U)]:100,100 ↵	绝对坐标，绘制直线AB
指定下一点或 [放弃(U)]: ↵	按【Enter】键结束直线命令
按空格键	通过空格键重复上一个命令
命令:LINE	
指定第1点:10,10↵	
指定下一点或 [放弃(U)]:@200,100↵	相对坐标，绘制直线AC
指定下一点或 [放弃(U)]:按空格键	通过空格键结束命令
↵	按【Enter】键重复上一个命令
命令:LINE	
指定第1点:10,10↵	绝对坐标输入起点
指定下一点或 [放弃(U)]:@200<100↵	相对极坐标，绘制直线AD
指定下一点或 [放弃(U)]:单击鼠标右键，选择“确认”按钮	通过快捷按钮结束命令
单击功能区“常用→绘图”直线”按钮	下达命令
命令:LINE	
指定第1点:移动光标到直线AB上靠近端点B的一侧点取	采用设置的端点对象捕捉方式获取输入点坐标，即B点
指定下一点或 [放弃(U)]: 按住【Shift】键，单击鼠标右键，在弹出的快捷按钮中选择“垂足”	单击鼠标右键，在弹出的快捷按钮中设置临时的对象捕捉覆盖方式。
_per 到　移动鼠标到直线AD上单击	
指定下一点或 [放弃(U)]: 输入MID并按【Enter】键	命令行输入关键字的临时对象捕捉方式
_mid 于　移动光标到直线AC上，单击	绘制直线EF
指定下一点或 [闭合(C)/放弃(U)]:↵	按【Enter】键结束直线绘制
命令: LINE↵	输入命令
指定第1点:光标移动到C点上，出现“端点”提示后，单击C点	
指定下一点或 [放弃(U)]: 按【F8】键 <正交 开>	通过功能键打开正交模式
单击状态栏中的对象捕捉追踪按钮	通过状态栏控制对象捕捉追踪模式
<对象捕捉追踪 开>	

将光标移到直线AD上，在D点出现端点提示后移动光标到图T1.5所示H点附近，出现极轴提示后单击	绘制直线CH
指定下一点或 [放弃(U)]: **移动光标到直线AD上，单击端点D**	绘制直线HD
指定下一点或 [闭合(C)/放弃(U)]: ↵	结束直线绘制
命令:c↵	键盘输入命令缩写
CIRCLE指定圆的圆心或[三点(3P)/两点(2P)/ 相切、相切、半径(T)]:int↵ 于 **移动光标到G点并单击**	采用键盘输入关键字的方式设置临时的对象捕捉模式。指定圆心
指定圆的半径或[直径(D)]:55↵	输入半径，绘制出圆

5. 保存文件

将光标移动到“文件”按钮上单击，弹出文件按钮项。单击“另存为”按钮，弹出如图 T1.6 所示的“图形另存为”对话框。

在“文件名”下拉列表中输入“练习 1”，单击保存按钮存盘。

图 T1.6 “图形另存为”对话框

6. 移动观察图形

移动观察图形的方法如下。

单击右侧导航栏中的“平移”按钮，光标变成手形，按住鼠标左键向右上移动，使图形显示在屏幕的中间。

7. 快速保存文件

按【Ctrl+S】组合键，快速保存文件。

8. 将该图形输出成 DXF 格式文件

单击“文件→另存为”，弹出如图 T1.6 所示的对话框，单击“文件类型”下拉列表，选择“AutoCAD 2010 DXF”格式，单击保存按钮存盘。

思考及练习

（1）如何调出按钮栏？操作按钮的方式除了使用指点设备（鼠标），如果采用键盘，该如何操作?

（2）可以对按钮进行操作的键有________________________。

① 光标移动键　② 数字键　③【Alt】键
④ 【Space】键　⑤ 按钮中带下画线的字母　⑥【Tab】键
⑦【Enter】键　⑧ 按钮中的大写字母

（3）如何打开绘图工具栏？如何对工具条进行移动、改变外形、停靠等操作。

（4）可能会弹出保存文件对话框的操作方式有________________________。

①“标准”工具条中的保存按钮
② 文件按钮中的保存按钮项
③ 文件按钮中的赋名保存按钮项
④ 【Ctrl+S】组合键

实验 2

绘制平面图形——卡圈

目的和要求

（1）熟悉圆 CIRCLE、直线 LINE 等绘图命令。

（2）熟悉修剪 TRIM、偏移 OFFSET、环形阵列 ARRAY、通过“特性”面板修改图形属性等编辑命令。

（3）掌握平面图形的绘制方法和技巧。

（4）综合应用对象捕捉等辅助功能。

上机准备

（1）复习圆 CIRCLE、直线 LINE 等绘图命令的用法。

（2）复习修剪 TRIM、偏移 OFFSET、删除 ERASE、阵列 ARRAY 和修改特性等编辑命令的用法。

（3）复习线型 LINETYPE 和线宽等图形特性的设置和修改方法。

上机操作

绘制如图 T2.1 所示的卡圈图形。

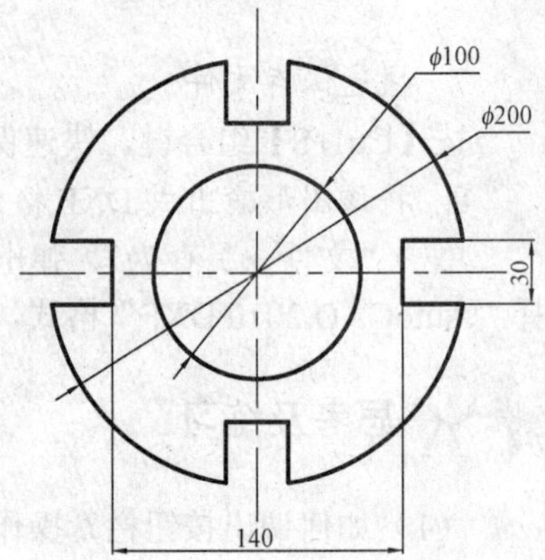

图 T2.1　卡圈图形

分析

（1）绘制一张新图时，应首先设置好环境。本例的环境设置应包括图纸界限、线型的设置。按照如图 T2.1 所示的图形大小，将图纸界限设置成 A3 比较合适，即 420×297。线型应包括中心线层、粗实线层和尺寸标注层（本例不标注尺寸，可以先不设），也可以通过层来管理图线和线型等。

（2）绘制图形时首先应确定基准。本例应以中心线的交点为水平和垂直方向的基准。应先将中心线绘制出来。

（3）圆弧的绘制不应直接使用圆弧命令来绘制，应先绘制成圆，再将圆修剪成弧。

（4）图形中的 4 个缺口，其尺寸应利用中心线偏移得到正确的位置并修剪而成，必要时可以调整修剪后图形的线型。可以用同样的方法绘制 4 个缺口，也可以绘制好 1 个，再阵列成 4 个，修剪圆（弧）后得到最终的图形。

1. 开始一幅新图

桌面上 AutoCAD 图标进入 AutoCAD 2012 中文版。在浏览器快捷按钮中选择“新建→图形”进入绘图界面。

2. 设置图形界限

首先应根据图形的大小设置合适的图形界限。有时执行图形界限命令并非一定要进行不同的设置，而更应在于查看当前的设置值是否满足图形绘制要求。

```
命令：'_limits
重新设置模型空间界限：
指定左下角点或 [开(ON)/关(OFF)] <0.0000，0.0000>:↵          接受默认值
指定右上角点 <420.0000，297.0000>:↵                          接受默认值
命令:z↵                                                      下达显示图形界限命令
ZOOM
指定窗口的角点，输入比例因子 (nX 或 nXP)，或者
[全部(A)/中心(C)/动态(D)/范围(E)/上一个(P)/比例(S)
/窗口(W)/对象(O)] <实时>:a↵                                  显示图形界限
```

3. 装载线型

绘制如图 T2.1 所示的图需要使用 2 种线型：实线和点画线，默认的初始图形环境中仅有实线一种线型，应装载点画线线型，即 CENTER 线型。

（1）单击“常用→特性”面板中的线型列表框，如图 T2.2 所示（其中 CENTER 线型开始时没有，是设置后产生的），选择“其他”，弹出如图 T2.3 所示的“线型管理器”对话框。同样可以单击“格式→线型”按钮进入“线型管理器”对话框。

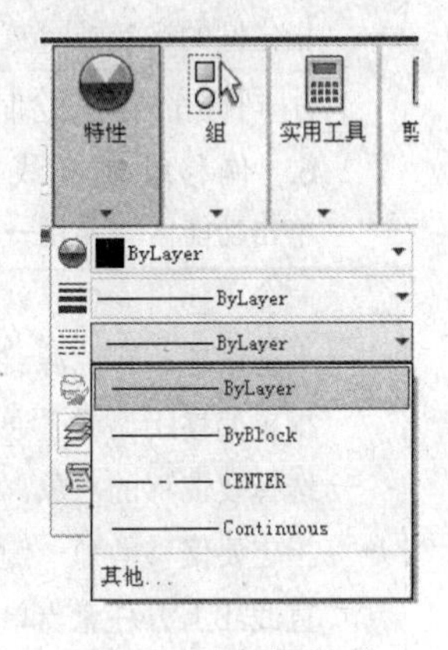

图 T2.2 加载线型

（2）单击加载按钮，弹出如图 T2.4 所示的“加载或重载线型”对话框。

（3）利用滑块向下搜索，双击“CENTER”线型，退回“线型管理器”对话框，此时 CENTER 线型将出现在列表中。

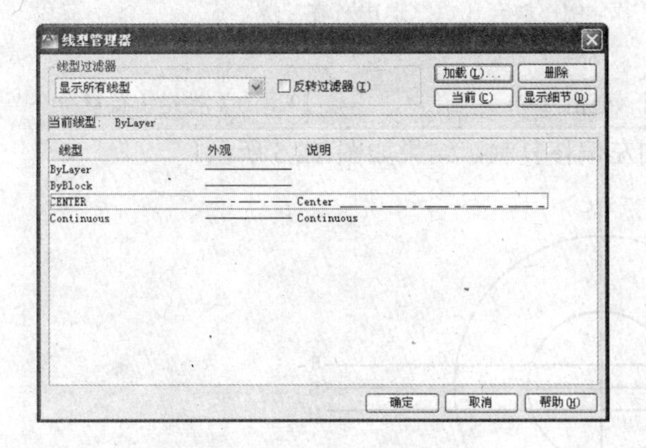

图 T2.3 “线型管理器”对话框

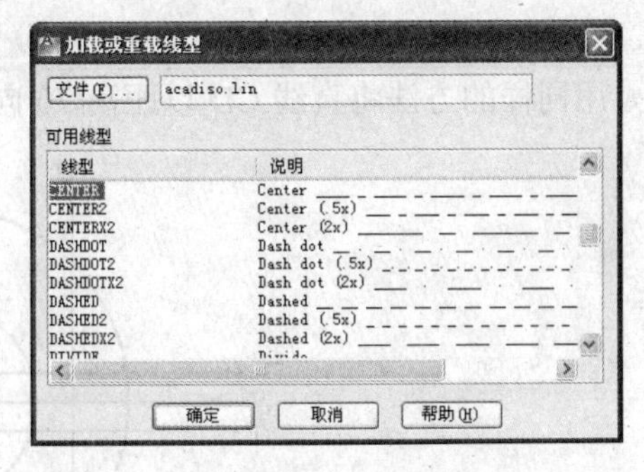

图 T2.4 “加载或重载线型”对话框

（4）单击确定按钮，退回绘图界面。

至此，线型装载完毕，随后可随时使用点画线（CENTER）线型。

4. 绘制中心线

首先在屏幕中间绘制一条水平线和一条垂直线作为中心线。

单击功能区“常用→绘图”中的“直线”按钮

```
命令: _line
指定第1点:在屏幕左侧中部单击
指定下一点或 [放弃(U)]:按【F8】 <正交 开>          打开正交模式
在屏幕右侧中部单击                                  绘制水平线AB
指定下一点或 [放弃(U)]:↵                            结束水平线绘制
↵                                                  重复直线命令
命令:  LINE
指定第1点:在屏幕上方中部单击
指定下一点或 [放弃(U)]:在屏幕下方中部单击           绘制垂直线CD
指定下一点或 [放弃(U)]:↵                            结束直线命令
```

5. 绘制圆

```
单击功能区“常用→绘图”中的“圆”按钮
命令: _circle 指定圆的圆心或 [三点(3P)/两点(2P)/相切、相切、
半径(T)]:按住【Shift】键并单击鼠标右键，选择“交点”      设置成“交点”捕捉模式
_int 于  单击直线AB和CD的交点                           捕捉AB和CD的交点作为圆心
指定圆的半径或 [直径(D)]:100↵
```

用同样的方法绘制半径为 50 的圆。

6. 偏移绘制直线

单击功能区“常用→修改”面板中的“偏移”按钮

```
命令: _offset
当前设置: 删除源=否  图层=源  OFFSETGAPTYPE=0
指定偏移距离或 [通过(T)/删除(E)/图层(L)] <1.0000>:15↵
选择要偏移的对象，或 [退出(E)/放弃(U)] <退出>:单击直线AB
指定要偏移的那一侧上的点，或 [退出(E)/多个(M)/放弃(U)] <退出>:在
直线AB上方任意点单击
选择要偏移的对象，或 [退出(E)/放弃(U)] <退出>:单击直线AB
指定要偏移的那一侧上的点，或 [退出(E)/多个(M)/放弃(U)] <退出>:在
直线AB下方任意点单击
选择要偏移的对象，或 [退出(E)/放弃(U)] <退出>:↵        按【Enter】键退出偏移命令
```

用同样的方法将直线 CD 以距离 70 向左偏移复制，结果如图 T2.5 所示。

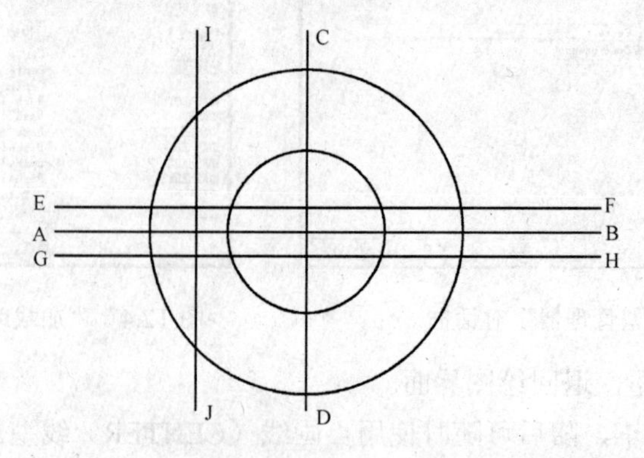

图 T2.5　绘制中心线及圆并偏移复制直线

7. 修剪图形

按照如图 T2.6 所示，将左侧缺口处多余的线条剪掉。

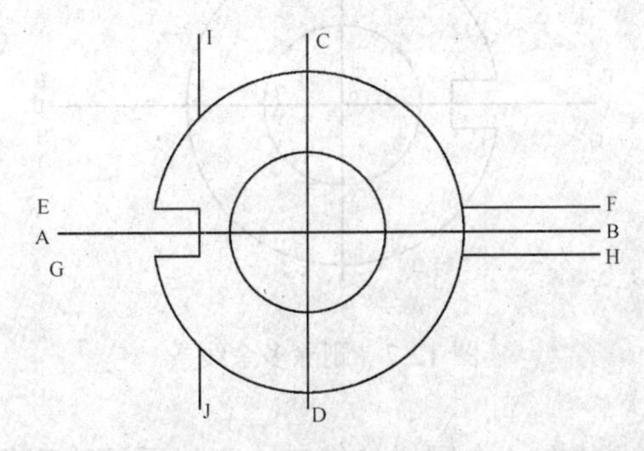

图 T2.6 修剪左侧图线

单击功能区“常用→修改→修剪”按钮 下达修剪命令

命令: _trim

当前设置: 投影=无 边=延伸

选择剪切边…

选择对象或 <全部选择>: **窗口方式选择图线** 指定对角点: 找到 9 个

选择对象: ↵ 结束剪切边选择

选择要修剪的对象，或按住Shift键选择要延伸的对象，或

[栏选(F)/窗交(C)/投影(P)/边(E)/删除(R)/放弃(U)]:**单击直线EF上需要剪去的部分**

选择要修剪的对象，或按住Shift键选择要延伸的对象，或

[栏选(F)/窗交(C)/投影(P)/边(E)/删除(R)/放弃(U)]: **单击直线GH上需要剪去的部分**

选择要修剪的对象，或按住Shift键选择要延伸的对象，或

[栏选(F)/窗交(C)/投影(P)/边(E)/删除(R)/放弃(U)]: **单击直线IJ上需要剪去的部分**

选择要修剪的对象，或按住Shift键选择要延伸的对象，或

[栏选(F)/窗交(C)/投影(P)/边(E)/删除(R)/放弃(U)]: **单击圆上需要剪去的部分**

选择要修剪的对象，或按住Shift键选择要延伸的对象，或

[栏选(F)/窗交(C)/投影(P)/边(E)/删除(R)/放弃(U)]:↵

选择要修剪的对象，或按住Shift键选择要延伸的对象，或

[栏选(F)/窗交(C)/投影(P)/边(E)/删除(R)/放弃(U)]: **单击多余的线条**

重复同样的操作剪去多余的线条，直到类似如图 T2.6 所示的结果

在以前的版本中，修剪时最后一段是无法剪去的，应采用删除命令将最后剩下的不需保留的部分删除。在 AutoCAD 2007 之后的修剪命令中出现了“删除”参数，可以删除图线。还有一种办法，在修剪时由最远的地方向要保留的部分依次修剪，此时无须执行删除命令

选择要修剪的对象，或按住【Shift】键选择要延伸的对象，或

[栏选(F)/窗交(C)/投影(P)/边(E)/删除(R)/放弃(U)]:R↵ 删除对象

选择要删除的对象或 <退出>: **单击多余的线段** 找到 1 个

选择要删除的对象:

重复同样的操作将其他不需要的线条删除。

选择对象: ↵ 结束删除对象选择

选择要修剪的对象，或按住【Shift】键选择要延伸的对象，或

[栏选(F)/窗交(C)/投影(P)/边(E)/删除(R)/放弃(U)]: 退回到修剪命令

结果如图 T2.7 所示。

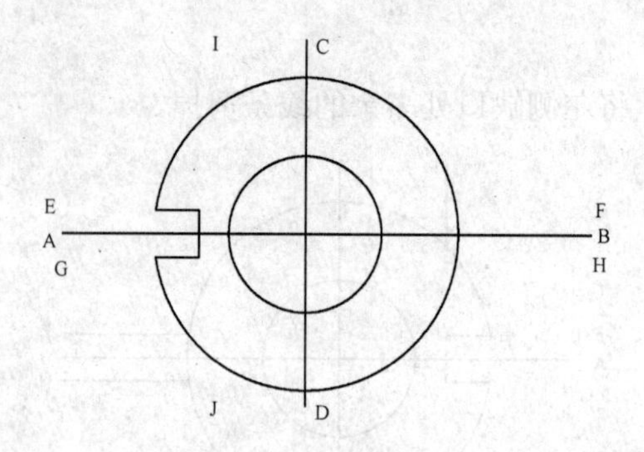

图 T2.7　删除多余线条

8. 阵列复制其他缺口

如图 T2.8 所示，卡圈上共有 4 个同样的缺口，可以采用阵列复制的方法得到其他 3 个。

命令: _arraypolar

选择对象:**采用窗口选择方式选择表示缺口的3条直线**

指定对角点: 找到 3 个

选择对象:↵

类型 = 极轴　关联 = 是

指定阵列的中心点或 [基点(B)/旋转轴(A)]: **利用捕捉模式拾取直线AB和CD的交点**

输入项目数或 [项目间角度(A)/表达式(E)] <4>:↵

指定填充角度(+=逆时针、-=顺时针)或 [表达式(EX)] <360>:↵

按 Enter 键接受或 [关联(AS)/基点(B)/项目(I)/项目间角度(A)/填充角度(F)/行(ROW)/层(L)/旋转项目(ROT)/退出(X)] <退出>:↵

结果如图 T2.8 所示。

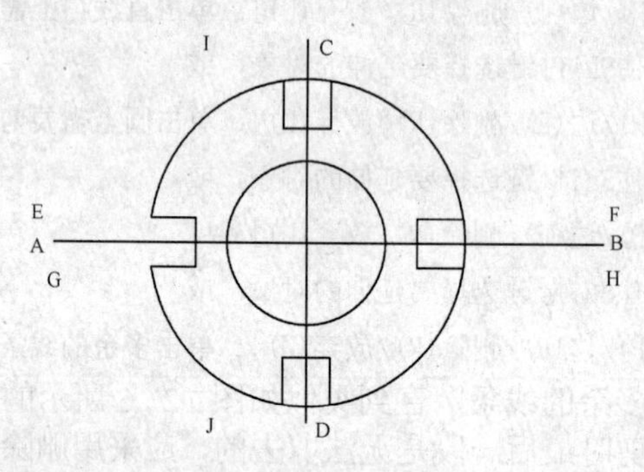

图 T2.8　复制缺口

9. 修剪图形

需要将缺口处多余的圆弧剪去。

单击功能区“常用→修改→修剪”按钮　　下达修剪命令

命令: _trim

当前设置: 投影=无 边=延伸

选择剪切边…

选择对象或 <全部选择>:**选择缺口处的直线**

选择对象:找到 6 个，总计 6 个

选择对象:↵　　结束剪切边对象选择

选择要修剪的对象，或按住Shift键选择要延伸的对象，或

[栏选(F)/窗交(C)/投影(P)/边(E)/删除(R)/放弃(U)]: **单击需要剪去的圆弧**
选择要修剪的对象，或按住Shift键选择要延伸的对象，或
[栏选(F)/窗交(C)/投影(P)/边(E)/删除(R)/放弃(U)]:↵ 结束修剪操作

结果如图 T2.9 所示。

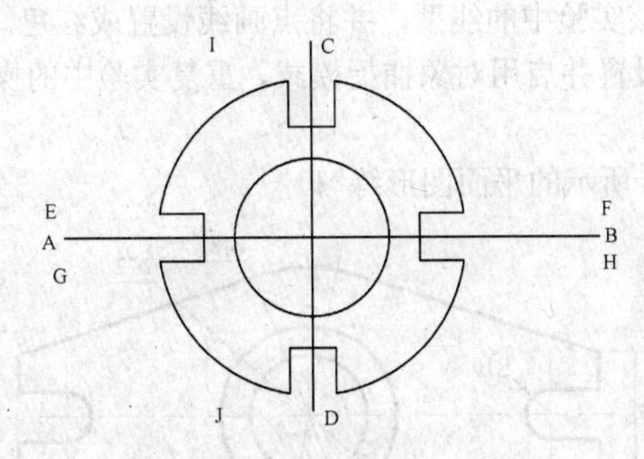

图 T2.9 剪去缺口中的圆弧

10. 修改线型

由于中心线应该是点画线，应将中心线的线型改成 CENTER。

（1）分别单击 2 条中心线，在中心线上出现夹点。

（2）单击“特性”面板中的线型列表框，在弹出的线型中选择 CENTER。

（3）按两次【Esc】键，取消夹点。

11. 修改中心线长度

中心线的长度可能较长（也可能较短），可以通过夹点编辑修改成合适的长度。

（1）单击其中一条中心线，在中心线上出现 3 个夹点。

（2）单击需要修改的夹点，此时夹点由蓝色空心的方框变成红色填充的矩形。

（3）移动夹点到合适的位置单击。

（4）同样操作其他夹点。

12. 修改轮廓线宽度

轮廓线是粗实线，应具有线宽特性。

（1）单击所有的轮廓线，在轮廓线上出现夹点。

（2）单击“特性”面板中的线宽列表框，利用滑块在弹出的线宽中选择“0.3mm”。

（3）单击状态栏中的线宽按钮，使之处于打开。

结果如图 T2.1 所示。

13. 保存文件

单击快速访问工具栏中的“保存”按钮，弹出如图 T2.10 所示的“图形另存为”对话框。在“文件名”下拉列表中输入“练习 2-卡圈”，单击保存按钮保存。

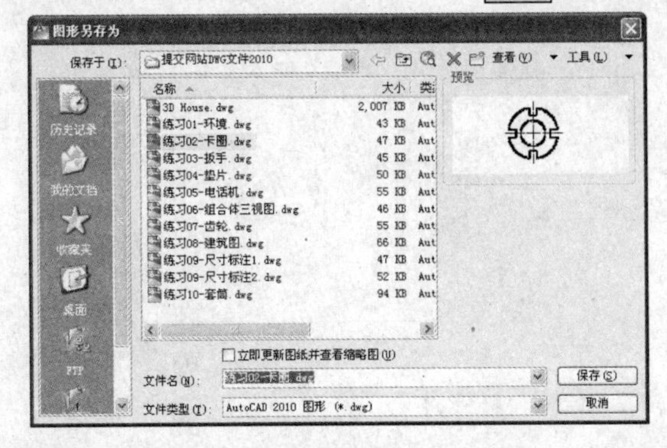

图 T2.10 “图形另存为”对话框

思考及练习

（1）绘制如图 T2.1 所示图形的 1/4，然后采用镜像命令复制成完整的图形。

（2）采用图层管理该实验中的线型，并将点画线设置成红色。

（3）采用对象捕捉设置并启用对象捕捉模式，重复实验中的操作，比较与临时设置之间哪种较适用于该实验。

（4）完成如图 T2.11 所示的平面图形练习。

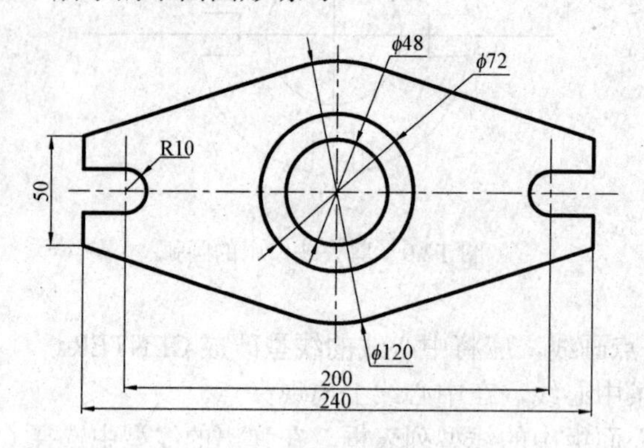

图 T2.11　平面图形练习图例

实验 3

绘制平面图形——扳手

目的和要求

（1）熟悉圆 CIRCLE、直线 LINE、正多边形 POLYGON 等绘图命令。

（2）熟悉修剪 TRIM、偏移 OFFSET 和圆角 FILLET 等编辑命令。

（3）掌握平面图形中常见的辅助线的使用方法和技巧。

（4）掌握对象捕捉的设置和使用方法。

（5）掌握图层的设置和使用方法。

上机准备

（1）复习圆 CIRCLE、直线 LINE、正多边形 POLYGON 等绘图命令的用法。

（2）复习修剪 TRIM、延伸 EXTEND、偏移 OFFSET、删除 ERASE、圆角 FILLET 和修改特性等编辑命令的用法。

（3）复习图层管理线型、颜色、线宽等特性的方法。

（4）复习对象捕捉使用方法。

上机操作

绘制如图 T3.1 所示的扳手平面图。

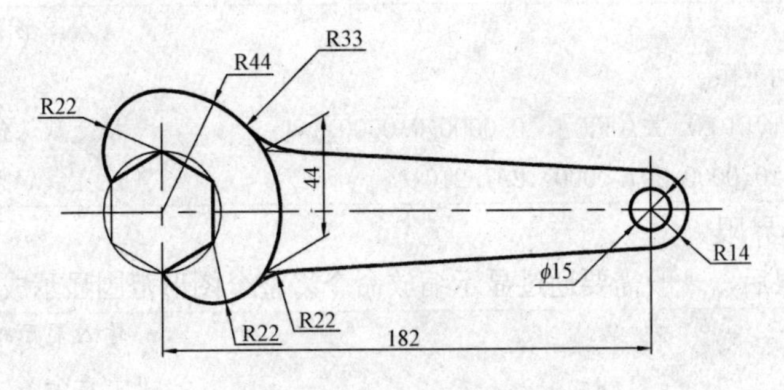

图 T3.1　扳手平面图

分析

（1）本例的环境设置应包括图纸界限、图层（包括线型、颜色、线宽）等的设置。按照如图 T3.1 所示的图形大小，图纸界限设置成 A4 横放比较合适，即 297×210。图层至少应包括各种线型（点画线层、粗实线层、细实线层和尺寸标注层，本例不标注尺寸，可以先不设）。

（2）本例中的绘图基准是图形中的中心线，首先应将 3 条中心线绘制正确。其他图线要分析清楚先后顺序和相互依赖的关系，否则无法继续。

（3）绘制头部的圆弧也应该先绘制成圆，再修剪成指定大小的弧。绘制本例时要注意圆弧圆心的正确位置，圆弧和圆弧相切的关系。

（4）正六边形可以使用多边形命令 POLYGON 直接绘制。

（5）绘制手柄部分时同样要注意直线的两端的定位。尺寸 44 可以采用偏移命令来确定位置，另一端要保证相切。应使用对象捕捉模式。

（6）连接圆弧（R33 和 R22）应首先利用 TTR 方式绘制成圆，再修剪成圆弧。

1. 开始一幅新图

单击“开始→程序→Autodesk→AutoCAD 2012 Simplified Chinese→AutoCAD 2012 Simplified Chinese”进入 AutoCAD 2012 中文版。单击快速访问工具栏中的“新建”按钮，弹出的“选择样板”对话框，如图 T3.2 所示，单击“打开”按钮，进入绘图界面。

图 T3.2 “选择样板”对话框

2. 设置图形界限

按照该图形的大小和 1:1 作图的原则，设置图形界限为 A4 横放比较合适。

（1）设置图形界限。

```
命令:limits↵                                                  输入图形界限命令
重新设置模型空间界限:
指定左下角点或 [开(ON)/关(OFF)] <0.0000,0.0000>:↵               接受默认值
指定右上角点 <420.0000,297.0000>:297,210↵                       设置成A4大小
```

（2）显示图形界限。

设置了图形界限后，一般需要通过显示缩放命令将整个图形范围显示成当前的屏幕大小。

```
命令:z↵                                                       输入显示缩放命令缩写
ZOOM                                                          显示全名
指定窗口的角点，输入比例因子 (nX 或 nXP)，或者
[全部(A)/中心(C)/动态(D)/范围(E)/上一个(P)/比例(S)/窗口(W)/对象
(O)]<实时>: a↵                                                 显示图形界限
正在重生成模型
```

3. 设置图层

绘制该图形要使用粗实线、细实线和点画线，根据线型设置相应的图层。

（1）单击功能区“常用→图层→图层特性”按钮，弹出如图 T3.3 所示的“图层特性管理器”对话框。开始时只有“0”层（尺寸线层和定义点层不必考虑）。

（2）新建图层。

① 单击新建按钮，在图层列表中将增加新的图层。连续单击 3 次，增加 3 个图层。默认的名称分别为“图层 1”、“图层 2”和“图层 3”。

② 分别选择新建的 3 个图层，在详细信息区的图层名文本框中将“名称”修改成“粗实线”、“细实线”和“点画线”。

（3）加载线型。

① 单击“点画线”图层后线型下方的名称，弹出“选择线型”对话框，如图 T3.4 所示。初始时只有 Continous 一种线型，需要加载 CENTER 线型。

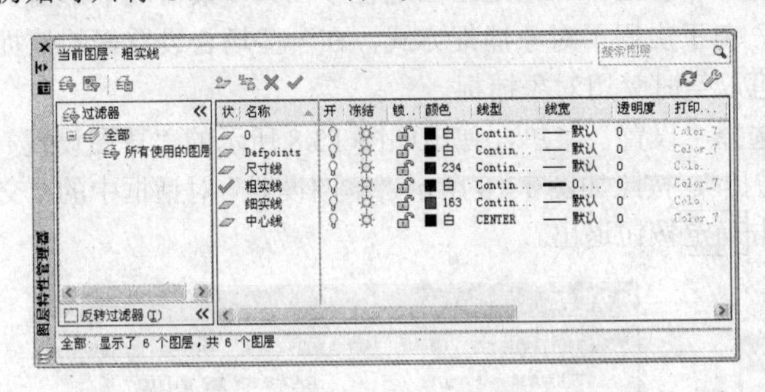

图 T3.3 “图层特性管理器”对话框

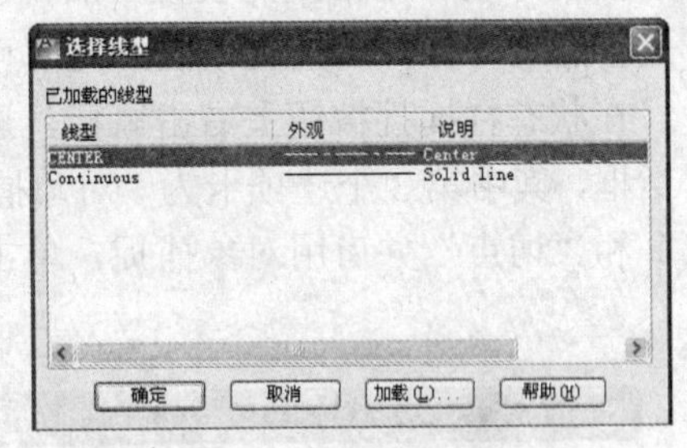

图 T3.4 “选择线型”对话框

② 单击加载按钮，弹出如图 T3.5 所示的“加载或重载线型”对话框。在“加载或重载线型”对话框中选择 CENTER 线型并单击确定按钮加载。退回“选择线型”对话框，结果如图 T3.4 所示。

③ 在“选择线型”对话框中单击 CENTER 线型，并单击确定按钮，此时 CENTER 线型被赋予“点画线”层。

（4）设置线宽。粗实线具有一定的宽度，通过线宽的设置来设定其宽度大小。

① 单击“图层特性管理器”对话框中“粗实线”层后的线宽（初始时为“默认”），弹出如图 T3.6 所示的“线宽”对话框。

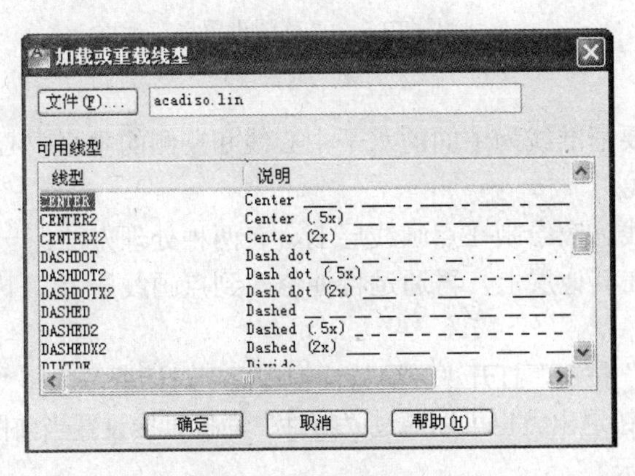

图 T3.5 “加载或重载线型”对话框

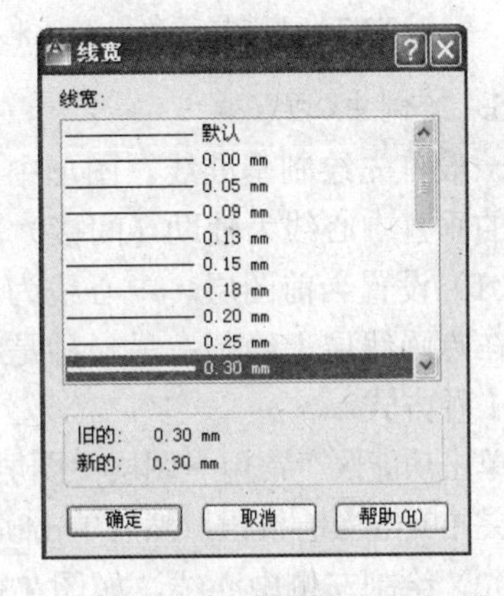

图 T3.6 “线宽”对话框

② 单击“0.30 毫米”线宽值，并单击确定按钮，退回“图层特性管理器”对话框。此时“粗实线”层后的线宽变成了“0.30 毫米”。

（5）设置颜色。为了在屏幕上清楚显示不同的图线，除了设置合适的线型外，还应该充分利用色彩来醒目地区分不同的图线。

① 在“图层特性管理器”对话框中的“点画线”层后的颜色小方框上单击，弹出如图T3.7所示的“选择颜色”对话框。

② 在“选择颜色”对话框中的标准颜色区，单击红色颜色方块，相应地在下方提示选择的颜色名称和颜色示意块。

③ 单击确定按钮退回“图层特性管理器”对话框。

④ 在“图层特性管理器”对话框中单击确定按钮结束图层设置。

4. 设置对象捕捉方式

精确绘制图形时必须捕捉对象的交点和切点。对象捕捉的方式既可临时设置，也可预先设置。如果是偶尔需要则采用临时设置比较合适，如果是绘图过程中在大多数情况下都需要使用捕捉方式，则应预先设置并启用。由于启用了对象捕捉方式，在一些场合设置好的捕捉方式会影响目标点的捕捉，因此此时可以暂时禁用对象捕捉。

在状态栏捕捉按钮上右击鼠标，选择“设置”菜单，弹出如图T3.8所示的“草图设置”对话框，其中第3个选项卡为“对象捕捉”。按照如图T3.8所示“草图设置”对话框中的“交点”和“切点”并启用对象捕捉，单击确定按钮退出。

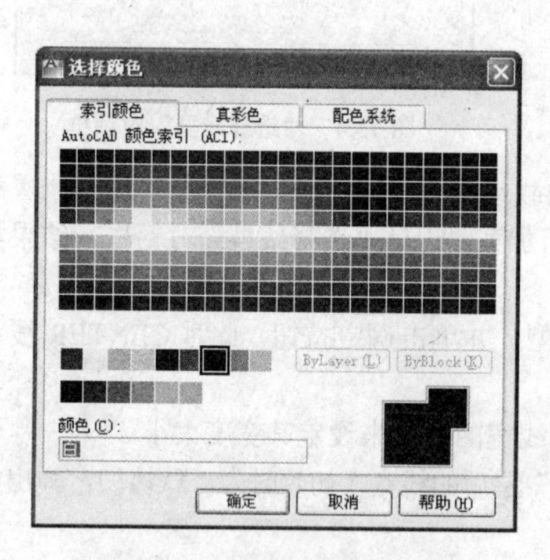

图 T3.7 “选择颜色”对话框

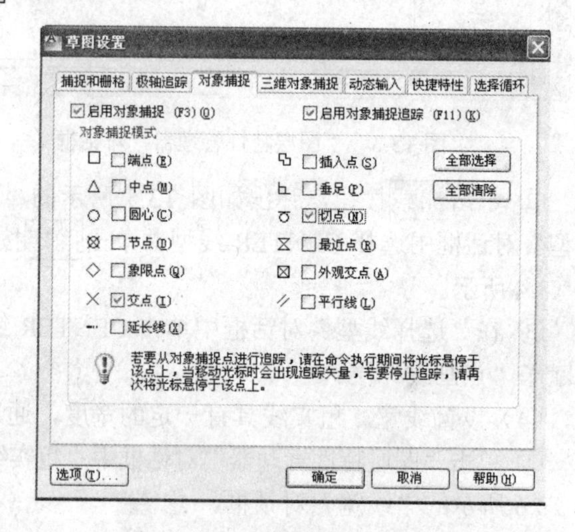

图 T3.8 “草图设置”对话框

5. 绘制中心线

一般首先绘制基准线。图形中的主要基准线为中间的水平中心线和左侧的垂直中心线。右侧的垂直中心线为辅助（间接）基准线。

（1）设置当前图层。中心线为点画线，应绘制在点画线层上。有两种处理办法：一种是直接在点画线层上绘制；另一种是绘制在其他层上，再通过特性修改到点画线层上。下面采用第1种方式。

单击功能区“常用→图层→图层特性”按钮，打开“图层特性管理器”对话框，选择“中心线”层并单击当前按钮，然后单击确定按钮退出。也可以通过“特性”面板直接设置当前图层。

（2）绘制左侧中心线，如图T3.9所示。

单击功能区“常用→绘图”中的“直线”按钮	
命令: _line	
按【F8】键 <正交 开>	打开正交模式绘制水平和垂直线
指定第1点:在屏幕左侧中部单击	确定A点

指定下一点或［放弃(U)］:**在屏幕右侧中部单击**　　确定B点
指定下一点或［放弃(U)］:↵　　结束水平线绘制

同样绘制左侧垂直线CD。

（3）偏移复制右侧中心线。右侧垂直中心线和左侧的垂直中心线相距182，采用偏移命令复制该垂直线。

单击功能区“常用→修改”面板中的“偏移”按钮　　下达偏移命令
命令：_offset
当前设置：删除源=否　图层=源　OFFSETGAPTYPE=0
指定偏移距离或［通过(T)/删除(E)/图层(L)］<通过>：**182**↵
选择要偏移的对象，或［退出(E)/放弃(U)］<退出>:**单击直线CD**
指定要偏移的那一侧上的点，或［退出(E)/多个(M)/放弃(U)］<退出>:**在CD的右侧任意点单击**
选择要偏移的对象，或［退出(E)/放弃(U)］<退出>:**按【Esc】键** *取消*　退出偏移命令

结果如图T3.9所示。

6. 绘制辅助圆

以半径22的圆为细实线，是辅助线，表示正六边形的大小及方向。

（1）设置当前图层。单击“特性”面板中的图层列表，选择“细实线”层，并在绘图区空白位置单击，当前图层变成“细实线”。

（2）绘制圆，如图T3.10所示。

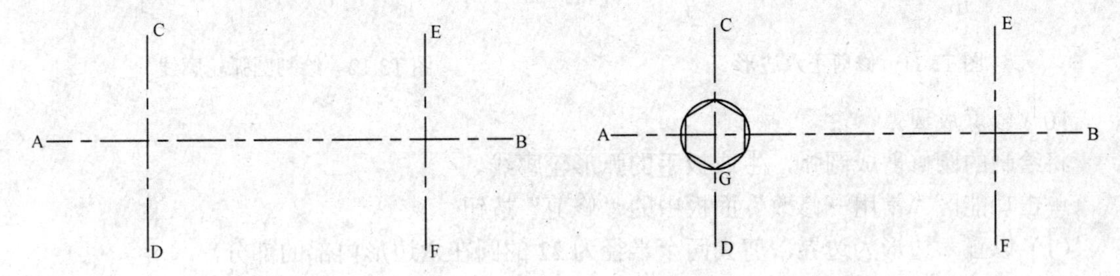

图T3.9　绘制中心线　　图T3.10　绘制辅助圆和正六边形

单击功能区“常用→绘图”中的“圆”按钮
命令：_circle
指定圆的圆心或［三点(3P)/两点(2P)/相切、相切、半径(T)］:**单击AB和CD的交点**
指定圆的半径或［直径(D)］:**22**↵

7. 绘制正六边形

首先将当前图层改成“粗实线”。

单击功能区“常用→绘图”中的正多边形按钮
命令：_polygon 输入边的数目 <4>:**6**↵
指定多边形的中心点或［边(E)］:**点取AB和CD的交点**
输入选项［内接于圆(I)/外切于圆(C)］<I>:↵
指定圆的半径：**单击圆和垂直中心线的交点**

8. 修剪正六边形

将正六边形左下侧的两条边剪去，形成扳手的缺口。

单击功能区“常用→修改”面板中的“修剪”按钮
命令:TRIM

当前设置：投影= UCS 边=延伸
选择剪切边…
选择对象：单击正六边形 找到 1 个　　以正六边形为界剪切自己
选择对象：↵　　结束对象选择
选择要修剪的对象，或按住Shift键选择要延伸的对象，或
[栏选(F)/窗交(C)/投影(P)/边(E)/删除(R)/放弃(U)]：**单击需要剪掉的部分**
选择要修剪的对象，或按住Shift键选择要延伸的对象，或
[栏选(F)/窗交(C)/投影(P)/边(E)/删除(R)/放弃(U)]：**单击需要剪掉的部分**
选择要修剪的对象，或按住Shift键选择要延伸的对象，或
[栏选(F)/窗交(C)/投影(P)/边(E)/删除(R)/放弃(U)]：↵　　结束修剪命令

结果如图 T3.11 所示。

9. 绘制圆弧轮廓线（圆）

以如图 T3.11 所示 I 点为圆心，半径为 44 绘制一圆。分别以 H、K 点为圆心，半径为 22 绘制 2 个圆弧轮廓线。结果如图 T3.12 所示。

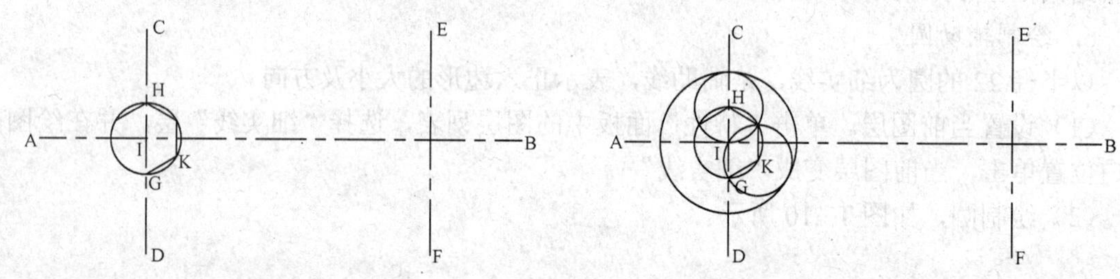

图 T3.11　修剪正六边形　　图 T3.12　绘制圆弧轮廓线

10. 修剪成圆弧

将绘制的圆修剪成圆弧，生成扳手的弧形轮廓线。

单击功能区“常用→修改”面板中的“修剪”按钮。

（1）以正六边形为边界，剪去两个半径为 22 的圆在六边形内部的部分。

（2）以半径为 44 的圆为边界，剪去两个半径为 22 的圆弧的右上侧部分。

（3）以半径为 22 的两个圆弧为边界，剪去半径为 44 的圆左下部分。

结果如图 T3.13 所示。

11. 绘制右侧圆

以 EF 和 AB 的交点为圆心，半径为 7.5 和 14 绘制 2 个圆，如图 T3.13 所示。

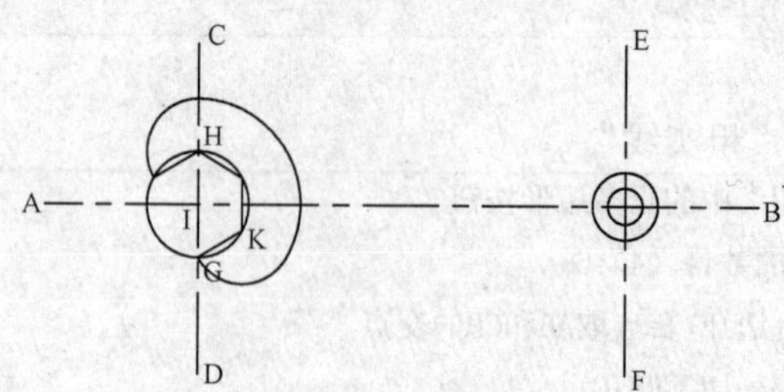

图 T3.13　修剪圆成圆弧

12. 偏移复制辅助线

要绘制和右侧半径为 14 的圆相切的 2 条直线，首先应该找到垂直距离为 44 的 2 个点。可以通过偏移复制获取。

单击功能区“常用→修改”面板中的“偏移”按钮　　下达偏移命令

命令: _offset

指定偏移距离或 [通过(T)/删除(E)/图层(L)] <通过>: 22↵

选择要偏移的对象，或 [退出(E)/放弃(U)] <退出>: 单击直线AB

指定要偏移的那一侧上的点，或 [退出(E)/多个(M)/放弃(U)] <退出>:在AB的上方任意点单击

选择要偏移的对象，或 [退出(E)/放弃(U)] <退出>:单击直线AB

指定要偏移的那一侧上的点，或 [退出(E)/多个(M)/放弃(U)] <退出>:在AB的下方任意点单击

选择要偏移的对象，或 [退出(E)/放弃(U)] <退出>:按【Esc】键 *取消* 退出偏移命令

结果如图 T3.14 所示。

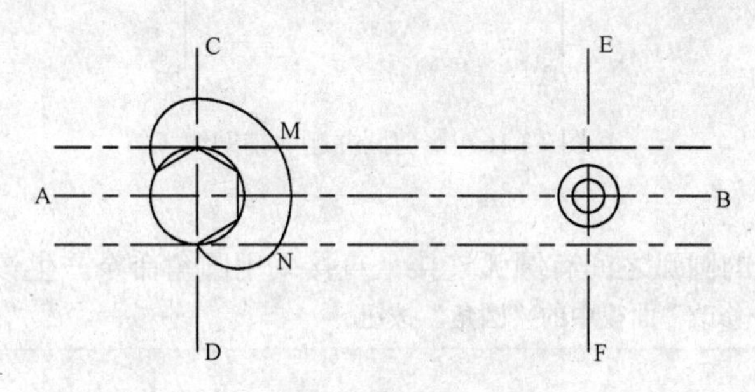

图 T3.14　偏移复制辅助线

13. 绘制 2 条切线

单击功能区“常用→绘图”中的“直线”按钮

命令: LINE

指定第1点: 单击M点

指定下一点或 [放弃(U)]:移动光标到半径为14的圆周上目标点附近，出现“切点”提示后单击　　应故意偏移圆弧和EF的交点

指定下一点或 [放弃(U)]:↵

用同样的方法绘制另一条切线。

结果如图 T3.15 所示。

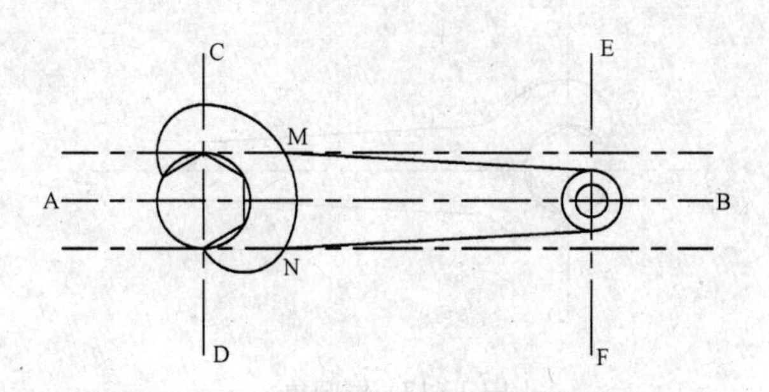

图 T3.15　绘制切线

14. 修剪右侧半径为 14 的圆

以 2 条切线为边界，将半径为 14 的圆的左侧部分剪去。

15. 删除辅助线

将 2 条辅助线删除。

单击功能区“常用→修改”面板中的“删除”按钮　　下达删除命令

命令：_erase

选择对象：**单击偏移22复制的一条直线** 找到 1 个

选择对象：**单击偏移22复制的另一条直线** 找到 1 个，总计 2 个

选择对象：↵　　按【Enter】键结束删除操作

结果如图 T3.16 所示。

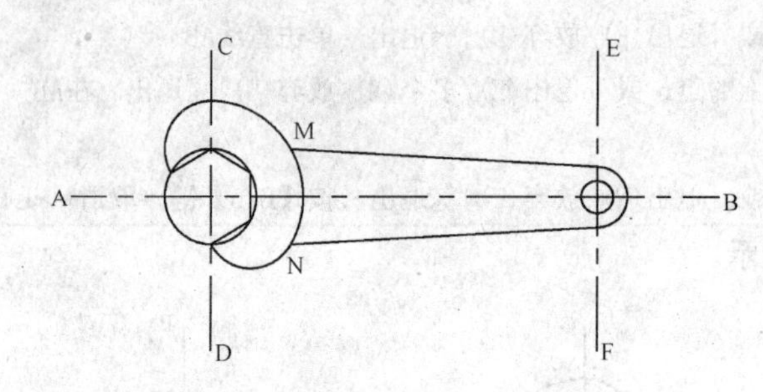

图 T3.16　修剪圆并删除辅助线

16. 倒圆角

切线和半径为 44 的圆弧之间有圆弧连接，直接采用圆角命令产生该圆弧。

单击功能区“常用→修改”面板中的“圆角”按钮　　下达圆角命令

命令：FILLET

当前模式：模式 = 修剪，半径 = 10.0000　　提示当前圆角模式

选择第一个对象或 [放弃(U)/多段线(P)/半径(R)/修剪(T)/多个(M)]：r↵　　修改圆角半径

指定圆角半径 <10.0000>:22↵

按空格键

命令：FILLET

当前模式：模式 = 修剪，半径 = 22.0000

选择第一个对象或 [放弃(U)/多段线(P)/半径(R)/修剪(T)/多个(M)]：**单击切线**

选择第二个对象，或按住【Shift】键选择要应用角点的对象：**单击半径44圆弧**　　拾取点应在切线的上方

以同样方法倒另一个圆角，结果如图 T3.17 所示。

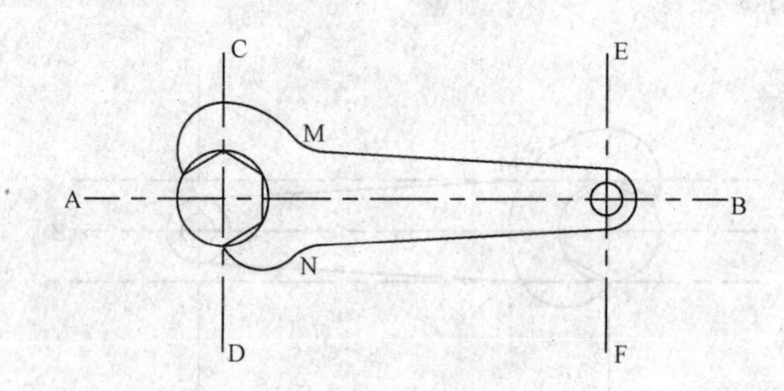

图 T3.17　倒圆角

17. 延伸圆弧

倒圆角后半径为 44 的圆弧被剪去一部分，需要延伸到与圆角相交。

单击功能区“常用→修改”面板中的“延伸”按钮　　下达延伸命令

命令：_extend

当前设置：投影=UCS，边=延伸　　提示当前模式

```
选择边界的边…
选择对象或〈全部选择〉:如图T3.18所示，单击T点处的圆弧 找到1个
选择对象:↵
选择要延伸的对象，或按住Shift键选择要修剪的对象，或
[栏选(F)/窗交(C)/投影(P)/边(E)/放弃(U)]:单击Q点处的圆弧
选择要延伸的对象，或按住Shift键选择要修剪的对象，或
[栏选(F)/窗交(C)/投影(P)/边(E)/放弃(U)]:↵                     结束延伸操作
```

结果如图 T3.18 所示。

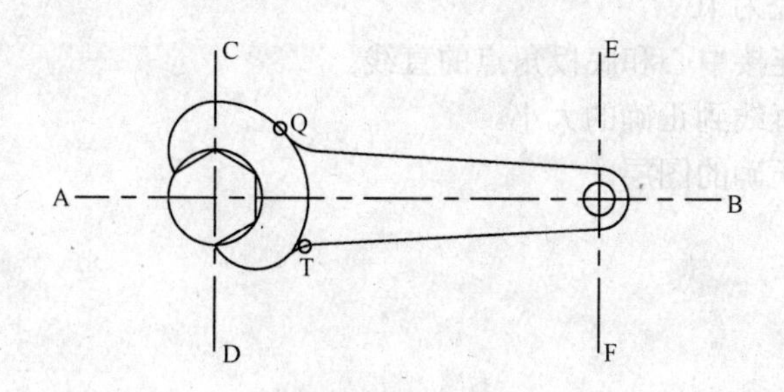

图 T3.18 延伸圆弧

18. 修改中心线长度

中心线长度应超出轮廓线 2mm 左右，要将中心线修改到合适的长度。

在“命令:”提示下单击水平中心线，出现夹点，单击左侧夹点，移到合适的位置，同样处理右侧的夹点。用同样的方法处理垂直中心线。如果在移动的目标点上出现对象捕捉的“交点”或“切点”，在状态栏单击对象捕捉按钮，禁用对象捕捉功能。

19. 打开线宽显示

单击状态栏的线宽按钮，打开线宽显示。结果如图 T3.16 所示。

20. 保存文件

单击快速访问工具栏“另存为”按钮，弹出“图形另存为”对话框，在“文件名”下拉列表中输入“练习 3-扳手”并单击保存按钮保存。

思考及练习

（1）如果不通过图层管理线型、颜色、线宽等，如何设置图形的特性？

（2）如果在倒圆角时设置成不修剪模式，则倒圆角后该如何操作？

（3）如果不采用线宽特性，要绘制成 0.7mm 宽的轮廓线，应如何绘制？

（4）绘制如图 T3.19 所示的平面图形。

提示：

（1）设置图形界限。

（2）设置图层。

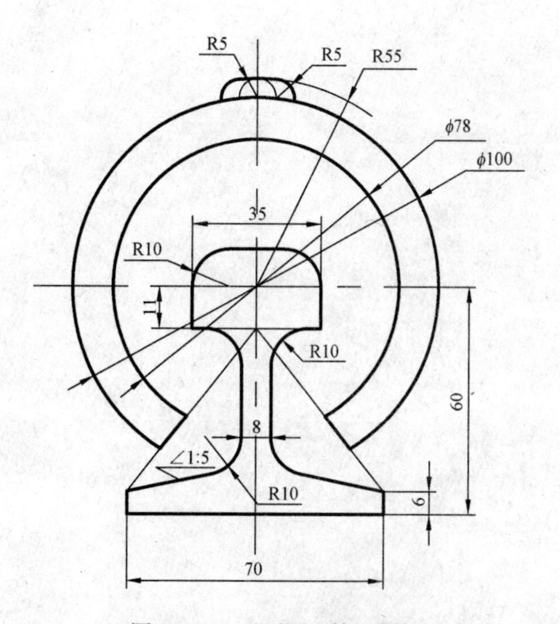

图 T3.19 平面图形练习图例

（3）设置对象捕捉方式为交点。

（4）打开正交模式。

（5）使用点画线绘制中心线。

（6）采用偏移命令复制 60、70、6 及 13（用于绘制斜度 1∶5）、8、11、35 等尺寸表达的直线。

（7）修改偏移复制的直线为粗实线。

（8）在粗实线层绘制半径为 55、直径为 78 和 100 的圆。

（9）绘制 3 个半径为 5 的圆。

（10）倒圆角，半径为 10。

（11）在细实线层连接中心和底板角点的直线。

（12）修剪圆弧、直线到正确的大小。

（13）修改图线到正确的图层。

（14）打开线宽。

（15）保存。

实验 4

绘制平面图形——垫片

目的和要求

（1）熟悉圆 CIRCLE、直线 LINE 等绘图命令。

（2）熟悉修剪 TRIM、偏移 OFFSET、旋转 ROTATE、倒角 CHAMFER、打断 BREAK、复制 COPY，以及通过“特性”工具栏修改图形特性等编辑命令。

（3）掌握夹点编辑方法。

（4）掌握平面图形中辅助线的画法。

（5）掌握平面图形的绘制方法和技巧。

（6）综合应用对象捕捉等辅助功能。

（7）掌握利用图层管理图形的方法。

上机准备

（1）复习圆 CIRCLE、直线 LINE 等绘图命令的用法。

（2）复习修剪 TRIM、偏移 OFFSET、删除 ERASE、旋转 ROTATE、倒角 CHAMFER、打断 BREAK、复制 COPY 和修改特性等编辑命令的用法。

（3）复习夹点编辑方法。

（4）复习图层的设置及线型 LINETYPE 和线宽等图形特性的设置和管理方法。

（5）复习对象捕捉的设置和使用方法。

上机操作

绘制如图 T4.1 所示垫片的图形。

分析

（1）本例的环境设置应包括图纸界限、图层（包括线型、颜色、线宽）的设置。按照如图 T4.1 所示的图形大小，图纸界限设置成 A4 横放比较合适，即 297×210。图层至少应包括各种线型（点画线层、粗实线层和尺寸标注层，本例不标注尺寸，可以先不设）。

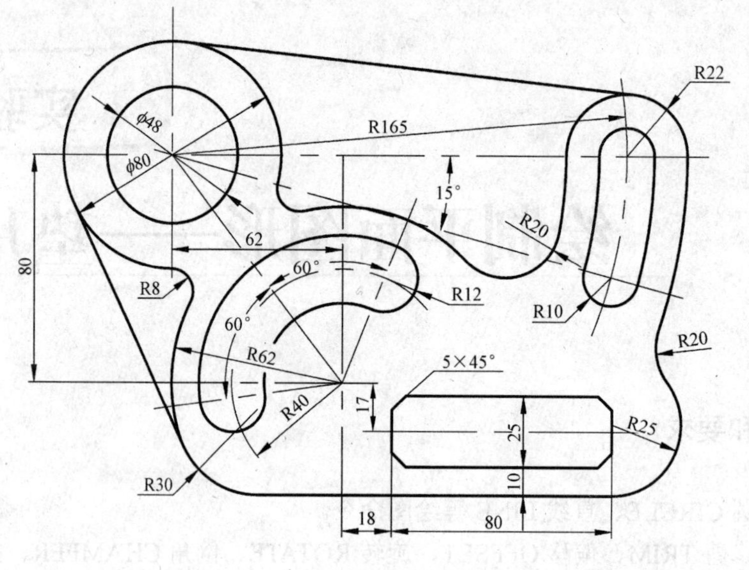

图 T4.1　垫片

（2）本例所示图形尺寸比较复杂。顺利绘制的前提是对图形的正确分析。尤其是注意绘制图形的前后顺序。一般的原则是先绘制已知线段，再绘制中间线段，最后是连接线段。

（3）绘制该图形应充分利用编辑命令。尤其应使用 OFFSET 偏移、ROTATE 旋转来分别确定线性尺寸和角度尺寸的相对位置，也可以使用圆作为辅助线来确定位置。

（4）本例绘制时应首先绘制基准线，得到主要基准和辅助基准。绘制系列圆，通过修剪 TRIM 命令和 FILLET 倒圆角命令进行必要的编辑。圆弧连接也可以通过 TTR 方式绘制圆再剪成相切的圆弧。

1. 开始一幅新图

进入 AutoCAD 2012 中文版并开始绘制一幅新图。

2. 设置图形界限

首先根据图形的大小设置合适的图形界限。按照如图 T4.1 所示的图形尺寸大小，将图形界限设置成 A4（297×210）大小。

```
单击“格式→图形界限”按钮                                   下达图形界限设置命令
命令: '_limits
重新设置模型空间界限:
指定左下角点或 [开(ON)/关(OFF)] <0.0000, 0.0000>:↵          接受默认值
指定右上角点 <420.0000, 297.0000>:297,210↵                  设置成A4大小
单击“视图→缩放→全部”按钮                                 显示图形界限
命令: '_zoom
指定窗口的角点, 输入比例因子 (nX 或 nXP), 或者
[全部(A)/中心(C)/动态(D)/范围(E)/上一个(P)/比例(S)/窗口(W)/对象
(O)] <实时>:_all
正在重生成模型
```

3. 对象捕捉设置

绘制图形，应使用到“交点”和“切点”对象捕捉模式。如果要标注尺寸，还应设置“端点”捕捉模式（尺寸暂不标注）。

用鼠标右键单击状态栏的对象捕捉按钮，选择快捷按钮中的“设置”，弹出“草图设置”

对话框，在“对象捕捉”选项卡中选择“交点”和“切点”，并启用对象捕捉模式。单击确定按钮退出“草图设置”对话框。

4. 图层设置

根据如图 T4.1 所示的图形，按照如图 T4.2 所示设置图层，其中的尺寸线层目前不是必需的，在标注尺寸时应设置（Defpoints 层无须设置，该层是标注尺寸或插入块时自动产生的）。

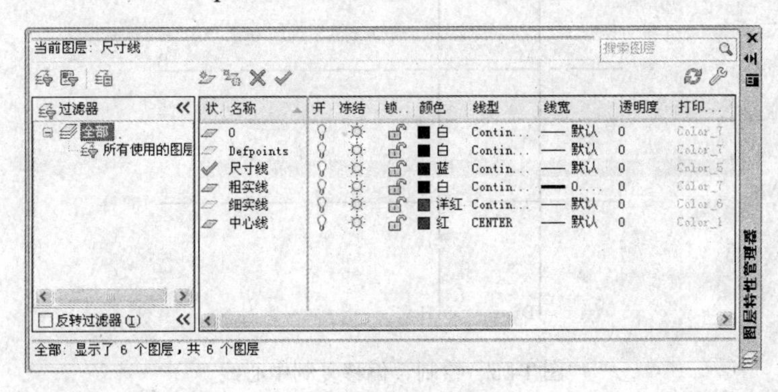

图 T4.2　设置图层

5. 绘制中心线

绘制中心线作为基准线。

（1）设置当前层为中心线层。

```
命令：-layer↵                                                通过命令行设置当前层
当前图层： 粗实线
输入选项
[?/生成(M)/设定(S)/新建(N)/开(ON)/关(OFF)/颜色(C)/线型(L)/线宽(LW)/材
质(MAT)/打印(P)/冻结(F)/解冻(T)/锁定(LO)/解锁(U)/状态(A)]： s↵
输入要置为当前的图层名或 <选择对象>:中心线↵
输入选项
[?/生成(M)/设定(S)/新建(N)/开(ON)/关(OFF)/颜色(C)/线型(L)/线宽(LW)/材
质(MAT)/打印(P)/冻结(F)/解冻(T)/锁定(LO)/解锁(U)/状态(A)]： ↵      按【Enter】键退出图层设置
```

（2）绘制中心线。

```
单击功能区“常用→绘图→直线”按钮                          下达直线命令
命令：_line
指定第1点：单击A点                                        在屏幕偏左偏上的位置单击
指定下一点或 [放弃(U)]：单击B点
指定下一点或 [放弃(U)]:↵                                  结束直线命令
```

同样绘制直线 CD。

6. 偏移复制中心线

右侧的垂直中心线和下方的水平中心线距离左侧和上方的中心线距离分别为 62、80。采用偏移命令进行复制。

```
单击功能区“常用→修改→偏移”按钮                                    下达偏移命令
命令：_offset
当前设置：删除源=否　图层=源　OFFSETGAPTYPE=0
指定偏移距离或 [通过(T)/删除(E)/图层(L)] <15.0000>:62↵
选择要偏移的对象，或 [退出(E)/放弃(U)] <退出>：单击中心线CD
```

指定要偏移的那一侧上的点，或 [退出(E)/多个(M)/放弃(U)] <退出>:**在CD的右侧任意点单击**

选择要偏移的对象，或 [退出(E)/放弃(U)] <退出>:↵　　结束偏移命令

以距离为 80 向下偏移复制 AB 成另一条中心线 EF。结果如图 T4.3 所示。

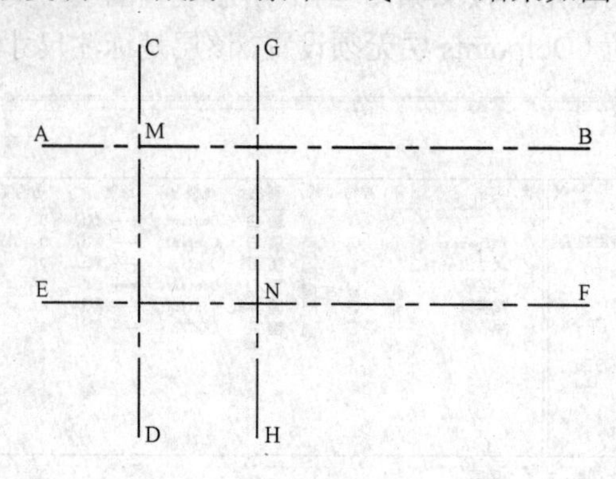

图 T4.3　绘制、偏移复制中心线

7. 绘制直径为 48、80 和半径为 62 的圆

绘制直径为 48、80 和半径为 62 的圆的步骤如下。

（1）将当前层改到粗实线层。

执行 LAYER 命令，弹出“图层特性管理器”对话框，选中“粗实线”层并单击当前按钮，单击确定按钮退出。

（2）绘制直径为 48、80 和半径为 62 的圆。

单击功能区“常用→绘图→圆”按钮　　下达画圆命令

命令: _circle

指定圆的圆心或 [三点(3P)/两点(2P)/相切、相切、半径(T)]: **单击M点**

指定圆的半径或 [直径(D)]:**24↵**

同样以 M 点为圆心，半径为 40 绘制一圆，以 N 点为圆心，半径为 62 绘制一圆。结果如图 T4.4 所示。

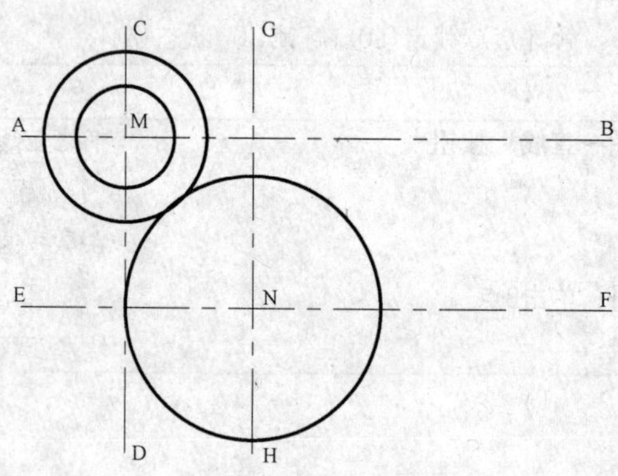

图 T4.4　绘制圆

8. 倒半径为 8 的圆角

单击功能区“常用→修改→圆角”按钮　　下达圆角命令

命令: _fillet

当前模式: 模式 = 修剪，半径 = 30.0000　　提示当前模式及半径

选择第一个对象或 [放弃(U)/多段线(P)/半径(R)/修剪(T)/多个(M)]:**r↵**　　修改半径大小

指定圆角半径 <30.0000>:8↵
选择第一个对象或 [放弃(U)/多段线(P)/半径(R)/修剪(T)/多个(M)]: **单击直径为80的圆**
选择第二个对象，或按住Shift键选择要应用角点的对象: **单击半径为62的圆**

以同样的方法对另一侧倒圆角。结果如图 T4.5 所示。

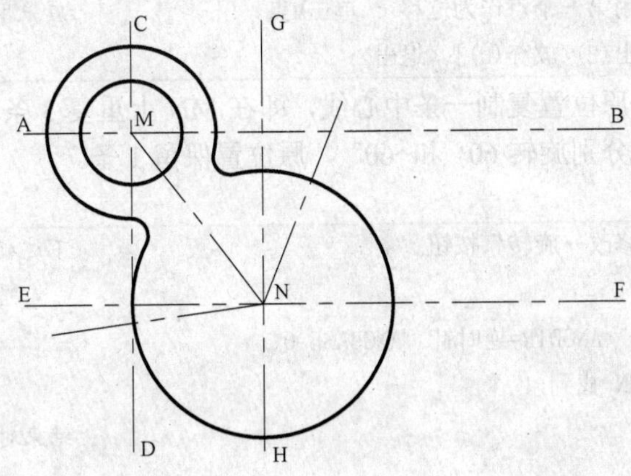

图 T4.5　倒圆角并复制 60° 中心线

9. 修剪圆

单击功能区“常用→修改→修剪”按钮　　下达修剪命令
命令: _trim
当前设置: 投影=无 边=延伸　　提示当前设置
选择剪切边…
选择对象或 <全部选择>: **单击半径为8的圆角**，找到1个
选择对象: **单击半径为8的另一个圆角**，找到1个，总计2个
选择对象:↵　　结束剪切边选择
选择要修剪的对象，或按住Shift键选择要延伸的对象，或
[栏选(F)/窗交(C)/投影(P)/边(E)/删除(R)/放弃(U)]: **单击2个圆角中间半径62的圆弧段**
选择要修剪的对象，或按住Shift键选择要延伸的对象，或[栏选(F)/窗交(C)/投影(P)/边(E)/删除(R)/放弃(U)]: **单击2个圆角中间直径为80的圆弧段**
选择要修剪的对象，或按住Shift键选择要延伸的对象，或
[栏选(F)/窗交(C)/投影(P)/边(E)/删除(R)/放弃(U)]:↵　　结束修剪操作

结果如图 T4.5 所示。

10. 绘制 2 个圆弧中心线连线

采用直线命令及交点捕捉模式，绘制直线 MN，并单击直线 MN，此时在 MN 上出现夹点。单击“特性”工具栏上的图层列表框，选择“中心线”层，并在绘图区任意位置单击。连续按两次【Esc】键，退出夹点模式。

11. 复制并旋转中心线连线到 60° 位置

如图 T4.1 上标注了 60° 的 2 条斜线，采用复制中心线 MN 然后旋转的方式可以获得。

（1）复制中心线 MN。

单击功能区"常用→修改→复制"按钮	下达复制命令
命令：_copy	
选择对象：单击直线MN，找到 1 个	
选择对象：↵	
指定基点或［位移(D)］〈位移〉：单击M点	应采用对象捕捉方式单击M点
指定第二个点或〈使用第一个点作为位移〉：单击M点	应采用对象捕捉方式单击M点
指定第二个点或［退出(E)/放弃(U)］〈退出〉:	

以同样的方法再在原位置复制一条中心线，即在 MN 上重复 3 条同样的直线。随后操作中会将其中的 2 条直线分别旋转 60° 和−60°，原位置保留 1 条。

（2）旋转中心线。

单击功能区"常用→修改→旋转"按钮	下达旋转命令
命令：_rotate	
UCS 当前的正角方向： ANGDIR=逆时针 ANGBASE=0	
选择对象：单击直线MN 找到 1 个	
选择对象：↵	结束对象选择
指定基点：单击N点	
指定旋转角度或［复制(C)/参照(R)］:60↵	

再以−60° 旋转 MN。结果如图 T4.5 所示。

12. 绘制半径为 40、12 及与之相切的圆

绘制半径为 40、12 及与之相切的圆的步骤如下。

（1）采用画圆命令，以 N 点为圆心，绘制半径为 40 的圆，并将该圆改到中心线层上，如图 T4.6 所示。

（2）以 S 点和 T 点为圆心，以 12 为半径，绘制 2 个圆。

（3）以 N 点为圆心，以半径为 12 的圆和直线 NS 的交点到 N 点的距离为半径，绘制 2 个圆。结果如图 T4.6 所示。

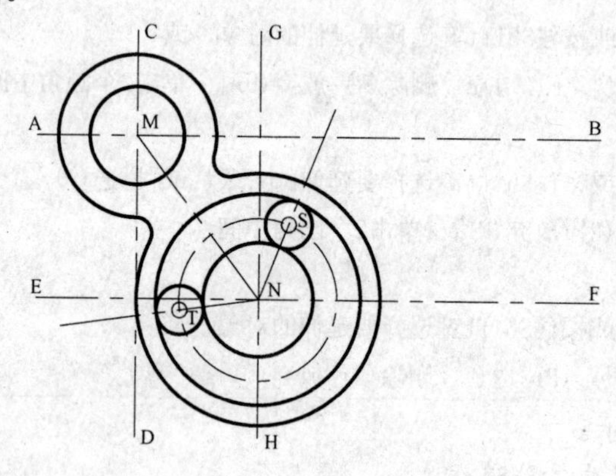

图 T4.6 绘制圆

13. 修剪圆到正确的大小

以 NT 和 NS 为剪切边，修剪圆成为如图 T4.7 所示的结果。

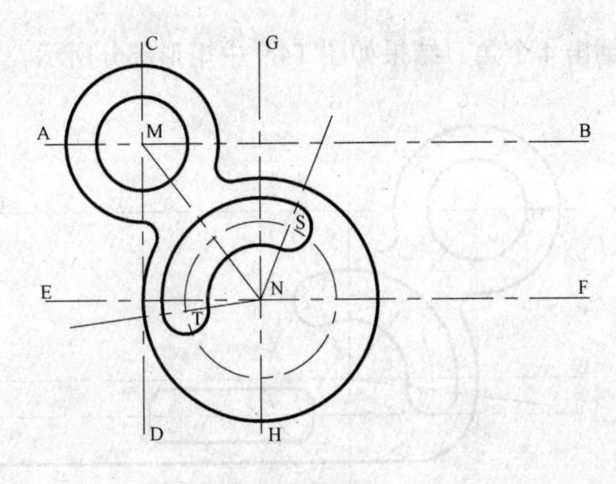

图 T4.7　修剪圆

14. 偏移复制下方水平线及尺寸 17、25、18、80、10 确定的直线

采用偏移命令，偏移距离分别为 17、12.5、10、18、80，复制水平中心线 EF 并得到其直线，确定如图 T4.1 中的相关直线。

15. 修改偏移复制的直线到正确的图层

通过“特性”面板，将部分偏移复制的直线改到“粗实线”层，如图 T4.8 所示。

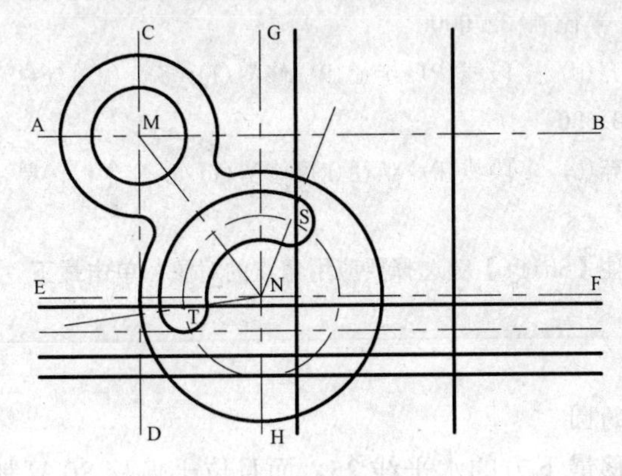

图 T4.8　偏移复制直线

16. 倒角 5×45°

单击功能区“常用→修改→倒角”按钮	下达倒角命令
命令: CHAMFER	
(“修剪”模式) 当前倒角距离 1 = 10.0000，距离 2 = 10.0000	提示倒角模式
选择第一条直线或 [放弃(U)/多段线(P)/距离(D)/角度(A)/修剪(T)/方式(E)/多个(M)]:d↵	
指定第一个倒角距离 <10.0000>:5↵	按【Enter】键设定成45°
指定第二个倒角距离 <5.0000>:↵	重新下达倒角命令
↵	
命令: CHAMFER	
(“修剪”模式) 当前倒角距离 1 = 5.0000，距离 2 = 5.0000	
选择第一条直线或 [放弃(U)/多段线(P)/距离(D)/角度(A)/修剪(T)/方式(E)/多个(M)]: **单击需要倒角的直线之一**	
选择第二条直线，或按住Shift键选择要应用角点的直线: **单击相邻的另一条直线**	

重复倒角命令，倒出 4 个角。结果如图 T4.9 中矩形部分所示。

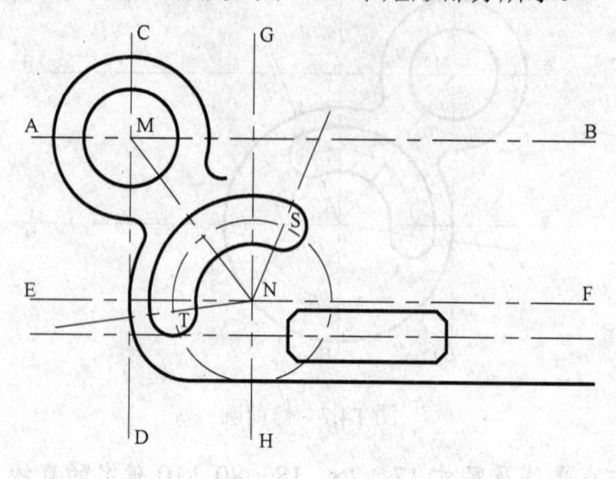

图 T4.9　倒角

17. 倒半径为 30 的圆角

单击功能区“常用→修改→圆角”按钮	下达圆角命令
命令: _fillet	
前设置: 模式 = 修剪，半径 = 32.0000	提示当前模式及半径
选择第一个对象或 [放弃(U)/多段线(P)/半径(R)/修剪(T)/多个(M)]:r↵	修改半径大小
指定圆角半径 <30.0000>:30↵	
选择第一个对象或 [放弃(U)/多段线(P)/半径(R)/修剪(T)/多个(M)]: 单击半径为62的圆	应该单击水平线上方的位置
选择第二个对象，或按住【Shift】键选择要应用角点的对象: 单击最下方的水平线	

结果如图 T4.9 所示。

18. 绘制半径为 25 的圆

将半径为 25 的圆偏移最下方的水平线 25，而且位于偏移 80 复制的一条垂直线上。可以采用偏移命令，距离设定为 25，绘制一条辅助线，通过交点捕捉获得圆心绘制该圆。还可以通过“捕捉自”的捕捉方式直接获得圆心。过程如下：

单击功能区“常用→绘图→圆”按钮	下达画圆命令
命令: _circle	
指定圆的圆心或 [三点(3P)/两点(2P)/相切、相切、半径(T)]:在绘图区按住【Shift】右击鼠标，在弹出的菜单中选择	采用“捕捉自”模式直接获取圆心位置
_from 单击如图T4.10所示的P点，随即将光标上移到Q点，出现“交点”提示	控制偏移方向
基点: <偏移>:2.5↵	
指定圆的半径或 [直径(D)] <25.0000>:25↵	

结果如图 T4.10 所示。

19. 复制并旋转上方水平中心线-15°

复制并旋转上方水平中心线-15° 的步骤如下。

(1) 采用复制命令，将直线 AB 在原位置复制一份。

(2) 采用旋转命令，将直线 AB（只能采用单击直线 AB 的选择方法）绕 M 点旋转-15°，产生直线 MU。

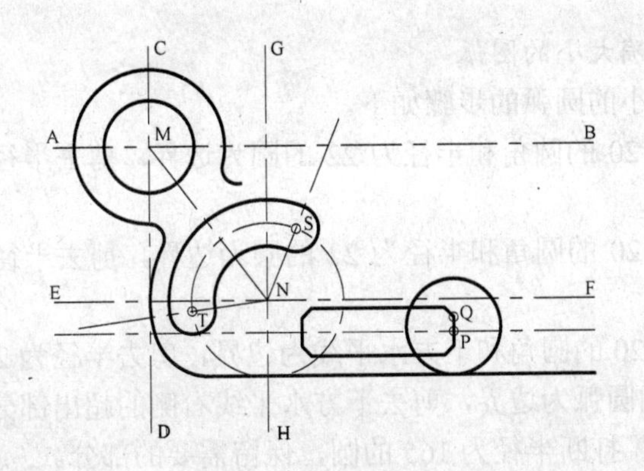

图 T4.10　绘制半径为 25 的圆

20. 绘制半径为 165 的圆

绘制半径为 165 的圆的步骤如下。

（1）以 M 点为圆心，半径为 165 绘制圆。

（2）将该圆改到中心线层上。

21. 绘制半径为 22、10 的圆

以半径为 165 的圆和 AB 的交点为圆心，分别绘制半径为 22 和 10 的圆各一个。再以直线 MU 和半径为 165 的圆的交点为圆心，绘制半径为 10 的圆。结果如图 T4.11 所示。

22. 倒半径为 20 的圆角

单击功能区"常用→修改→圆角"按钮	下达圆角命令
命令: _fillet	
当前模式: 模式 = 修剪，半径 = 30.0000	提示当前模式及半径
选择第一个对象或［放弃(U)/多段线(P)/半径(R)/修剪(T)/多个(M)]:r↵	修改半径大小
指定圆角半径 <30.0000>:20↵	
选择第一个对象或［放弃(U)/多段线(P)/半径(R)/修剪(T)/多个(M)]: 单击W点	
选择第二个对象，或按住Shift键选择要应用角点的对象: 单击X点	
选择第一个对象或［放弃(U)/多段线(P)/半径(R)/修剪(T)/多个(M)]: 单击Y点	
选择第二个对象，或按住【Shift】键选择要应用角点的对象:单击Z点	

结果如图 T4.12 所示。

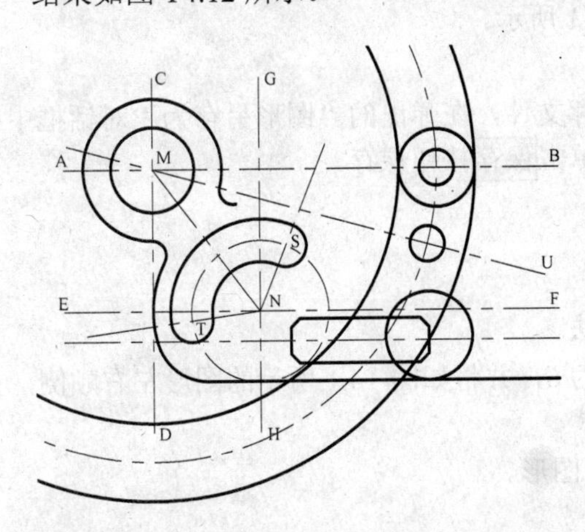

图 T4.11　绘制其他圆及-15° 的中心线

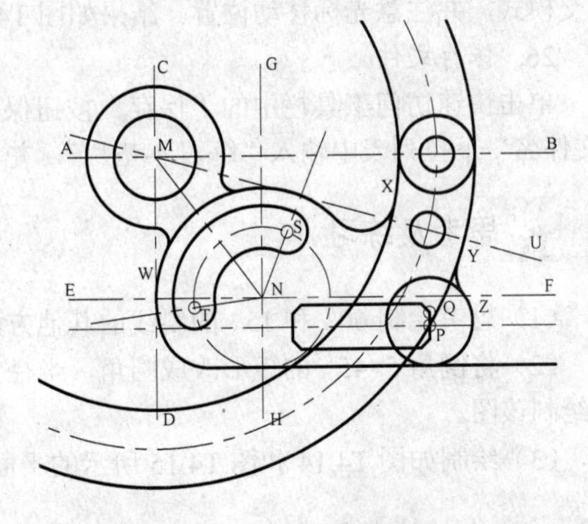

图 T4.12　倒半径为 20 的圆角

23. 修剪圆成为正确大小的圆弧

修剪圆成为正确大小的圆弧的步骤如下。

（1）以左侧半径为 20 的圆角和半径为 22 的圆为边界，剪去半径为 143（165−22）的圆的外侧部分。

（2）以右侧半径为 20 的圆角和半径为 22 的圆为边界，剪去半径为 187（165+22）的圆的外侧部分。

（3）以右侧半径为 20 的圆角和下方水平线为边界，剪去半径为 25 的圆的左侧部分。

（4）以半径为 25 的圆弧为边界，剪去下方水平线右侧的超出部分。

（5）采用打断命令，打断半径为 165 的圆，保留需要的部分。

单击功能区“常用→修改→打断”按钮	下达打断命令
命令：_break	
选择对象：单击I点	单击I、J点的顺序不可颠倒
指定第二个打断点 或［第1点(F)］：单击J点	

结果如图 T4.13 所示。

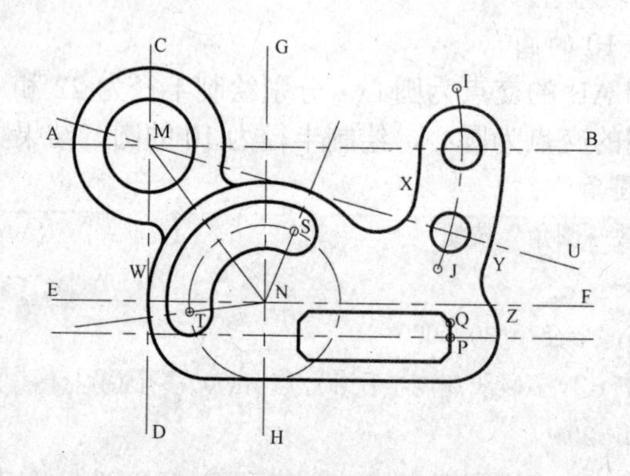

图 T4.13　修改圆成合适大小的圆弧

24. 绘制切线

采用直线命令通过递延切点的对象捕捉模式绘制 2 条切线。

25. 修改中心线到合适的长度

采用夹点编辑方式，将中心线修改到合适的大小。如果不希望对象捕捉方式影响夹点编辑，在状态栏单击“对象捕捉”按钮，关闭对象捕捉。如果要保持直线的水平或垂直，打开正交模式，并注意光标移动位置。结果如图 T4.1 所示。

26. 保存文件

单击快速访问工具栏中的“保存”按钮保存文件，在弹出的“图形另存为”对话框中的“文件名”下拉列表中输入“练习 4-垫片”，并单击保存按钮保存。

思考及练习

（1）思考绘制 60° 和 15° 的斜线的其他方法。

（2）将倒角 5×45° 的矩形改成圆角，半径为 6，并将如图 T4.1 所示的图形左右颠倒，重新绘制该图。

（3）绘制如图 T4.14 和图 T4.15 所示的平面图形。

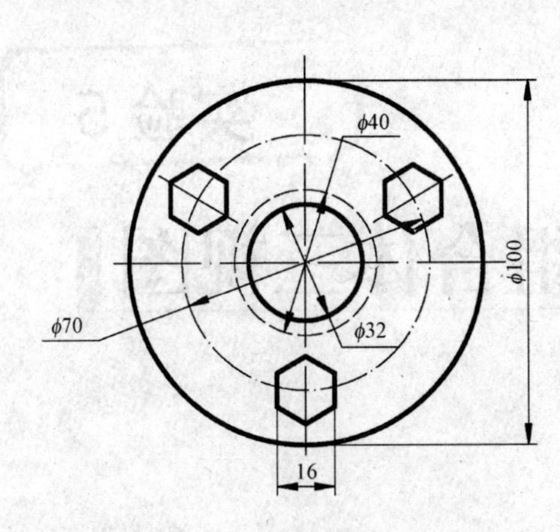

图 T4.14　平面图形练习图例一

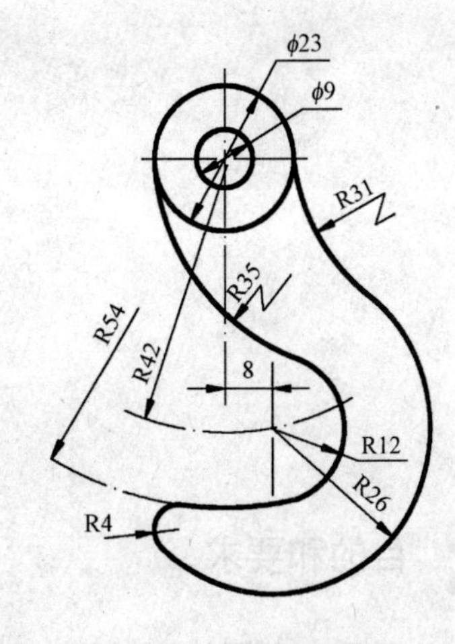

图 T4.15　平面图形练习图例二

（4）绘制如图 T4.16 所示的平面图形。

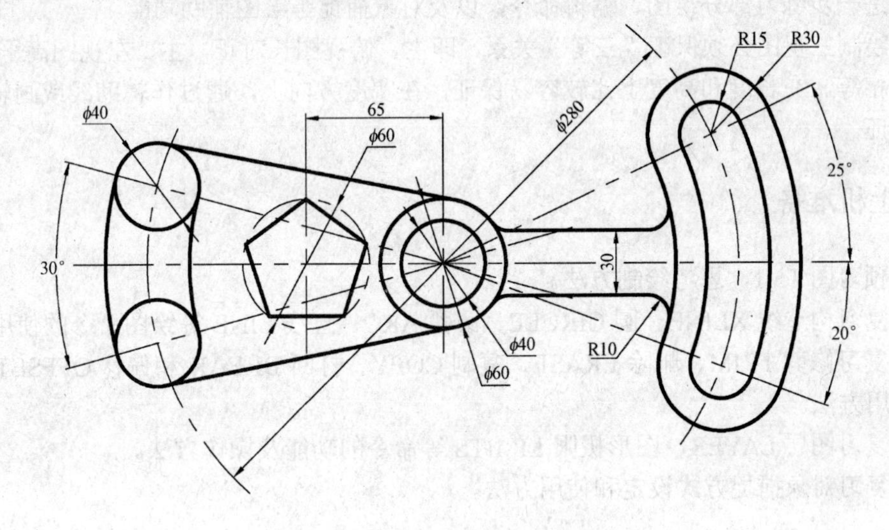

图 T4.16　平面图形练习图例三

实验 5

绘制组合体三视图

目的和要求

（1）熟悉三视图的绘制方法和技巧。

（2）熟悉相关图形的位置布置及辅助线的使用技术。

（3）进一步练习部分绘图、编辑命令，以及对象捕捉等绘图辅助功能。

（4）绘制三视图必须保证“三等”关系，即主、俯视图长对正，主、左视图高平齐，左、俯视图宽相等。在长度和高度上比较容易保证，在宽度方向上，通过作辅助线或画辅助圆的方式来保证。

上机准备

（1）预习图 T5.1，思考绘制方法。

（2）复习构造线 XLINE、圆 CIRCLE、圆弧 ARC、直线 LINE 等绘图命令的使用方法。

（3）复习修剪 TRIM、删除 ERASE、复制 COPY、打断 BREAK 和偏移 OFFSET 等编辑命令的使用方法。

（4）复习图层 LAYER、图形极限 LIMITS 等命令的功能及操作方法。

（5）复习对象捕捉方式设定和使用方法。

上机操作

绘制如图 T5.1 所示的组合体三视图。

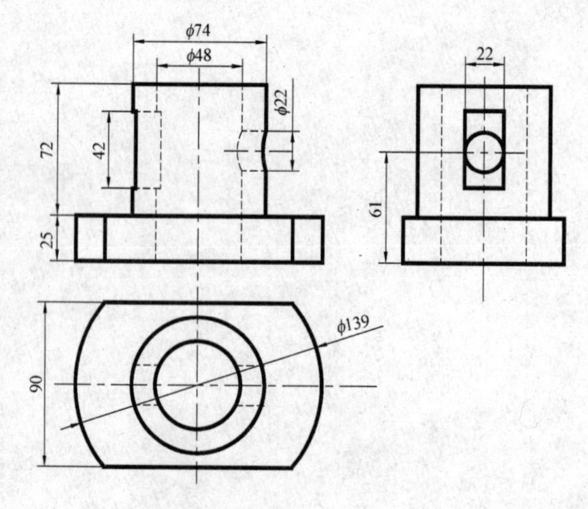

图 T5.1　组合体三视图示例

分析

（1）环境设置应包括图纸界限、图层（包括线型、颜色、线宽）的设置。按照如图 T5.1 所示的图形大小，将图纸界限设置成 A4 横放比较合适，即 297×210。图层至少应包括用到的线型（点画线层、粗实线层、虚线层和尺寸标注层，本例不标注尺寸，可以先不设）。

（2）正确绘制本例所示图形的关键在于充分利用辅助线或辅助圆保证三视图的对应关系。其中俯视图和左视图都可以根据尺寸直接绘制，主视图中的图线的形状和位置必须根据俯视图和左视图来确定。在正交模式下，从俯视图和左视图分别引垂直向上和水平向左的直线作为定位的辅助线，利用辅助线可以确定图形中的结构尺寸，圆柱部分中间方孔和圆孔产生的截交线必须通过辅助线进行绘制。一般绘制时分块进行，如先绘制好底板的 3 个视图，再绘制上方圆柱三视图，而不是完全绘制好俯视图再绘制左视图或主视图。

1. 环境设置

环境设置的步骤如下。

（1）设置图形界限。按照该图所标注的尺寸，设置成 A4（297×210）大小的界限即可。

（2）设置对象捕捉模式。如图 T5.1 所示使用最多的捕捉模式应该是交点。通过“草图设置”对话框设置默认的捕捉模式为“交点”。

2. 图层设置

图形包含了粗实线、虚线、点画线，以及尺寸，可按照如图 T5.2 所示设置图层。

3. 绘制中心线等基准线和辅助线

首先绘制作图基准线。一般情况下，图形的基准指对称线、某端面的投影线、轴线等。

（1）绘制作图基准线。如图 T5.3 所示的基准线主要有俯视图的中心线 AF、AH，主视图的轴线 AH 和下端面投影线 BC，左视图的轴线 IF 和下端面的投影线 DE，同时将圆孔的中心线 KL、MN 通过偏移命令以偏移距离为 61 复制出来。如图 T5.3 所示，在中心线层上绘制各条直线，并将下端面的投影线 BC、DE 改到粗实线层上。绘制时注意将各条直线之间的位置设置合适并保证三视图的对应关系。

（2）绘制作图辅助线。为保证“三等”关系，如图 T5.3 所示，作一−45° 方向的构造线作为保证宽相等的辅助线。

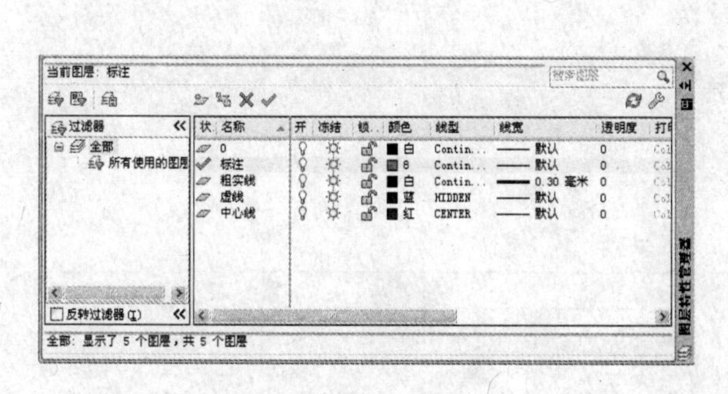

图 T5.2　图层设置

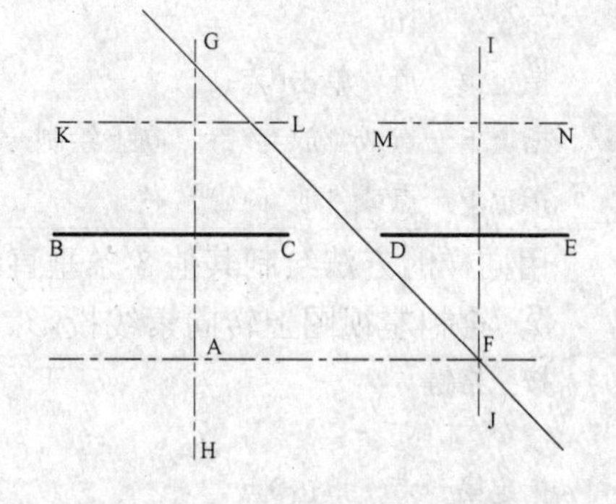

图 T5.3　作图基准线及辅助线

```
单击“构造线”按钮
命令: _xline
指定点或 [水平(H)/垂直(V)/角度(A)/二等分(B)/偏移(O)]:a↵
输入构造线角度 (0) 或 [参照(R)]:-45↵
指定通过点: 单击F点
指定通过点:按【Esc】键  *取消*
```

4. 绘制底板

绘制三视图应遵循 3 个视图同时绘制的原则。绘制其中的组成部分时应同时绘制该部分的 3 个视图，然后再绘制其他结构。

底板可以视为是一圆柱被两个正平面切去前后两块形成。先绘制圆柱的三面投影，再修剪成最后的结果。将当前层改到粗实线层上，然后进行以下操作。

（1）绘制俯视图上投影圆。

```
命令: _circle
指定圆的圆心或 [三点(3P)/两点(2P)/相切、相切、半径(T)]:单击A点
指定圆的半径或 [直径(D)]:d↵
指定圆的直径:139↵
```

（2）偏移复制距离为 45 的直线和表示底板厚度的直线。

① 偏移复制直线。

```
命令: _offset
当前设置: 删除源=否  图层=源  OFFSETGAPTYPE=0
指定偏移距离或 [通过(T)/删除(E)/图层(L)] <通过>:45↵
选择要偏移的对象，或 [退出(E)/放弃(U)] <退出>: 单击AF
指定要偏移的那一侧上的点，或 [退出(E)/多个(M)/放弃(U)] <退出>:向上单击
选择要偏移的对象，或 [退出(E)/放弃(U)] <退出>:↵
```

用同样的方法向下偏移复制另一条直线。

② 将偏移复制的直线改到粗实线层上。在“命令:”提示下，选择偏移复制的直线，出现夹点后，单击“图层”面板中的图层下拉列表框，单击“粗实线”层，单击绘图区，按两次【Esc】键取消夹点编辑。

③ 修剪俯视图中圆成圆弧。参照图 T5.1，修剪俯视图中的圆和偏移复制的直线。

④ 偏移复制主视图和左视图底板上的表面投影线。采用偏移距离为 25 复制主视图和左视图上底板的上表面的投影线，即向上偏移复制 BC 和 DE。

（3）绘制主视图上底板圆柱的转向素线投影和左视图上的投影。

① 绘制主视图上转向素线投影。

```
命令: _line
指定第一点: 单击P点
指定下一点或 [放弃(U)]:向上绘制一垂直线
指定下一点或 [放弃(U)]:↵
```

用同样的方法绘制其他 3 条垂直线。

② 绘制左视图上转向素线投影。

```
按空格键
命令: LINE
指定第一点: 单击Q点
指定下一点或 [放弃(U)]:向右绘制一水平线，交45° 辅助线于S点
指定下一点或 [放弃(U)]:↵
按空格键
命令: LINE
指定第一点: 单击S点
指定下一点或 [放弃(U)]:向上绘制一垂直线
指定下一点或 [放弃(U)]: ↵
```

用同样的方法绘制左视图中右侧垂直线。结果如图 T5.4 所示。

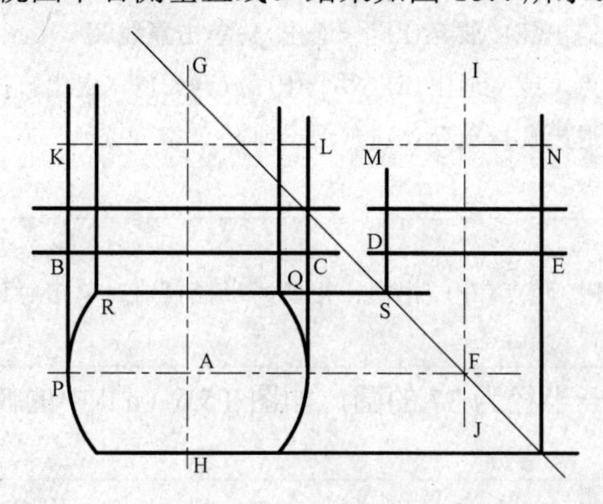

图 T5.4 转向素线

（4）剪去超出部分。绘制的转向素线均非最终大小，需要调整。一般采用修剪或延长命令，此处采用倒圆角命令来调整。

```
命令: _fillet
当前设置: 模式 = 修剪，半径 = 10.0000                          提示圆角模式
选择第一个对象或 [放弃(U)/多段线(P)/半径(R)/修剪(T)/多个
(M)]:r↵
指定圆角半径 <10.0000>:0↵                                   设定成0，即将两直线准确相交
选择第一个对象或 [放弃(U)/多段线(P)/半径(R)/修剪(T)/多个(M)]:
单击U点
选择第二个对象，或按住【Shift】键选择要应用角点的对象: 单击
V点
```

重复同样的过程，并删除两条水平辅助线，结果如图 T5.5 所示。

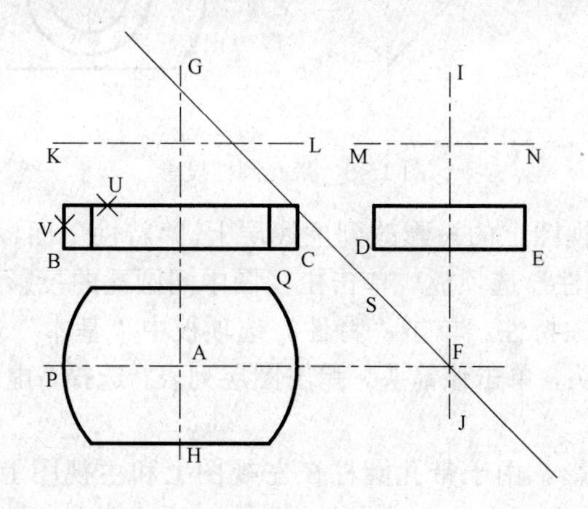

图 T5.5 调整转向素线尺寸

5. 绘制圆柱及其内部垂直圆孔

圆柱及其内部圆孔的投影应该首先绘制俯视图的投影——圆，再捕捉圆的象限点绘制主视图和左视图上的投影。如图 T5.6 所示为带孔圆柱投影。

（1）偏移复制圆柱上表面投影线。

```
命令: _offset
当前设置: 删除源=否  图层=源  OFFSETGAPTYPE=0
```

```
指定偏移距离或 [通过(T)/删除(E)/图层(L)] <通过>:97↵
选择要偏移的对象，或 [退出(E)/放弃(U)] <退出>: 单击直线BC
指定要偏移的那一侧上的点，或 [退出(E)/多个(M)/放弃(U)] <退出>:在BC上方任意位置单击
选择要偏移的对象，或 [退出(E)/放弃(U)] <退出>:↵
```

（2）绘制俯视图投影。

```
命令: _circle
指定圆的圆心或 [三点(3P)/两点(2P)/相切、相切、半径(T)]: 单击A点
指定圆的半径或 [直径(D)]:24↵
```

再以 A 点为圆心绘制一半径为 37 的圆，如图 T5.6（a）中的俯视图。

（3）绘制主视图投影。

```
命令: _line
指定第一点: 单击俯视图中水平中心线和圆的交点
指定下一点或 [放弃(U)]:向上绘制一垂直线          绘制的直线应超出圆柱上端水平投影
指定下一点或 [放弃(U)]:↵
```

同样绘制其他 3 条转向素线的投影，如图 T5.6（a）所示。然后按照如图 T5.6（b）所示将超出部分修剪掉。

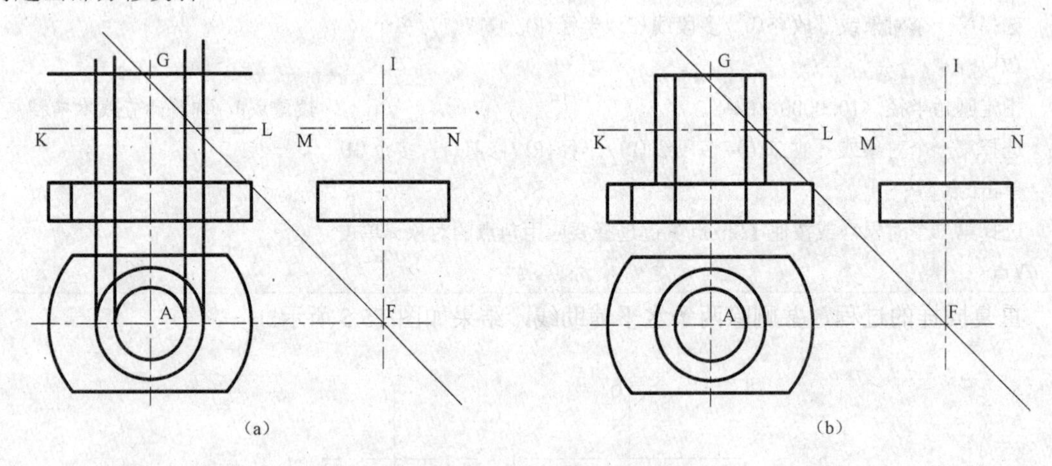

图 T5.6　带孔圆柱投影

（4）将中间圆孔主视图上的投影改到虚线层上。“特性”面板中最右下角的箭头，弹出如图 T5.7 所示的“特性”选项板。单击主视图中间圆孔的投影线，出现夹点后“特性”选项板中同时显示其相关特性。单击“特性”选项板中“基本”信息中的“图层”，其后出现列表框向下的小箭头，单击该箭头，弹出图层列表，选择“虚线”即可。按两次【Esc】键取消夹点。

（5）复制左视图投影。由于带孔圆柱在左视图上和主视图上的投影相同，直接复制即可。

```
命令: _copy
选择对象:选择表示带孔圆柱投影的5条线
指定对角点: 找到 5 个
选择对象: ↵
指定基点或 [位移(D)] <位移>: 单击A点
指定第二个点或 <使用第一个点作为位移>: 单击F点
```

结果如图 T5.8 所示。

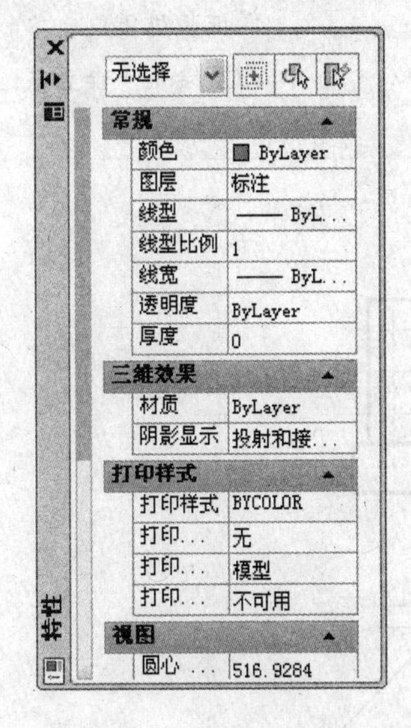

图 T5.7 “特性”选项板

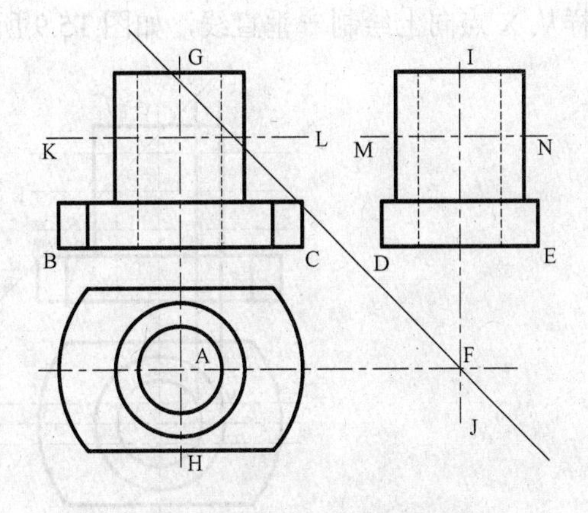

图 T5.8 绘制左视图中圆柱投影

6. 绘制左侧方孔

左侧方孔在俯视图和左视图上的投影可以根据尺寸通过偏移轴线和基准线得到，再将偏移的线条改到正确的图层上，并修剪成正确的大小。主视图上的投影应根据左视图和俯视图的对应关系绘制。

（1）主视图中偏移复制方孔上、下边界线。

```
命令：_offset
当前设置：删除源=否  图层=源  OFFSETGAPTYPE=0
指定偏移距离或［通过(T)/删除(E)/图层(L)］<通过>:21↵
选择要偏移的对象，或［退出(E)/放弃(U)］<退出>：单击KL
指定要偏移的那一侧上的点，或［退出(E)/多个(M)/放弃(U)］<退出>：单击KL上方任意一点
选择要偏移的对象，或［退出(E)/放弃(U)］<退出>：单击KL
指定要偏移的那一侧上的点，或［退出(E)/多个(M)/放弃(U)］<退出>：单击KL下方任意一点
选择要偏移的对象，或［退出(E)/放弃(U)］<退出>:↵
```

以距离 21，偏移复制直线 MN 得到左视图上方孔的上、下表面投影线。

（2）俯视图中偏移复制方孔前后边界线。

```
命令：_offset
当前设置：删除源=否  图层=源  OFFSETGAPTYPE=0
指定偏移距离或［通过(T)/删除(E)/图层(L)］<通过>:11↵
选择要偏移的对象，或［退出(E)/放弃(U)］<退出>：单击AF
指定要偏移的那一侧上的点，或［退出(E)/多个(M)/放弃(U)］<退出>：单击AF上方任意一点
选择要偏移的对象，或［退出(E)/放弃(U)］<退出>：单击AF
指定要偏移的那一侧上的点，或［退出(E)/多个(M)/放弃(U)］<退出>：单击AF下方任意一点
选择要偏移的对象，或［退出(E)/放弃(U)］<退出>:↵
```

同样在左视图中将 IF 偏移 11 复制两根线，结果如图 T5.9 所示。

（3）绘制主视图中方孔和圆柱相交后的截交线。截交线的位置在俯视图上可以得到，必须从俯视图开始绘制。

```
命令: _line
指定第一点: 单击W点                                      保证长对正
指定下一点或 [放弃(U)]:向上超过最上方水平线单击              向上绘制一垂直线
指定下一点或 [放弃(U)]: ↵
```

同样从 X 点向上绘制一垂直线，如图 T5.9 所示。

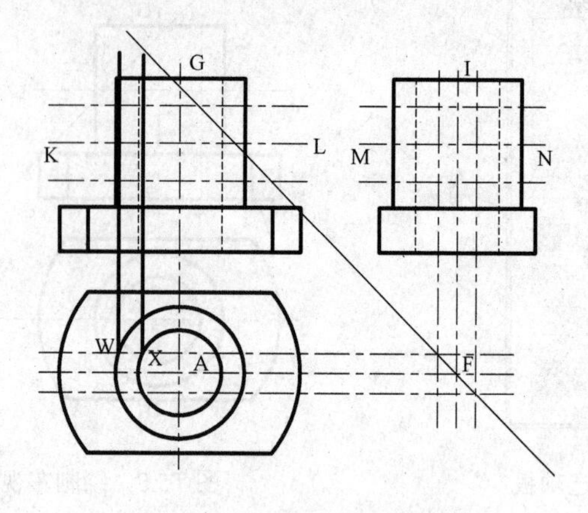

图 T5.9 绘制方孔投影线

（4）将超出部分修剪掉。按照如图 T5.10 所示，将超出部分通过修剪命令剪去。由于圆孔在俯视图上产生的投影和方孔产生的投影对称，同时绘制了圆孔在俯视图上的投影。

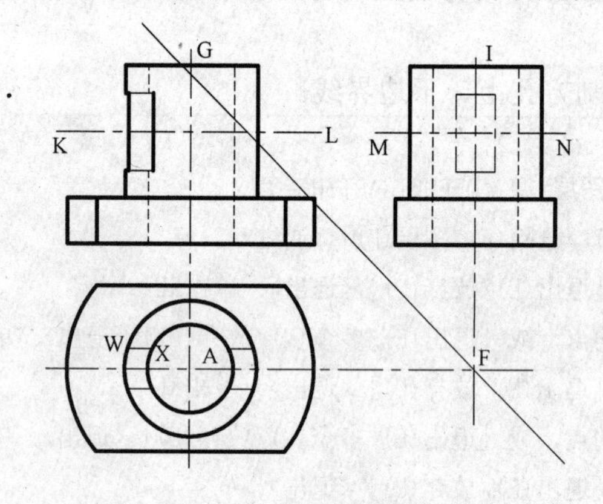

图 T5.10 修剪图线到正确大小

（5）打断主视图中偏移 21 复制的水平线。为了能将主视图中方孔的上、下水平界线改成正确的线型，必须将该水平线在 Y 点打断分成两根不同的直线，如图 T5.11 所示。

① 放大局部显示如图 T5.11 所示范围。

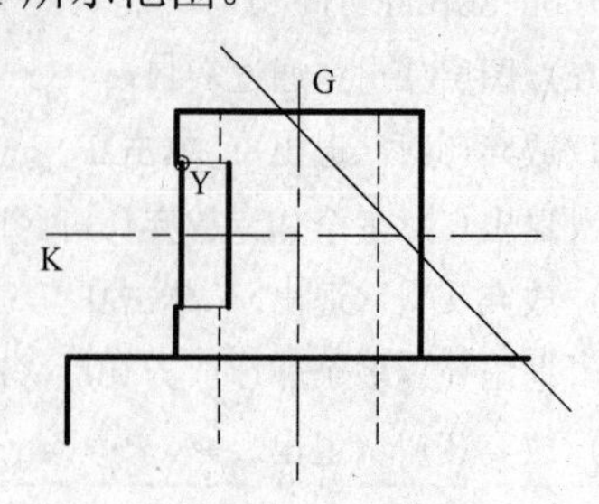

图 T5.11 打断水平直线 Y

单击绘图区右侧导航面板中的窗口缩放按钮　　下达显示窗口范围命令
命令：'_zoom
指定窗口角点，输入比例因子 (nX 或 nXP)，或
[全部(A)/中心点(C)/动态(D)/范围(E)/上一个(P)/
比例(S)/窗口(W) /对象(O)] 〈实时〉: _w
指定第一个角点：**单击主视图左上角一点**　　具体位置可以参照图T5.11
指定对角点：**单击主视图中部一点，使窗口包含方孔的投影**

② 打断方孔主视图中的水平投影线。

命令：_break
选择对象：**单击方孔主视图中的上方水平投影线**
指定第二个打断点 或 [第一点(F)]: **f↵**
指定第一个打断点：**单击Y点**
指定第二个打断点：**单击Y点**
按空格键　　重复打断命令
命令： BREAK
选择对象：**单击方孔主视图中的下方水平投影线**
指定第二个打断点 或 [第一点(F)]: **f↵**
指定第一个打断点：**单击Y点的对应点**
指定第二个打断点:**@↵**　　第二点等同第一点

③ 显示上一个画面。

单击“导航”面板中的显示缩放上一个按钮
命令：'zoom
指定窗口角点，输入比例因子 (nX 或 nXP)，或
[全部(A)/中心点(C)/动态(D)/范围(E)/上一个(P)/比例(S)/窗口(W)
/对象(O)] 〈实时〉: _p

（6）修改图线到正确的层。偏移复制的图线仍在原来的层上，现在按照如图 T5.1 所示的最终结果将图线分别改到正确的图层上。可以采用 MATCHPROP 命令修改，或先选择图线，再通过“图层”面板中的图层列表选择到正确的层上，也可以通过 CHANGE 命令或 DDMODIFY 命令甚至“特性”伴随窗口来修改。下面示范采用 MATCHPROP 命令修改的过程。

单击功能区“常用→剪贴板→特性匹配”按钮
命令：'_matchprop
选择源对象：**单击任意一条粗实线**
当前活动设置： 颜色 图层 线型 线型比例 线宽 透明度 厚度　　提示当前特性匹配的有效范围
打印样式 标注 文字 图案填充
选择目标对象或 [设置(S)]: **单击需要改变成粗实线的线条**
选择目标对象或 [设置(S)]: **单击需要改变成粗实线的线条**
选择目标对象或 [设置(S)]:**采用窗口方式选择被打断的水平线**
指定对角点：
选择目标对象或 [设置(S)]:**采用窗口方式选择被打断的水平线**
指定对角点：
重复单击过程，直到全部修改完毕
选择目标对象或 [设置(S)]:↵

采用同样的方法，将其他图线改成最终的结果，如图 T5.12 所示。

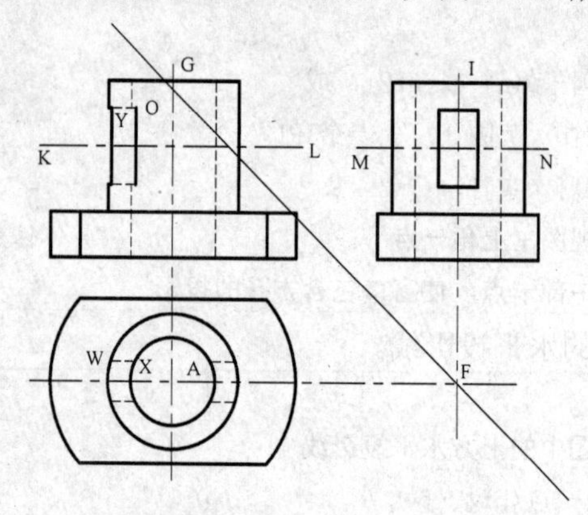

图 T5.12　修改图线特性

7. 绘制主视图中右侧横向圆孔

要绘制右侧横向圆孔应首先绘制左视图上的投影——圆，再捕捉该圆的象限点绘制俯视图上的投影，根据俯视图和左视图的投影绘制主视图的投影。主视图上产生的相贯线通过圆弧来绘制。

（1）绘制左视图上圆孔的投影——圆。

```
命令：_circle
指定圆的圆心或［三点(3P)/两点(2P)/相切、相切、半径(T)］：单击MN和IF的交点
指定圆的半径或［直径(D)］:11↵
```

（2）根据俯视图和左视图绘制主视图。圆孔在主视图上的投影必须和俯视图、左视图相对应。应通过捕捉俯视图和左视图上的关键点来保证长对正和高平齐。

```
命令：_line
指定第一点：如图T5.12所示单击左视图中O点
指定下一点或［放弃(U)］:向左绘制一水平线
指定下一点或［放弃(U)］:↵
```

同样在下方绘制一条向左的水平线。

```
命令：_line
指定第一点：如图T5.13所示单击Z点
指定下一点或［放弃(U)］:向上绘制一条垂直线
指定下一点或［放弃(U)］:↵
```

同样在内侧向上绘制一条垂直线。

如果在屏幕上看不清楚主视图上截交线部分的交点情况，可以采用显示缩放命令将该部分放大显示。

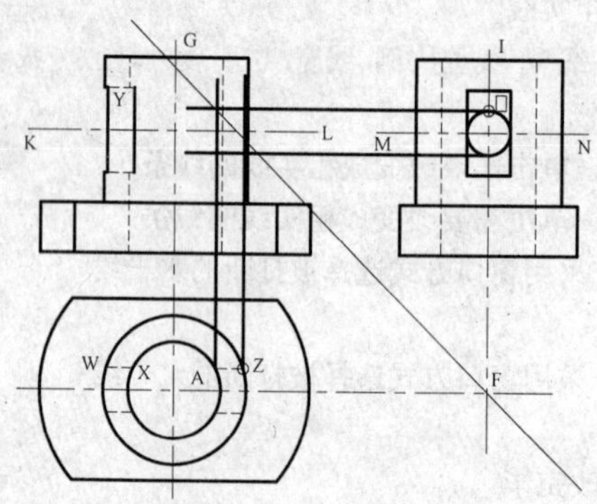

图 T5.13　根据俯视图和左视图绘制主视图上圆孔的投影

命令：'_zoom
指定窗口角点，输入比例因子（nX 或 nXP），或
[全部(A)/中心点(C)/动态(D)/范围(E)/上一个(P)/比例(S)/窗口(W) /对象(O)] <实时>：_w
指定第一个角点：**单击欲显示范围的一个角点**
指定对角点：**单击欲显示范围的一个角点**

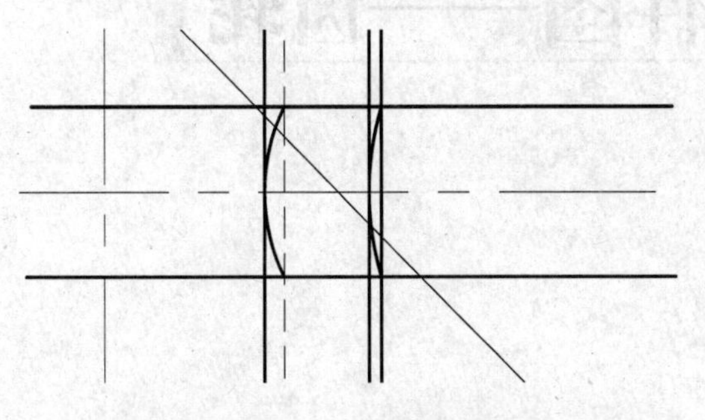

图 T5.14 放大显示要编辑的部分

结果如图 T5.14 所示。

接着通过圆弧来绘制截交线。

命令：_arc
指定圆弧的起点或 [圆心(C)]：**参照如图T5.14所示，从上而下单击第一个点**
指定圆弧的第二点或 [圆心(C)/端点(E)]：**单击第二个点**
指定圆弧的端点：**单击第3个点**

用同样的方式绘制另一个圆弧，并采用“ZOOM P”命令显示成原来大小。

（3）修剪各条直线的长度到正确的大小。按照如图 T5.1 所示修剪各条直线到正确的长度。

（4）删除辅助线。单击经过 Z 点和其外侧的两条垂直线和 45° 的构造线，按【Delete】键，删除这几条辅助线。

（5）修改各条线段到正确的图层。按照如图 T5.1 所示，将每条线段修改到正确的图层上，完成图形的绘制过程。

8. 保存文件

整个图形绘制完成后，单击存盘按钮并输入名称“练习 6-组合体三视图”存盘。

思考及练习

(1)绘制诸如三视图等相互有关联的图形要注意些什么？如何保证它们之间的相对位置关系？

（2）确定相距一定距离的两个对象一般通过什么命令来保证该距离？

（3）如何采用射线命令（RAY）绘制一条射线来作为-45° 方向的辅助线？

（4）按照尺寸绘制如图 T5.15 和图 T5.16 所示的组合体三视图。

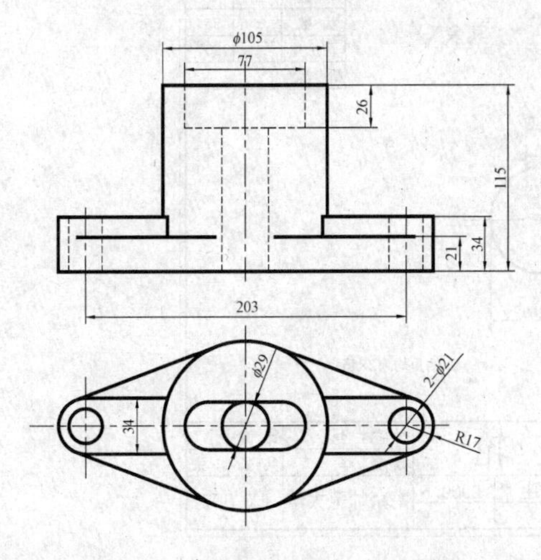

图 T5.15 组合体三视图练习图例一

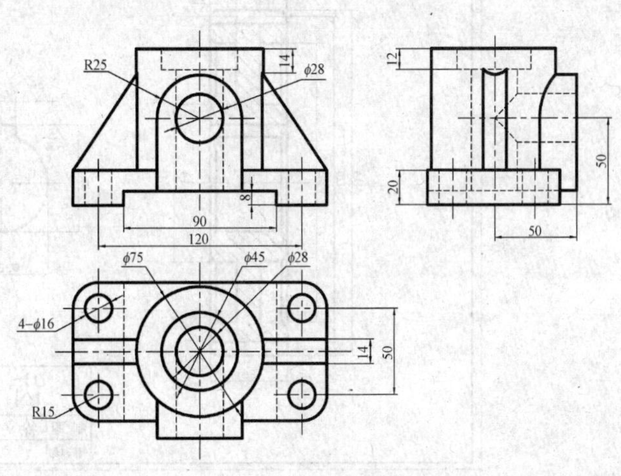

图 T5.16 组合体三视图练习图例二

实验 6

绘制零件图——齿轮

目的和要求

（1）掌握绘制零件图的绘图方法和技巧。

（2）掌握图案填充的应用。

（3）掌握文字样式的设置和注写。

（4）熟悉标题栏的绘制、应用。

（5）掌握块的定义和插入。

（6）掌握计算表达式的方法。

上机准备

（1）复习直线 LINE、圆 CIRCLE、图案填充 BHATCH 等绘图命令的用法。

（2）复习镜像 MIRROR、偏移 OFFSET、修改 CHANGE、倒角 CHAMFER、打断 BREAK、修剪 TRIM、拉伸 STRETCH 和延伸 EXTEND 等编辑命令的用法。

（3）复习文字样式 STYLE 设定和文字 DTEXT 注写命令的用法。

（4）复习块 BLOCK、插入 INSERT 和属性 ATTRIB 等命令的用法。

（5）复习图层 LAYER、图形极限 LIMITS、显示缩放 ZOOM 和计算器 CAL 等辅助绘图命令的用法。

上机操作

绘制如图 T6.1 所示的齿轮零件图，不标注尺寸。

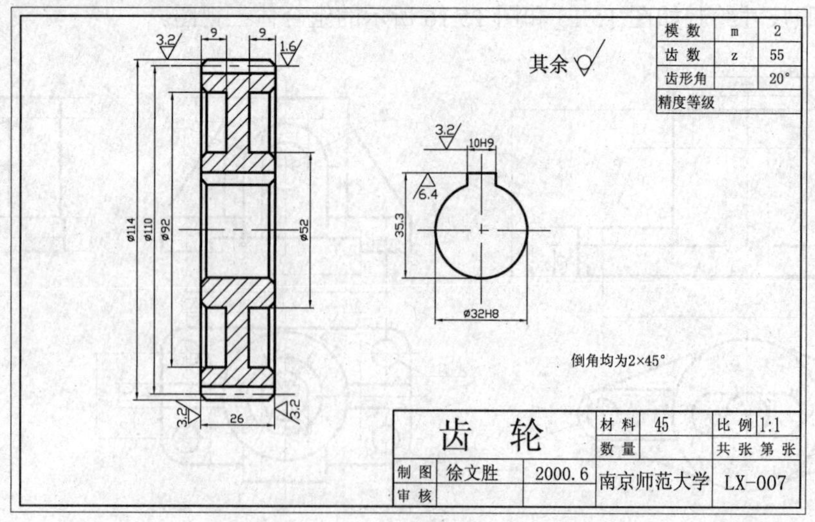

图 T6.1　齿轮零件图

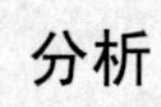

分析

（1）环境设置应包括图纸界限、文字设置、尺寸样式设置、图层的设置。按照如图 T6.1 所示的图形大小，将图纸界限设置成 A4 横放比较合适，即 297×210。图层至少应包括用到的不同线型，为了管理好图形，除图线相关的层外还应设置独立的图层管理标题栏、文本、尺寸、图框等。如果要绘制较多的同类零件图，通常比较合理的做法是设置零件图的模板，以后绘制零件图时可以无须再进行环境、文字、尺寸样式的设置，以及标题栏的绘制。本例将标题栏和图框等制作成块，可以供其他图线参照。

（2）正确、快捷绘制该零件图的关键在于主视图和右侧局部视图相互配合进行绘制，绘制主视图键槽部分必须参考局部视图的键槽投影，从而保证对应关系。对应表面粗糙度符号，可以制作成块配合属性编辑快速实现。绘制剖面线时为了减小尺寸的影响可以先绘制剖面线再标注尺寸，也可以在绘制剖面线时将尺寸层关闭。

1. 设置绘图界限

按照如图 T6.1 所标注的尺寸大小和图形布置情况，绘图界限应设置成 A4 大小，横放。

```
命令: limits↵
重新设置模型空间界限:
指定左下角点或 [开(ON)/关(OFF)] <0.0000,0.0000>:↵
指定右上角点 <420.0000,297.0000>:297,210↵
```

然后执行 ZOOM ALL 命令显示整幅图形。

2. 设置图层

参照如图 T6.2 所示设置图层。

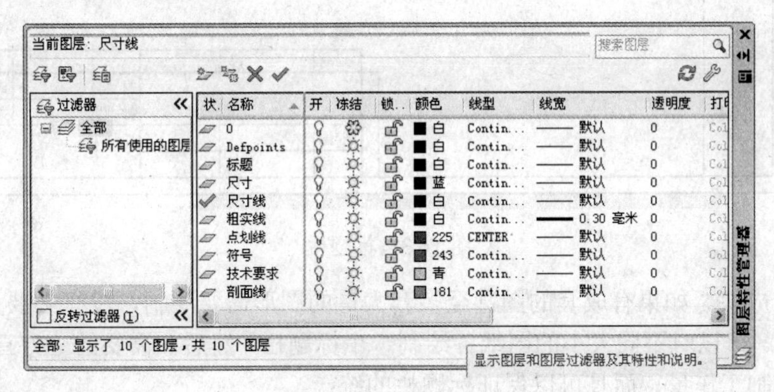

图 T6.2　设置图层

3. 设置对象捕捉模式

绘制该零件图主要采用的对象捕捉方式为交点模式。应通过“草图设置”对话框设置成交点捕捉模式。

用鼠标右键单击状态栏的对象捕捉按钮，选择“设置”菜单，弹出“草图设置”对话框，在其中的“对象捕捉”选项卡中选中“交点”模式。

4. 绘制标题栏

标题栏是几乎所有的图纸都应有的重要内容之一。本例采用 A4 大小绘制一标题栏，并输出成“块”。不仅本例可以使用，也可供其他需要绘制在 A4（横放）图纸上的图形调用。

（1）绘制标题栏。按照如图 T6.3 所示标题栏的尺寸和图线，采用直线和偏移、修剪等命令绘制该标题栏。其中的文字部分在后面填写标题栏时再补充。

① 采用绝对坐标方式，绘制与A4图纸大小相等的矩形。

② 采用偏移命令，将最左侧的垂直线向右偏移20复制一条。将其他3条直线，向内偏移5复制。

③ 采用修剪命令，去除偏移复制后超出标题栏图框的部分。

④ 将下方的图框直线连续向上以距离8偏移复制4次。将右侧的图框线，按照图示尺寸向左偏移复制。

⑤ 采用修剪命令将标题栏中的直线编辑成如图T6.3所示的大小。

⑥ 将图框和标题栏外框修改成粗实线。

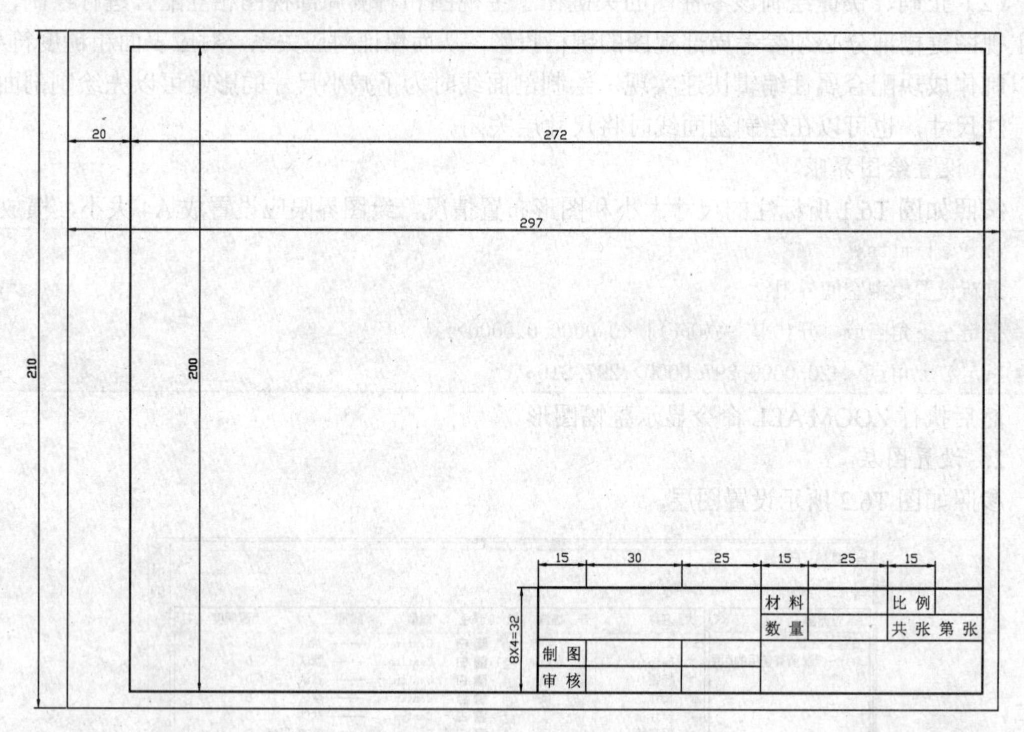

图T6.3 标题栏

（2）输出成块。如果有成套的图甚至多套大量的图形需要绘制，没有必要为每幅图形绘制一个标题栏。可以对不同大小的图纸各绘制一个标题栏，然后在需要的地方直接调用即可，不仅减小了绘制工作量，而且可以保证标题栏的统一。

① 单击功能区“常用→块→创建”按钮，弹出“块定义”对话框，如图T6.4所示。

② 在“块定义”对话框中的名称栏填入“标题栏-A4H”。

③ 单击选择对象按钮，退回绘图屏幕。

④ 选择所有图线。

⑤ 按【Enter】键结束对象选择，退回“块定义”对话框。

⑥ 在“块定义”对话框中单击拾取点按钮，退回绘图屏幕。

⑦ 单击标题栏左下角顶点，退回“块定义”对话框。

⑧ 在“对象”区选择“删除”单选按钮。

⑨ 单击“块定义”对话框中的确定按钮，结束定义。

5. 绘制表面粗糙度符号

技术要求是，除了包括文字描述的“技术要求”外，还有表面粗糙度等。标注表面粗糙度，由于要使用表面粗糙度符号，所以一般情况下采用块及属性比较方便。

（1）绘制表面粗糙度符号。首先需要在屏幕上绘制出表面粗糙度符号。采用相对坐标绘制 3 条直线，组成粗糙度符号。具体尺寸如图 T6.5 所示，其中文字“1.6”为属性标签。

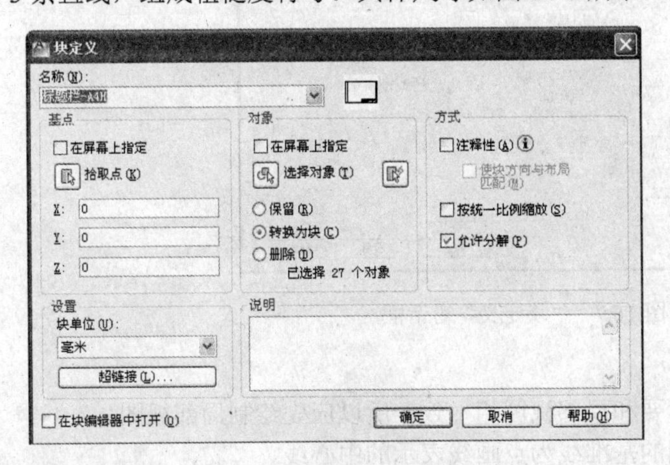

图 T6.4 “块定义”对话框

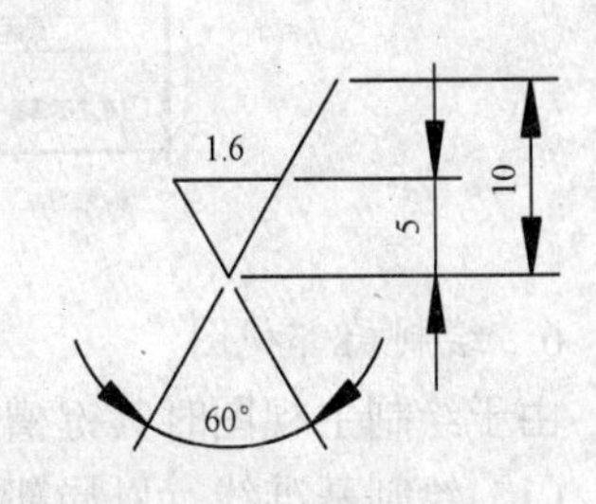

图 T6.5 粗糙度符号

（2）定义属性。对于不同的表面其粗糙度不相同，此时可以采用定义属性的方法来附加一标签在块上，插入时可以根据情况输入不同的属性值，产生不同的粗糙度数值。

① 单击功能区“常用→块→属性定义”，弹出如图 T6.6 所示的“属性定义”对话框，在对话框中进行图示的设定。

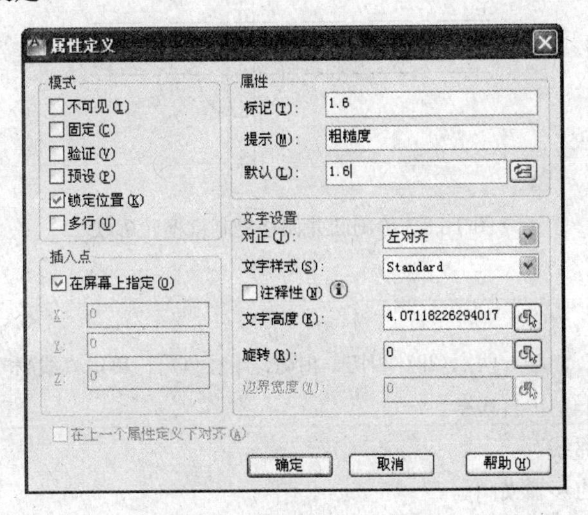

图 T6.6 “属性定义”对话框

② 单击“粗糙度”，回到绘图屏幕，单击粗糙度符号左上角顶点偏上一点的位置（文本 1.6 的左下角），退回“属性定义”对话框。

③ 单击确定按钮，退出“属性定义”对话框，在屏幕上自动出现“1.6”的字样。

（3）定义块。

定义块的步骤如下。

① 输入 BLOCK 命令，弹出如图 T6.7 所示的“块定义”对话框，在名称栏输入“ccd”。

② 单击选择对象按钮，选择粗糙度符号和其上的属性作为块内容。

③ 单击拾取点按钮，单击粗糙度符号的最下方顶点作为插入基点。

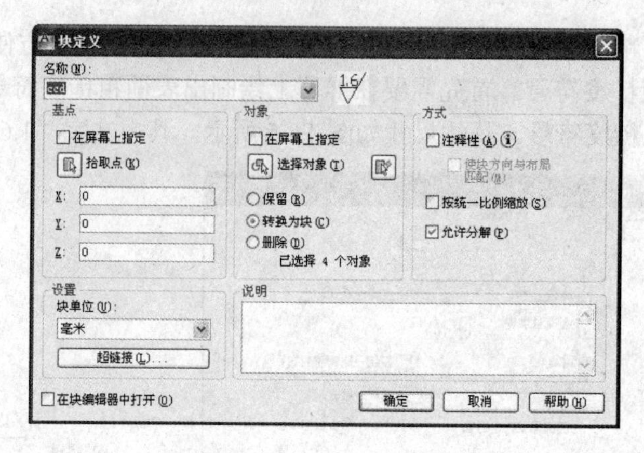

图 T6.7 “块定义”对话框

6. 绘制局部视图

由于绘制主视图时其键槽尺寸要和局部视图相一致，所以应先绘制局部视图。

（1）绘制基准线。以局部视图的基准线为点画线表示的中心线。

① 将当前层设定为点画线层。

② 打开正交模式。

③ 通过直线命令绘制两条相交的点画线 A 和 B，如图 T6.8 所示。

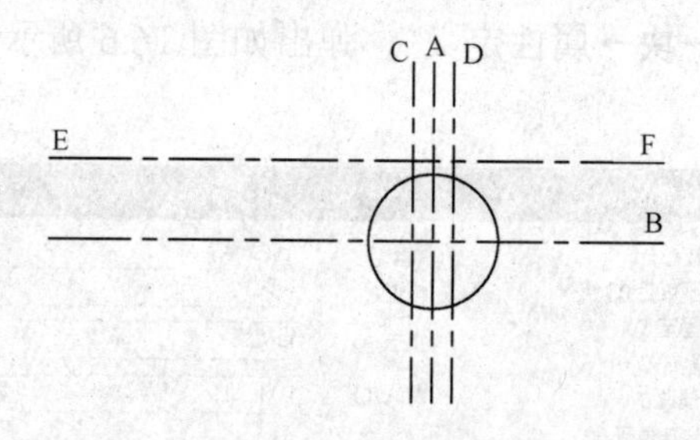

图 T6.8 绘制圆并偏移复制键槽轮廓线

（2）绘制圆。

```
命令: _circle
指定圆的圆心或 [三点(3P)/两点(2P)/相切、相切、半径(T)]: 单击直线A和B的交点
指定圆的半径或 [直径(D)]:16↵
```

（3）偏移复制轮廓线。

偏移复制轮廓线的步骤如下。

① 计算键槽上部直线偏移距离。

```
命令:cal↵
正在初始化…>> 表达式:35.5-16↵
19.5
```

② 偏移复制轮廓线。

```
命令: _offset
当前设置: 删除源=否  图层=源  OFFSETGAPTYPE=0
指定偏移距离或 [通过(T)/删除(E)/图层(L)] <通过>:5↵
选择要偏移的对象, 或 [退出(E)/放弃(U)] <退出>: 单击直线A
指定要偏移的那一侧上的点, 或 [退出(E)/多个(M)/放弃(U)] <退出>:单击直线A左  绘制直线C
侧任意一点
```

```
选择要偏移的对象，或 [退出(E)/放弃(U)] <退出>:单击直线A
指定要偏移的那一侧上的点，或 [退出(E)/多个(M)/放弃(U)] <退出>:单击直线A右  绘制直线D
侧任意一点
选择要偏移的对象，或 [退出(E)/放弃(U)] <退出>:↵
按空格键                                                         重复偏移命令
命令: OFFSET
当前设置: 删除源=否  图层=源  OFFSETGAPTYPE=0
指定偏移距离或 [通过(T)/删除(E)/图层(L)] <通过>:19.5↵
选择要偏移的对象，或 [退出(E)/放弃(U)] <退出>:单击直线B
指定要偏移的那一侧上的点，或 [退出(E)/多个(M)/放弃(U)] <退出>:单击直线B上  绘制直线EF
方任意一点
选择要偏移的对象，或 [退出(E)/放弃(U)] <退出>:按【Esc】键 *取消*          结束偏移命令
```

（4）修剪轮廓线。偏移复制的线条较长，需要修剪成正确的大小。

```
命令: _trim
当前设置:投影=UCS，边=延伸
选择剪切边…
选择对象或 <全部选择>:依次单击偏移复制的3条直线
选择对象: 找到 1 个，共 1 个
选择对象: 找到 1 个，共 2 个
选择对象: 找到 1 个，共 3 个
选择对象: ↵                                                   结束剪切边选择
选择要修剪的对象，或按住Shift键选择要延伸的对象，或
[栏选(F)/窗交(C)/投影(P)/边(E)/删除(R)/放弃(U)]: 单击C端
选择要修剪的对象，或按住Shift键选择要延伸的对象，或
[栏选(F)/窗交(C)/投影(P)/边(E)/删除(R)/放弃(U)]: 单击D端
选择要修剪的对象，或按住Shift键选择要延伸的对象，或
[栏选(F)/窗交(C)/投影(P)/边(E)/删除(R)/放弃(U)]: 单击E端
选择要修剪的对象，或按住Shift键选择要延伸的对象，或
[栏选(F)/窗交(C)/投影(P)/边(E)/删除(R)/放弃(U)]: 单击F端
选择要修剪的对象，或按住Shift键选择要延伸的对象，或
[栏选(F)/窗交(C)/投影(P)/边(E)/删除(R)/放弃(U)]:↵
```

重复修剪命令，以如图 T6.8 所示的圆和直线 C、D 为界，修剪成如图 T6.9 所示的结果。

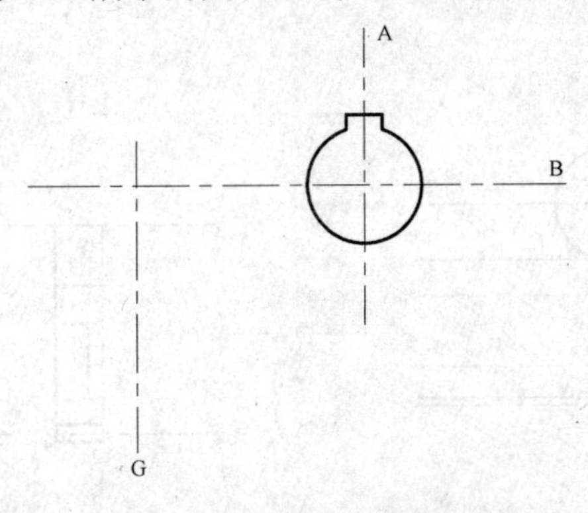

图 T6.9　修剪键槽投影并修改图层

（5）修改线条特性。

偏移复制的 3 条直线为点画线，需要改到粗实线层上。

```
命令:change↵                                                              输入修改命令
选择对象:采用窗口方式选择偏移复制的3条直线
指定对角点: 找到3个
选择对象: ↵                                                               结束对象选择
指定修改点或 [特性(P)]:p↵
输入要更改的特性 [颜色(C)/标高(E)/图层(LA)/线型(LT)/线型比例(S)/线宽(LW)/厚度(T)/透明度(TR)/材质(M)/注释性(A)]: la↵
输入新图层名 <点画线>:粗实线↵                                              改成粗实线层
输入要更改的特性 [颜色(C)/标高(E)/图层(LA)/线型(LT)/线型比例(S)/线宽(LW)/厚度(T)/透明度(TR)/材质(M)/注释性(A)]: ↵        结束特性修改
```

结果如图 T6.9 所示。

7. 绘制主视图轮廓线

绘制主视图轮廓线有以下方法。

（1）绘制基准线。主视图的基准线包括水平中心线和一条垂直线。水平中心线在绘制局部视图时已经绘制，只要绘制一条垂直线即可。该垂直线在手工绘图时可以选择成某端面的投影线，在这里，因为该齿轮的主视图投影在左右方向上对称，在上下方向上基本对称，所以可以绘制一条垂直线作为左右方向上的对称线（辅助线）。

采用直线命令在点画线层绘制一条垂直线，如图 T6.9 所示的直线 G。

（2）偏移复制 1/4 轮廓线。由于该齿轮在主视图上投影的对称性，所以先绘制 1/4，然后再镜像复制其他部分即可。采用偏移命令，垂直方向偏移距离为 16、26、46、55、57，水平方向偏移距离为 4、13，偏移复制 1/4 轮廓线，结果如图 T6.10 所示。

（3）修剪图线。采用修剪命令，将偏移复制的图线修剪成如图 T6.11 所示的结果。

（4）计算齿根线位置。由于齿轮零件图中无齿根线尺寸，需要计算才能绘制。计算公式为：齿根线距分度线的距离=齿顶线距分度线的距离×1.25。

```
命令:cal↵
正在初始化…>> 表达式: (114-110)/2*1.25↵
2.5
```

（5）偏移复制齿根线。采用偏移命令，选择最下方水平线，以距离为 4.5 向上偏移复制，得到齿根线。

（6）修改图线特性。按照如图 T6.11 所示结果，将除中心线和对称线及分度线之外的图线改到粗实线层。

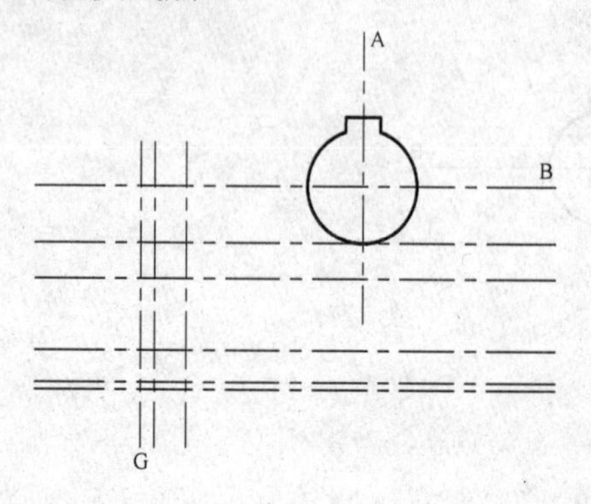

图 T6.10　偏移复制 1/4 轮廓线

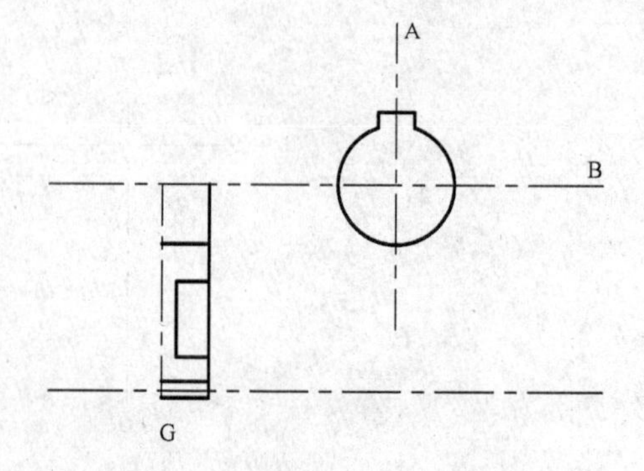

图 T6.11　修剪图线并修改特性结果

（7）倒角。主视图中在 1/4 的范围内存在四处倒角。可以采用倒角命令直接绘制。但在倒角时不论设置成剪切模式或不剪切模式，都会存在线段需要延长或修剪的情况。此处采用剪切模式进行倒角，同时采用延伸命令配合倒角。读者可以设置成不剪切模式进行倒角，然后采用修剪命令去除超出线条，甚至可以用打断命令配合倒角。

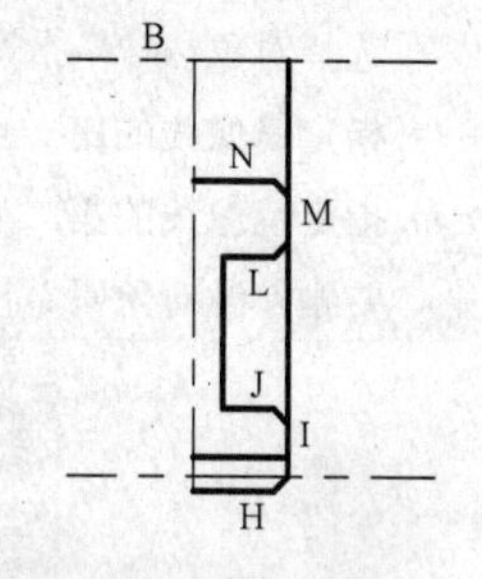

图 T6.12　倒角

① 放大显示主视图 1/4 部分。采用显示缩放命令将主视图右下角放大显示，如图 T6.12 所示。

② 倒角。

```
命令: _chamfer
("修剪"模式) 当前倒角距离 1 = 0.0000，距离 2 = 0.0000                提示当前修剪模式
选择第1条直线或 [放弃(U)/多段线(P)/距离(D)/角度(A)/修剪(T)/方式(E)/    修改倒角距离
多个(M)]:d↵
指定第一个倒角距离 <10.0000>:2↵
指定第二个倒角距离 <2.0000>:↵
选择第一条直线或 [放弃(U)/多段线(P)/距离(D)/角度(A)/修剪(T)/方式(E)/
多个(M)]: 单击N点
选择第二条直线，或按住【Shift】键选择要应用角点的直线: 单击M点
```

用同样的方法依次单击 M 点和 L 点、I 点和 J 点、H 点和 I 点对其他 3 处倒角。其结果是垂直线 IM 只剩下最下面一段。

③ 延伸。需要将 IM 线段延伸到上方水平线上。

```
命令: _extend
当前设置:投影=UCS，边=延伸
选择边界的边…
选择对象或 <全部选择>:单击中心线B 找到 1 个
选择对象: ↵
选择要延伸的对象，或按住Shift键选择要修剪的对象，或
[栏选(F)/窗交(C)/投影(P)/边(E)/放弃(U)]:偏上方一侧单击线段I
选择要延伸的对象，或按住Shift键选择要修剪的对象，或
[栏选(F)/窗交(C)/投影(P)/边(E)/放弃(U)]:↵
```

结果如图 T6.12 所示。

④ 绘制倒角连线。倒角之后会产生交线投影，直接通过直线命令完成。

```
命令: _line
指定第一点: 单击上方N点附近的倒角交点
指定下一点或 [放弃(U)]:按住【Shift】键并用鼠标右键单击，弹出如图T6.13所示的"对象捕捉"快
捷菜单，选择"垂足"_per 到单击直线B
指定下一点或 [放弃(U)]:↵
```

如图 T6.14 所示，再在 L 点和 J 点之间的倒角上绘制一条直线。

（8）镜像轮廓线。绘制完 1/4 轮廓线后，进行镜像复制可以得到其他部分的投影。

① 左右镜像。

```
命令: _mirror
选择对象:采用窗口方式选择欲复制的轮廓线
```

指定对角点：找到 13 个，总计 13 个

选择对象:↵

指定镜像线的第一点：**单击O点**

指定镜像线的第二点：**单击P点**

要删除源对象吗？[是(Y)/否(N)] <N>:↵

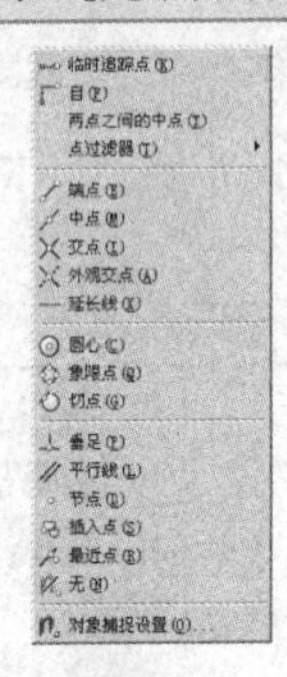

图 T6.13 “对象捕捉”快捷菜单

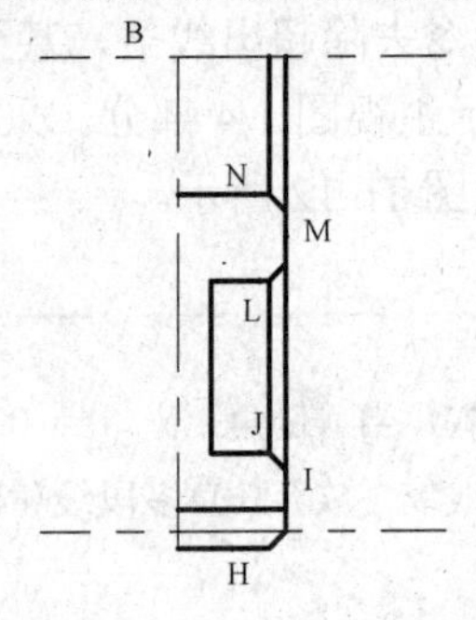

图 T6.14 绘制倒角连线

结果如图 T6.15 所示。

② 上下镜像。首先将图形缩小显示以便观察到整个图形。

命令：'_zoom

指定窗口角点，输入比例因子 (nX 或 nXP)，或

[全部(A)/中心点(C)/动态(D)/范围(E)/上一个(P)/比例(S)/窗口(W) /对象(O)] <实时>:**在屏幕上按住鼠标左键向下移动观察到整个图形范围**

按Esc键或Enter键退出，或单击鼠标右键显示快捷菜单。**按【Esc】键**

命令：'_pan 将视图平移到屏幕中间位置

按Esc键或Enter键退出，或单击鼠标右键显示快捷菜单。**按【Esc】键**

命令：_mirror

选择对象:**采用窗口方式选择欲镜像的所有图线**

指定对角点：找到 27 个 总计 27 个

选择对象:↵

指定镜像线的第一点：**单击O点**

指定镜像线的第二点：**单击S点**

要删除源对象？[是(Y)/否(N)] <N>:↵

结果如图 T6.16 所示。

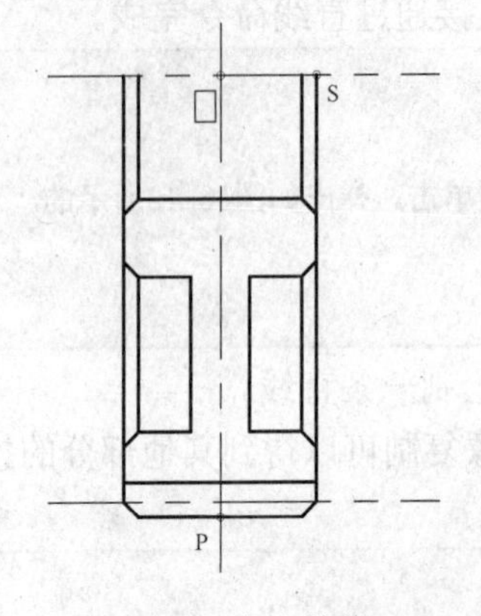

图 T6.15 左右镜像

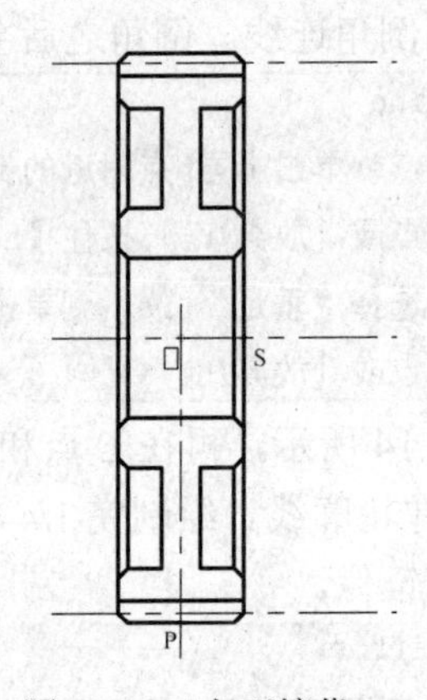

图 T6.16 上下镜像

（9）绘制键槽轮廓线。在主视图中键槽的轮廓线和中心线以下圆孔的投影线不同，需要根据局部视图进行绘制。

① 绘制高平齐线条。参照如图 T6.17 所示，从局部视图上向左绘制两条水平线。

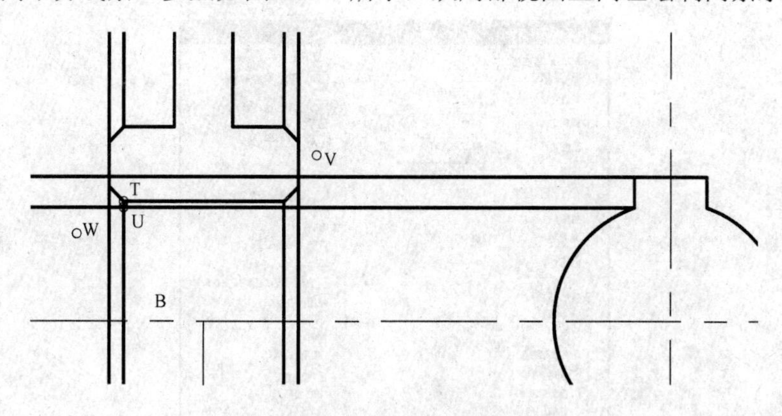

图 T6.17　绘制主视图中键槽的投影

② 放大显示局部视图。将如图 T6.17 所示的图线密集部分放大显示。

③ 拉伸和圆孔的交线。将主视图中水平中心线以下的圆孔投影线在上方的镜像部分拉伸成键槽的投影。

```
命令: _stretch
以交叉窗口或交叉多边形选择要拉伸的对象…
选择对象: 单击V点                                    顺序不可颠倒
指定对角点: 单击W点, 找到 11 个
选择对象:↵
指定基点或 [位移(D)] <位移>: 单击T点
指定第二个点或 <使用第一个点作为位移>: 单击U点
```

④ 修剪图线到正确大小。采用修剪命令，将主视图键槽投影超出轮廓线的部分剪掉。同时采用删除命令将一条水平辅助线删除，并调整中心线的大小到合适的尺寸。

8. 插入表面粗糙度符号

现在插入表面粗糙度符号。

```
命令: _insert
指定插入点或 [基点(B)/比例(S)/X/Y/Z/旋转(R)]: 单击需要插入的地方
输入属性值
粗糙度 <1.6>:根据实际情况输入新值或直接采用默认值
```

（1）对部分需要旋转的粗糙度符号，在提示插入点时输入 R 选项，再输入旋转角度，然后指定插入点进行插入操作。如果数值和粗糙度符号之间不符合要求时，可以通过“分解”命令将块和属性分解后单独进行旋转。也可以针对不同的方向建立不同的块。

（2）对“其余”后的粗糙度符号，可以插入一个表面粗糙度符号，然后通过分解命令分解，绘制一个圆（TTT 模式），并删除上面的水平线。

（3）采用比例缩放命令将“其余”后的符号放大 1.4 倍。

9. 绘制剖面线

绘制剖面线之前，应首先标注尺寸，由于本例目前不要求标注尺寸，所以直接绘制剖面符号。

（1）设置当前层为“剖面线”层。

（2）单击“绘图”工具栏中的图案填充按钮。

（3）在需要绘制剖面线的范围内任意位置单击，在命令提示下输入 s，按【Enter】键。

（4）弹出“图案填充和渐变色”对话框，如图 T6.18 所示。

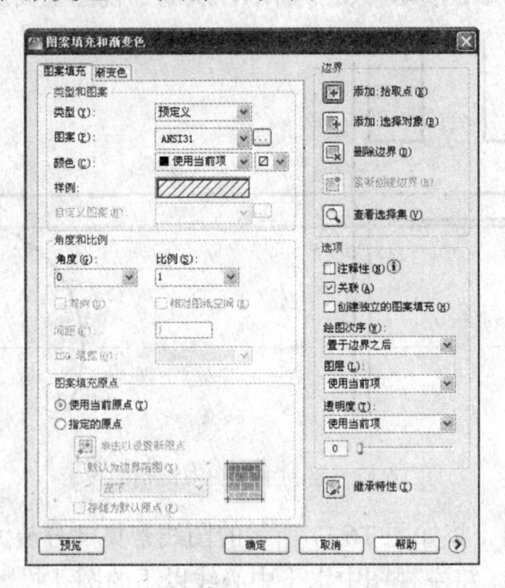

图 T6.18 “图案填充和渐变色”对话框

（5）单击“图案”文本后的向下小箭头，在弹出的列表中选择“ANSI31”。

（6）在“比例”文本框中输入 1。

（7）单击确定按钮即可。

10. 插入标题栏

通过插入命令将前面绘制的“标题栏”插入进来，插入比例和旋转角度均采用默认值，并通过移动命令调整图形之间及图形和标题栏之间的位置。

11. 绘制齿轮参数表

在如图 T6.1 所示的右上角有齿轮参数表，通过直线和文字命令即可完成。尺寸设置可参考标题栏的尺寸间隔和文本样式。

12. 注写技术要求和标题栏

文字注写的技术要求是，首先要求设定好文字样式，然后采用文本注写命令进行注写。

（1）文字样式设定。由于技术要求中主要包含的文本为汉字，因此首先要设定汉字字型。

① 单击功能区“注释→文字→文字样式”，弹出如图 T6.19 所示的“文字样式”对话框。

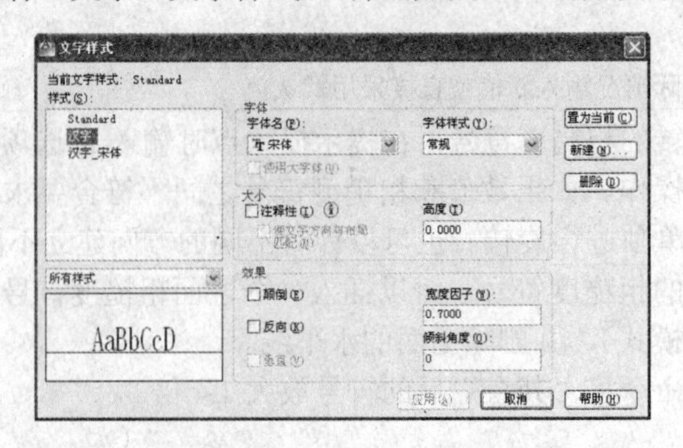

图 T6.19 “文字样式”对话框

② 单击新建按钮，弹出“新建文字样式”对话框，输入“汉字”，并单击确定按钮退出。

③ 在“文字样式”对话框中的字体区，单击“字体名”文本框中的向下小箭头，选择“宋体”。

④ 其他全部采用默认值。单击应用按钮，单击关闭按钮，完成“汉字”样式的设定。同时“汉字”成为当前的文字样式。

（2）文本注写。采用单行文本或多行文本命令，按照如图 T6.1 所示的位置书写技术要求，并填写标题栏、齿轮参数表，以及“其余”字样等。

```
命令:dtext↵
当前文字样式:  汉字1  当前文字高度:5.000
指定文字的起点或 [对正(J)/样式(S)]: 单击注写技术要求的左下角
指定高度 <0.0000>:7↵
指定文字的旋转角度 <0>:↵
输入文字:技术要求↵
输入文字:倒角为2X45%%d↵
输入文字:↵
```

（3）将文字移动到合适的位置。文字位置要进行适当调整。

```
命令: _move
选择对象: 单击“倒角为2×45° ”文本 找到 1 个
选择对象:↵
指定基点或 [位移(D)] <位移>: 单击任意点
指定位移的第二点或 <第一点用做位移>:适当向左移动单击一点
```

用同样的方法，注写其他文本。

13. 保存文件

绘制完毕的图形应注意保存，单击保存按钮，输入“练习 7-齿轮”并单击保存按钮保存。

思考及练习

（1）绘制主视图 1/4 轮廓线上的倒角方法有哪些？试比较在绘制该轮廓线时哪种方便。

（2）绘制如图 T6.20 所示的左轴承盖零件图。

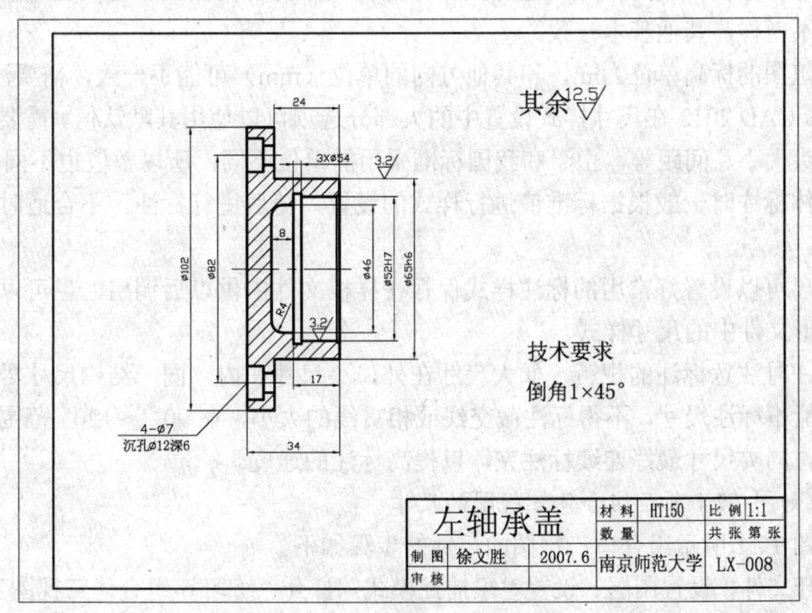

图 T6.20　左轴承盖零件图

实验 7

尺寸样式设定及标注

目的和要求

（1）掌握尺寸样式设定方法。

（2）掌握各种尺寸标注方法。

（3）掌握尺寸编辑修改方法。

上机准备

（1）复习尺寸标注有关章节内容。

（2）预先绘制好如图 T5.1、图 T4.1 所示。

上机操作

选择注释选项卡。

分析

（1）尺寸标注的关键是调整设置好尺寸标注样式。对于机械图和建筑图，在数字形式和尺寸终端上不一样，其他基本一致。

（2）建筑图的标高单位为 m，和其他方向的单位（mm）可能不一致，需要注意。

（3）AutoCAD 2012 在尺寸样式设置中的大部分选项可以使用其默认值。需要调整的是文本大小、箭头大小、间距等，由于和我国标准采用的单位不同，所以数值也不同。

（4）具体标注时一般根据标准值进行样式的设置，随后进行标注，不合适时可以随时进行修改调整。

（5）用户可以设置好常用的标注样式保存在样板文件中供以后调用，也可以通过设计中心引用某图形文件中的尺寸样式。

（6）标注时注意标注的规范，如大尺寸在外，小尺寸在内，同一结构尺寸尽可能集中，虚线上尽可能不标注尺寸，不得标注截交线或相贯线的大小，在 90°～120° 范围内避免直接标注尺寸等。同类尺寸最好连续标注完，以提高标注的速度。

1. 标注如图 T7.1 所示组合体三视图的尺寸

标注如图 T7.1 所示组合体三视图的尺寸的步骤如下。

（1）打开文件、设置图层、设置对象捕捉模式。打开“练习 6-组合体三视图”。设置对象捕捉模式为端点模式，建立尺寸标注专用图层并将当前层设置为尺寸标注层。

（2）尺寸样式设定。单击“标注→标注样式”按钮，弹出“尺寸样式管理器”对话框，单击修改按钮，按照如图 T7.2 至图 T7.6 分别设置好“直线”、“符号和箭头”、“文字”、“调整”、“主单位”5 个选项卡中的相关内容。

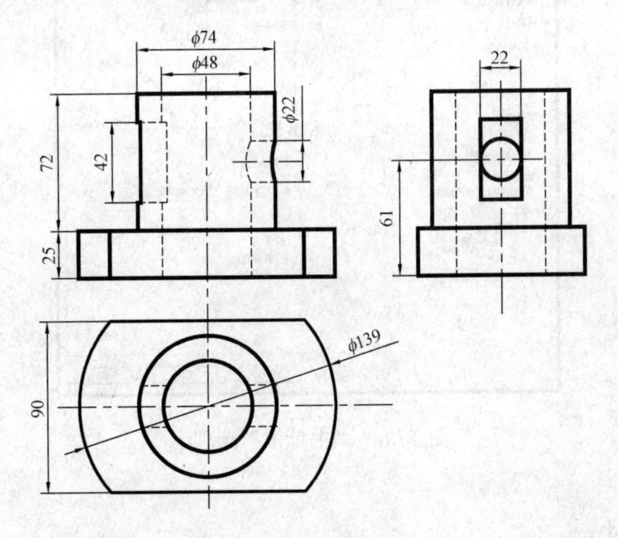

图 T7.1　组合体三视图的尺寸

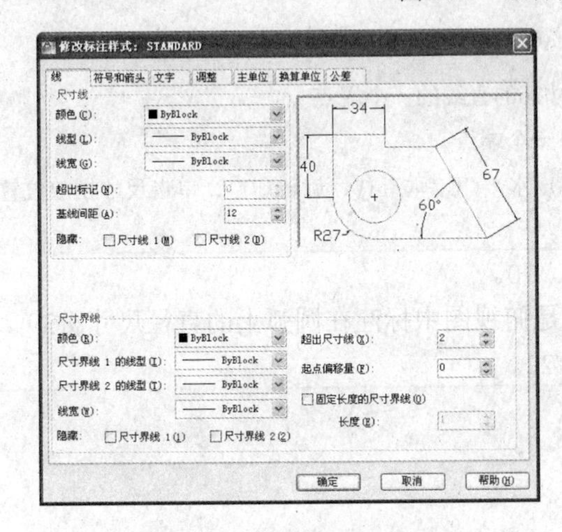

图 T7.2　“线”选项卡

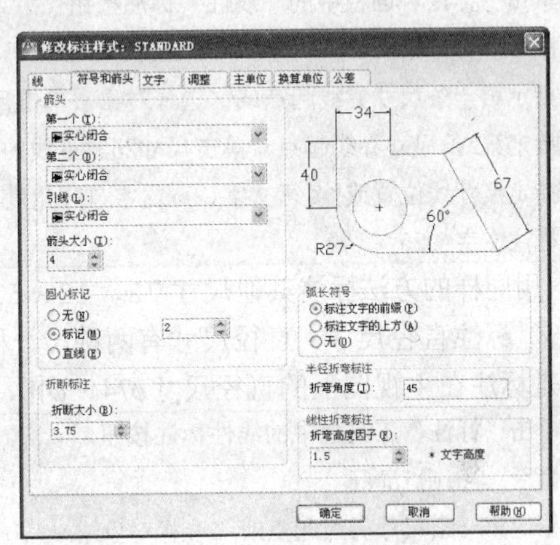

图 T7.3　“符号和箭头”选项卡

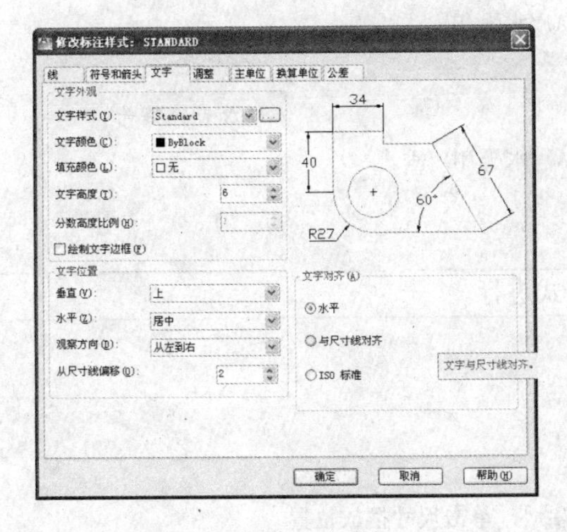

图 T7.4　“文字”选项卡

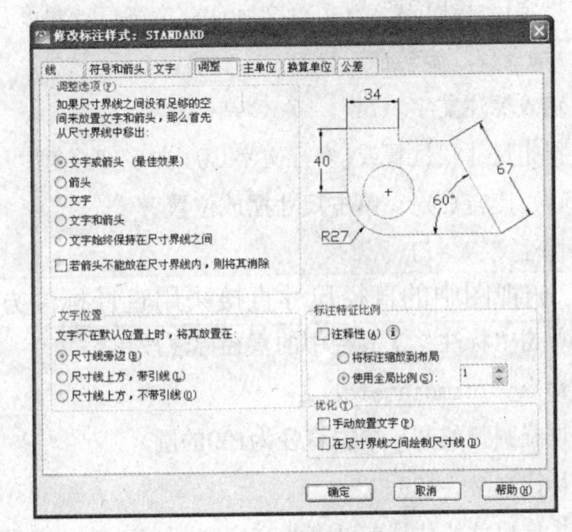

图 T7.5　“调整”选项卡

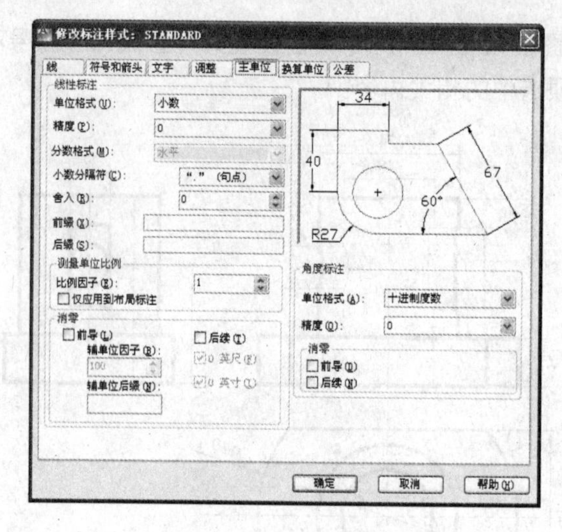

图 T7.6 “主单位”选项卡

（3）尺寸标注。

① 标注线性尺寸。

单击“标注”面板中的“线性”标注按钮

命令: _dimlinear

指定第一条尺寸界线起点或 <选择对象>:**单击尺寸25的直线的一个端点**

指定第2条尺寸界线起点: **单击尺寸25的直线的另一个端点**

指定尺寸线位置或[多行文字(M)/文字(T)/角度(A)/水平(H)/垂直(V)/旋转(R)]: **单击尺寸摆放位置**

标注文字 =25

用同样的方法标注其他尺寸 72、42、61、90。

② 标注直径尺寸。直径尺寸有两种，一种是俯视图中标注在圆弧上的直径尺寸ϕ139，另一种是标注在主视图上的直径尺寸ϕ74、ϕ48、ϕ22。

单击“标注”工具栏中的线性标注按钮

命令: _dimlinear

指定第一条尺寸界线起点或 <选择对象>:↵

选择标注对象: **单击尺寸74的直线**

指定尺寸线位置或[多行文字(M)/文字(T)/角度(A)/水平(H)/垂直(V)/旋转(R)]:t↵　　修改文字

输入标注文字 <74>: %%c<>↵　　增加直径符号

指定尺寸线位置或[多行文字(M)/文字(T)/角度(A)/水平(H)/垂直(V)/旋转(R)]: **单击尺寸摆放位置**

标注文字 =74

俯视图中的直径尺寸直接采用直径标注方式进行。

单击“标注”工具栏中的直径标注按钮

命令: _dimdiameter

选择圆弧或圆: **单击直径为139的圆**

标注文字 =139

指定尺寸线位置或 [多行文字(M)/文字(T)/角度(A)]: **单击尺寸摆放位置**

由于是采用 1:1 的比例绘制图形，所以标注的大小无须手工输入，直接采用测量值。

2. 标注零件图尺寸

标注如图 T7.7 所示的齿轮零件图尺寸。

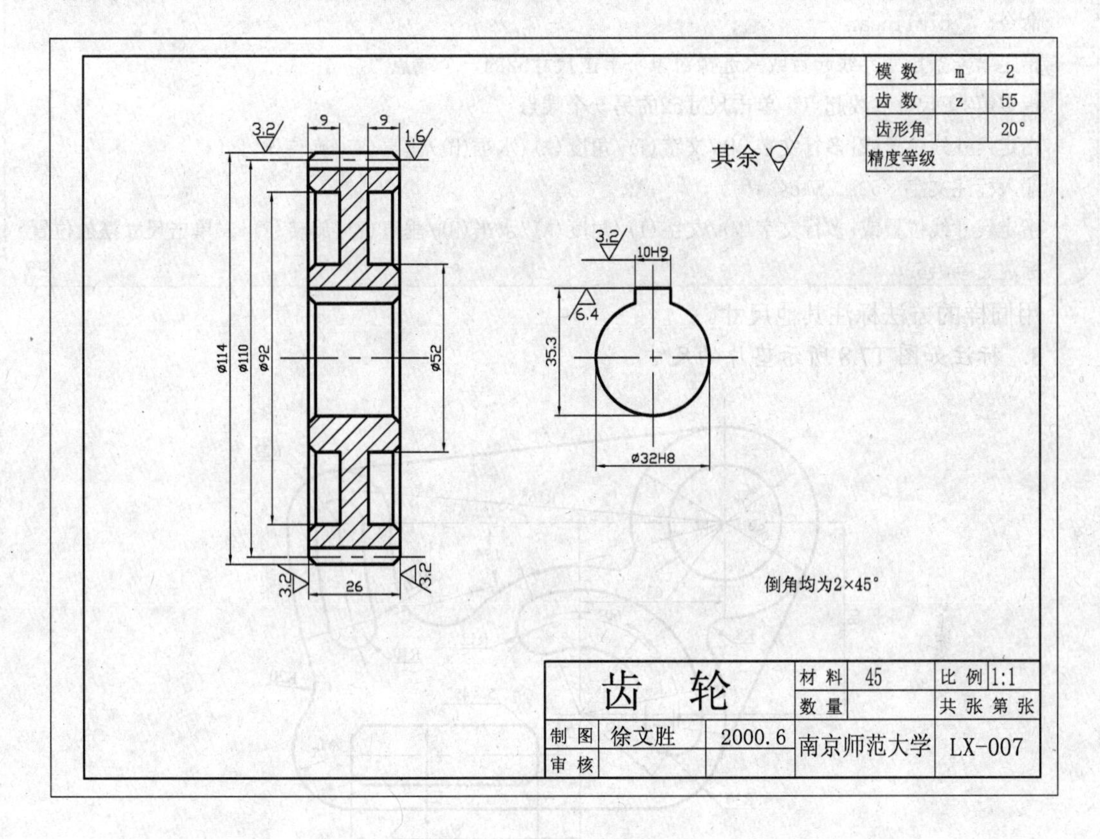

图 T7.7 齿轮零件图尺寸

打开“练习 7-齿轮”。

（1）尺寸样式设定。设定基线间距为 10，尺寸界线超出尺寸线 2，尺寸界线起点偏移量为 0， 箭头大小为 5，圆心标记大小为 5。文字高度设定为 6，文字垂直方向位置在上方，水平方向位置置中，从尺寸线偏移为 1，文字对齐方式为与尺寸线对齐。文字位置不在默认位置时将其置于尺寸线旁边。始终在尺寸界线之间绘制尺寸线。线性标注的单位格式为小数，角度标注的单位格式为十进制度数。精度为 0。其余采用默认值。

（2）尺寸标注。零件图上尺寸包括线性尺寸和直径尺寸。

① 标注线性尺寸。线性尺寸包括 9、10、26、35.3。

```
单击“标注→线性”按钮
命令: _dimlinear
指定第一条尺寸界线起点或 <选择对象>:单击尺寸10的一个端点
指定第2条尺寸界线起点: 单击尺寸10的另一个端点
指定尺寸线位置或[多行文字(M)/文字(T)/角度(A)/水平(H)/垂直(V)/旋转(R)]:t↵
输入标注文字 <10>:<>H9 ↵
指定尺寸线位置或[多行文字(M)/文字(T)/角度(A)/水平(H)/垂直(V)/旋转(R)]: 单击尺寸摆放位置
标注文字 =10
```

用同样的方法标注其他线性尺寸。

② 标注直径尺寸。直径尺寸包括前面带有直径符号的尺寸。由于不是标注在圆或圆弧上，

所以采用的标注命令为“线性”，然后修改其文字，增加直径符号。

单击“标注→线性”按钮

命令： _dimlinear

指定第一条尺寸界线起点或 <选择对象>:**单击尺寸52的一个端点**

指定第2条尺寸界线起点：**单击尺寸52的另一个端点**

指定尺寸线位置或[多行文字(M)/文字(T)/角度(A)/水平(H)/垂直(V)/旋转(R)]:t↵

输入标注文字 <52>: %%c<>↵

指定尺寸线位置或[多行文字(M)/文字(T)/角度(A)/水平(H)/垂直(V)/旋转(R)]: **单击尺寸摆放位置**

标注文字 =52

用同样的方法标注其他尺寸。

3. 标注如图 T7.8 所示垫片的尺寸

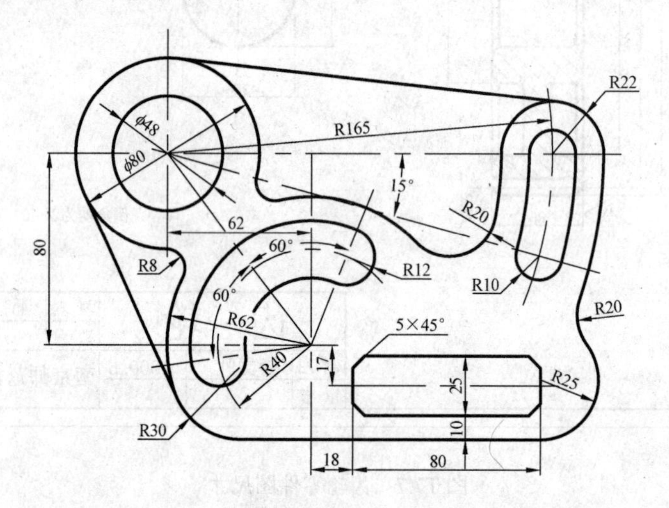

图 T7.8 垫片尺寸标注

打开文件“练习 4-垫片”。

（1）设定尺寸样式。按照如图 T7.9 至图 T7.11 所示设置尺寸样式。

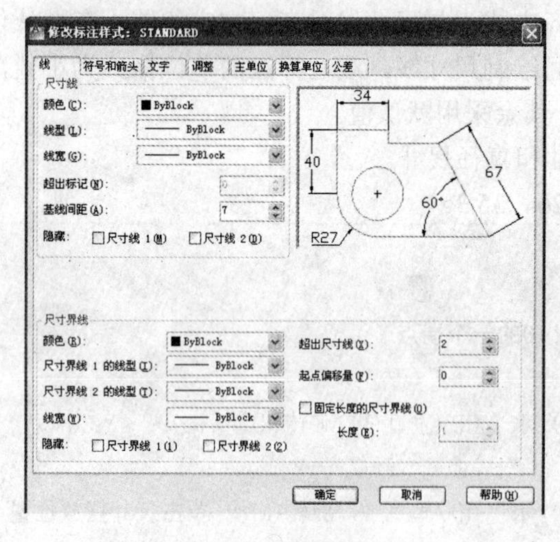

图 T7.9 设置“线”参数

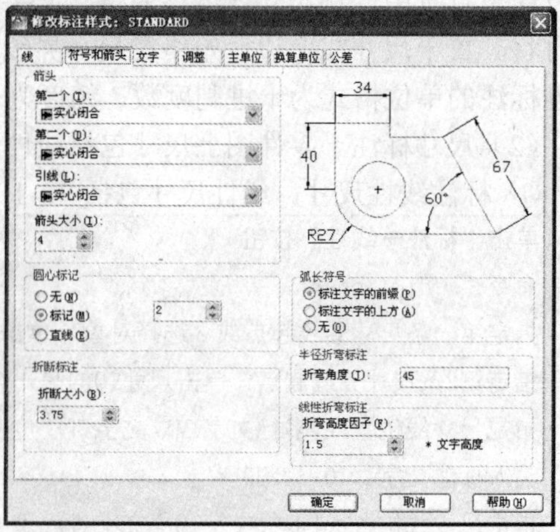

图 T7.10 设置“符号和箭头”参数

（2）尺寸标注。采用线性尺寸标注图中的线性尺寸，注意使用对象捕捉方式捕捉标注起点。尺寸文本定位时注意不要和图线重合。

采用半径标注方式标注所有半径尺寸，注意尺寸数值摆放位置清晰。

采用直径标注方式标注所有直径尺寸，注意摆放好尺寸文本位置。

采用角度标注方式标注所有角度。角度数值摆放位置同样要避免和图线相交。

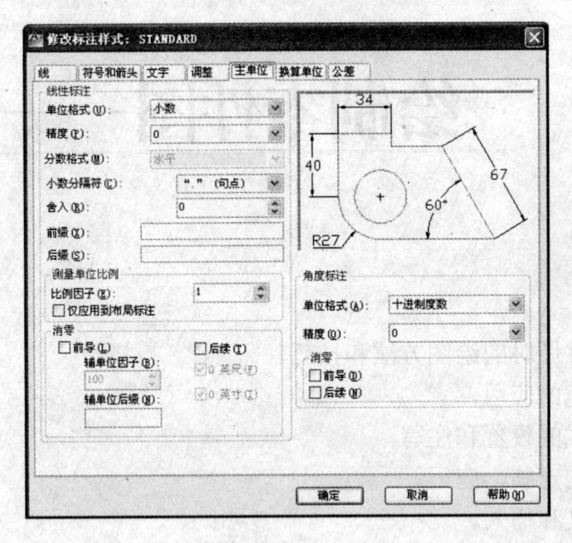

图 T7.11　设置“主单位”参数

思考及练习

（1）如果采用了 10:1 的比例绘制了图形，如何保证标注时的自动测量的尺寸为正确的大小？

（2）在标注了尺寸之后，将尺寸连同图形一起进行缩放，发现尺寸并未随之改变，可能的原因有哪些？如何才能使尺寸自动适应图形的大小变化？

（3）如果设定了尺寸线层，并且使该层上的所有元素的特性全部随层，结果却发现标注的尺寸线为红色、文字为蓝色、终端为青色，原因在哪里？如何使标注的尺寸特性真正随层？

（4）标注时不论采用多大的文字高度，结果发现写出的尺寸数值始终是一定值，原因何在？如何修改成正确的结果？

实验 8

绘制零件图——套筒

目的和要求

（1）掌握绘制零件图时的绘图方法和技巧。
（2）掌握图案填充的应用。
（3）掌握文字样式的设置和注写。
（4）掌握标题栏的定制、应用。
（5）掌握块的定义和插入。
（6）掌握局部放大图的绘制技巧。
（7）掌握尺寸标注方法。

上机准备

（1）复习直线 LINE、圆 CIRCLE、圆弧 ARC、图案填充 BHATCH、徒手线 SKETCH 等绘图命令的用法。

（2）复习镜像 MIRROR、偏移 OFFSET、修改 CHANGE、倒角 CHAMFER、圆角 FILLET、打断 BREAK、比例 SCALE、修剪 TRIM、延伸 EXTEND 等编辑命令的用法。

（3）复习文字样式设定 STYLE 和文字注写 DTEXT 命令的用法。

（4）复习块 BLOCK、插入 INSERT、属性 ATTRIB 的用法。

（5）复习图层 LAYER、图形极限 LIMITS、指引线 LEADER、显示缩放 ZOOM 等命令的用法。

上机操作

绘制如图 T8.1 所示的套筒零件图，并标注尺寸。

分析

（1）绘制零件图同样应设置好图幅、图层、对象捕捉方式然后开始绘图。标注尺寸时需要设置尺寸样式，注写标题栏和技术要求时需要设置文本字形样式。为了管理方便，最好将使用到的图线线型、颜色、线宽等由图层进行统一的管理。

（2）绘制零件图中的图形和绘制组合体基本一致。首先要进行布局设计，保证图形在图纸上的布局合理匀称，将基准线绘制好。在最后输出之前也可以移动，使布局合理。具体方法和技巧，以及采用的绘图和编辑命令应根据图形的特点和用户的习惯来决定。

（3）要保证图形间的对应关系。将被其他图形依赖的部分先绘制出来，采用辅助线绘制其余线条。本例 B—B 剖视图必须首先绘制好，而主视图中图线的径向位置和尺寸主要从该视图通过水平辅助线来得到。要充分利用编辑命令减轻绘图的强度和工作量。如主视图中的轴向图线定位，可以通过偏移命令 OFFSET 直接得到准确的位置。

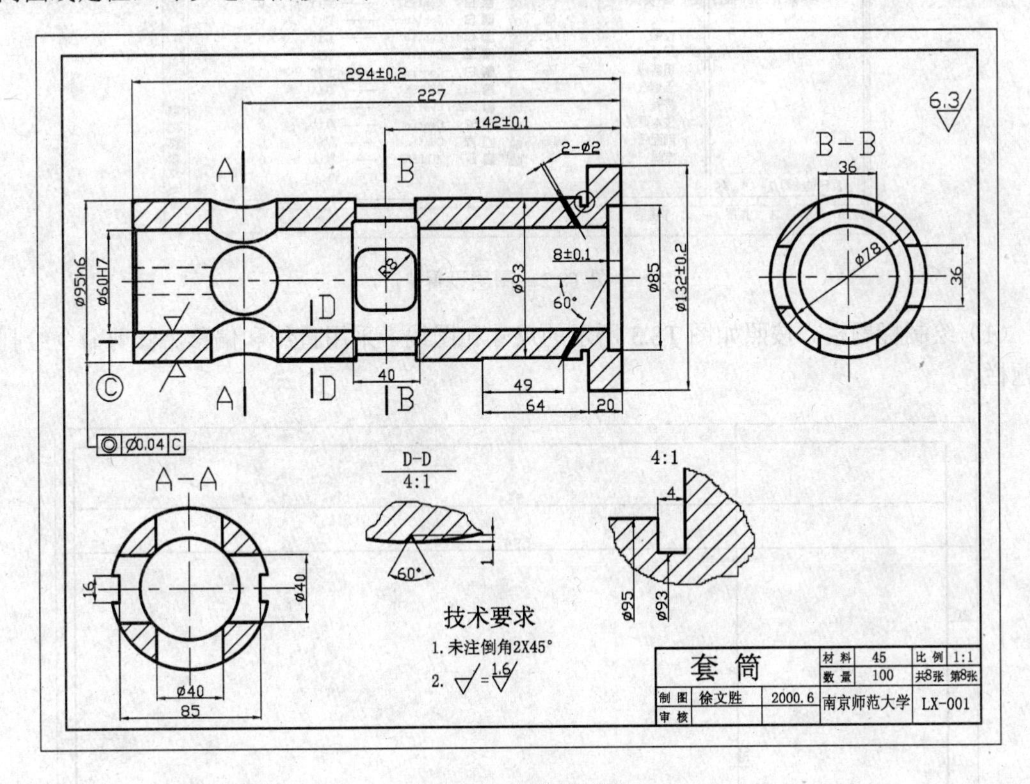

图 T8.1　套筒零件图

（4）局部放大图可以直接将需要放大的部分复制过去，并用比例命令 SCALE 放大即可。

（5）绘制剖面线和尺寸时，往往都是在图形快完成时进行的，为了避免相互干扰影响端点的捕捉或区域的选择，应该将另一个图层关闭。

1. 设置绘图界限

按照如图 T8.1 所示标注的尺寸大小和图形布置情况，绘图界限应设置成 A2 大小，横放。

```
命令: limits↵
重新设置模型空间界限:
指定左下角点或 [开(ON)/关(OFF)] <0.0000,0.0000>:↵
指定右上角点 <420.0000,297.0000>:594,297↵
```

然后执行 ZOOM ALL 命令显示整幅图形。

2. 设置图层

按照如图 T8.2 所示设置图层。

3. 设置对象捕捉模式

在预先绘制好中心线和基准线后，绘图中采用到的对象捕捉方式主要为交点模式。应通过“草图设置”对话框设置成交点捕捉模式。

4. 绘制标题栏

本例采用 A2 大小绘制一个标题栏，并输出成“块”，可供其他需要绘制在 A2 图纸（横放）的图形调用。

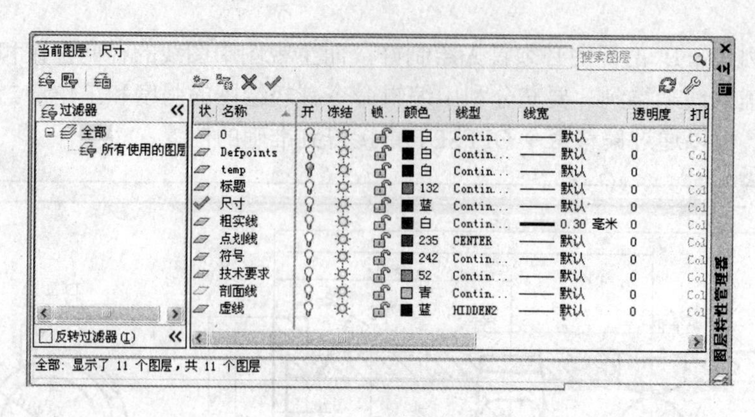

图 T8.2　图层设置

（1）绘制标题栏。按照如图 T8.3 所示的尺寸和图线，采用直线和偏移、修剪命令绘制该标题栏。

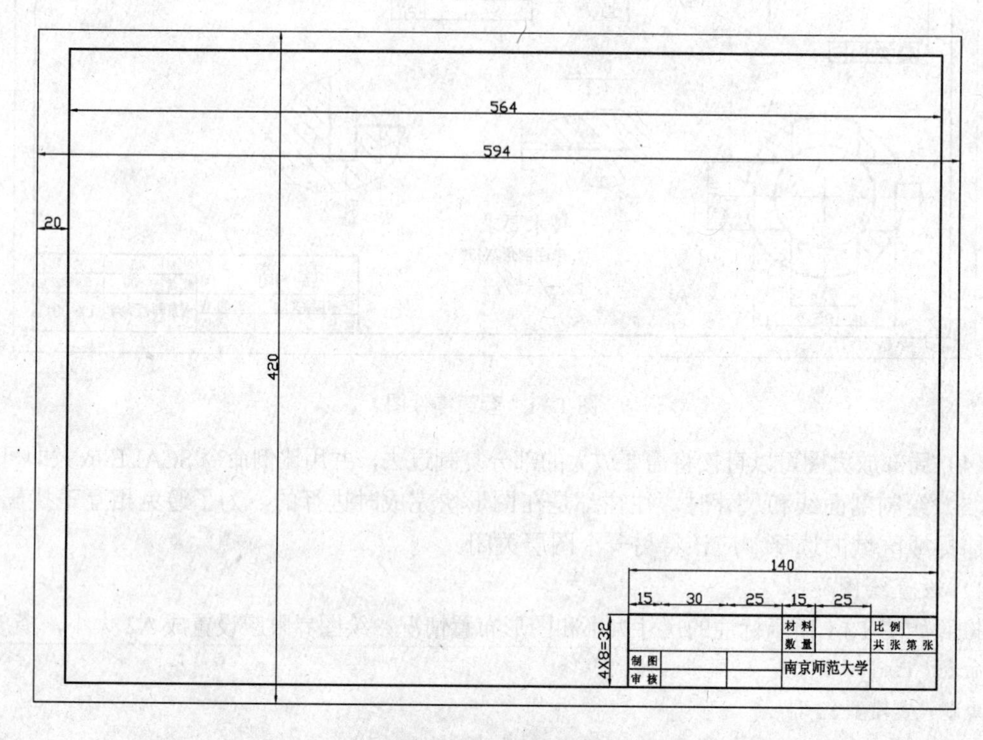

图 T8.3　标题栏

（2）输出成块。没有必要为每幅图形绘制一个标题栏。可以对不同大小的图纸各绘制一个标题栏，然后在需要的地方直接调用即可，不仅减小了绘制工作量，而且可以保证标题栏的统一。

5. 绘制中心线等基准线

如图 T8.3 所示的基准线主要有轴线、套筒右侧端面的投影线，以及各剖面图的中心线。由于在绘图时需要保证剖面图和主视图的对应关系，所以将如图 T8.1 所示的 A—A 剖面先绘制在主视图的左侧，最后再移到主视图的下方即可。

如图 T8.4 所示，首先在适当的位置绘制一条主视图的水平轴线 EF，再在右侧和左侧各绘制一条垂直线 EG、FH，分别作为 A—A 和 B—B 剖面的轴线，然后再将直线 FH 向左偏移 90° 复制一条垂直线 IJ，并将该复制的直线改到粗实线层上。

图 T8.4　基准线

6. 绘制剖面图

由于主视图中有很多投影线必须和剖面图相对应才能正确绘制，所以应先将剖面图绘制出来，再根据剖面图来确定主视图中截交线的位置。

剖面图中主要有圆和圆孔，以及方孔产生的投影线。通过绘圆命令和偏移、修剪编辑命令可以快速将剖面图绘制出来。

（1）绘制圆。

```
命令: _circle
指定圆的圆心或 [三点(3P)/两点(2P)/相切、相切、半径(T)]: 单击F
指定圆的半径或 [直径(D)]: 47.5↵
```

以 F 点为圆心，以 30 和 39 为半径绘制两个圆。以 E 点为圆心，以 30 和 47.5 为半径绘制两个圆。

（2）偏移复制圆孔和方孔的投影线。

按照如图 T8.1 所示，分别以距离 18、42、5、20、8 偏移复制两剖面图的中心线。

（3）修剪到合适的大小。

参照如图 T8.5 所示，采用 TRIM 命令将偏移复制的投影线超出部分剪去。

（4）修改到正确的图层。将偏移复制的直线全部修改到粗实线层上，结果如图 T8.5 所示。

图 T8.5　剖面图绘制

7. 绘制主视图右侧部分轮廓线

主视图中包括套筒的内外转向素线，以及和圆孔产生的相贯线和方孔产生的截交线，另外还有-120°和 120°方向的两个斜孔，最左侧有一键槽的投影线。

在轴向位置，可以通过偏移复制右端面的投影线即轴向基准线来产生垂直线；在径向位置，各条水平线的位置应该从剖面图引出，保证和剖面图对应。

为防止图线过于密集，产生误操作，可以一部分一部分地完成。本例从右侧开始向左侧绘制。

（1）偏移复制垂直线。参照如图 T8.6 所示，绘制套筒左侧结构，采用偏离距离为 8、20、4、64、49 偏移复制左侧各条垂直线。

（2）绘制水平线。从剖面图上各交点处引出直线，绘制水平线。对于右侧直径为 93 的孔和直径为 132、85 的圆柱面，可以偏移复制中心轴线获得其水平投影。采用显示缩放命令（ZOOM W）将该部分放大显示，如图 T8.6 所示，绘制套筒右侧结构。

（3）修剪成正确的大小。在偏移复制了垂直线并绘制了水平线后，采用修剪命令即可编辑成如图 T8.7 所示的结果。

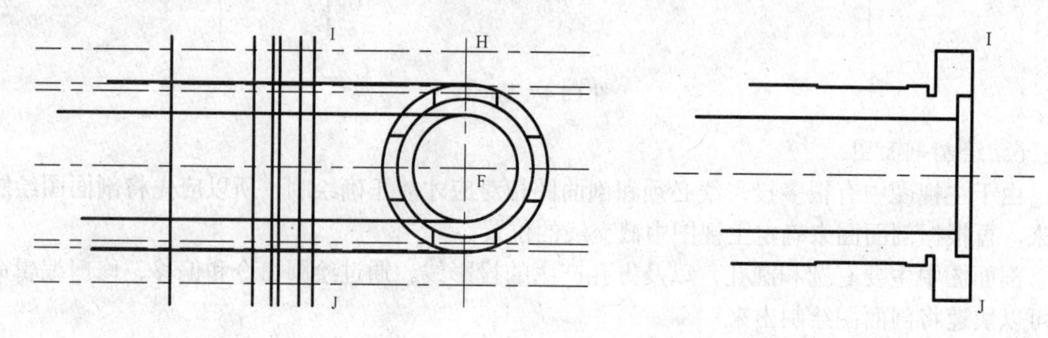

图 T8.6　绘制套筒左侧结构　　　图 T8.7　修剪并修改图层后的左侧结构

8. 绘制主视图中间部分方孔投影结构

中间方孔的结构指 36×36 的方孔贯穿直径为 95 和直径为 78 的两个圆柱面。

（1）偏移复制垂直线。首先以距离为 142 偏移复制方孔中心线，再向左、向右偏移 18 和 20 产生 4 条垂直线，并将孔的中心线改到点画线层上。结果如图 T8.8 所示。

（2）绘制水平线。方孔产生的投影中的水平线，都应该从 B—B 剖面图上引申出来，直接从右向左再绘制 6 条水平线。结果如图 T8.8 所示。

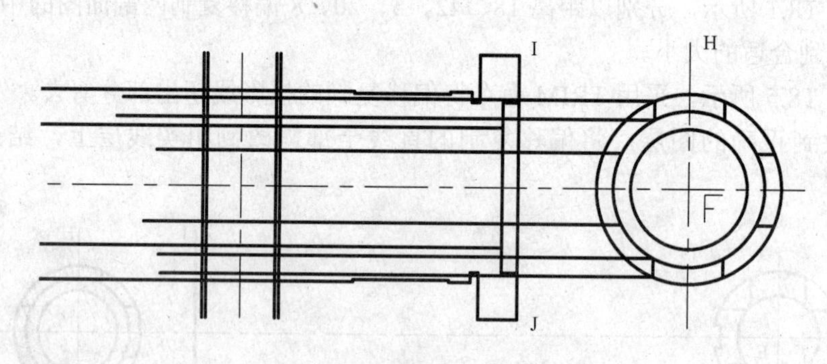

图 T8.8　绘制中间方孔投影线

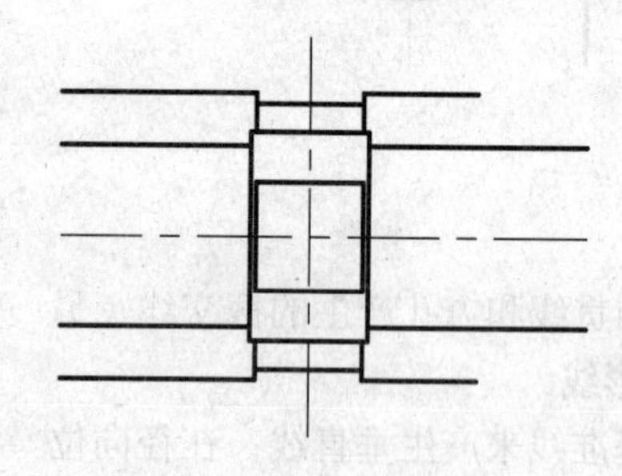

图 T8.9　修剪后的结果

（3）修剪成正确的大小。按照如图 T8.1 所示的要求，修剪如图 T8.8 所示的图线成如图 T8.9 所示的结果。

9. 绘制左侧圆孔投影及左侧投影

左侧圆孔投影包括直径为 40 的圆柱面和套筒产生的相贯线。可以通过偏移复制圆孔的中心线，通过画圆命令绘制圆，根据如图 T8.1 所示左侧 A—A 剖面绘制相贯线的投影。左端面投影包含两条垂直线。

（1）偏移复制中心线和垂直线。以距离为 227 偏移复制圆孔中心线，再以距离为 20 向左、向右偏移复制两条垂直线。以 294 和 2 为距离偏移复制左端面的两条垂直线。将圆孔中心线修改到点画线层上，如图 T8.10 所示。

（2）绘制圆。参照如图 T8.10 所示绘制一个半径为 20 的圆。

（3）绘制相贯线。圆孔和套筒内外柱面产生的相贯线用圆弧来绘制。参照如图 T8.11 所示，绘制 4 段圆弧表示圆孔产生的相贯线。

（4）修剪成大小正确的结果。按照如图 T8.1 所示的最终结果，采用修剪命令将图形修剪成如图 T8.11 所示的结果，并将绘制相贯线所用的辅助线删除。

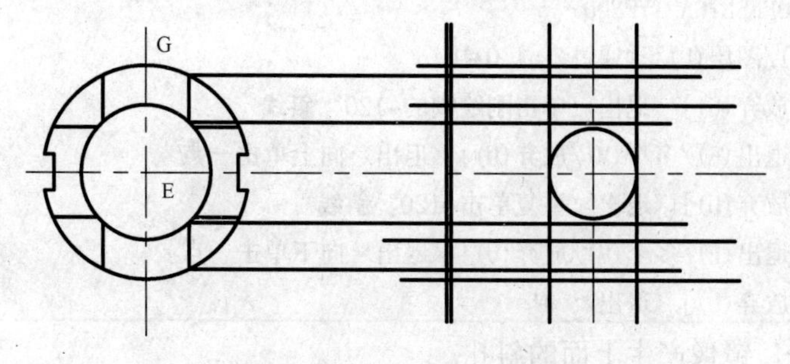

图 T8.10　绘制圆孔的相贯线和左端面投影

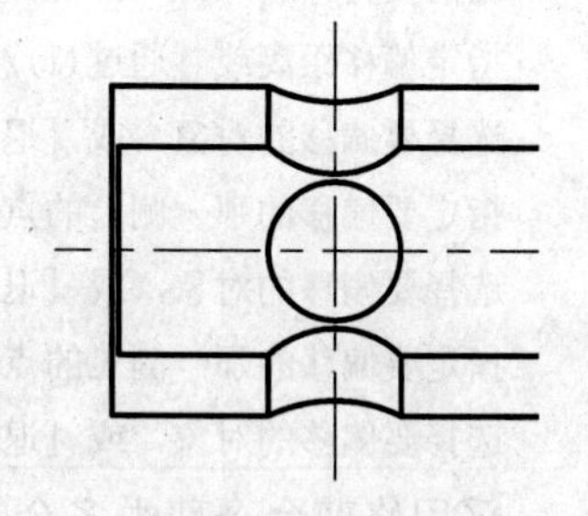

图 T8.11　修剪后的结果

10. 主视图上其他结构

主视图上有如下其他结构。

（1）绘制键槽投影。在主视图的左侧有用虚线表示的键槽投影。首先偏移复制套筒中心轴线，距离为 8，产生上下两条水平线，再通过修剪命令剪切成如图 T8.12 所示大小，然后修改到虚线层上。此时在屏幕上显示的键槽投影，虽然处于虚线层上并且具有虚线的属性，但显示的结果却不像是虚线，其原因是线型比例设置不合适。修改其线型比例即可正确显示虚线的性质。

```
命令：change↵
选择对象：单击虚线之一，找到 1 个
选择对象：单击另一根虚线，找到 1 个，总计 2 个
选择对象：↵
指定修改点或 [特性(P)]：p↵
输入要更改的特性 [颜色(C)/标高(E)/图层(LA)/线型(LT)/线型比例(S)/线宽(LW)/厚度(T)/透明度(TR)/材质(M)/注释性(A)]：s↵
指定新线型比例 <1.0000>:40↵
输入要更改的特性 [颜色(C)/标高(E)/图层(LA)/线型(LT)/线型比例(S)/线宽(LW)/厚度(T)/材质(M)]：↵
```

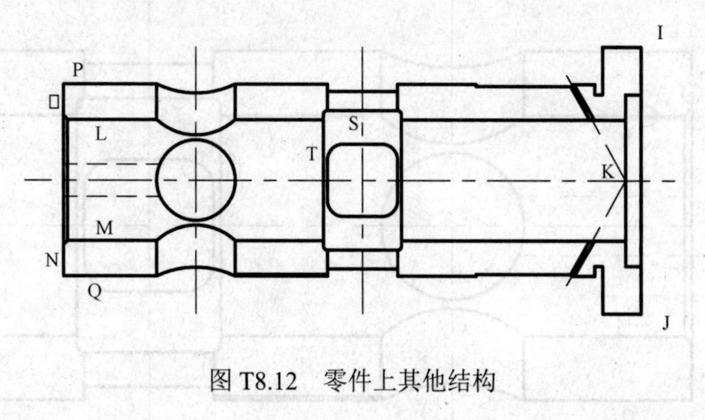

图 T8.12　零件上其他结构

（2）绘制斜孔。

```
命令：_line
指定第一点：单击K点
指定下一点或 [放弃(U)]:@60<-120↵
```

指定下一点或 [放弃(U)]:↵

单击“修改→偏移”按钮

命令: _offset

当前设置: 删除源=否　图层=源　OFFSETGAPTYPE=0

指定偏移距离或 [通过(T)/删除(E)/图层(L)] <通过>: **1.0↵**

选择要偏移的对象，或 [退出(E)/放弃(U)] <退出>:**单击刚绘制的-120° 斜线**

指定要偏移的那一侧上的点，或 [退出(E)/多个(M)/放弃(U)] <退出>:**向上单击一点**

选择要偏移的对象，或 [退出(E)/放弃(U)] <退出>:**重复单击-120° 斜线**

指定要偏移的那一侧上的点，或 [退出(E)/多个(M)/放弃(U)] <退出>:**向下单击一点**

选择要偏移的对象，或 [退出(E)/放弃(U)] <退出>: ↵

采用修剪命令剪去多余的部分，镜像产生上面的斜孔。

命令: _mirror

选择对象:**采用窗口方式选择60° 斜线部分投影**

指定对角点: 找到 7 个

选择对象:↵

指定镜像线的第一点: **单击K点**

指定镜像线的第二点:**水平移动光标在空白位置单击一点**

要删除源对象吗? [是(Y)/否(N)] <N>:↵

(3) 倒角及倒圆角。

① 倒圆角。

命令: _fillet

当前设置: 模式 = 修剪，半径 = 10.0000

选择第一个对象或 [放弃(U)/多段线(P)/半径(R)/修剪(T)/多个(M)]:**r↵**

指定圆角半径 <10.0000>:**2↵**

选择第一个对象或 [放弃(U)/多段线(P)/半径(R)/修剪(T)/多个(M)]: **单击S点**

选择第二个对象，或按住【Shift】键选择要应用角点的对象: **单击T点**

结果如图 T8.13 所示。

重复上面的过程，对其他 3 个角，采用圆角半径为 8，对 36×36 的方孔倒圆角。

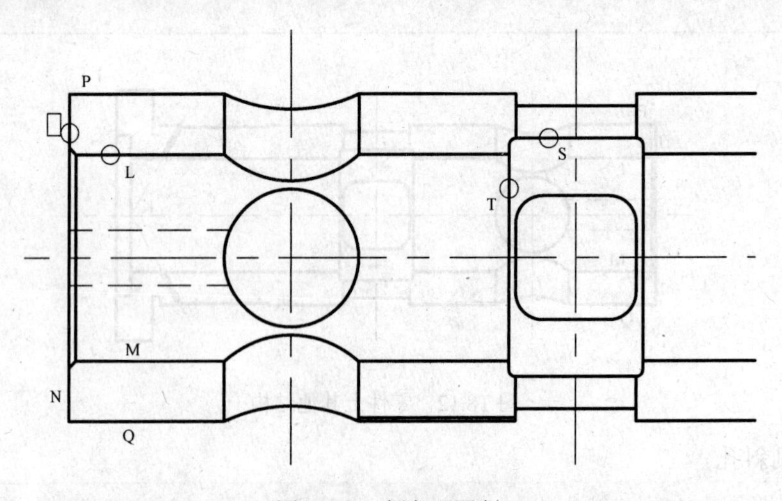

图 T8.13　倒角及圆角

② 倒角。

```
命令: _chamfer
("修剪"模式) 当前倒角距离 1 = 5.0000, 距离 2 = 5.0000
选择第一条直线或 [放弃(U)/多段线(P)/距离(D)/角度(A)/修剪(T)/方式(E)/多个(M)]:d↵
指定第一个倒角距离 <5.0000>:2↵
指定第二个倒角距离 <2.0000>:↵
选择第一条直线或 [放弃(U)/多段线(P)/距离(D)/角度(A)/修剪(T)/方式(E)/多个(M)]: 单击L点
选择第2条直线, 或按住Shift键选择要应用角点的直线: 单击O点
```

③ 延伸倒角后剪切掉的直线。

```
命令: _extend
当前设置:投影=UCS, 边=延伸
选择边界的边…
选择要延伸的对象,或按住Shift键选择要修剪的对象,或[栏选(F)/窗交(C)/投影(P)/边(E)/放弃(U)]:
单击Q点 找到 1 个
选择对象:↵
选择要延伸的对象,或按住Shift键选择要修剪的对象,或[栏选(F)/窗交(C)/投影(P)/边(E)/放弃(U)]:
单击O点
选择要延伸的对象, 或按住Shift键选择要修剪的对象, 或[栏选(F)/窗交(C)/投影(P)/边(E)/放弃
(U)]:↵
```

重复同样的操作，绘制另一个 2×45° 的倒角。绘制后的结果应如图 T8.12 所示。

（4）绘制 60° 槽。60° 槽产生的投影从主视图上看，可以直接偏移复制轮廓线得到，偏移距离为 1。

11. 绘制局部放大图

局部放大图是放大绘制图形中的某一局部结构。绘制局部放大图的方法应采用复制需要放大的部分到一空闲位置，剪去、删去不需表达的图线，采用比例缩放命令直接将剩下的部分放大到需要的比例。如果原图中不包含该局部放大图，则采用 1:1 的比例绘制（一般需要显示缩放命令配合），再缩放到需要的大小。

绘制如图 T8.1 所示的右侧局部放大图比例为 4:1 的方法如下。

（1）在主视图相应部位用细实线绘制一个圆，表示局部放大的部分。

（2）将该圆中包含的图线连同圆一起复制到主视图的下方。

（3）以圆为界，删去或剪去圆以外的图线。

（4）删去圆（在某些局部放大图中保留圆，同时不需绘制徒手线）。

采用 SKETCH 命令绘制徒手线，注意一定要使徒手线的端点和原有图线的端点准确相交。

绘制如图 T8.1 所示右侧的局部放大图的过程如下。

（1）绘制一直径为 95 的圆，通过捕捉象限点的方式在下方绘制一条通过象限点的水平线。

（2）向上 1 个单位偏移复制该水平线。

（3）通过相对坐标的方式绘制两条 60° 的斜线。

（4）最后编辑修改到合适的大小和正确的图层。

（5）采用徒手线绘制波浪线。结果如图 T8.14 所示。

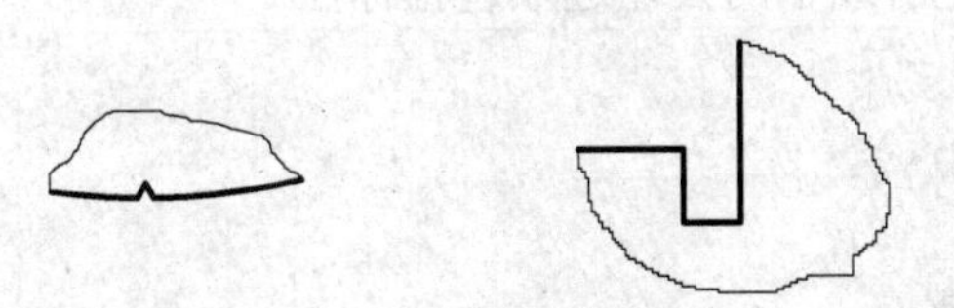

图 T8.14 局部放大图

12. 注写技术要求

文字注写的技术要求，首先要求设定好文字样式，然后采用文字注写命令进行注写。

（1）文字样式设定。由于技术要求中主要包含的文本为汉字，所以通过按钮“格式→文字样式”，设定字形为“汉字”，采用的字体为“宋体”，其他全部采用默认值。

（2）文本注写。采用单行文本或多行文本命令，按照如图 T8.1 所示的位置书写技术要求。其中第 3 行的粗糙度符号处，需要预先留出空间，随后插入粗糙度符号即可。

13．标注表面粗糙度和形位公差

表面粗糙度符号可以直接通过设计中心插入实验 7 中绘制的“ccd”块即可。

（1）共享其他图形中的块。可以通过设计中心来利用其他图形中已经设计好的块、文字样式、尺寸样式等。

① 单击“标准”工具栏中的“设计中心”按钮。

② 查找实验 7 保存的文件“练习 7-齿轮”，单击“块”按钮。

③ 拖动块“ccd”到当前图形中，如图 T8.15 所示。

（2）插入表面粗糙度符号。将块拖到该图形中后，相当于在当前图形中插入了该块。

单击“插入→块”按钮，弹出如图 T8.16 所示的“插入”对话框。在该对话框的名称栏，选择“ccd”。单击确定按钮，然后响应命令提示行的交互。

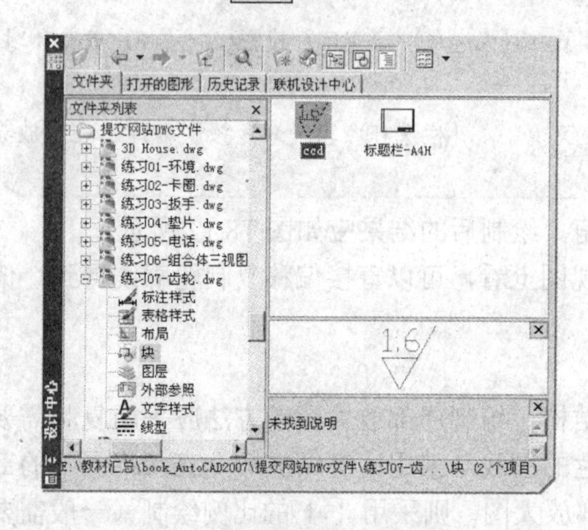

图 T8.15　设计中心共享块

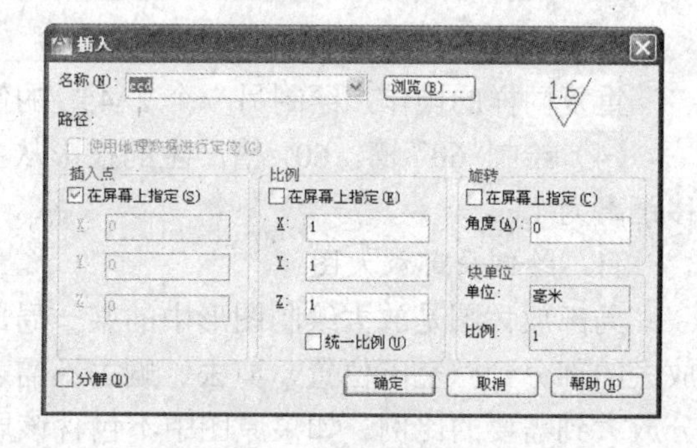

图 T8.16　“插入”对话框

```
命令: _insert
指定插入点或 [基点(B)/比例(S)/X/Y/Z/旋转(R)]: 单击需要插入的位置　　应该使用最近点捕捉方式
输入属性值
粗糙度 <1.6>:↵ 或输入粗糙度值
```

对部分需要旋转的粗糙度符号，在提示插入点时输入 R 选项，再输入旋转角度，然后指定插入点进行插入操作。

对图样中不需注写粗糙度值的粗糙度符号，可以通过分解命令将该块分解，然后删除属性值。

（3）标注形位公差。标注形位公差可以采用快速引线中的公差选项进行标注。

```
命令: leader
指定引线起点:
指定下一点:
指定下一点或 [注释(A)/格式(F)/放弃(U)] <注释>: a↵
输入注释文字的第一行或 <选项>:
输入注释选项 [公差(T)/副本(C)/块(B)/无(N)/多行文字(M)] <多行文字>: t↵
```

参照图 T8.17 设置好公差项目再进行标注。

14. 绘制剖面线

单击“绘图”面板中的“图案填充”按钮。

命令: _bhatch

拾取内部点或 [选择对象(S)/设置(T)]:**在需要绘制剖面线的地方单击**

正在选择所有对象…

正在选择所有可见对象…

正在分析所选数据…

正在分析内部孤岛…

选择内部点:↵

拾取内部点或 [选择对象(S)/设置(T)]: T↵　　**弹出“图案填充和渐变色”对话框，如图T8.18所示。在对话框中设定图案为“ANSI31”，比例为1，角度为0。单击确定按钮执行图案填充**

15. 标注尺寸

设置对象捕捉方式为端点模式，建立尺寸层并使之为当前层。

(1) 尺寸样式设定。按照如图 T8.19 至图 T8.23 所示设定尺寸样式。

(2) 尺寸标注。

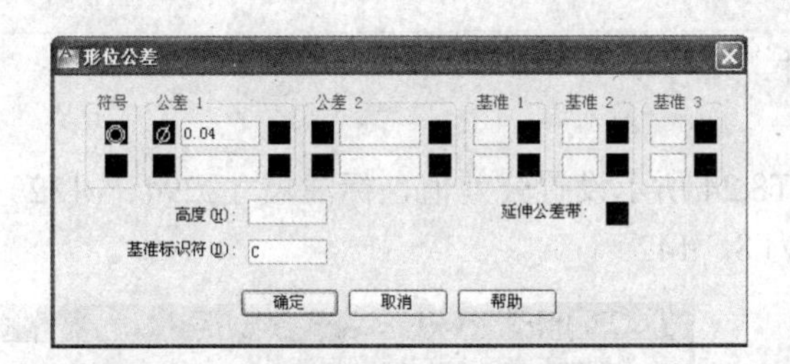

图 T8.17　指引线标注形位公差

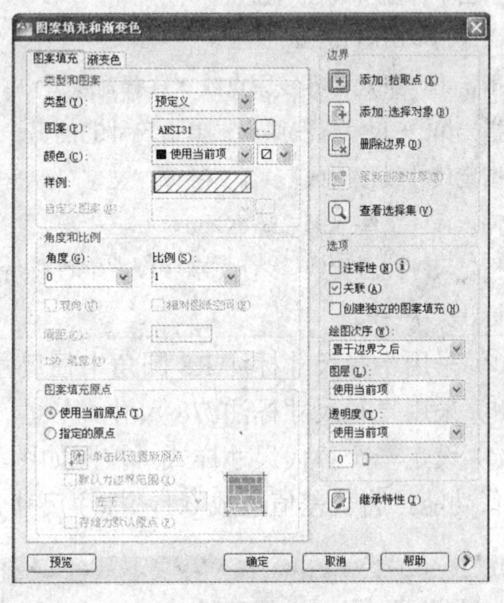

图 T8.18　“图案填充和渐变色”对话框

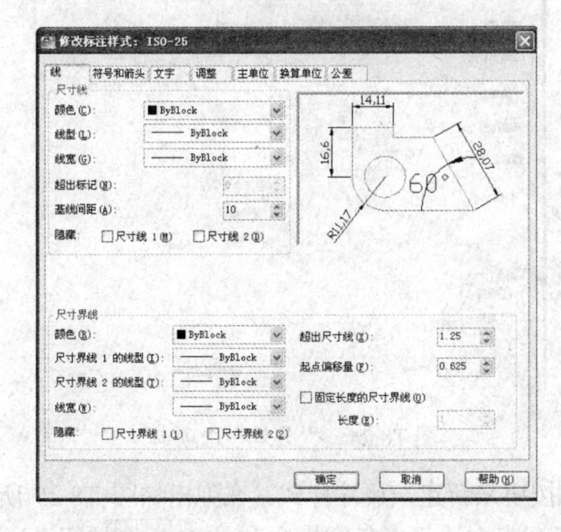

图 T8.19　“线”选项卡

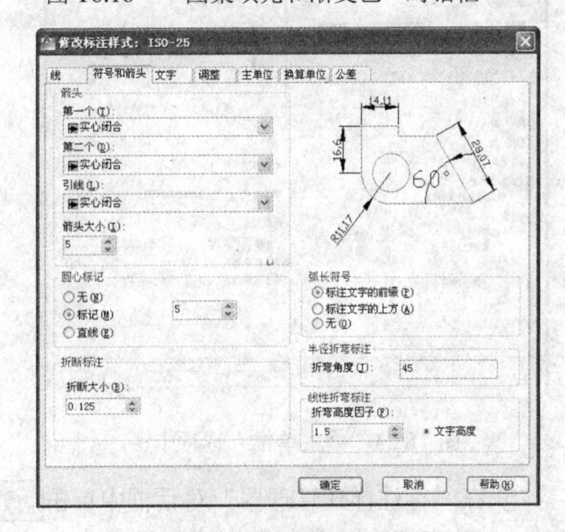

图 T8.20　“符号和箭头”选项卡

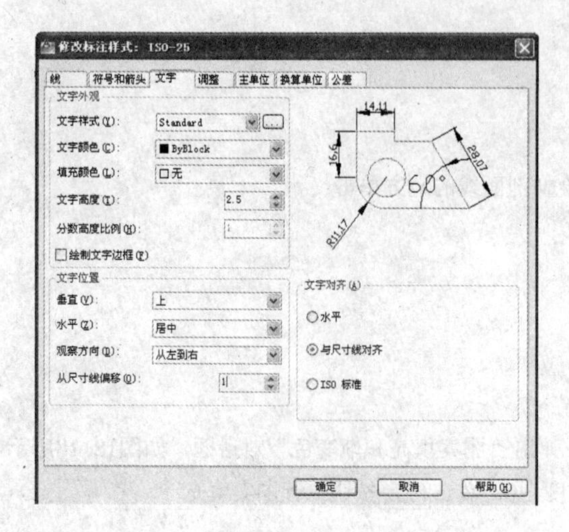

图 T8.21 “文字”选项卡

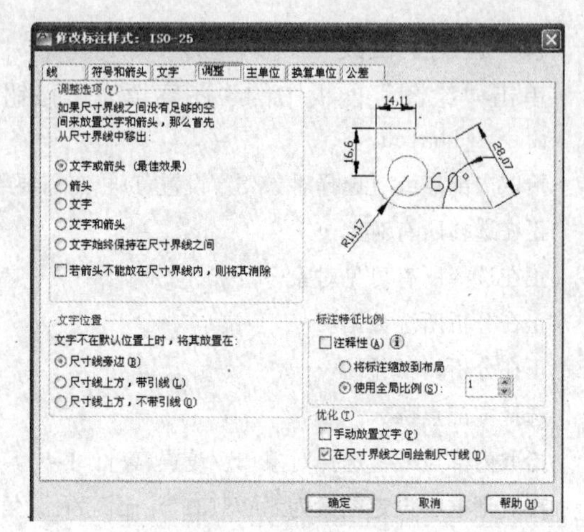

图 T8.22 “调整”选项卡

① 采用线性尺寸标注除带有公差的尺寸之外的线性尺寸，包括用线性尺寸标注的直径尺寸（局部放大图中的ϕ93、ϕ95 除外）。

单击“标注→线性”按钮

命令： _dimlinear

指定第一条尺寸界线原点或〈选择对象〉: **单击尺寸95的一个端点**

指定第2条尺寸界线原点: **单击尺寸95的另一个端点**

指定尺寸线位置或[多行文字(M)/文字(T)/角度(A)/水平(H)/垂直(V)/旋转(R)]: t↵

输入标注文字〈95〉:%%c<>h6↵

指定尺寸线位置或[多行文字(M)/文字(T)/角度(A)/水平(H)/垂直(V)/旋转(R)]: **单击尺寸摆放位置**

标注文字 =95

② 采用半径尺寸标注 R8 圆角半径尺寸。

③ 采用直径尺寸标注ϕ78 尺寸。

④ 设定一个替代尺寸样式，按照如图 T8.24 所示设置公差值，标注尺寸ϕ294、ϕ132。使用替代功能，将公差值改成 0.1，标注尺寸为 8、142。

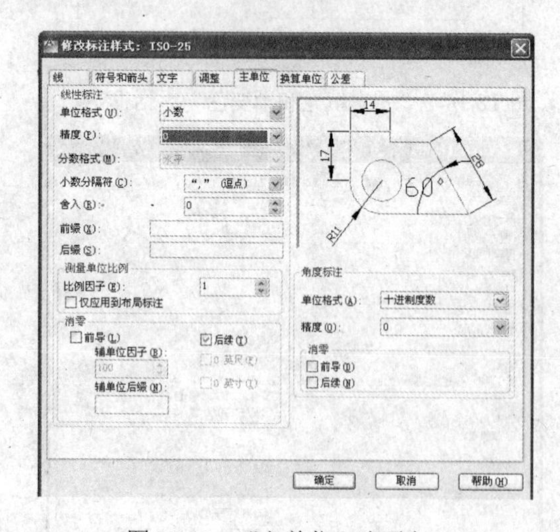

图 T8.23 “主单位”选项卡

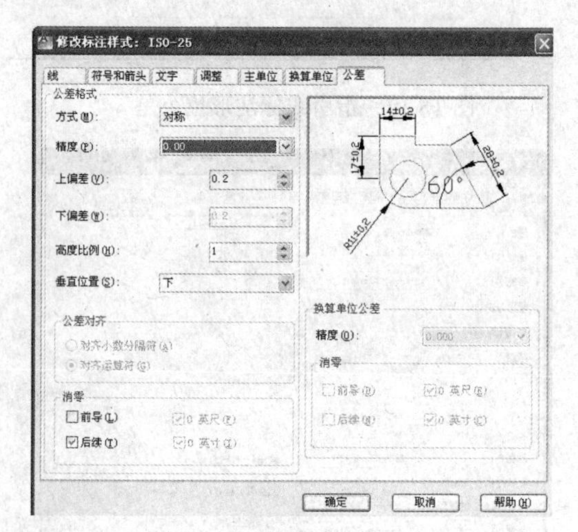

图 T8.24 “公差”选项卡

⑤ 在“标注样式管理器”对话框中单击新建按钮来新建一尺寸样式。在弹出如图 T8.25 所示的“创建新标注样式”对话框中的“用于”下拉列表中选择“角度标注”，单击继续按钮。

如图 T8.26 所示，设置“文字对齐方式”为“水平”。采用该样式标注角度尺寸 60°。

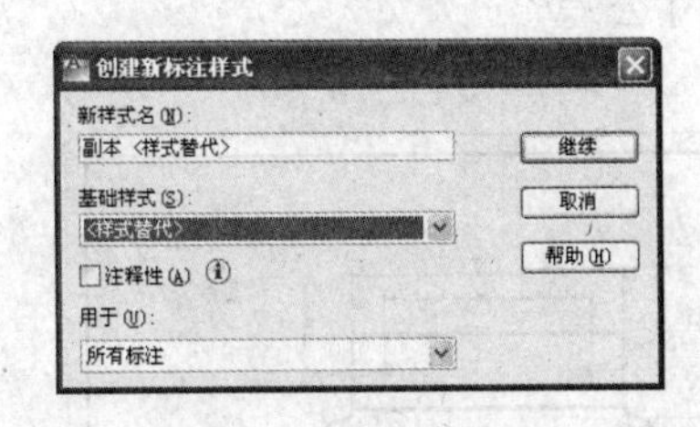

图 T8.25 新建一用于角度的尺寸样式

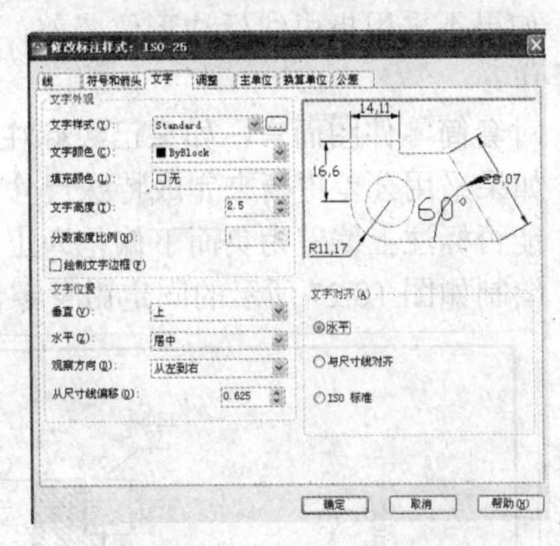

图 T8.26 设定文字方向

⑥ 标注局部放大图中的尺寸ϕ95 和ϕ93。

这两个尺寸都各自只有一条尺寸线和一条尺寸界线，首先应进行样式设定。

在“直线和箭头”选项卡中的尺寸线区，通过复选框隐藏尺寸线 2，在尺寸界线区，通过复选框隐藏尺寸界线 2。

进行线性尺寸标注，其中第二个点可以向下随意单击，通过文字选项将尺寸数值改成ϕ95 和ϕ93。

16. 绘制其他符号

图形中还包含了一些其他符号，如剖切符号、基准代号等。采用直线命令绘制表示剖切位置的剖切面的投影线，改变其宽度为 0.35。采用引线绘制表示投影方向的箭头。采用直线、圆、文字注写等命令绘制基准 C 的符号。采用单行文本书写 A—A、B—B、D—D，以及其他表示比例大小的符号。

17. 插入标题栏

图形绘制完毕，插入标题栏并进行布局，设置好各图形的空间位置。虽然在图纸空间可以直接进行布局操作，但由于 AutoCAD 内置的标题栏不一定能适合我国的要求，所以通常情况下，标题栏是自己绘制并添加上去的。在模型空间插入标题栏，并填写标题栏中的内容。

打断左侧 A—A 剖面图和主视图之间的中心线，使之变成两条，将 A—A 剖面图移到主视图的下方，使布局合理。

```
命令：_break
选择对象：单击中心线上欲打断的一点
指定第二个打断点 或 [第一点(F)]：单击欲打断的另一点
```

18. 保存文件

将绘制好的图形赋名“练习 10-套筒.dwg”保存起来。在下面的练习中直接利用已经设定的文字、尺寸样式，以及块、图层等。

思考及练习

（1）如果在绘图中要书写和其他已有文字属性相同的文字，如高度、字形等，又不知道或不想去查询某文字的字形和高度等，应该如何操作？

（2）如果本例设定绘图界限为 A3 横放，应如何规划图纸布局？

（3）本例中绘制倒角时采用了倒角命令，同时采用了延伸命令来完成倒角的绘制，能否通过其他方法比较简单地完成倒角的绘制？

（4）如果不采用指引线标注形位公差，直接采用“绘图→公差”标注图中的形位公差，应如何操作？

（5）对套筒零件图而言，如果已经标注了图样中的所有尺寸，如何再增加公差及公差代号标注？如果采用公差更新来完成特殊尺寸的标注，试比较哪种更方便。

（6）能否标注上偏差为负而下偏差为正的错误尺寸公差？

（7）绘制如图 T8.27 所示的固定钳身零件图。

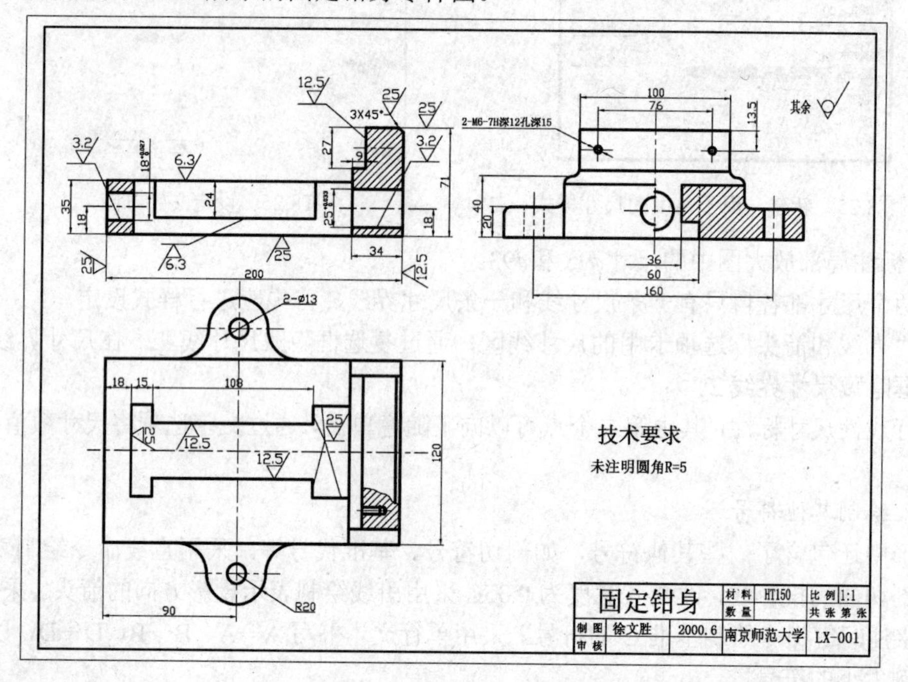

图 T8.27　固定钳身零件图

提示：

① 直接利用“设计中心”插入“练习 10-套筒.dwg”文件的标题、块，并引用该文件的图层、文字样式、尺寸样式等。

② 在点画线层上绘制中心线作为绘图基准线。

③ 在辅助线层绘制 45° 斜线。

④ 采用偏移复制的方式定位其他间接基准。

⑤ 编辑修改成粗实线并在粗实线层绘制其他轮廓线。

⑥ 采用相应的编辑命令完成轮廓线、虚线、细实线的绘制，注意放置在对应的图层。

⑦ 标注尺寸。必要时要求修改样式，采用样式替代来标注诸如单尺寸边界、单尺寸线及公差等。

⑧ 插入粗糙度符号，修改相应的属性使之数值正确，必要的时候将该块分解编辑其文字的方向。

⑨ 插入标题块。

⑩ 调整图形的位置，使之适应 A2 图框，并保持合理的布局。

⑪ 绘制剖面线。

⑫ 填写标题栏。

⑬ 存盘。

实验 9

轴测图练习

目的和要求

（1）掌握等轴测图的环境设置。
（2）掌握等轴测图作图面的转换方法。
（3）掌握等轴测图中直线、圆、椭圆，以及椭圆公切线的绘制方法。
（4）掌握等轴测图中不同平面上文字样式的设定方法。
（5）掌握等轴测图中的尺寸标注方法。

上机准备

（1）复习“草图设置”对话框中等轴测的设置方法。
（2）复习功能键的定义。
（3）复习椭圆中等轴测的绘制方法。
（4）复习文字样式设定方法。
（5）复习尺寸标注方法。

上机操作

完成如图 T9.1 所示的轴测图，标注尺寸。

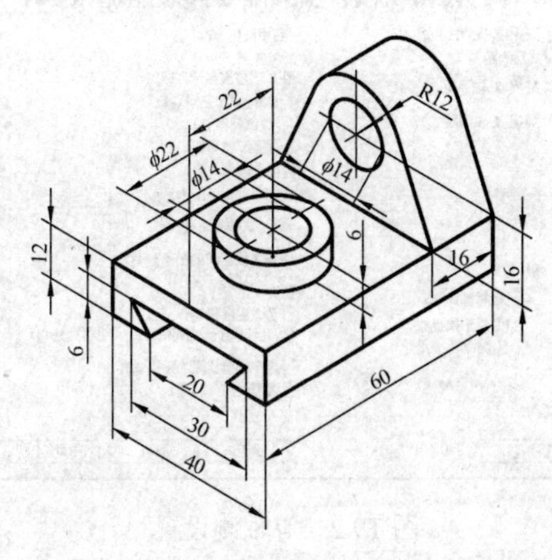

图 T9.1　轴测图练习图

分析

（1）轴测图其实是平面图形，但其坐标系不同于笛卡儿坐标系，而是成 120°。一般绘制轴测图时应首先绘制好坐标轴。根据图形中线条所对应的坐标轴方向绘制或复制出对应的线条。

（2）绘制等轴测（椭）圆时要注意其所在的平面，需要切换到相应的平面上再绘制才能保证方向正确。

（3）在确定相对位置或尺寸大小时，要通过辅助圆的方法来确定，一般以距离为半径画圆，求圆和目标图线的交点。不能用偏移命令 OFFSET。一定要沿坐标轴的方向进行测量。

（4）在具有相同的轮廓线时可以根据距离进行复制，然后将不可见的部分剪去或删除。

（5）在有圆柱面时要注意转向轮廓线的绘制。

（6）标注尺寸时为了保持文本方向和图线方向一致，需要设置成 30°、−30° 的方向。尺寸线、箭头、尺寸界线等也需要倾斜。

1．等轴测作图规则

等轴测作图规则有以下两点。

（1）相互平行的直线其投影相互平行。

（2）测量时必须沿轴向进行测量。

2．设置等轴测作图环境

设置等轴测作图环境有以下两种方法。

（1）使用样板图。进入 AutoCAD 2012 中文版后，可以直接使用前面设置的“机械样板图”作为模板进行下面的绘制。

（2）设置等轴测作图模式。等轴测图形属于二维平面图形，但和一般的二维投影图不同，等轴测图可以同时表示 3 个方向的尺寸及投影，3 个坐标轴之间互成 120°。首先应设置成等轴测作图模式。

执行按钮“工具→草图设置”，弹出“草图设置”对话框，选择“捕捉和栅格”选项卡，如图 T9.2 所示，在捕捉类型区设置成“等轴测捕捉”。单击确定按钮退出后，光标自动变成轴测平面上和坐标轴平行的十字线。要在“上/左/右”3 个轴测面之间进行转换，直接按【Ctrl+E】组合键即可，当然也可以通过“ISOPLANE”命令来设置。

图 T9.2　等轴测设置

3．绘制等轴测基准线

在粗实线层上绘制基准线，如图 T9.3 所示，绘制 3 条相交的直线 A、B、C 作为基准线。其方向分别为 3 根轴的方向。

4．绘制底板

底板为一长方体中间挖去一燕尾通槽。

（1）首先绘制该长方体，通过绘制圆来确定各个方向的尺寸。如图 T9.3 所示，以 A、B、C 的交点为圆心绘制 3 个圆，半径分别为 12、40、60。

（2）根据平行线投影相互平行的投影规则，采用交点捕捉方式，复制基准线，如图 T9.4 所示。

（3）删除辅助圆，并通过复制、修剪或倒圆（半径为 0）等编辑手段完成底板长方体的绘制，结果如图 T9.5 所示。

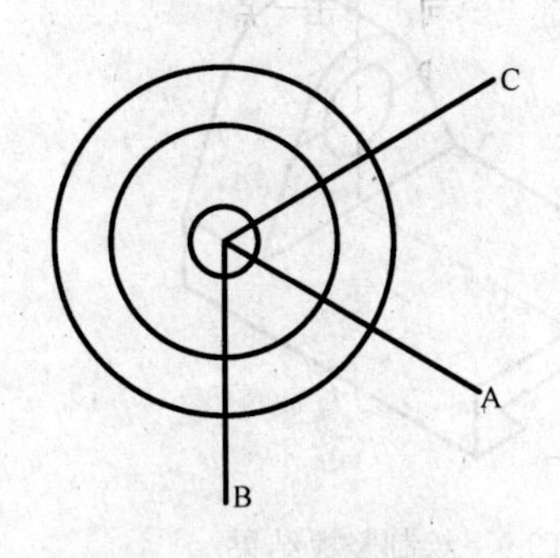

图 T9.3　基准线

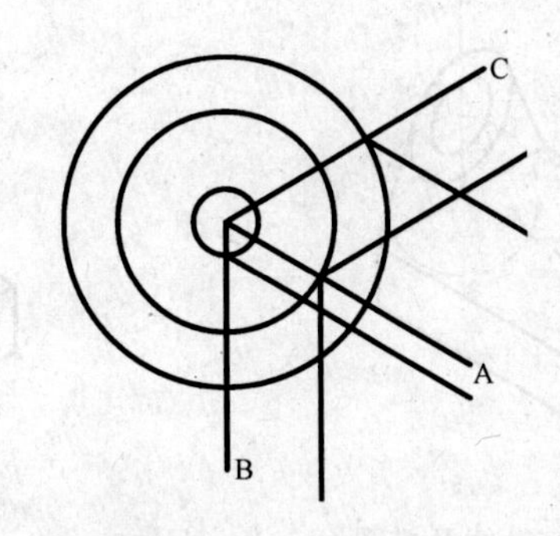

图 T9.4　复制基准线

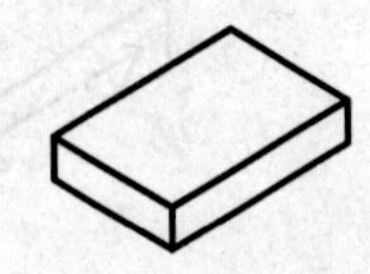

图 T9.5　绘制底板长方体

（4）参照图 T9.6 通过直线 A 的中点绘制垂直的一条辅助线并以 D 点为圆心，半径为 6 绘制一辅助圆。然后在左平面上复制一条直线为 AE，距离为 DF6。最后绘制分别以 F 和 E 为圆心，半径为 10 和 15 绘制两个圆。

（5）通过直线命令和修剪命令，完成如图 T9.7 所示的底板燕尾槽的绘制。

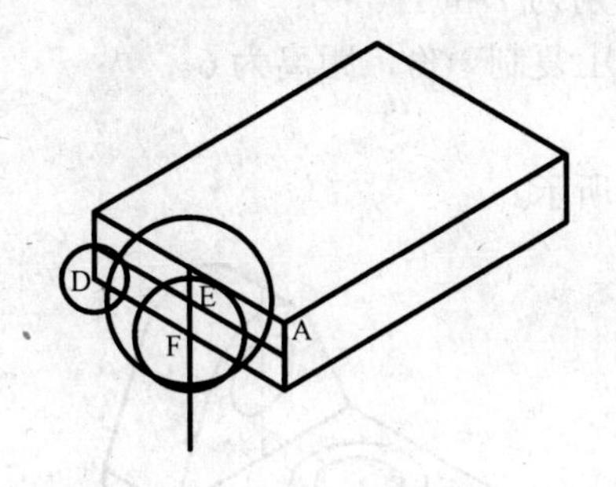

图 T9.6　绘制燕尾槽辅助线

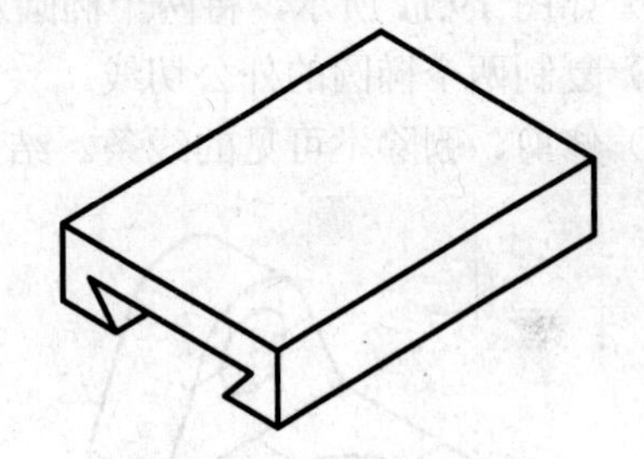

图 T9.7　燕尾槽

5. 绘制竖板

绘制竖板的步骤如下。

（1）如图 T9.8 所示，在点画线层绘制两条辅助直线并绘制一半径为 16 的圆。

（2）将当前轴测面改到“左”，使用等轴测模式绘制半径为 7 和 12 的两个椭圆。圆心位置如图 T9.8 所示。

```
按【Ctrl+E】组合键
命令：<等轴测平面 左>
命令：ELLIPSE↵
指定椭圆轴的端点或 [圆弧(A)/中心点(C)/等轴测圆(I)]:i↵
指定等轴测圆的圆心：单击圆和垂直线的交点
指定等轴测圆的半径或 [直径(D)]:7↵
```

以同样的方法绘制半径为 12 的椭圆。

（3）从底板的角点绘制两条直线和半径为 12 的圆相切。

（4）将两条切线、半径为 7 的椭圆和半径为 12 的椭圆向左侧复制一份，距离为 16，可以通过交点捕捉方式捕捉辅助圆和上轴测面上的点画线的两个交点进行复制。

（5）绘制两段半径为 12 的椭圆的公切线。

（6）绘制竖板和底板的交线。

（7）剪去看不见的轮廓线，删除辅助线和看不见的轮廓线。

（8）绘制中心线。结果如图 T9.9 所示。

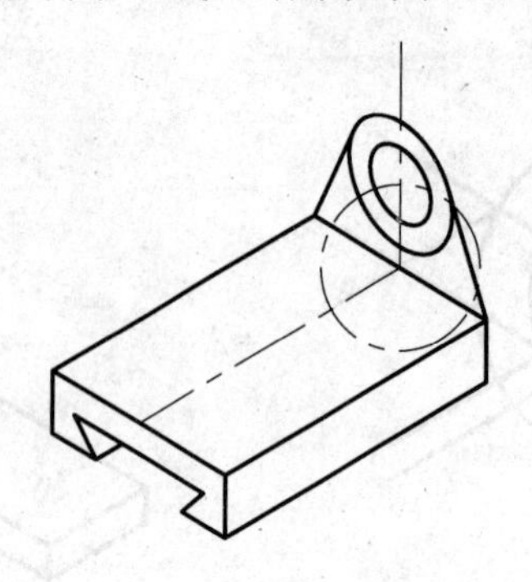

图 T9.8　绘制竖辅助线及椭圆

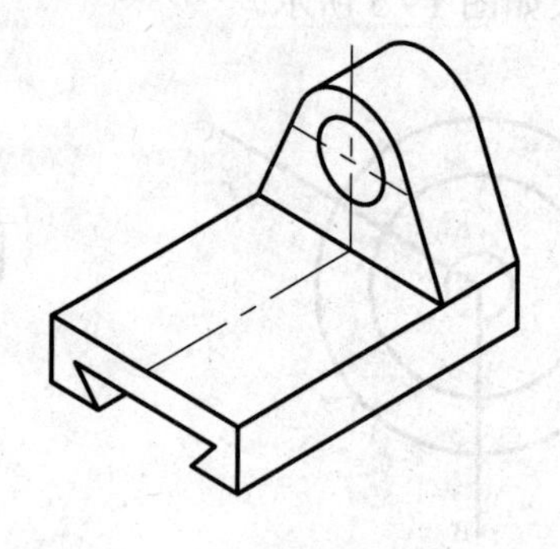

图 T9.9　绘制竖板结果

6. 绘制圆柱凸台

绘制圆柱凸台的步骤如下。

（1）将轴测面调整到“上”。

（2）如图 T9.10 所示，绘制中心线。

（3）如图 T9.10 所示，绘制等轴测椭圆，半径分别为 7 和 11。

（4）如图 T9.11 所示，将两个椭圆及其中心线向上复制一份，距离为 6。

（5）复制两个椭圆的外公切线。

（6）修剪、删除不可见的线条。结果如图 T9.11 所示。

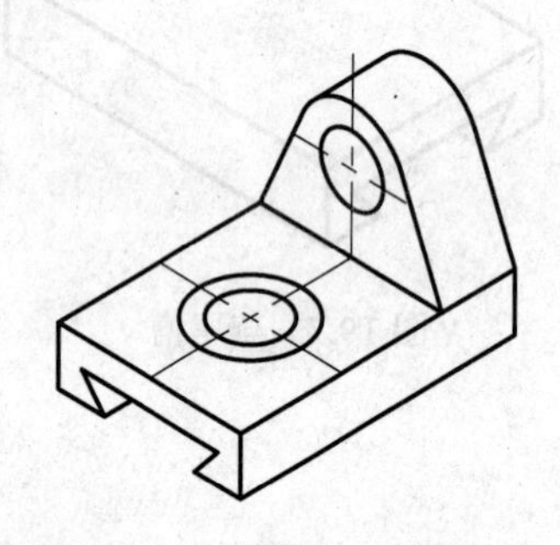

图 T9.10　绘制凸台椭圆

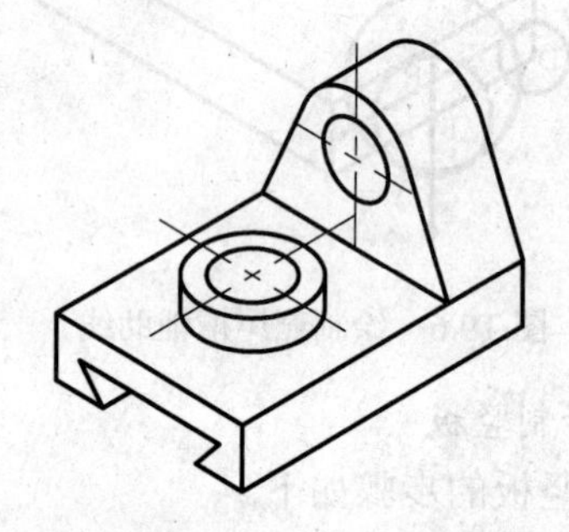

图 T9.11　绘制凸台

7. 标注尺寸

标注尺寸的步骤如下。

（1）设置文字样式。由于尺寸标注中需要使用不同的文字样式，所以应先设置好文字样式。根据如图 T9.1 所示的尺寸标注，文本共有以下 4 种位置：左轴测面上的两种、右轴测面上向上的一种和上轴测面上向左的一种。可见应设置 4 种文字样式，但使用两种样式即可满足要求。

```
命令：-style↵
输入文字样式名或 [?] <isoright>:lefth↵
新样式。
指定完整的字体名或字体文件名 (TTF 或 SHX)<txt>:↵
```

```
指定文字高度 <0.0000>:5↵
指定宽度比例 <1.0000>:↵
指定倾斜角度 <0>:-30↵
是否反向显示文本? [是(Y)/否(N)] <N>:↵
是否倒置显示文本? [是(Y)/否(N)] <N>:↵
是否垂直? <N>:↵
"lefth"是当前文字样式
```

再使用同样的方法设置字体样式“LEFTV”，使用的倾斜角度为30°。

（2）设置尺寸样式。首先应设定尺寸样式。由于有两种不同的文字样式适用于不同的场合，所以，根据两种不同的文字样式，设定两种不同的尺寸样式。

① IMLEFTH：使用 LEFTH 文字样式。

② DIMLEFTV：使用 LEFTV 文字样式。

（3）标注尺寸。

标注尺寸的步骤如下。

① 标注线性尺寸。采用对齐标注尺寸方式标注图形中的线性尺寸。其中尺寸 20、30、40、ϕ14、ϕ22 采用尺寸样式 DIMLEFTH，其他尺寸样式采用 DIMLEFTV。如图 T9.12 所示，此时出现的尺寸标注并非最终正确的结果。

② 修改线性尺寸。

要将尺寸改成正确的结果，使用倾斜尺寸标注修改即可。

```
选择按钮“标注→倾斜”或单击“标注”工具栏中的倾斜按钮
命令: _dimedit
输入标注编辑类型 [默认(H)/新建(N)/旋转(R)/倾斜(O)] <默认>:_o
选择对象: 单击尺寸20
找到1个
选择对象:↵
输入倾斜角度（按【Enter】键表示无）: 单击垂直线的一个端点
指定第二点: 单击垂直线的另一个端点
```

用同样的方法修改其他尺寸，对同样方向的尺寸可以同时完成。结果如图 T9.1 所示。

（4）标注半径尺寸。在轴测图上标注的半径尺寸不能直接采用半径尺寸进行标注，应使用指引线加上文本的方式完成。

使用指引线标注半径尺寸 R12。

8. 保存文件

将如图 T9.12 所示的图形以“练习 12-轴测图.dwg”为文件名保存。

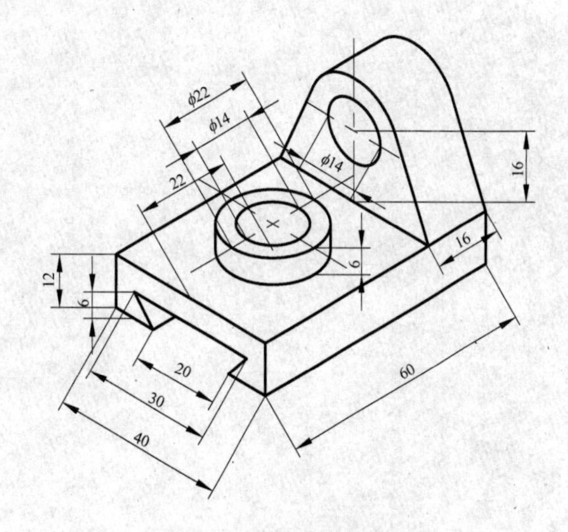

图 T9.12　标注线性尺寸

思考及练习

（1）如果不使用圆作为辅助线确定绘制图形的大小，能否采用偏移复制的方法确定距离？

（2）标注尺寸时能否采用线性标注的方式？

（3）将如图 T5.1、图 T5.15、图 T5.16 所示的图形绘制成轴测图。

第三部分　附　录

附录 A　本书约定

为了读者阅读方便，本书采用了一些符号及不同的字体表示不同的含义，约定如下。

（1）符号“↵”指回车。

（2）在【例】和实验部分中，仿宋体字描述部分表示系统提示信息，随后紧跟着加粗宋体字描述部分为用户动作，与之有一定间隔的宋体字描述部分为注释。例如：

指定下一点或 [闭合(C、/放弃(U)):**↵**　　　　结束直线绘制

其中“指定下一点或 [闭合(C、/放弃(U)]:”为系统提示信息，“↵”为用户动作，即回车，“结束直线绘制”为注释。

（3）鼠标动作和一般的 Windows 规范相同。如“右击”指单击鼠标右键，“双击”指快速连击鼠标左键两次，“单击”是指将鼠标移动到目标对象上按鼠标左键并松开。

（4）文字按钮一般均加上底纹和边框或由引号“”引入，如“选择文件”对话框中的打开按钮。图片按钮一般直接采用该图片，如“选择文件”对话框中的上一层目录按钮。

（5）菜单格式采用“→”符号指向下一级子菜单，如“绘图→直线”指单击下拉菜单“绘图”，在弹出的菜单项中选择“直线”。

（6）在键盘输入命令和参数时，大小写功能相同。

（7）功能键一般由“【】”标示。如【Esc】，指键盘上的“Esc”按键。

附录 B　部分命令、别名及其功能表

命　令	别　名	功　能
3D	3a	创建三维多边形网格对象
3DARRAY		创建三维阵列
3DCLIP		启用交互式三维视图并打开“调整剪裁平面”窗口
3DCORBIT		启用交互式三维视图并允许用户设置对象在三维视图中连续运动
3DDISTANCE		启用交互式三维视图并使对象显示得更近或更远
3DFACE	3f	创建三维面
3DMESH		创建自由格式的多边形网格
3DMOVE		三维移动
3DORBIT	3do	控制在三维空间中交互式查看对象
3DPAN		启用交互式三维视图并允许用户水平或垂直拖动视图
3DPOLY	3p	在三维空间中使用“连续”线型创建由直线段组成的多段线
3DROTATE		三维旋转
3DSIN		输入 3D Studio（3DS）文件
3DSOUT		输出 3D Studio（3DS）文件
3DSWIVEL		启用交互式三维视图模拟旋转相机的效果
3DZOOM		启用交互式三维视图使用户可以缩放视图
ABOUT		显示关于 AutoCAD 的信息
ACISIN		输入 ACIS 文件
ACISOUT		将 AutoCAD 实体对象输出到 ACIS 文件中
ADCCLOSE		关闭 AutoCAD 设计中心
ADCENTER	adc	管理内容
ADCNAVIGATE		将 AutoCAD 设计中心的桌面引至用户指定的文件名、目录名或网络路径
ALIGN	al	在二维和三维空间中将某对象与其他对象对齐
AMECONVERT		将 AME 实体模型转换为 AutoCAD 实体对象
APERTURE		控制对象捕捉靶框大小
APPLOAD	ap	加载或卸载应用程序并指定启动时要加载的应用程序
ARC	a	创建圆弧
AREA	aa	计算对象或指定区域的面积和周长
ARRAY	ar	创建按指定方式排列的多重对象副本
ARX		加载、卸载和提供关于 ObjectARX 应用程序的信息
ATTDEF	att、ddattdef、-att	创建属性定义
ATTDISP		全局控制属性的可见性
ATTEDIT	ate、-ate、atte	改变属性信息
ATTEXT	ddattext	提取属性数据
ATTREDEF		重定义块并更新关联属性
AUDIT		检查图形的完整性
BACKGROUND		设置场景的背景效果

续表

命　令	别　名	功　能
BASE		设置当前图形的插入基点
BHATCH	h、bh	使用图案填充封闭区域或选定对象
BLIPMODE		控制点标记的显示
BLOCK	b、-b	根据选定对象创建块定义
BLOCKICON		为 R14 或更早版本创建的块生成预览图像
BMPOUT		按与设备无关的位图格式将选定对象保存到文件中
BOUNDARY	bo、-bo	从封闭区域创建面域或多段线
BOX		创建三维的长方体
BREAK	br	部分删除对象或把对象分解为两部分
BROWSER		启动系统注册表中设置的默认 Web 浏览器
CAL		计算算术和几何表达式的值
CAMERA		设置相机和目标的不同位置
CHAMFER	cha	给对象的边加倒角
CHANGE	-ch	修改现有对象的特性
CHPROP		修改对象的颜色、图层、线型、线型比例因子、线宽、厚度和打印样式
CIRCLE	c	创建圆
CLOSE		关闭当前图形
COLOR	col、colour、ddcolor	定义新对象的颜色
COMPILE		编译形文件和 PostScript 字体文件
CONE		创建三维实体圆锥
CONVERT		优化 AutoCAD R13 或更早版本创建的二维多段线和关联填充
COPY	co、cp	复制对象
COPYBASE		带指定基点复制对象
COPYCLIP		将对象复制到剪贴板
COPYHIST		将命令行历史记录文字复制到剪贴板
COPYLINK		将当前视图复制到剪贴板中，以使其可被链接到其他 OLE 应用程序
CUTCLIP		将对象复制到剪贴板并从图形中删除对象
CYLINDER		创建三维实体圆柱
DBCCLOSE		关闭“数据库连接”管理器
DBCONNECT	aad、aex、ali、asq、aro、ase、dbc	为外部数据库表提供 AutoCAD 接口
DBLIST		列出图形中每个对象的数据库信息
DDEDIT	ed	编辑文字和属性定义
DDPTYPE		指定点对象的显示模式及大小
DDVPOINT	vp	设置三维观察方向
DELAY		在脚本文件中提供指定时间的暂停
DIM 和 DIM1		进入标注模式
DIMALIGNED	dal、dimali	创建对齐线性标注
DIMANGULAR	dan、dimang	创建角度标注
DIMBASELINE	dba、dimbase	从上一个或选定标注的基线处创建线性、角度或坐标标注

续表

命　令	别　名	功　　能
DIMCENTER	dce	创建圆和圆弧的圆心标记或中心线
DIMCONTINUE	dco、dimcont	从上一个或选定标注的第二尺寸界线处创建线性、角度或坐标标注
DIMDIAMETER	ddi、dimdia	创建圆和圆弧的直径标注
DIMEDIT	ded、dimed	编辑标注
DIMLINEAR	dli、dimlin	创建线性尺寸标注
DIMORDINATE	dor、dimord	创建坐标点标注
DIMOVERRIDE	dov、dimover	替换标注系统变量
DIMRADIUS	dra、dimrad	创建圆和圆弧的半径标注
DIMSTYLE	d、ddim、dst、Dimsty	创建或修改标注样式
DIMTEDIT	Dimted	移动和旋转标注文字
DIST	Di	测量两点之间的距离和角度
DIVIDE	Div	将点对象或块沿对象的长度或周长等间隔排列
DONUT	Do	绘制填充的圆和环
DRAGMODE		控制 AutoCAD 显示拖动对象的方式
DRAWORDER	Dr	修改图像和其他对象的显示顺序
DSETTINGS	ds、rm、se	指定捕捉模式、栅格、极坐标和对象捕捉追踪的设置
DSVIEWER	av	打开“鸟瞰视图”窗口
DVIEW	dv	定义平行投影或透视视图
DWGPROPS		设置和显示当前图形的特性
DXBIN		输入特殊编码的二进制文件
EDGE		修改三维面的边缘可见性
EDGESURF		创建三维多边形网格
ELEV		设置新对象的拉伸厚度和标高特性
ELLIPSE	el	创建椭圆或椭圆弧
ERASE	e	从图形中删除对象
EXPLODE	x	将组合对象分解为对象组件
EXPORT	exp	以其他文件格式保存对象
EXPRESSTOOLS		如果已安装 AutoCAD 快捷工具但没有运行，则运行该工具
EXTEND	ex	延伸对象到另一对象
EXTRUDE	ext	通过拉伸现有二维对象来创建三维原型
FILL		控制多线、宽线、二维填充、所有图案填充和宽多段线的填充
FILLET	f	给对象的边加圆角
FILTER	fi	创建可重复使用的过滤器以便根据特性选择对象
FIND		查找、替换、选择或缩放指定的文字
FOG		控制渲染雾化
GRAPHSCR		从文本窗口切换到图形窗口
GRID		在当前视口中显示点栅格
GROUP	g、-g	创建对象的命名选择集
HATCH	-h	用图案填充一块指定边界的区域
HATCHEDIT	he	修改现有的图案填充对象
HELIX		螺旋

续表

命令	别名	功能
HELP (F1)	?	显示联机帮助
HIDE	hi	重生成三维模型时不显示隐藏线
HYPERLINK		附着超级链接到图形对象或修改已有的超级链接
HYPERLINKOPTIONS		控制超级链接光标的可见性及超级链接工具栏提示的显示
ID		显示位置的坐标
IMAGE	im、-im	管理图像
IMAGEADJUST	iad	控制选定图像的亮度、对比度和退色度
IMAGEATTACH	iat	向当前图形中附着新的图像对象
IMAGECLIP	icl	为图像对象创建新剪裁边界
IMAGEFRAME		控制图像边框是显示在屏幕上还是在视图中隐藏
IMAGEQUALITY		控制图像显示质量
IMPORT	imp	向 AutoCAD 输入多种文件格式
INSERT	ddinsert、i、-i	将命名块或图形插入到当前图形中
INSERTOBJ	io	插入链接或嵌入对象
INTERFERE	inf	用两个或多个三维实体的公用部分创建三维组合实体
INTERSECT	in	用两个或多个实体或面域的交集创建组合实体或面域并删除交集以外的部分
ISOPLANE		指定当前等轴测平面
JOIN		合并
LAYER	ddlmodes、la、-la	管理图层
LAYOUT	lo	创建新布局和重命名、复制、保存或删除现有布局
LAYOUTWIZARD		启动“布局”向导，通过它可以指定布局的页面和打印设置
LEADER	lead	创建一条引线将注释与一个几何特征相连
LENGTHEN	len	拉长对象
LIGHT		处理光源和光照效果
LIMITS		设置并控制图形边界和栅格显示
LINE	l	创建直线段
LINETYPE	lt、ltype、ddltype	创建、加载和设置线型
LIST	li、ls	显示选定对象的数据库信息
LOAD		加载形文件，为 SHAPE 命令加载可调用的形状
LOFT		放样
LOGFILEOFF		关闭 LOGFILEON 命令打开的日志文件
LOGFILEON		将文本窗口中的内容写入文件
LSEDIT		编辑配景对象
LSLIB		管理配景对象库
LSNEW		在图形上添加具有真实感的配景对象，如树和灌木丛
LTSCALE	lts	设置线型比例因子
LWEIGHT	lw、lineweight	设置当前线宽、线宽显示选项和线宽单位
MASSPROP		计算并显示面域或实体的质量特性
MATCHPROP	ma	把某一对象的特性复制给其他若干对象

续表

命　令	别　名	功　能
MATLIB		材质库输入/输出
MEASURE	me	将点对象或块按指定的间距放置
MENU		加载菜单文件
MENULOAD		加载部分菜单文件
MENUUNLOAD		卸载部分菜单文件
MINSERT		在矩形阵列中插入一个块的多个引用
MIRROR	mi	创建对象的镜像副本
MIRROR3D		创建相对于某一平面的镜像对象
MLEDIT		编辑多重平行线
MLINE	ml	创建多重平行线
MLSTYLE		定义多重平行线的样式
MODEL		从“布局”选项卡切换到“模型”选项卡上并把它置为当前
MOVE	m	在指定方向上按指定距离移动对象
MSLIDE		为模型空间的当前视口或图纸空间的所有视口创建幻灯片文件
MSPACE	ms	从图纸空间切换到模型空间视口
MTEXT	t、mt、-t	创建多行文字
MULTIPLE		重复下一条命令直到被取消
MVIEW	mv	创建浮动视口和打开现有的浮动视口
MVSETUP		设置图形规格
NEW		创建新的图形文件
OFFSET	o	创建同心圆、平行线和平行曲线
OLELINKS		更新、修改和取消现有的 OLE 链接
OLESCALE		显示“OLE 特性”对话框
OOPS		恢复已被删除的对象
OPEN		打开现有的图形文件
OPTIONS	ddgrips、gr、op、pr	自定义 AutoCAD 设置
ORTHO		约束光标的移动
OSNAP	ddosnap、os、-os	设置对象捕捉模式
PAGESETUP		指定页面布局、打印设备、图纸尺寸，以及为每个新布局指定设置
PAN	p、-p	移动当前视口中显示的图形
PARTIALOAD		将附加的几何图形加载到局部打开的图形中
PARTIALOPEN		将选定视图或图层中的几何图形加载到图形中
PASTEBLOCK		将复制的块粘贴到新图形中
PASTECLIP		插入剪贴板数据
PASTEORIG		使用原图形的坐标，将复制的对象粘贴到新图形中
PASTESPEC	pa	插入剪贴板数据并控制数据格式
PCINWIZARD		显示向导，将 PCP 和 PC2 配置文件中的打印设置输入到“模型”选项卡或当前布局
PEDIT	pe	编辑多段线和三维多边形网格
PFACE		逐点创建三维多面网格

续表

命　　令	别　　名	功　　能
PLAN		显示用户坐标系平面视图
PLINE	pl	创建二维多段线
PLOT	print	将图形打印到打印设备或文件
PLOTSTYLE		设置新对象的当前打印样式，或者选定对象中已指定的打印样式
PLOTTERMANAGER		显示打印机管理器，从中可以启动“添加打印机”向导和“打印机配置编辑器”
POINT	po	创建点对象
POLYGON	pol	创建闭合的等边多段线
POLYSOLID		多段体
PREVIEW	pre	显示打印图形的效果
PRESSPULL		按住并拖动
PROPERTIES	ch、props、modify、mo、ddchpropdd	控制现有对象的特性
PROPERTIESCLOSE	prclose	关闭“特性”窗口
PSDRAG		在使用 PSIN 输入 PostScript 图像并拖动到适当位置时控制图像的显示
PSETUPIN		将用户定义的页面设置输入到新的图形布局
PSFILL		用 PostScript 图案填充二维多段线的轮廓
PSIN		输入 PostScript 文件
PSOUT		创建封装 PostScript 文件
PSPACE	ps	从模型空间视口切换到图纸空间
PURGE	pu	删除图形数据库中没有使用的命名对象，如块或图层
PYRAMID		棱锥面
QDIM		快速创建标注
QLEADER	le	快速创建引线和引线注释
QSAVE		快速保存当前图形
QSELECT		基于过滤条件快速创建选择集
QTEXT		控制文字和属性对象的显示和打印
QUIT	exit	退出
RAY		射线
RECOVER		恢复
RECTANG	rec	矩形
REDEFINE		恢复被 UNDEFINE 替代的 AutoCAD 内部命令
REDO		恢复前一个 UNDO 或 U 命令放弃执行的效果
REDRAW	r	刷新显示当前视口
REDRAWALL	ra	刷新显示所有视口
REFCLOSE		存回或放弃在位编辑参照（外部参照或块）时所做的修改
REFEDIT		选择要编辑的参照
REFSET		在位编辑外部参照或块时，从工作集中添加或删除对象
REGEN	re	重生成图形并刷新显示当前视口
REGENALL	rea	重新生成图形并刷新所有视口
REGENAUTO		控制自动重新生成图形

续表

命　令	别　名	功　能
REGION	reg	从现有对象的选择集中创建面域对象
REINIT		重新初始化数字化仪及其输入/输出端口和程序参数文件
RENAME	ren、-ren	修改对象名
RENDER	rr	创建三维线框或实体模型的具有真实感的着色图像
RENDSCR		重新显示由 RENDER 命令执行的最后一次渲染
REPLAY		显示 BMP、TGA 或 TIFF 图像
RESUME		继续执行一个被中断的脚本文件
REVOLVE	rev	绕轴旋转二维对象以创建实体
REVSURF		创建围绕选定轴旋转而成的旋转曲面
RMAT		管理渲染材质
ROTATE	ro	绕基点移动对象
ROTATE3D		绕三维轴移动对象
RPREF	rpr	设置渲染系统配置
RSCRIPT		创建不断重复的脚本
RULESURF		在两条曲线间创建直纹曲面
SAVE		用当前或指定文件名保存图形
SAVEAS		指定名称，保存未命名的图形或重命名当前图形
SAVEIMG		用文件保存渲染图像
SCALE	sc	在 X、Y 和 Z 方向等比例放大或缩小对象
SCENE		管理模型空间的场景
SCRIPT	scr	用脚本文件执行一系列命令
SECTION	sec	用剖切平面和实体截交创建面域
SELECT		将选定对象置于“上一个”选择集中
SETUV		将材质贴图到对象表面
SETVAR	set	列出系统变量或修改变量值
SHADEMODE		在当前视口中着色对象
SHAPE		插入形
SHELL		访问操作系统命令
SHOWMAT		列出选定对象的材质类型和附着方法
SKETCH		创建一系列徒手画线段
SLICE	sl	用平面剖切一组实体
SNAP	sn	规定光标按指定的间距移动
SOLDRAW		在用 SOLVIEW 命令创建的视口中生成轮廓图和剖视图
SOLID	so	创建二维填充多边形
SOLIDEDIT		编辑三维实体对象的面和边
SOLPROF		创建三维实体图像的剖视图
SOLVIEW		在布局中使用正投影法创建浮动视口来生成三维实体及体对象的多面视图与剖视图
SPELL	sp	检查图形中文字的拼写
SPHERE		创建三维实体球体
SPLINE	spl	创建二次或三次（NURBS）样条曲线
SPLINEDIT	spe	编辑样条曲线对象

续表

命　令	别　名	功　能
STATS		显示渲染统计信息
STATUS		显示图形统计信息、模式及范围
STLOUT		将实体保存到 ASCII 或二进制文件中
STRETCH	s	移动或拉伸对象
STYLE	st	创建或修改已命名的文字样式以及设置图形中文字的当前样式
STYLESMANAGER		显示“打印样式管理器”
SUBTRACT	su	用差集创建组合面域或实体
SWEEP		扫掠
SYSWINDOWS		排列窗口
TABLET	ta	校准、配置、打开和关闭已安装的数字化仪
TABSURF		沿方向矢量和路径曲线创建平移曲面
TEXT		创建单行文字
TEXTSCR		打开 AutoCAD 文本窗口
TIME		显示图形的日期及时间统计信息
TOLERANCE	tol	创建形位公差标注
TOOLBAR	to	显示、隐藏和自定义工具栏
TORUS	tor	创建圆环形实体
TRACE		创建实线
TRANSPARENCY		控制图像的背景像素是否透明
TREESTAT		显示关于图形当前空间索引的信息
TRIM	tr	用其他对象定义的剪切边修剪对象
U		放弃上一次操作
UCS		管理用户坐标系
UCSICON		控制视口 UCS 图标的可见性和位置
UCSMAN		管理已定义的用户坐标系
UNDEFINE		允许应用程序定义的命令替代 AutoCAD 内部命令
UNDO		放弃命令的效果
UNION	uni	通过并运算创建组合面域或实体
UNITS	un、ddunits、-un	设置坐标和角度的显示格式和精度
VBAIDE		显示 Visual Basic 编辑器
VBALOAD		将全局 VBA 工程加载到当前 AutoCAD 任务中
VBAMAN		加载、卸载、保存、创建、内嵌和提取 VBA 工程
VBARUN		运行 VBA 宏
VBASTMT		在 AutoCAD 命令行中执行 VBA 语句
VBAUNLOAD		卸载全局 VBA 工程
VIEW	ddview、v、-v	保存和恢复已命名的视图
VIEWRES		设置在当前视口中生成的对象的分辨率
VLISP		显示 Visual LISP 交互式开发环境（IDE）
VPCLIP		剪裁视口对象
VPLAYER		设置视口中图层的可见性
VPOINT	-vp	设置图形的三维直观图的查看方向

续表

命　令	别　名	功　能
VPORTS		将绘图区域拆分为多个平铺的视口
VSLIDE		在当前视口中显示图像幻灯片文件
WBLOCK	w-w	将块对象写入新图形文件
WEDGE	we	创建三维实体使其倾斜面尖端沿 X 轴正向
WHOHAS		显示打开的图形文件的内部信息
WMFIN		输入 Windows 图元文件
WMFOPTS		设置 WMFIN 选项
WMFOUT		以 Windows 图元文件格式保存对象
XATTACH	xa	将外部参照附着到当前图形中
XBIND	xb	将外部参照依赖符号绑定到图形中
XCLIP	xc	定义外部参照或块剪裁边界，并且设置前剪裁面和后剪裁面
XLINE	xl	创建无限长的直线（参照线）
XPLODE		将组合对象分解为组建对象
XREF	xr、-xr	控制图形中的外部参照
ZOOM	z	放大或缩小当前视口对象的外观尺寸

附录C 模拟测试

模拟测试试卷一

一、选择题

1．等轴模式（ISOPLANE）转换的功能键是__________。

A．F2　　B．F3　　C．F5　　D．F9

2．在 AutoCAD 中，命令别名的设置文件是__________。

A．ACAD.pat　　B．ACAD.dcl　　C．ACAD.pgp　　D．ACAD.lin

3．删除一条直线后，又画了一个圆。现在要在不取消圆的情况下，恢复直线，可用__________命令。

A．UNDO　　B．REDO　　C．RESTORE　　D．OOPS

4．绘制一个圆后再绘制一条直线，使用__________命令可以一次取消绘制的圆和直线。

A．REDO　　B．RESTORE　　C．U　　D．UNDO

5．ALIGN 命令相当于是 ROTATE（旋转）、SCALE（比例缩放）和__________命令的组合。

A．MOVE（移动）　　B．COPY（复制）

C．MIRROR（镜像）　　D．ARRAY（阵列）

6．取世界坐标系中的点（10，20，30）作为用户坐标系的原点，则世界坐标系的点（−10，20，20）的用户坐标应该是__________。

A．（20，0，−10）　　B．（0，40，50）

C．（−20，0，−10）　　D．（−20，0，30）

7．多段线编辑的命令是__________。

A．PEDIT　　B．MEDIT　　C．DDEDIT　　D．BEDIT

8．要使当前视图放大 4 倍显示，可以使用 ZOOM 命令的__________选项。

A．0．25　　B．4　　C．0．25x　　D．4x

9．在打印出图时，当“Plotted MM = Drawing Units”栏下的内容分别是__________时，则打印出来的图形放大了 100 倍。

A．1 和 100　　B．10 和 10　　C．1 和 0.01　　D．1000 和 1

10．在 TEXT 命令中，在提示符下输入 90%%D 之后，屏幕显示为__________。

A．90 %%D　　B．90%D　　C．90°　　D．90D

11．可以将 AutoCAD 的图形输出成块，其文件格式是__________。

A．dwg　　B．blk　　C．dwt　　D．sat

12．在执行拉伸 STRETCH 命令时应该使用的选择对象的方式是__________。

A．窗交 Crossing　　B．窗口 Window

C．全部 All　　D．圈围 Wpolygon

13．当图形中存在标注的尺寸时，定义点层不可以被__________。

A．删除　　B．冻结　　C．改名　　D．锁定

14．图形中有一些块，它们不可能是用命令__________引入的。

A．定距等分 MEASURE　　B．定数等分 DIVIDE

C．分解 EXPLODE　　D．插入 INSERT

15．在用 TEXT 命令书写文本时，要________才能结束操作文本输入。

A．双击右键　　B．双击

C．按两次空格键　　D．按两次【Enter】键

16．在 AutoCAD 中绘制正五边形，最简洁的方法是使用________命令。

A．PLINE　　B．POLYGON

C．LINE　　D．RECTANGE

17．在 AutoCAD 中一次绘制 3 条平行的直线，应该使用________命令。

A．PLINE　　B．RAY　　C．XLINE　　D．MLINE

18．不能处理点的编辑命令是________。

A．OFFSET　　B．COPY　　C．MOVE　　D．ROTATE

19．通过夹点编辑，其方式有：移动、镜像和________。

A．复制、比例缩放、拉伸　　B．阵列、复制、旋转

C．旋转、比例缩放、拉伸　　D．偏离、拉伸、复制

20．下面的________选项不可以绘制圆弧。

A．起点、圆心、终点　　B．起点、方向、圆心

C．圆心、起点、长度　　D．起点、终点、半径

21．新建图层时，新图层的线宽默认为________。

A．0 层的线宽　　B．当前层的线宽　　C．0　　D．对话框中选定层的线宽

22．在 AutoCAD 的捕捉方式中，以下______方式可以捕捉端点。

A．END　　B．NOD　　C．NON　　D．MID

23．在引线标注时，可以标注________。

A．上下偏差　　B．形位公差　　C．对称公差　　D．极限偏差

24．用 DDEDIT 命令不能修改_______对象。

A．多行文本　　B．单行文本

C．形位公差　　D．块引用中的属性值

25．命令行方式插入块时，在默认情况下，*Y* 方向的比例为________。

A．1　　B．*X* 方向的比例

C．2　　D．0.5

26．使用修剪 TRIM 命令，在提示选择剪切边对象时按下空格键，则表示_________。

A．没有剪切边　　B．所有图形对象作为剪切边

C．最后绘制的对象作为剪切边　　D．剪切对象本身作为剪切边

27．在使用 ZOOM 命令时，以下_______选项能将图形在绘图区最大显示。

A．All　　B．Max　　C．Extents　　D．Previous

28．在图层特性管理器中，不可以设置________。

A．线型　　B．线宽　　C．线型比例　　D．颜色

29．设 *A* 点的坐标为（34，12），*B* 点的坐标为（54，32），则 *A* 点相对于 *B* 点的坐标为______。

A．@20, −20　　B．@−20，20　　C．@20，20　　D．@−20，−20

30．在 AutoCAD 2002 中不能直接进行_______。

A．连续标注　　B．基线标注　　C．零件序号标注　　D．对齐标注

31．阵列命令的别名是________。

A．AR　　B．AA　　C．A　　D．AY

二、操作题

按尺寸绘制如图 M.1 所示的图形并标注尺寸。保存名为“测试 1.dwg”。

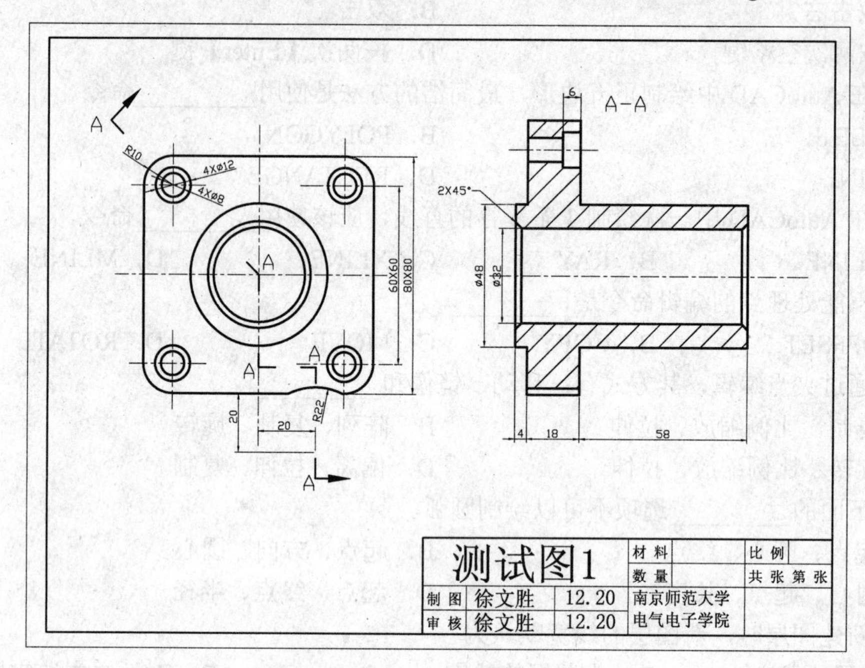

图 M.1　测试图例 1

模拟测试试卷二

一、选择题

1．正交辅助功能的功能键是________。

A．F2　　B．F3　　C．F8　　D．F9

2．使用多线绘图命令 MLINE，不可以________。

A．绘制带中心线的多线　　B．绘制上下两条直线且其颜色不同的双线

C．绘制 4 条直线的多线　　D．带线宽的多线

3．使用 POLYGON 命令绘制正多边形，以下描述不正确的是________。

A．可以根据边长绘制正多边形　　B．可以根据外接圆绘制正多边形

C．可以根据内切圆绘制正多边形　　D．可以绘制包括 2 048 条边的正多边形

4．在设置多线 MLSTYLE 时，以下描述不正确的是________。

A．当前使用过的多线形式无法修改　　B．无法设置两端用直线段封闭的多线

C．无法设置两端用圆弧段封闭的多线　　D．可以删除多线 STANDARD 类型

5．在进行尺寸标注时，以下描述不正确的是________。

A．标注比例因子对角度标注有影响

B．可以标注带宽度的尺寸界线

C．可以标注只有一条尺寸线的线性尺寸

D．可以标注上偏差为负而下偏差为正的尺寸

6．假设坐标点的当前位置是（300，200），现在从键盘上输入了新的坐标值（@-200，200），则新点的坐标位置是________。

A．（100，400）　　　　　　　B．（-100，200）

C．（500，0）　　　　　　　　D．（100，200）

7．在使用 Zoom 命令时，以下_______选项可以动态显示图形中的对象。

A．All　　　B．Dynamic　　　C．Extents　　　D．Scale

8．当看到却无法删除某层上的图线时，该层是被_______。

A．关闭　　　B．删除　　　C．锁定　　　D．冻结

9．以下描述不正确的是_______。

A．使用 OFFSET 命令偏移对象时，偏移后的对象和原先的对象包含同样多的组成元素

B．使用 STRETCH 拉伸对象时，包含在选择区域中的端点会被移动

C．使用 STRETCH 拉伸对象时，应该使用 CROSSING 窗交方式选择对象

D．使用 BREAK 打断命令时，提示输入第 2 点时，输入@，等同于输入的第 1 点

10．矩形阵列时无须提供的参数是_______。

A．阵列对象名　　　B．行的个数　　　C．列的个数　　　D．行列间距

11．使用椭圆命令 ELLIPSE 绘制椭圆时，以下描述不正确的是_______。

A．可以根据圆心和长轴即可以绘制出椭圆

B．可以绘制椭圆弧

C．可以根据长轴和短轴绘制出椭圆

D．可以根据长轴以及倾斜角度绘制出椭圆

12．以下描述不正确的是_______。

A．延伸命令 EXTEND 可以将圆弧延伸成圆

B．延伸命令 EXTEND 应该先选择延伸边界，再选择延伸对象

C．延伸命令 EXTEND 无法延伸块中的直线

D．延伸命令 EXTEND 延伸边界和延伸对象可以是同一个对象

13．使用 OFFSET 命令不能“偏移”图形对象的_______。

A．剖面线　　　B．圆弧　　　C．多义线　　　D．圆

14．要在一行文本中采用不同的高度，应该使用的文本命令是_______。

A．MTEXT　　　B．TEXT　　　C．DTEXT　　　D．QTEXT

15．不能使用 TRIM 命令“修剪”对象是_______。

A．直线 LINE　　　B．多线 MLINE　　　C．多段线 PLINE　　　D．参照线 XLINE

16．若“当前对象缩放比例”为 5，“全局比例因子”是 2，则线型的实际比例为________。

A．10　　　B．5　　　C．2　　　D．2.5

17．在使用 ARRAY 命令时，如需使阵列后的图形向右上角排列，则______。

A．行间距为正，列间距为正　　　　B．行间距为负，列间距为负

C．行间距为负，列间距为正　　　　D．行间距为正，列间距为负

18．绘制多段线的命令是_______。

A．MLINE　　　B．PLINE　　　C．XLINE　　　D．SLINE

19．要使当前视图缩小两倍显示，可以使用 ZOOM 命令的______选项。

A．2　　　B．2x　　　C．0.5x　　　D．0.5

20．以下__________命令不能用于改变图形对象的大小。

A．SCALE　　　B．DDMODIFY　　　C．COPY　　　D．STRETCH

21．取世界坐标系中的点（12，10，-10）作为用户坐标系的原点，则用户坐标系的点（-10，20，30）的世界坐标应该是____________。

A．（2，30，20）　　　　　　　　　B．（22，-10，-40）
C．（-22，10，40）　　　　　　　　D．（-10，20，30）

22．在 DTEXT 命令中，在提示符下输入%%C 之后，屏幕显示为________。

A．%%C　　B．ϕ　　C．°　　D．C

23．定义块属性时，属性可设置多种模式，但不具有________模式。

A．不可见　　B．验证　　C．预置　　D．颜色

24．用夹点方式编辑图形时，不能直接完成________操作。

A．镜像　　B．复制　　C．比例缩放　　D．阵列

25．在定义块时，____项一般不是必须的操作。

A．块的名称　　B．描述　　C．基点　　D．对象

26．使用特性匹配功能不能改变图形对象的______。

A．位置　　B．图层　　C．颜色　　D．线型

27．用矩形命令不能绘制_____图形。

A．直角矩形　　　　　　　　　　B．圆角矩形
C．带线宽矩形　　　　　　　　　D．一侧圆角，另一侧直角矩形

28．下面的_____定义圆的方法不能绘制一个圆。

A．圆心、半径　　　　　　　　　B．圆心、直径
C．一条直径上的两个端点　　　　D．任意两点

29．下面的__________是镜像命令的缩写方式。

A．MO　　B．M　　C．MR　　D．MI

30．属性是一种文本，它应该用________命令定义。

A．MTEXT　　B．DTEXT　　C．TEXT　　D．ATTDEF

二、操作题

按照如图 M.2 所示的尺寸绘制该图。其中的部件（沙发、椅子、电话、办公桌、计算机）直接从文件 AutoCAD 安装目录\sample\designCenter\Home - Space Planner.dwg 中引用，引用插入的位置参考图样。绘制后以名称“测试 2.dwg”保存。

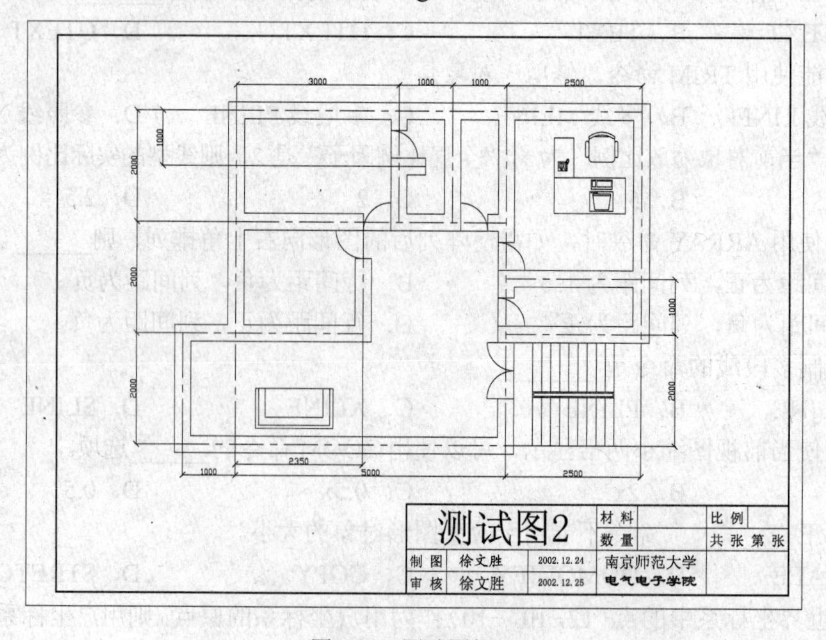

图 M.2　测试图例 2